分布式资源协同参与新型电力系统调频调压技术

薛世伟　贾清泉　曾四鸣　胡雪凯
李　盼　梁纪峰　冯春贤　编著

燕山大学出版社
·秦皇岛·

图书在版编目(CIP)数据

分布式资源协同参与新型电力系统调频调压技术/薛世伟等编著.—秦皇岛：燕山大学出版社，2024.12. -- ISBN 978-7-5761-0714-2

Ⅰ.TM73

中国国家版本馆 CIP 数据核字第 2024UF8939 号

分布式资源协同参与新型电力系统调频调压技术
FENBU SHI ZIYUAN XIETONG CANYU XINXING DIANLI XITONG TIAOPIN TIAOYA JISHU

薛世伟 贾清泉 曾四鸣 胡雪凯 李 盼 梁纪峰 冯春贤 编著

出 版 人：陈 玉			
责任编辑：孙志强		策划编辑：孙志强	
责任印制：吴 波		封面设计：刘韦希	
出版发行：燕山大学出版社		电 话：0335-8387555	
地 址：河北省秦皇岛市河北大街西段 438 号		邮政编码：066004	
印 刷：涿州市般润文化传播有限公司		经 销：全国新华书店	
开 本：787 mm×1092 mm 1/16		印 张：21.5	
版 次：2024 年 12 月第 1 版		印 次：2024 年 12 月第 1 次印刷	
书 号：ISBN 978-7-5761-0714-2		字 数：481 千字	
定 价：99.00 元			

版权所有 侵权必究

如发生印刷、装订质量问题，读者可与出版社联系调换

联系电话：0335-8387718

前　言

当前，全球电力系统正经历一场以新能源为核心的深刻变革。这场变革不仅推动了传统能源向可再生能源的加速替代，也使得电力系统的运行机制、调度模式和稳定策略面临全面革新。以风电和光伏为代表的新能源发电，凭借其绿色低碳的特性，逐步成为能源结构中的重要组成部分。然而，由于新能源发电设备不具备传统同步发电机的惯量和转动特性，其对电网频率和电压稳定性的支撑能力存在天然不足，这给电力系统的安全运行带来了诸多新的挑战。

面对这些挑战，传统以火电机组为主的调频调压模式已显现出一定的局限性。高比例的新能源接入使得系统惯量显著下降，频率动态响应能力减弱。如何有效地调动分布式资源参与电网调频调压，形成多种能源协同运行的新型电力系统，成为电力工程领域研究的前沿热点和关键问题。

在这一背景下，《分布式资源协同参与新型电力系统调频调压技术》应运而生，旨在系统总结和分析风电、光伏、储能等分布式资源参与电网调频调压的理论机制与实践经验。本书深入剖析了分布式资源的动态行为特性及其对频率和电压稳定性的影响，探索构建统一调频调压资源体系的技术路径，为新型电力系统的稳定运行提供了科学依据和技术支撑。

本书秉持理论与实践并重、基础与前沿结合的原则，力求为读者提供全面、系统和深入的参考资料。全书以电力系统的频率稳定和电压稳定为核心，涵盖了新能源发电设备、储能系统和先进控制策略等多个领域。书中内容既包括对调频调压机理的深入解析，也结合了大量的实际工程案例和实验数据，从理论到应用层面全面覆盖了这一主题。与现有其他书籍相比，本书具有以下几个显著特点：1. 系统性：全书内容结构严谨，从新能源发电对电网稳定性的影响分析，到分布式资源参与调频调压的关键技术，再到效用评估方法和优化控制策略，逐层递进，形成一个完整的研究框架。2. 创新性：本书在传统研究的基础上，结合虚拟同步机、多模式运行控制、直流柔性技术等前沿技术，提出多种创新控制策略和优化方法，为研究和实践提供新思路。3. 应用性：书中注重理论与实践的结合，通过具体案例展示了风光储资源在调频调压中的实际效用，为工程应用提供了可操作的技术指导。4. 前瞻性：本书对未来新型电力系统的构建方向和技术发展趋势进行了展望，提出了多种可能的发展路径，为构建绿色、安全、高效的新型电力系统提供了重要参考。本书内容分为十二章，各章既相对独立，又有机联系，从基础理论到应用技术，从机理分析到策略优化，逐步构建了分布式资源参与调频调压的完整体系：第一章：从电力系统惯量与频率稳定性的基本概念出发，分析新能源接入对传统电力系统频率调节和电压稳定的深远影响，并阐述分布式资源在构建新型电力系统中的调频调压作用及其研究意义。第二至第四章：围绕高比例新能源并网的频率影响展开，分析风电和光伏发电的动态特性及其对电网频率响应的作用。第五至第七章：从控制策略和效用评估的角度，详细讨论了虚拟同步机技术、风光储直柔系统以及风光储资源参与调频的效用评估方法。第八至第十二章：聚焦于分布式资源在电压调节和谐波治理中的应用，深入探讨了光伏逆变器的优化控制策略和分布式谐波治理方法。本书的出版，凝聚了编者多年的研究成果和实践经验，同时也得益于相关领域专家的支持与指导。在此，谨向所有为本书付出努力的作者、编辑及审校人员致以衷心感谢！我们也希望本书能够为从事电力系统研究和工程实践的读者提供有益参考，助力解决新能源时代电网稳定运行的技术难题。最后，诚挚欢迎广大读者批评指正，为进一步完善和改进本书提供宝贵意见。

编者

2024 年 12 月

目 录

第1章 绪 论 ... 1
1.1 新型电力系统概述 ... 1
1.1.1 电力系统基本组成 ... 1
1.1.2 电力系统发展概况 ... 2
1.1.3 新型电力系统发展趋势 ... 3
1.2 分布式资源 ... 5
1.2.1 分布式资源概述 ... 5
1.2.2 分布式资源种类及特性 ... 5
1.3 电力系统稳定运行与调频调压 ... 10
1.3.1 电力系统有功功率与频率调控 ... 10
1.3.2 电力系统无功功率与电压调控 ... 15

第2章 高比例风电并网对电力系统频率的影响 ... 20
2.1 风电功率波动特征分析 ... 20
2.1.1 风速-功率模型 ... 20
2.1.2 风电功率波动描述 ... 21
2.2 风电功率波动数据分解 ... 22
2.2.1 小波变换理论 ... 22
2.2.2 分量评估指标的建立 ... 23
2.2.3 风电功率波动频段特征分析 ... 23
2.3 并网风电功率波动对系统频率特性的影响 ... 26
2.3.1 传统电力系统频率模型 ... 27
2.3.2 频率模型建立与系统频率对风电功率波动的响应分析 ... 27
2.4 案例仿真分析 ... 29

第3章 风光参与电网动态调频的作用机理和行为特性 ... 33
3.1 风、光发电原理 ... 33
3.1.1 风力发电 ... 33

3.1.2 光伏发电 ……………………………………………………………… 37
3.2 虚拟同步机技术控制方法 ……………………………………………… 38
　3.2.1 虚拟同步机技术分类 …………………………………………… 38
　3.2.2 虚拟同步机数学模型 …………………………………………… 39
　3.2.3 风机虚拟同步发电机技术 ……………………………………… 40
　3.2.4 光伏虚拟同步发电机技术 ……………………………………… 40
　3.2.5 储能虚拟同步发电机技术 ……………………………………… 41
3.3 风光 VSG 的惯量特性和调频特性 …………………………………… 42
　3.3.1 同步机的惯量响应 ……………………………………………… 42
　3.3.2 同步机惯量支撑功能的物理意义 ……………………………… 43
　3.3.3 一次调频功能及物理意义 ……………………………………… 43
3.4 风光 VSG 频率特性对同步发电机主导电网的适应性 ……………… 45
3.5 光储 VSG 参与电网动态调频案例分析 ……………………………… 49
　3.5.1 定功率模式 ……………………………………………………… 49
　3.5.2 跟踪光伏模式 …………………………………………………… 50
　3.5.3 零功率模式 ……………………………………………………… 50
　3.5.4 储能充放电 ……………………………………………………… 51
3.6 本章小结 ………………………………………………………………… 51

第 4 章 风光参与电网动态调频的有效性影响因素分析 ……………… 52

4.1 风光 VSG 调频性能的影响因素 ……………………………………… 53
　4.1.1 虚拟同步发电机运行控制技术 ………………………………… 53
　4.1.2 风光出力不确定性对调频能力的影响 ………………………… 55
4.2 风光和储能参与同步发电机为主导电网的调频特性分析 …………… 55
　4.2.1 新能源参与电网调频的需求和性能分析 ……………………… 57
　4.2.2 地区电网风光和储能参与调频的有效域和约束边界 ………… 58
4.3 本章小结 ………………………………………………………………… 59

第 5 章 光储虚拟同步机多模式运行控制策略 …………………………… 60

5.1 光储系统 VSG 工作原理与运行模式 ………………………………… 60
　5.1.1 光储 VSG 工作原理 …………………………………………… 60
　5.1.2 光储系统 VSG 运行模式 ……………………………………… 61
5.2 光储 VSG 不同运行模式的控制策略 ………………………………… 62
　5.2.1 逆变器的功率控制 ……………………………………………… 62
　5.2.2 储能功率与母线电压控制 ……………………………………… 63
　5.2.3 储能单元 SOC 控制 …………………………………………… 63
5.3 降低储能充放电次数的 VSG 启动策略 ……………………………… 64

5.3.1 电力系统频率响应特性 ·· 64
5.3.2 VSG 启动方案 ··· 65
5.4 降低储能充放电量的 VSG 退出策略 ··· 66
5.4.1 频率响应过程的两个阶段 ··· 66
5.4.2 VSG 退出判据 ··· 66
5.5 应用案例设计仿真 ·· 67
5.5.1 光储控制策略仿真 ··· 67
5.5.2 光储 VSG 投入策略的算例仿真 ··· 69
5.5.3 光储 VSG 退出策略的算例仿真 ··· 70
5.5.4 本章投退策略效果的对比分析 ·· 71

第6章 风光储直柔系统辅助调频控制策略 ·· 72

6.1 光储直柔系统数学模型及工作原理 ··· 72
6.1.1 光储直柔系统拓扑结构 ··· 72
6.1.2 光伏单元数学模型及工作特性分析 ···································· 73
6.1.3 储能单元数学模型及工作特性分析 ···································· 75
6.1.4 负荷单元换流器数学模型 ·· 79
6.1.5 交流电网电压源换流器数学模型 ······································· 80
6.2 光储直柔系统虚拟惯性控制策略 ·· 82
6.2.1 光储直柔系统虚拟惯性 ··· 82
6.2.2 光储直柔系统分段虚拟惯性控制 ······································· 84
6.2.3 光储直柔系统新型虚拟惯性控制 ······································· 88
6.2.4 案例仿真分析 ··· 96
6.3 光储直柔系统辅助调频控制策略 ·· 103
6.3.1 交流电网调频分析 ··· 103
6.3.2 虚拟同步发电机控制策略 ·· 106
6.3.3 光储直柔系统辅助交流电网调频 ····································· 110
6.3.4 应用案例仿真分析 ··· 114

第7章 风光储资源参与调频的效用评估方法 ·· 117

7.1 风光资源参与调频的评价与适应性分析 ····································· 117
7.1.1 风光资源参与电网一次调频的评价方法 ···························· 117
7.1.2 风光资源参与调频的适应性评价指标 ······························· 119
7.2 风光不确定性调频贡献潜力的置信水平评估方法 ························· 122
7.3 风光参与调频成效性评价 ·· 123
7.3.1 成效性评价指标体系 ·· 123
7.3.2 风光参与调频的可用容量、支撑功率及动态行为分析方法 ····· 124

7.3.3 风光参与调频成效性评价方法 ·········· 126
7.4 风光参与大电网调频成效性评价案例分析 ·········· 127
7.5 本章小结 ·········· 133

第 8 章 光伏逆变器剩余容量参与无功调压的工作原理 ·········· 134
8.1 光伏逆变器结构及工作原理 ·········· 134
　8.1.1 光伏并网发电系统结构组成 ·········· 134
　8.1.2 光伏逆变器结构和工作原理 ·········· 134
8.2 配电网电压评价体系 ·········· 135
　8.2.1 单节点级电压评价指标 ·········· 136
　8.2.2 配电网级电压评价指标 ·········· 138
8.3 配电网调压策略分析及模型建立 ·········· 139
　8.3.1 配电网调压策略分析 ·········· 139
　8.3.2 基于 OpenDSS 的配电网模型建立 ·········· 143
　8.3.3 IEEE-33 配电网模型 ·········· 146
8.4 光伏接入对配电网电压影响分析 ·········· 147
　8.4.1 光伏渗透率对配电网电压的影响 ·········· 147
　8.4.2 光伏分布位置对配电网电压的影响 ·········· 151
8.5 光伏逆变器调压工作原理 ·········· 154
　8.5.1 传统光伏逆变器有功调压工作原理 ·········· 154
　8.5.2 现代光伏逆变器无功调压工作原理 ·········· 155

第 9 章 光伏逆变器参与调压的优化控制策略 ·········· 156
9.1 光伏逆变器的电压控制策略 ·········· 156
　9.1.1 分布式光伏调压的主从分散协调控制 ·········· 156
　9.1.2 分布式光伏无功-有功削减协调优化策略 ·········· 156
　9.1.3 分布式光伏无功-有功削减优化建模 ·········· 157
　9.1.4 分布式光伏有功削减案例分析 ·········· 160
　9.1.5 分布式光伏有功削减优化结果分析 ·········· 162
9.2 分布式光伏接入配电网电压适应性分析 ·········· 162
　9.2.1 电压质量风险指标构建 ·········· 162
　9.2.2 光伏接入配电网的分布特征 ·········· 164
　9.2.3 光伏接入配电网电压适应性分析 ·········· 164
　9.2.4 配电网电压适应性案例分析 ·········· 167

第 10 章 电压波动抑制的构网、跟网型设备协同控制策略 ·········· 175
10.1 光伏逆变器跟网协同控制策略 ·········· 175

| 10.1.1   引言 ··· 175
| 10.1.2   现代电力电子设备无功补偿机理分析 ··· 175
| 10.1.3   无功资源时变特征对电网电压影响分析 ··· 179
| 10.1.4   配电网构/跟网型设备多时间尺度无功优化建模 ··································· 183
| 10.1.5   配电网构/跟网无功设备多时间尺度优化策略求解 ······························· 187
| 10.1.6   案例分析 ·· 188
| 10.2   计及 DPV 集群构/跟网辅助治理的协同控制策略 ·· 195
| 10.2.1   引言 ··· 195
| 10.2.2   基于可变直流拓扑的 DPV 集群控制系统建模 ······································ 196
| 10.2.3   考虑 DPV 集群控制的配电网两阶段无功优化建模 ······························ 200
| 10.2.4   考虑光伏出力随机波动的 DPV 集群控制策略 ····································· 206
| 10.2.5   含 DPV 集群控制的配电网多时间尺度无功优化策略 ·························· 210
| 10.2.6   算例分析 ·· 210
| 10.2.7   小结 ·· 224
| 10.3   基于配电网分区的构/跟网型协同优化配置 ··· 224
| 10.3.1   引言 ·· 224
| 10.3.2   配电网运行场景不确定性因素分析及处理 ·· 224
| 10.3.3   考虑光伏逆变器无功补偿的配电网区域划分 ·· 227
| 10.3.4   构/跟网无功资源多时间尺度优化配置模型及求解 ······························· 232
| 10.3.5   算例分析 ·· 236
| 10.3.6   小结 ·· 241

第 11 章 电压检测型 APF 谐波分布式治理 ·· 242

11.1 分散谐波源的台区群体发射水平建模 ·· 242
       11.1.1   台区电力电子化谐波源的聚类与等效处理 ·· 242
       11.1.2   基于非侵入式监测的用电行为马尔科夫建模 ·· 246
       11.1.3   台区谐波发射水平动态评估流程 ··· 250
       11.1.4   应用案例分析 ·· 251

11.2 VDAPF 分布式治理系统及其本地运行特性研究 ·· 254
       11.2.1   引言 ·· 254
       11.2.2   VDAPF 的实现原理 ·· 254
       11.2.3   电力电子化配电网分布式谐波治理系统 ··· 257
       11.2.4   应用案例分析 ·· 266

11.3 谐波和治理设备容量不确定性处理 ·· 269
       11.3.1   谐波治理设备配置的不确定性因素分析 ··· 269
       11.3.2   考虑不确定性的治理设备规划方法 ·· 270
       11.3.3   谐波治理设备规划的运行场景集构建 ··· 271

11.3.4　应用案例分析 ·· 274

第12章　电力电子化配电网谐波全局治理 ··· 277

12.1　电力电子化配电网多时间尺度谐波协调优化 ·· 277
　　12.1.1　长时间尺度配电网分散谐波全局优化治理 ·· 277
　　12.1.2　基于模型预测控制的短时间尺度谐波优化治理 ·· 280
　　12.1.3　应用案例分析 ·· 284
12.2　参与谐波优化治理的观测节点选取方法 ·· 293
　　12.2.1　电能质量数据时间序列特征点处理 ··· 293
　　12.2.2　电压畸变观测节点动态选择策略 ··· 298
12.3　VDAPF 和 MFINV 协同分区及安装节点选择 ·· 305
　　12.3.1　谐波治理设备工作原理分析 ·· 305
　　12.3.2　配电网谐波治理设备分区配置方案 ··· 308
　　12.3.3　VDAPF 和 MFINV 协同治理分区方法 ··· 310
　　12.3.4　应用案例分析 ·· 313
12.4　计及 MFINV 贡献的 VDAPF 多目标容量优化配置 ····································· 319
　　12.4.1　引言 ··· 319
　　12.4.2　VDAPF 多目标容量优化配置模型 ··· 320
　　12.4.3　多目标模型求解 ·· 322
　　12.4.4　应用案例分析 ·· 325

参考文献 ·· 330

第1章 绪 论

1.1 新型电力系统概述

1.1.1 电力系统基本组成

电力系统主要包含发电厂、输电和配电网络以及用户三个部分。

图 1-1 给出了一个简单电力系统的示意图,用以说明它们之间的相互关系。在目前的电力系统中,主要的发电厂为以煤、石油和天然气作为燃料的火力发电厂、利用水能发电的水力发电厂和利用核能发电的原子能发电厂。此外,利用风能、太阳能、地下热能和潮汐能发电的发电厂正在不断发展之中,有的已经具有一定的规模。

输电网络的作用是将各个发电厂通过较高电压(如 220 kV、330 kV、500 kV 至 750 kV)的线路相互连接,使所有同步发电机之间并列运行,并同时将发电厂发出的电能送到各个大的负荷中心。

电能送到负荷中心以后,需要经过配电网络进行电能的分配,用较低电压(如 110 kV、35 kV、10 kV 或 6 kV 以及 380/220V)的线路供给各个集中的大工厂和分散的中、小工厂以及千家万户的生活用电。

图 1-1 中虚线框以下的部分只是一个负荷中心下的一部分配电网络,而在实际配电网络中,110 kV(或 35 kV)的线路接线要复杂得多,10 kV(或 6 kV)线路的接线更加复杂,而 380/220 V 的线路则是像蜘蛛网一般连接到城市和农村的每一户居民住宅和每个商店。

电力系统的用户包括工业、农业、交通运输等国民经济各个部门以及日常生活用电,而受电器的种类则有灯泡、电动机、电热器、整流器和电弧炉等,它们将电能分别转换为光能、机械能、热能和化学能等。

在电力系统中,发电机、变压器、线路和受电器等直接参与生产、输送、分配和使用电能的电力设备常称为主设备或一次设备,由它们组成的系统又称为一次系统。实际上,在电力系统中还包含各种测量、保护和控制装置,习惯上将它们称为二次设备和二次系统。

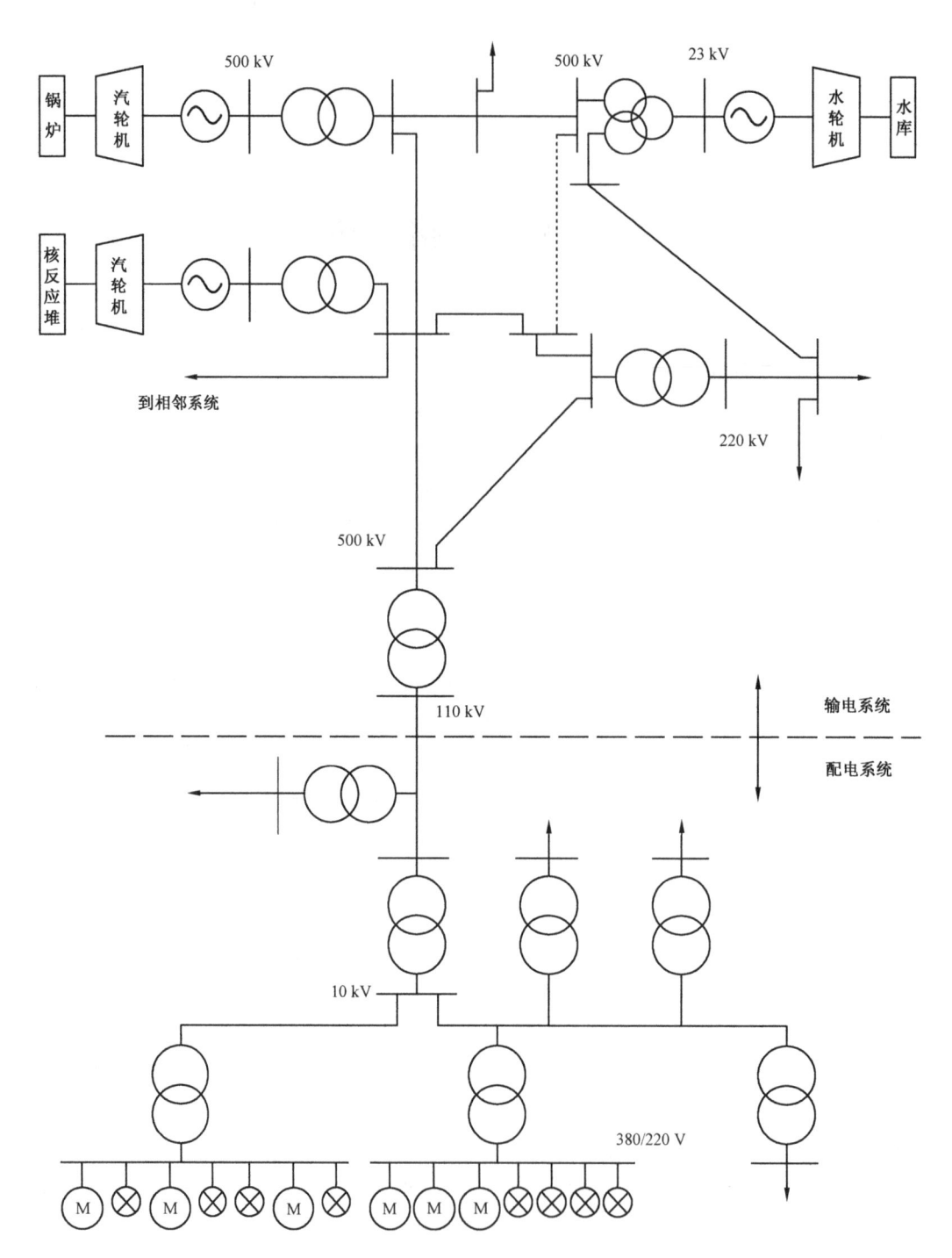

图 1-1 电力系统示意图

1.1.2 电力系统发展概况

我国具有丰富的能源资源。水力资源的蕴藏量达 676 GW，居世界首位。其中可利用的资源约有 378 GW，主要集中在西南和西北，包括长江、金沙江、澜沧江、怒江和红水河的中上游以及黄河的上游。煤、石油和天然气资源也很丰富。煤的预测量约为 4 500 Mt,其中 90%集中在陕西、山西及内蒙古。可利用的风力资源主要分布在东南沿海、新疆、甘肃及东北地区,共约为 160 GW。这些优良的自然条件为我国电力工业的发展提供了基础。

早在 1880 年,上海就已经建立了第一个发电厂,但直到 1949 年,全国的总装机容量仅有 850 MW,年发电量为 4.3 TWh。

随着我国国民经济的高速发展,电力工业将有更大的发展。发展方针为:继续发展燃煤电厂,提高能源效率,减少对环境的污染;加速水力资源的开发利用和水电厂的建设;发展核电技术并适度发展核电厂;因地制宜开发风力和潮汐等可再生能源发电;加速建设输变、配电工程和电力系统,在中、西部地区开发大型水、火电基地,向能源短缺的东部地区进行远距离、大容量输电,促进区域电网之间的互联,并最终形成全国电力系统。

1.1.3 新型电力系统发展趋势

新能源作为我国能源转型发展的重要力量,在"十四五"期间将持续快速发展。为确保高占比、不确定性新能源电力的可靠供应和有效消纳,需要以电为中心、以新能源的大规模开发利用为出发点,依托技术创新驱动和政策机制保障,通过对电源侧、电网侧、负荷侧进行系统性融合重塑,支撑和保障新型电力系统的构建,推动建立绿色低碳、安全高效的能源供应体系。

1.1.3.1 电源侧以优化电源结构、提升电源灵活性为支撑

在碳减排目标下,新能源将迎来新的跨越式发展,必然对系统灵活性提出更高要求,迫切需要灵活性电源与新能源发电机组互补运行。因此,电源侧在大力推动能源供给清洁化的同时,需要从"新能源+储能"、多能互补等方面保障清洁能源可靠供应,为系统安全运行提供支撑。具体说明如下:

新能源发电技术方面,提高新能源功率预测精度。风光发电功率预测是推进高比例新能源发展的关键技术之一,有助于从源端实现对新能源发电的可测和可控。当前电力现货市场交易对新能源的预测尺度和准确率提出了更高要求,提高了新能源功率预测精度,使新能源中长期功率曲线与现货市场有效衔接,对于促进高比例新能源的消纳和提高新能源场站的经济效益具有重要作用,应开展新型灵活性电源发电技术研究与应用,促进多样化清洁能源电力供应,提升源网协调能力。当前,太阳能光热发电是新能源发电的一个新方向,具有灵活可控等优势,这种灵活的电源发电技术将在电力系统中发挥重要作用。此外,基于虚拟同步发电机技术,可使风光发电并网具备与常规机组接近的特性,因此,积极开展风光新能源电站虚拟同步机技术改造应用,对增强风光涉网性能、提高电网接纳新能源能力、提升系统运行的稳定性至关重要。

推进"新能源+储能"应用。"新能源+储能"是未来能源的发展方向,应鼓励实施可再生能源+储能项目。开展集中式"新能源+储能"场景下的规划研究,明确抽水蓄能电站或规模化电化学储能电站的发展规模和布局,实现源储协调发展,促进高比例新能源接入与消纳。大力推广分布式"新能源+储能"系统,实现分布式新能源便捷接入和就近消纳,提高可再生能源利用率。

多种类可再生能源的互补互济。利用风、光、水、气、氢等不同类别能源之间的时空耦合特性，搭建多能互补能源网络，实现多元化的能源互补互济，提升电源多源协同优化运行能力。

构建保障电源侧能源清洁化政策支撑体系。构建适应高比例新能源接入的电力市场管理机制和运行模式，为能源供给低碳化提供制度保障。完善辅助服务市场和容量市场，制定适应新能源等清洁能源广泛、灵活参与的市场运营机制，激励清洁能源发电技术推广应用。

1.1.3.2 电网侧以构筑能源高效配置平台为枢纽

电网连接能源生产和消费，是能源转换利用和输送配置的枢纽平台。构建新型电力系统，促进更高比例波动性、间歇性的新能源并网消纳，需要电网在广泛互联、数字化转型、安全高效运行和综合能源系统等方面探索实践路径，充分发挥电网的桥梁、纽带作用。具体说明如下：

优化完善网络架构，构筑大范围、高效率的清洁能源配置平台。开展以输送新能源为主的特高压、柔性直流输电等工程建设和技术研究应用，提升电网跨省跨区输电能力，促进新能源消纳。开展电网跨区互补规划研究和工程建设，促进跨区互联电网灵活互动，提高电网供电的可靠性和大范围能源资源的配置能力。

推进电网数字化转型，提升电网全息感知能力。依托电力大数据，深度融合物联网、大数据、云计算、深度学习、区块链等技术，构建数字化和智能化的新型能源系统，促进电网互联互通，提升系统全息感知及数字化智慧管理能力，实现对电力能源生产、输送、存储、交易、消费各环节的即时化感知、监测与决策，充分发掘能源大数据作为新时期重要生产要素的价值。

推进多能互补的综合能源系统应用研究，促进源、网、荷、储协调互动。推进以电网为核心的综合能源网络建设，构建智能互动、开放共享、协同高效的现代电力服务平台，积极主动服务能源消费方式变革。开展源、网、荷、储协同互补优化调度策略研究，实现源、网、荷、储全环节灵活性资源统一协同互补，提升电力系统的灵活调节能力，保障电力供应的可靠性。

开展新型电力系统运行特性分析研究。在碳减排背景下，大规模新能源并网导致电网"双高"特征日益凸显，亟须开展新型电力系统安全稳定控制、多时空尺度电力电量平衡、大规模新能源源网协调控制、大规模新能源发电高效并网与消纳等技术的攻关和相关技术标准的制定，支撑构建新型电力系统运行体系，增强我国在新型电力系统领域的国际话语权。

开展电力市场相关机制的探索实践，为促进源、网、荷、储各环节融合发展营造良好的市场环境。完善新能源跨省跨区消纳模式和相关辅助服务补偿费用机制；结合当前电力现货市场试点情况，完善长期交易与现货交易衔接、市场运行模式、价格机制设计，加快建设全国统一的电力现货市场运营方式；因地制宜建立尖峰电价和深谷电价机制，激发可调节负荷、电动汽车、储能等可调节资源参与电网调峰的积极性，挖掘需求侧资源的利用潜力。

1.1.3.3 负荷侧以挖掘需求侧资源的充分利用为目标

在碳减排背景下，能源消费将不断涌现新产业、新业态、新模式，负荷结构将更加多元化，负荷特性将更加复杂。为满足负荷侧对可靠性、便捷性、效能等方面的更高要求，需要加强需求侧管理,挖掘需求侧的资源利用,促进能源供需双向互动;主动适应未来多元化的能源消费模式,建立面向用户需求的多能互补系统,推进能源消费电气化。具体说明如下。

加强负荷侧需求管理,挖掘用户侧可调节资源。通过数字化手段实现用能设备的状态和需求信息的监测,实现对负荷侧储能、可控负荷、充电桩、用户侧分布式能源系统的实时管理,挖掘用户侧灵活性资源,促进源、网、荷、储融合互动。结合区域负荷特性,研究负荷聚合商模型的构建与量化方法,通过大数据、区块链等技术促使海量用户侧可调负荷参与电力需求侧响应,增强负荷侧的响应能力,促进电力用户提升能效管理水平。

开展面向新能源消纳的负荷侧多能互补能源系统研究与应用。通过分布式能源和微电网等方式,整合电、热、冷、气等多类型能源需求,搭建面向用户区域的综合能源系统,满足用户多元需求,提高能源系统的效率和可靠性,推进能源消费脱碳。

负荷侧电力需求侧响应市场机制研究。开展负荷聚合商参与需求侧响应的盈利模式实践,激励负荷聚合商参与电力市场交易,促进新能源消纳。针对未来涌现的多元化能源消费新模式、新业态,探索灵活多样的市场化需求侧响应交易模式,提出适应电动汽车、可控负荷等需求侧资源参与的市场运营机制,促进需求侧响应力度,激励清洁能源技术的推广应用。

1.2 分布式资源

1.2.1 分布式资源概述

分布式资源(Distributed Generation,DG)是指为了满足特定电力用户的电力需求,在用户附近布置的 35 kV 及以下电压等级的独立电源。DG 通常采用技术先进的控制设备,具有操作简单、投切机组方便和能源利用率高等优势。当大电网发生故障时,DG 可作为孤岛内的电源实现孤岛运行。位置和容量合理的 DG 可满足偏远地区的小负荷用电需求,提高对用户的供电可靠性。

1.2.2 分布式资源种类及特性

根据发电所使用技术的不同,DG 可分为风力发电、光伏发电、燃料电池发电、微型燃气轮机发电、储能电池等。

1.2.2.1 风力发电

风力发电是以扇叶、齿轮箱为媒介,实现风能与机械能的转化,进而通过发电机产生电能的一种发电技术。该发电方式装机容量跟装机位置灵活,建设周期短,易维护,但存在噪声大等缺点。

风力发电系统主要是将风能转化为电能,近些年获得了迅速的发展,大量的风电系统也接入电网中,发电技术也日益成熟。近年来,我国的电力行业仍在稳步提升中,风电产业亦是如此,2022 年第一季度,全国风电新增并网 790 万 kW,同比增加 16.7%,截至 3 月底,全国风电累计并网 3.37 亿 kW,同比增加 17.6%。通过以上数据,可以看出风力发电已经成为分布式资源中的中坚力量。

1. 风力发电的工作原理

风力发电的原理:当系统的风轮受到风力的驱使时会开始旋转,然后伴随着旋转速度增加,从而使发电机开始发电工作。

风力发电过程包括风能、机械能、电能三种能量的相互转换,风轮受到风能影响时开始转动,使风能转化为机械能,再通过发电机将其转化为电能。

风力发电系统的输出功率如式(1-1)所示:

$$\begin{cases} P_r = 0.5\rho\pi r^2 v^3 C_p(\lambda,\beta) \\ \lambda = \omega_r R/v \end{cases} \quad (1\text{-}1)$$

式中,P_r 为风力系统的输出功率;ρ(kg/m³)为空气密度;r(m)为风轮的叶片半径;v(m/s)为风速;C_p 为风能利用系数;ω_r 为风轮角速度。

2. 风力发电的数学模型

接入电网的大部分以异步电动机为主,异步电动机组结构简单,能直接与电网相连,可以根据电力系统频率增加风轮叶片的旋转;但是,异步电动机需要从电网中吸收无功功率来为其提供励磁电流,所以接入电网时不能简单将其看成 PQ 节点,本节建立简单的异步电动机模型分析,异步电动机模型示意图如图 1-2 所示。

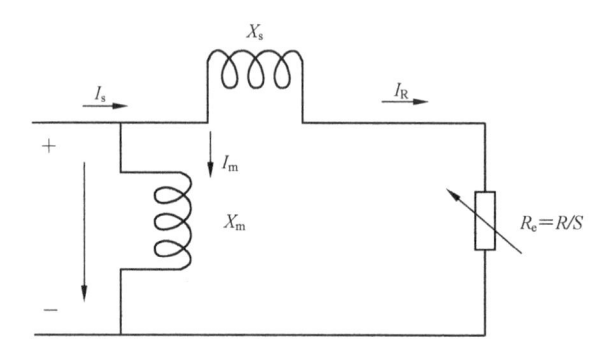

图 1-2 异步电动机模型示意图

对图 1-2 模型图进行分析,可以得到机组系统的输出功率如式(1-2)所示:

$$P_e = \frac{sRU^2}{s^2 X_\sigma^2 + R^2} \quad (1\text{-}2)$$

然后根据式(1-3)、(1-4)计算转差率和功率因数角:

$$s = \frac{R(U^2 - \sqrt{U^4 - 4X_\sigma^2 P_e^2})}{2P_e X_\sigma^2} \quad (1\text{-}3)$$

$$\tan\delta = \frac{R^2 + X_\sigma(X_m + X_\sigma)s^2}{RX_m s} \quad (1\text{-}4)$$

风力发电机的无功功率如式(1-5)所示:

$$Q = P_e \tan\delta = \frac{R^2 + X_\sigma(X_m + X_\sigma)s^2}{RX_m s} P_e \quad (1\text{-}5)$$

以上式子中,s 为转差率;P_e 为输出的功率;X_m 为发电机励磁电抗;U 表示电压值;X_σ 表示漏电抗;R 为转子电阻。

由式(1-3)和(1-5)可知,风力发电的无功功率的大小受到输出的有功功率和转差率大小的影响,而转差率又受到电压和输出有功功率的影响,所以将风力发电机组看成 $PQ(V)$ 节点模型更加贴近实际。

1.2.2.2 光伏发电

太阳能发电分为光伏发电和光热发电。光伏发电利用半导体实现光-电转换,由于该方式优于光热发电,因此应用最为广泛。该发电方式具有经济环保、容易安装、场地选择灵活、维护成本低等众多优点。

1. 光伏发电原理

太阳能作为可再生能源被广泛推广并被广泛运用于交通、通信等多个领域。光伏发电利用半导体薄片所具备的光伏效应,当太阳能电池受到光照时,半导体内的电子和空穴的空间分布状态也随之发生变化,将太阳能直接转换为电能。

当太阳能电池受到太阳的照射时,太阳能电池内部原本被束缚的电子变得活跃起来,使内部载流子的浓度和结构发生变化,产生新的电子-空穴对,又因为受到 P-N 结的电场影响,电子和空穴发生了相对运动,电子开始从 P 区往 N 区移动,空穴开始从 N 区向 P 区移动,使得太阳能电池的两面含有大量的电子和空穴积累,由此在太阳能两端形成电压差,产生电流。如果一直受到太阳光照射,也将产生持续不断的电流。

2. 光伏发电的模型

通常情况下,单片太阳能电池的额定输出电压较小,为了使输出电压和功率容量满足接入系统的要求,通常将若干个太阳能电池串联或者并联在一起构成光伏阵列,再将输出的直流电流转化为交流电。为了更好地研究光伏发电的潮流性能以及方便后面含分布式电源的潮流计算的研究,建立了光伏发电的数学模型,结合相关参数进行研究。光伏发电的数学模型如图 1-3 所示。

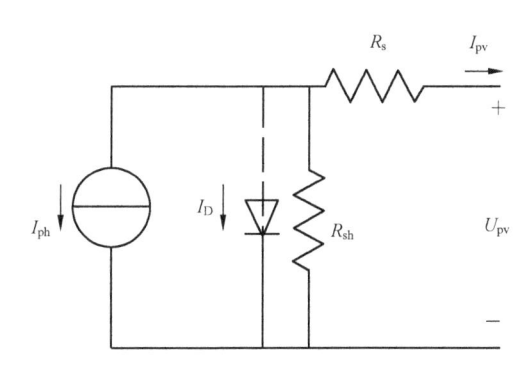

图 1-3 光伏发电的数学模型图

对图 1-3 所示模型图分析,可知一块太阳电池的光生电流如下:

$$I_{pv} = I_{ph} - I_j \{\exp[q(V_{pv}+R_sI_{pv})/AkT-1]\} - (U+R_sI)/R_{sh} \tag{1-6}$$

式中,

$$I_j = I_{jr}(T/T_r)^3 \exp(qE_G/Ak)(1/T_r - 1/T) \tag{1-7}$$

$$I_{ph} = [I_{ser} + k_j(T-T_j)]S/100 \tag{1-8}$$

$$T = 0.32 + 0.25S + 0.899T_a - 1.3\omega_s + 273 \tag{1-9}$$

因为太阳能电池在接入配电网时,为了增大太阳能电池输出的直流电流和电压,需要将若干个太阳能电池串联或者并联形成光伏阵列。一般使太阳电池串联而增加光伏系统对外输出的直流电压值,并联增加对外输出的直流电流值,由此可以得到光伏阵列的输出特性模型如式(1-10)、(1-11)所示:

$$I_{pv}=m[I_{ph}-I_j\{\exp[q(V_{pv}+R_sI_{pv})/nAkT-1]\}-(U+R_sI)/R_{sh}] \quad (1\text{-}10)$$

$$P=U_{pv}I_{pv}=mU_{pv}[I_{ph}-I_j\{\exp[q(U_{pv}+R_sI_{pv})/nAkT-1]\}-(U+R_sI)/R_{sh}] \quad (1\text{-}11)$$

上述公式中,光伏发电数学模型具体参数代表的含义如表1-1所示。

表1-1 光伏发电数学模型具体参数表

参数名称	代表含义	参数名称	代表含义
q	电子电荷量1.6×10^{-19}C	I_{pv}	电池输出的电流
A	理想因子(1.5~3)	I_{ph}	光生电流
R_s	等效串联电阻值	U_{pv}	电池输出的电压
R_{sh}	等效并联电阻值	k	玻尔兹曼常数
n	串联电池数	ω_s	风速/(m/s)
T	电池温度/K	I_{ser}	电路短路电流(3.3A)
T_a	环境温度/℃	S	整体日光辐射/(MW/cm^2)
T_r	基准温度(301.18K)	I_j	光伏电池反向饱和电流
E_G	硅原子频带间隙能量	I_{jr}	基准温度下反向饱和电流
T_j	标况下的绝对温度值(298K)	k_j	短路电流短路温度系数(0.0017)
m	并联电池数		

1.2.2.3 燃料电池发电

燃料电池在工作时是以燃料和氧气作为原料在空气进行反应,本质就是把化学能转化为电能,利用可再生清洁能源,并且没有机械部件的参与,所以对空气造成的危害小,使用寿命比较长。因此,燃料电池也被广泛地使用在生活中。

1. 燃料电池发电原理

一般情况下,预处理装置、燃料电池堆和PCU(功率调节装置)共同组成了燃料电池发电系统。燃料电池具有和一般电池相同的机构,都含有阴阳两个电极、电解质以及相同的外部电路。在燃料电池发电时,燃料气在燃料电池的阳极上发生氧化反应,放出自由电子,之后自由电子传导到阴极,在阴极上发生还原反应,与氧化气结合生成阴离子,阴离子又在电场作用下迁移到阳极上,与燃料气反应,构成回路,产生电流。

2. 燃料电池发电数学模型

燃料电池并网时的等值并网模型如图1-4所示。

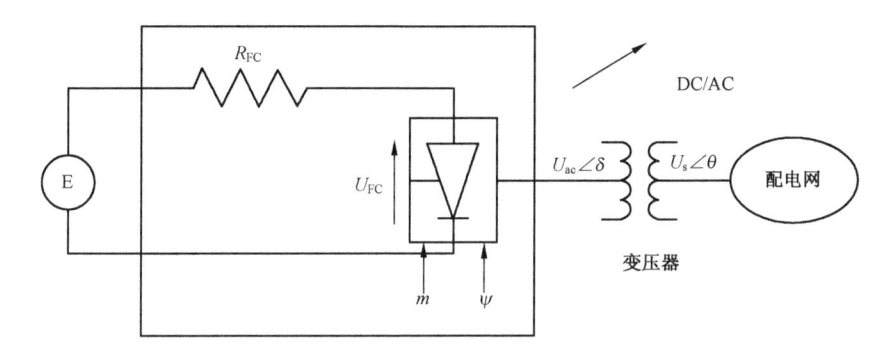

图 1-4 燃料电池数学模型

由图 1-4 所示，U_{FC} 为燃料电池输出的直流电压；R_{FC} 为电阻值；m 和 ψ 分别表示逆变器的调节指数和超前角；U_{ac} 表示逆变器输出的交流电压；U_s 表示母线电压；δ 和 θ 为电压的相角；X_T 为变压器等抗电压。由于 $U_{ac}=mU_{FC}$，所以得到如式(1-12)、(1-13)关系式：

$$P=\frac{U_{ac}U_s}{X_T}\sin(\delta-\theta)=\frac{mU_{FC}U_s}{X_T}\sin\psi \tag{1-12}$$

$$Q=\frac{U_{ac}U_s}{X_T}\cos\psi-\frac{U_s^2}{X_T}=\frac{mU_{FC}U_s}{X_T}\cos\psi-\frac{U_s^2}{X_T} \tag{1-13}$$

可以看出，调节参数 m 和参数 ψ 可以分别控制燃料电池输出的无功功率和有功功率，这与调节发电机的有功和无功原理相似。

1.2.2.4 微型燃气轮机发电

微型燃气轮机发电原理为：压缩机将压缩出来的空气运用涡轮排气进行预先加热，之后再与燃料在燃烧室进行混合燃烧，通过产生的高温气体做功来带动发电机转动发电，输出产生的高频交流电经过 AC-DC-AC 的过程，并加入电容器减小电压波动，最后转化为 50 Hz 的交流电输送进入电网。

整个过程中，微型燃气轮机发电系统输出的功率如式(1-14)所示：

$$P_e=\eta\times\left[1.3(W_f-0.23)+\frac{1-N}{2}\right] \tag{1-14}$$

式中，P_e 为输出功率；η 为微型燃气轮机机械功率转化为电功率的效率；W_f 为燃料流量；N 为转速。并网后，系统输出的有功功率可以进行调度，技术原理公式如式(1-15)(1-16)所示：

$$P_m-P_e=\frac{M}{\omega_R}\frac{d\omega}{dt} \tag{1-15}$$

$$P_{m,in}-P_{m,out}=1-\frac{1}{R}\frac{\omega-\omega_R}{\omega_R} \tag{1-16}$$

式中，$P_{m,in}$，$P_{m,out}$ 分别表示动力机的输入和输出功率；M 表示发电机转矩；ω_R 表示燃气轮机系统的受端角速度；ω 为送端角速度；R 表示发电机的等效阻抗。

1.2.2.5 储能电池

光伏发电系统在工作时具有间歇性、波动性的特点，风力发电受自然条件的影响也较大,为解决以上弊端,需要在发电系统附近安装储能装置。储能电池定义为利用化学等方法将电能储存起来,并在使用时将电能释放出来,当电能供大于需时,储能电池储存能量;当需大于供时,储能电池向电网释放电能。储能电池的数学模型如图 1-5 所示。

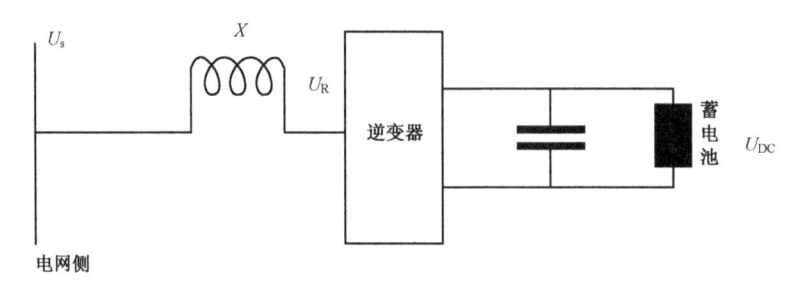

图 1-5 储能电池数学模型

在图 1-5 中,X 为电池并网时的等效阻抗;U_s 为电网侧电压;U_R 为逆变器输出的电压;δ 为电网侧电压相角与储能电池输出电压相角的差值。蓄电池对电能进行储存,对外输出直流电,然后经过逆变器转化为交流电,并入电网。逆变器与电网之间无功功率和有功功率之间的计算关系如式(1-17)所示:

$$\begin{cases} P = \dfrac{U_s U_R \sin\delta}{X} \\ Q = \dfrac{U_R}{X}(U_R - U_s\cos\delta) \end{cases} \quad (1\text{-}17)$$

可以看出,逆变器和电网之间交换的无功功率和有功功率可以通过控制逆变器输出电压 U_R 和电网与蓄电池电压相角差 δ 进行控制。

1.3 电力系统稳定运行与调频调压

1.3.1 电力系统有功功率与频率调控

1.3.1.1 系统频率的一次调整

在电力系统中,基本上所有发电机组都具有自动调速系统,它们共同承担频率的一次调整(一次调频)任务,其主要目标是针对全系统有功负荷的随机变化,当然,对于负荷的缓慢变化成分也起作用。

为了说明一次调频的原理和性能,需要同时考虑全系统等值发电机组的频率特性和全系统总负荷(包括网络损耗和厂用电)的频率特性。图 1-6 中的直线 1 和 2 分别为等值发电机组的频率特性和总负荷的频率特性,它们的交点 o 对应于等值发电机组的出力 P_{G0} 与总负荷吸收的有功功率 P_{L0} 相平衡,而且系统频率正好等于额定频率 f_N 的一个理想稳态运行情况。现在分析当总负荷增加 ΔP_{L0} 后,稳态运行点的变化。负荷增加后,负荷的频率特性将向上移动而变为图 1-6 中的直线 3。在此情况下,如果系统仍保持额定频率不变,则负荷所吸收的有功功率将由原来的 P_{L0} 增加 $P_{L0}+\Delta P_{L0}$,即相当于直线 3 上的 a 点。但实际上,新的稳态运行点为直线 1 和直线 3 的交点 o',在该点等值发电机组的出力与增加后的负荷所取用的有功功率达到新的平衡,而系统的频率则有所降低。

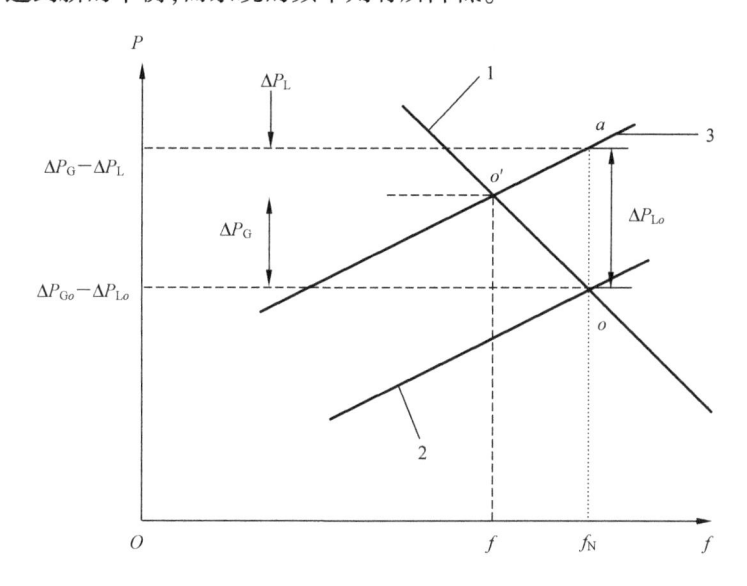

图1-6 电力系统的功率频率静态特性

为了进一步理解新的稳态运行点与原稳态运行点之间的关系,下面粗略分析其所经过的暂态过程。当总负荷增加后,起初由于发电机组的惯性,它们的转速不能突然变化,这时系统的频率和机组发出的有功功率暂时保持不变,这样便使机组的出力小于负荷的功率,从而造成能量的缺额,而这缺额只能靠机组将所储存的动能部分地释放,以保持全系统的能量守恒。于是,所有的发电机组都开始减速。接着,由于发电机组转速的降低,在调速系统的作用下,进气阀和进水阀的开度将增大,从而增加发动机的机械功率并同时增加发电机发出的有功功率。这个暂态过程将继续进行,直至达到一个新的稳态平衡点为止。显然,由于在调速系统作用下要使机组出力增加其转速必须降低,在负荷增加的情况下,新稳态平衡点的频率必然低于原稳态平衡点。另外,由图1-6可以看出,在新稳态平衡点处,负荷实际增加的功率比 ΔP_{Lo} 小,这是因为系统频率的降低使全部负荷(包括原有的和新增的)所取用的有功功率都按负荷的频率特性而减少。

对于系统负荷降低时的稳态运行点,其结果正好相反。

下面分析负荷变化量与系统频率变化量之间的定量关系。由图1-6可以看出,负荷所取用功率的实际增量($\Delta P_{Lo}+\Delta P_L$)应与等值发电机组有功功率增量 ΔP_G 相等,即($\Delta P_{Lo}+\Delta P_L$)= ΔP_G。注意,这里的 ΔP_L 实际上小于零。等值发电机组的有功功率增量与频率增量 $\Delta f=f-f_N$ 之间的关系为 $\Delta P_G=-K_G\Delta f$,而负荷由于其频率调节效应而产生的功率增量为 $\Delta P_L=K_L\Delta f$。于是,可以得出

$$\Delta P_{Lo}=\Delta P_G-\Delta P_L=-(K_G+K_L)\Delta f=-K_S\Delta f \tag{1-18}$$

其中

$$K_S=K_G+K_L=-\Delta P_{Lo}/\Delta f \tag{1-19}$$

称为系统的功率频率特性系数,或系统的单位调节功率,单位为 MW/Hz,它表示引起频率发生单位变化的负荷变化量。K_S 在数值上等于等值机组的单位调节功率与全系统总负荷的

调节效应之和。K_S的值越大,负荷变化引起的频率波动越小,系统的频率也就越稳定。

当式(1-20)中的K_G和K_L用标幺值表示时

$$K_{G*}\frac{P_{GN}}{f_N}+K_{L*}\frac{P_{LN}}{f_N}=-\frac{\Delta P_{Lo}}{\Delta f}$$

两端同时除以$\dfrac{P_{LN}}{f_N}$,则由上式可以导出

$$k_r K_{G*}+K_{L*}=-\frac{\Delta P_{Lo*}}{\Delta f^*}=K_{S*} \tag{1-20}$$

式中,$k_r=\dfrac{P_{GN}}{P_{LN}}$称为系统的热备用系数。

1.3.1.2 频率的二次、三次调整和自动发电控制

1. 自动发电控制的一般要求

当负荷变化时,虽然发电机组的自动调速系统能在一定程度上调节发电机的功率,使它们随着负荷的变化而变化,但由于调速系统的调差系数不能为零,因此,单靠机组的自动调速系统不可避免地会产生频率偏差,而当负荷变化较大时,频率偏差甚至超过容许范围。为了进一步调整发电机组的出力,使它们能更好地跟踪负荷的变化,以便将频率偏差限制在容许变化范围内并能得到更高的频率质量,就需要进行频率的二次调整和三次调整。

频率的进一步调整还需要考虑到其他的要求:

(1)我国电力系统的规模越来越大,不但跨省形成地区电力系统,而且在地区电力系统间逐步互联,形成全国的联合电力系统。这样就要求在控制系统频率的同时,控制省与省之间、地区与地区之间通过联络线交换的有功功率,其目的不仅是使系统的频率偏差更小,而且使省与省之间以及地区与地区之间通过联络线交换的净功率按照事先约定的协议执行。这一要求在电力市场环境下更为重要。适应这一要求的控制称为频率和联络线功率控制,也称为负荷频率控制(Load Frequency Control,LFC)。

(2)当负荷发生较大变化时,在发电机组之间的功率分配应满足经济性要求。为了在发电机组之间实现经济功率分配,一般在调度部门每天都对次日24小时的阶梯形负荷曲线进行预测,然后按照经济性原则,将负荷所需要的有功功率直接或通过电厂间接分配给各个机组,从而给定各个机组每小时的经济出力。但是,由于日负荷曲线中含有缓慢变化的成分,而且负荷预测通常存在误差,因此需要不断对机组间功率的经济分配作调整。为了达到经济分配目的而进行的调整和控制常称为经济调度控制(Economic Dispatching Control,EDC),或简称经济调度(ED)。

负荷频率控制常称为频率的二次调整,或称二次调频;经济调度控制则称为频率的三次调整,或称三次调频,而将两者合称为自动发电控制(Automatic Generation Control,ACC)。当然,这种命名方法并不统一。国外的一些电力系统已在不同程度上实现了自动发电控制,我国各区域电力系统也已部分实现。

除了上面两点要求以外,还要求频率的累积误差(即系统的电钟时间与天文时间之差)

和联络线交换能量的误差在一定的范围内。

2. 区域控制误差

考虑电力系统由若干个区域电力系统(以下简称区域)所组成,它们之间通过联络线进行互联,如图 1-7 所示。

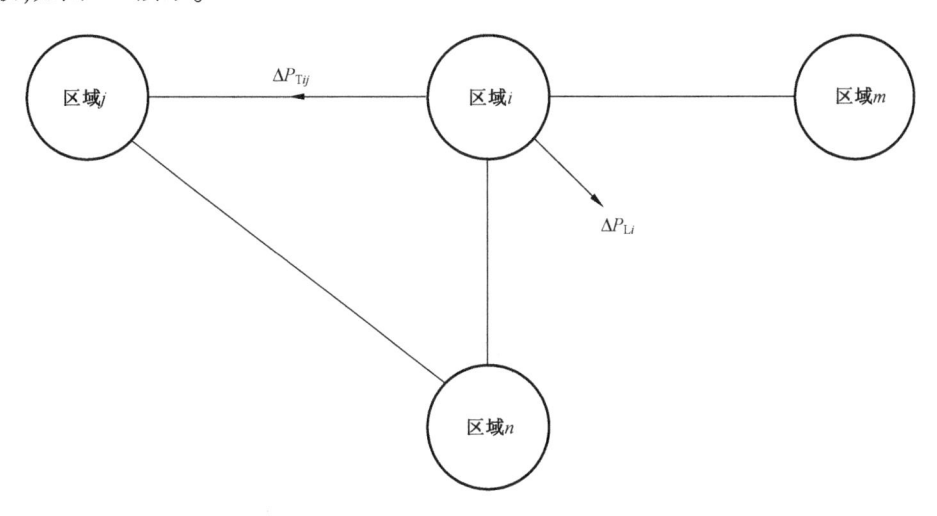

图 1-7 联合电力系统示意图

为了控制系统的频率以及联络线的净交换功率,将频率误差和联络线的净交换功率误差进行综合,形成区域控制误差(Area Control Error,ACE)。例如,对于图 1-7 中的区域 i,区域控制误差定义为

$$ACE_i = \beta_i \Delta P_{Ti} + K_i \Delta f$$

$$\Delta P_{Ti} = \sum_{j \in i} P_{Tij} - P_{spi}$$

式中,ΔP_{Ti} 为由区域 i 通过所有联络线向外送出有功功率的代数和(即向外送出的净有功功率)与其计划交换功率 P_{spi} 之差,即联络线交换功率偏差;P_{Tij} 为区域 i 向区域 j 通过联络线送出的净有功功率;β_i 和 K_i 分别为区域 i 的功率偏差系数和频率偏差系数。

在负荷频率控制中,各区域将根据本身的区域控制误差 ACE_i 对该区域内的发电机组进行控制,使得在到达稳态时,区域控制误差 ACE_i 为零。

根据 β_i 和 K_i 的取值不同,应用区域控制误差进行控制可以实现以下三种控制方式:

(1) 恒定频率控制。取 $\beta_i = 0, K_i = 1$,即

$$ACE_i = \Delta f \tag{1-21}$$

显然,当经过控制使稳态下 $ACE_i = 0$ 时,将得出 $\Delta f = 0$,从而将系统稳态频率控制到额定值 f_N。

(2) 恒定净交换功控制。取 $\beta_i = 1, K_i = 0$,即

$$ACE_i = \Delta P_{Ti} \tag{1-22}$$

在此情况下,当稳态下 $ACE_i = 0$ 时,将得出 $\Delta P_{Ti} = 0$ 使稳态下区域 i 的联络线净交换功率等于计划值。

(3) 联络线功率和率差控制。取 $\beta_i = 1$,得

$$ACE_i = \Delta P_{Ti} + K_i \Delta f \tag{1-23}$$

从而同时对系统频率和联络线交换功率进行控制。如果取 K_i 为区域系统本身的单位调节功率 K_{Si}，则由式（1-18）可知，$-K_i\Delta f$ 为区域 i 内与 Δf 对应的负荷增量，而 $-\Delta P_{Ti}$ 为由其他区域向区域 i 输送的净功率增量，也是因为区域 i 中的负荷增加而由其他区域多送来的功率，因此，两者之和 $-\Delta P_{Ti} - K_i\Delta f$ 实际上是区域 i 中总的负增量 ΔP_{Li}。

于是，当 K_i 取为 K_{Si} 时，按照 ACE_i 的大小，可以分成三种情况：如果 $-ACE_i=0$，即 $-\Delta P_{Ti}-K_i\Delta f=0$，则说明虽然通过联络线交换的净功率 ΔP_{Ti} 可能有所改变，而本区域的负荷却并未发生变化；如果 $-ACE_i>0$，即 $ACE_i<0$，则说明区域的总负荷有所增加；反之区域的总负荷有所减少。因此，区域控制误差可以用来判断负荷的变化是否发生在本区域内，而且反映了本区域的负荷是增加还是减少，以及具体的数量。显然，如果各个区域都分别按照自己的区域控制误差来控制本区域内发电机组的出力，使得各个区域在稳态时都满足 $ACE_i<0$，则不管系统中的负荷如何变化，各区域实际上只负责本区域内部机组出力与有功负荷之间的平衡。在此情况下，由于各个区域中机组的总出力都正好与本区域的有功负荷相平衡，因此系统的频率将最终恢复到额定值，即在到达稳态时 $\Delta f=0$，而这时由式（1-23）知，各区域的 ΔP_{Ti} 也都又等于零，从而使区域间联络线的净交换功率重新回到计划值。因此，在采用式（1-23）定义的区域控制误差进行控制时，通常取本区域系统自身的单位调节功率作为功率偏差系数。

在实际系统中，为了同时完成频率和联络线净交换功率的控制，往往让所有的区域系统都采用式（1-23）所定义的区域控制误差进行控制。但有时对个别容量较小的区域系统采用恒定净交换功率控制，而对容量较大的区域系统采用恒定频率控制，使容量较小的区域系统保持净交换功率不变，由容量较大的区域系统承担全系统的频率调整的任务，而其他区域系统则自我平衡负担本区域的负荷变化。

3. 自动发电控制的实现

如前所述，频率的一次调整靠机组的自动调速系统来完成，而且连续不断地进行着，在实际电力系统中，基本上所有的机组都装有自动调速系统，因此所有机组都参与一次调频。然而，频率的二次调整和三次调整，既不是所有的机组都参与，也不是连续不断地进行，而是隔一段时间进行一次，其周期因系统而异。对于负荷频率控制，周期一般为 $5\sim10$ s，而经济调度控制周期一般为 $5\sim10$ min。

由于参与控制的机组其功率需要在较大范围内变化，因此对于火电机组来说，要求汽轮机和锅炉能够有良好的自动控制装置，以便按照给定的功率及时调整出力。机组的功率给定值有的由系统调度中心直接通过远动通道给定，有的由调度中心给出全厂的功率，再由厂内的控制系统将其分配到相应的机组。为了有效、经济地完成频率和有功功率的控制任务，往往要求所有大容量的机组都能参与。

完整的分配原则包括两部分：一部分是按照参与自动发电控制的各个机组的备用容量大小或功率调整速率来进行分配，它主要针对区域控制误差，另一部分是按照经济原则分配，针对负荷的变化和预测误差作经济功率分配调整。

对于按机组备用容量大小进行分配的情况，区域 i 中各个参与机组 $j\in i$ 的分配系数取为

$$r_{ij} = | P_{Mij} - P_{Gij} | / \sum_{j \in i} | P_{Mij} - P_{Gij} |$$

式中,P_{Gij} 为机组 j 的实际出力。P_{Mij} 为机组 j 的极限出力。当 $ACE_i<0$ 时,取机组的最大容许出力,$ACE_i>0$ 时取最小容许出力。

如果按机组容许的功率调整速率(单位间所能变的功率)分配,则分配系数取为

$$r_{ij} = S_{ij} / \sum_{j \in i} S_{ij}$$

式中,S_{ij} 为机组 j 的功率调整速率,MW/min。

对于上述两种分配,显然有 $\sum_{j \in i} r_{ij} = 1$。

这样,各个机组的具体功率给定值将按下式计算:

$$P_{sij} = P_{eij} + e_{ij} \Big(\sum_{j \in i} P_{Gij} - \sum_{j \in i} P_{eij} \Big) - r_{ij} ACE_i \tag{1-24}$$

式中,$\sum_{j \in i} e_{ij} = 1$。

下面将说明,按式(1-24)决定的机组功率给定值,如何满足负荷频率控制和经济调度控制的要求。

首先,对于所有机组 $j \in i$,按照式(1-24)进行功率给定值的相加,可以得出 $\sum_{j \in i} P_{sij} - \sum_{j \in i} P_{Gij} = -ACE_i$,这说明所有机组功率给定值的总和与机组实际出力的总和两者之间的差等于负的区域控制误差,即在区域 i 内通过自动发电控制拟增加的总出力,正好等于该区域总的负荷增量 $-ACE_i$,从而说明这符合联络线功率与频率控制的要求;而另一方面,由式(1-24)可知这一负荷增量将按分配系数 r_{ij} 分配到各个机组的功率给定值 P_{sij},这也正是所希望的。

可以看出,如果机组的总出力 $\sum_{j \in i} P_{Gij}$ 不等于按经济功率分配要求的总出力 $\sum_{j \in i} P_{eij}$,则机组的功率给定值将按经济分配系数 e_{ij} 的大小分担这一差值,直到差值等于零,而且各个机组的出力 P_{Gij} 正好等于按经济功率分配要求的出力 P_{eij} 为止。

最后,为了不使负荷频率控制过于频繁,在负荷频率控制周期内,将对区域控制误差进行滤波,从而滤去负荷中变化较快的随机部分,而且设置一定的死区,使得在区域控制误差超过死区的情况下才进行负荷频率控制。对于经济调度控制,则适当地采用较长的控制周期,以避免频繁控制。

1.3.2 电力系统无功功率与电压调控

1.3.2.1 电压调整和控制方法

1. 电压调整中的一些现象和规律

下面主要以图 1-8 所示的简单系统为例,用计算结果来说明电力系统电压调整中的一些现象和规律。这一系统虽然没有实际系统那样复杂,而且在输电系统中只有 220 kV 一个电压等级,但是它在一定程度上完整地反映了输电系统在电压调整中的一些真实现象和问题;系统中的数据虽然经过试凑,但它们基本上是合理的。

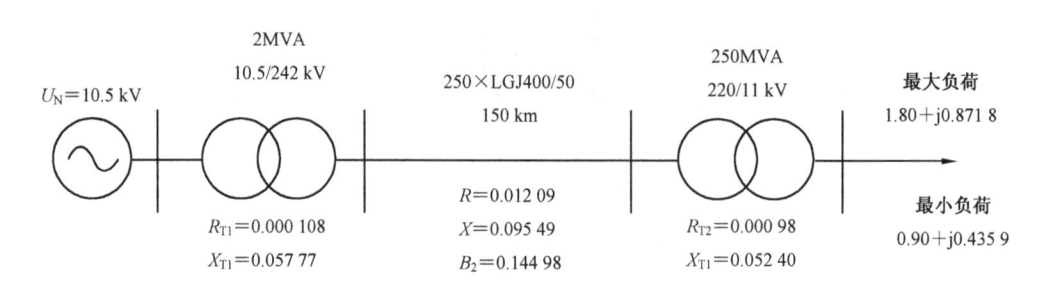

```
                2MVA                              250MVA
               10.5/242 kV    250×LGJ400/50       220/11 kV      最大负荷
  U_N=10.5 kV                    150 km                          1.80+j0.871 8

                                R=0.012 09                       最小负荷
               R_T1=0.000 108   X=0.095 49       R_T2=0.000 98   0.90+j0.435 9
               X_T1=0.057 77    B_2=0.144 98     X_T1=0.052 40
```

图 1-8 电压调整示例系统接线图

在该系统中,发电机的额定电压为 10.5 kV,高于网络额定电压 5%。这是考虑到一般的发电机有可能带地方负荷,而如果发电机的额定电压等于网络额定电压,则由于 10 kV 供电线路上存在电压损耗,结果可能使负荷处的电压偏低。升压变压器低压绕组的额定电压也取 10.5 kV,其原因是与发电机的额定电压相配合;其高绕组的额定电压取 242 kV,高于网络额定电压 10%,这是考虑到扣去变压器的电压损耗后高压母线的电压不致过低。降压变压器高压绕组的额定电压取 220 kV,是因为线路送端的电压虽然可能高于网络额定电压但输电线路上往往有电压损耗,因此线路受端电压通常在网络额定电压附近。降压变压器低压绕组的额定电压取 11 kV,这不但考虑到变压器的电压损耗,而且考虑到变电所 10 kV 母线通常要求运行电压高于网络额定电压。当然,降压变压器低压绕组的额定电压也可以取 10.5 kV,升压变压器低压绕组的额定电压也可以取 10 kV,视具体情况和要求而决定。以上关于发电机和变压器额定电压的规定理由和选取原则也适用于其他电压等级。

如图 1-8 所示系统中 220 kV 输电线路长度为 150 km,用二分裂导线。当取基准功率为 100 MVA,并分别取各级网络的额定电压为相应的基准电压时,变压器和线路的阻抗和电纳的标幺值分别示于图中。

假定变电所的 10 kV 母线直接供给高压工业用户,其最大负荷为 180 MW,功率因数按前述要求为 0.9,最小负荷为最大负荷的一半。下面只给出在最大负荷和最小负荷两种运行情况下的计算结果,这是因为它们是两个极端情况,如果这两个情况下的电压偏差都在容许范围内,则一般地说其他运行情况下的电压偏差将处于两者之间,自然也就在容许范围内。当然,在一般电力系统中,有时还需要计算一些其他的特殊运行情况。

对于这一系统,根据表 1-2,变电所 10 kV 母线的容许电压偏差为 ±7%,即应在 9.3~10.7 kV 范围内。同时,发电厂和变电所 220 kV 母线的电压不得超过额定电压的 110%,即不超过 242 kV;而且在最大负荷时发电厂 220 kV 母线的电压容许偏差为 0%~10%,即应在 220~242 kV 范围内。

表 1-2 各电压等级供电的容许电压偏差

电压等级	容许电压偏差	电压等级	容许电压偏差
35 kV 及以上	正、负偏差绝对值之和不超过标称电压的 10%	380 V	±7%
10 kV	±7%	220 V	−10%~7%

下面给出在几种调压措施下的计算结果并加以解释和说明。

情况1：发电机在最大和最小负荷下都以额定电压运行，即其运行电压保持为10.5 kV；升、降压变压器高压绕组在主接头上运行，即它们的变比分别为10.5/242和220/11。在此情况下，对于最大负荷和最小负荷分别进行潮流计算，可以得出各个节点的电压和网络中的有功功率损耗，其结果列于表1-3中的第1行。其中，上面的数据对应于大负荷，下面的对应于最小负荷。

从计算结果可以看出，当发电机运行电压保持不变时，所有的母线在最大负荷时的电压都比它们在最小负荷时的电压低，这是因为最大负荷时变压器和线路的电压损耗都比它们在最小负荷时的大。从计算结果还可以看出，变电所10 kV母线的实际电压为8.11 kV和11.19 kV，超出了容许范围9.3~107 kV，而且发电厂的220 kV母线在最大负荷时的电压只有218.83 kV，也小于容许数值220 kV。

表1-3 所示电力系统的调压计算结果

情况	负荷	发电机母线电压/kV	发电厂高压母线电压/kV	变电所高压母线电压/kV	变电所低压母线电压/kV	网络有功功率损耗/MW
1	最大负荷	10.5	218.83*	178.62	8.11*	9.89
1	最小负荷	10.5	238.77	229.20	11.19*	1.20
2	最大负荷	10.5	237.31	206.48	9.66	6.88
2	最小负荷	10.5	251.66*	243.20*	11.91*	1.05
3	最大负荷	10.5	241.29	211.85	9.95	6.46
3	最小负荷	10.5	219.16	207.57	10.08	1.51

注：* 表示已超出容许范围。

情况2：发电厂升压变压器仍采用固定分接头变器，但将分接头置于第2挡，其他与情况1相同。对于情况1，如果仅仅希望将发电厂高压母线在最大负荷期间的电压从218.83 kV提高到220~242 kV范围以内，是比较容易的，只要增加发电厂升压变压器高压绕组与低压绕组之间的变比便能达到目的。由于变压器的低压绕组导线较粗，设置分接头较难，所以变压器的分接头一般都设置在高压绕组，而只要采用位于主接头上面的分接头便能使变比增大；反之，则使变比减小。例如，在本系统中，主接头的变比为242/10.5，如果采用上面的第二挡分接头(+2挡)，每一挡分接头的电压按规定取为2.5%，使变比变成10.5/(1+2×0.025)×242，则可使高压侧的空载电压提高约5%，并由此可以使网络中由它供电的各个节点的电压都提高5%，包括变电所10 kV母线在内。实际潮流计算结果如表1-3的第2行所示。

由结果可见，从发电厂高压母线开始，各个母线在最大负荷时的电压都高于情况1的相应电压，但远不止提高5%。对发电厂高压母线电压来说，实际电压从218.83 kV提高到237.31 kV，提高了约8%；变电所低压母线的电压提高得更多，从8.11 kV提到9.66 kV。产生这一现象的原因是电压提高以后，负荷的电流相应地减小，使变压器和线路的电压降落都相应降低。这一额外的提高对电压调整是有利的,它使变电所低压母线在最大负荷时的电压偏差满足了要求。然而,由于采用固定分接头变压器(分接头只能在停电的情况下加以改变),在最大负荷和最小负荷时分接头处于同一个位置。因此,如果所设定的挡位(即相应的变比)使最大负荷的电压获得一定数量的升高,则在最小负荷和其他负荷下的电压也将相应地升高。其结果使最小负荷下发电厂和变电所高压母线的电压都超过了容许值 242 kV,而变电所 10 kV 母线的电压超过容许值 10.7 kV 更多。这一结果说明,选择适当的分接头位置,虽然可以改变某一负荷下的电压分布,但其他负荷下的电压也将受到影响。从表面上看,似乎固定分接头没有多大用处,其实不然,将分接头和其他调压措施进行配合,往往可以产生很好的效果。

情况 3:发电厂升压变压器采用带负荷调变器。由情况 2 的结果可以看出,如果在最小负荷下将发电厂升压变压器的变比减少,即将分接头位置下调,则可使最小负荷时各个母线的电压降低到容许范围之内,但由于要求变压器在最大负荷和最小负荷时分别工作于不同的分接头,因此它必须采用带负荷压变压器。一般带负荷调压变压器每挡的电压为额定电压的 1.25%,以便使电压调整稍微精细一些。经过试凑,在最大负荷时,发电厂升压变压器分接头置于 +5 挡,最小负荷时置于 -6 挡,得出的潮流计算结果列于表 1-3 第 3 行。可以看出,现在最大负荷时发电厂高压母线电压 241.29 kV 已接近其上限,而各个母线在取最大和最小负荷时的电压都分别在它们的容许偏差范围之内。特别是,变电所低压母线的电压都接近于网络额定电压,这是比较好的。在后面的介绍中还会看出,在大多数情况下,最好这一母线在最大负荷时的电压比最小负荷时高。另外,由于最大负荷时各母线的电压比情况 2 中的还要高,使流过变压器和线路中的电流更小,因此有功功率损耗(6.46 MW)更小。

顺便指出,在一般系统中,变电所的降压变压器采用带负荷调压变压器也能产生相同或甚至更好的效果。

在实际电力系统中,网络的结构要比图 1-8 中的复杂得多,它一般含两个或更多压等级,而且发电厂和变电所的数目也比较多。对此,往往需要采用多种调压措施进行相互配合才能满足电压质量要求。至于它的计算方法,目前大都采用离线潮流计算。其方法是每年或每个季度针对最大和最小两种典型运行方式(或几个有代表性的典型运行方式),反复进行潮流计算,在计算中不断改变发电机运行电压、变压器分接头位置和补偿设备投切情况,从而通过试凑找出既满足电压要求又可使网络损耗最小的结果。在系统实际运行时,将参照上述计算结果,并在必要时进行实时的调整和控制,例如针对实际负荷情况调整发电机的电压、控制并联电容器的投切和带负荷调压变压器的分接头位置等。

为了保证系统运行中具有满足电压要求的可能性,在进行电力系统规划和设计时,除了必须考虑无功功率平衡以外,还必须针对典型运行方式进行调压计算,并考虑无功补偿设备的最优配置,从而决定所需要增加的补偿设备、新增或改用带负荷调压变压器,从而使系统在运行时有可能满足电压要求并减少电能损耗。

2. 输电系统和配电系统在电压调整中的相互配合

在图 1-8 的系统中,曾假定变电所的 10 kV 母线直接供给高压工业用户,而实际系统中,除了一部分工业用户由 10 kV(或以上)电压直接供电以外,大多用户分散在 380/220 V 电网中,它们的容许电压偏差见表 1-2。如何满足众多分散用户的电压质量要求,是电力系统电压调整中的另一个重要问题,它涉及输电系统和配电系统之间在电压调整方面的相互配合。目前的做法是,将每个配电网络中分散用户对容许电压偏差的要求,集中反映为对变电所 10 kV 母线的电压要求,使得在每个变电所 10 kV 母线的电压能够满足这一要求的情况下,由它供电的所有分散用户的电压偏差都在容许范围内;然后在输电系统中采取调压措施来满足各个变电所 10 kV 母线的电压要求。

分散用户对变电所 10 kV 母线的电压要求可以用两种方法来决定。一种方法是像对图 1-8 中的输电系统那样,针对最大负荷和最小负荷分别对配电网络进行潮流计算,从而归纳出对 10 kV 母线的电压要求。但是由于配电网络非常复杂,其负荷分布也难以准确知道,因此这种方法往往只用作定性分析。另一种方法是根据正在运行的配电网络的经验来决定,因为供电部门经常得到用户对电压质量的反映,并实际测量和统计一些具有代表性的用户的电压情况,根据这些信息可以分析出变电所 10 kV 母线的电压应该在什么范围内,才能满足配电网络中全部用户的电压要求。由于在最大负荷时配电网络中线路和变压器的电压损耗大,而最小负荷时的电压损耗小,这就希望变电所 10 kV 母线上电压在最大负荷时最好高一些,而在最小负荷时最好低一些。然而,由于输电系统中电压损耗的影响,能给予变电所 10 kV 母线的电压往往是,最大负荷时比最小负荷时低,这就产生了一定的矛盾并增加了调压的负担。为了缓解这一矛盾,通常限定配电线路在最大负荷时的电压损耗,例如,在我国规定各级配电线路在正常运行方式下的最大电压损耗为:

110 kV~10 kV 线路　　　　5%;
380 V 线路　　　　　　　 5%;
220 V 线路　　　　　　　 7%。

如果超过,则在设计时必须采用更大的导线截面,或对接线方式进行调整。

在一些配电网络中,由于负荷过重,可能要求变电所 10 kV 母线在最大负荷时的电压比最小负荷时高,这种调压要求称为逆调压。

分布式光伏等新能源发电成本不断降低,受财政补贴和优先发电政策的激励,中国新能源发电占比不断增加。新能源发电出力具有随机性和波动性,大规模并网给电网的安全稳定经济运行带来了挑战,使电网的调频需求大幅增加。对于配网中含高渗透率分布式电源的区域电网,一方面,除常规机组外分布式电源也需要参与电网二次调频辅助服务,承担相应的调频责任;另一方面,在发电补贴不断降低甚至无补贴平价上网的背景下,分布式电源参与调频调压为其带来了新的盈利点。同时随着第二轮电改的有序推进,中国电力市场机制的研究和应用有了长足发展,很多省份和区域已经建立了调频调压辅助服务市场。因此,亟须研究分布式电源参与调频调压辅助服务的交易机制,充分发掘分布式电源的调频调压能力,并推动其积极参与调频调压辅助服务,缓解电网压力。

第 2 章　高比例风电并网对电力系统频率的影响

2.1　风电功率波动特征分析

2.1.1　风速-功率模型

风力发电机的输出功率近似与风速的三次方成正比。参考这部分的经典文献,整理出来的不考虑叶尖速比与桨距角、只考虑风速实时变化的风电机组输出功率表达式如式(2-1)所示:

$$P_{\text{wav},t} = \begin{cases} 0, & v<v_{\text{ci}} \text{ 或 } v>v_{\text{co}} \\ \dfrac{v^3-v_{\text{ci}}^3}{v_{\text{r}}^3-v_{\text{ci}}^3}P_{\text{wr}}, & v_{\text{ci}} \leq v \leq v_{\text{r}} \\ P_{\text{wr}}, & v_{\text{r}} \leq v \leq v_{\text{co}} \end{cases} \tag{2-1}$$

式中,$P_{\text{wav},t}$ 为单台风机 t 时刻输出功率,kW;v_{ci}、v_{co}、v_{r} 分别为风机的切入风速、切出风速和额定风速,m/s;P_{wr} 为单台风机的额定功率,kW。

任一时刻,将每台风机的输出功率相加,即为风电场在这一时刻的输出功率。本章基于中国东北某 120 MW 风电场中测风塔采集到的风速数据,根据风速-功率模型生成风电场中各个风电机组功率,将其求和得到的风电场输出功率如图 2-1 所示。

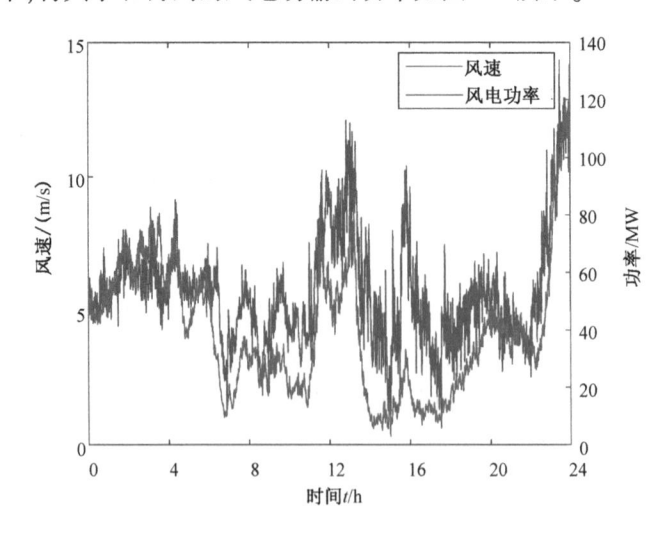

图 2-1　实际风电场典型日风速-功率曲线图

由图 2-1 可以看出,风电场输出功率的波动很大,最高值已突破 110 MW,最小值仅为 5.16 MW,相邻时刻的功率波动最大已达到装机容量的 56.31%。因此,可总结出,风电场输出功率与这一时刻采集到的风速有密切关系,风速是影响输出功率变化的重要因素之一;由于自然界的风具有随机性和波动性的特点,风电场输出功率往往表现出频繁波动、短时间波动量大等特征,甚至会出现部分风机空转导致风电场输出功率过低等状况,对电力系统安全稳定运行,特别是频率稳定十分不利。

2.1.2 风电功率波动描述

本章以下的分析中所使用的数据来自此风电场在 2018 年某个典型日内每隔 1s 采集 1 次的风速数据,共 86 400 个风速样本。为了清晰风电功率波动特性从而对其进行定性研究,需要选择一种快捷有效的方法对风电功率波动进行分析。快速傅里叶变换(FFT)可以确定信号的频率在频谱中的含量和分布,能够直观看出频率的分布特点,并可针对不同频率段的特点开展相应研究。故采取 FFT 分析风电功率波动频谱特性,其流程图如图 2-2 所示。

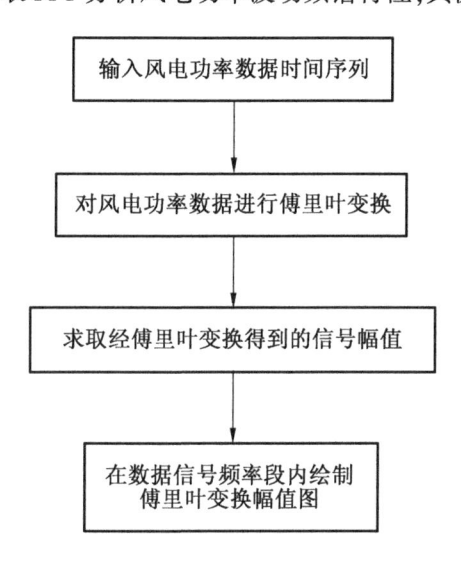

图 2-2 快速傅里叶变换流程图

对于连续信号 $Y(t)$ 的离散采样值 $y(nT)$, $n=1,2,\cdots,N$,其离散傅里叶变换(DFT)可表示为

$$X(k) = \sum_{n=1}^{N} x(n) \cdot W_N^{kn}, k = 1,2,\cdots,N \tag{2-2}$$

$$W_N = e^{-j\frac{2\pi}{N}} \tag{2-3}$$

在 MATLAB 中对于长度为 86 400 的风电场输出功率序列,利用快速傅里叶变换方法实现离散傅里叶变换,得到风电场功率频谱分析图如图 2-3 所示。

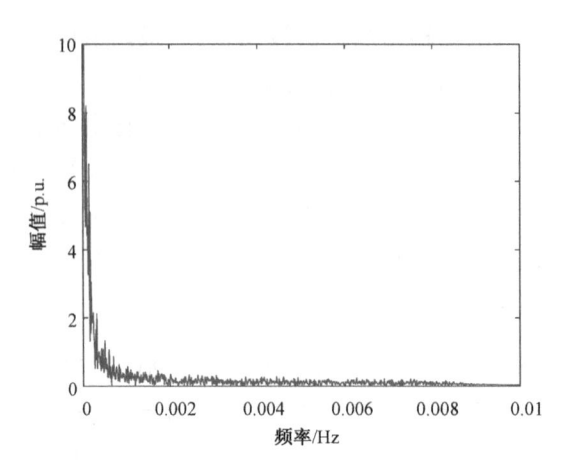

图 2-3 实际风电场输出功率频谱特性图

由图 2-3 可知,风电功率波动主要集中在 0.01 Hz 以下的频段内,大于 0.01 Hz 以上频段风电功率幅值较低,几乎为 0。因此本章着重分析风电场输出功率在 0~0.01 Hz 频段内的波动特性。

2.2 风电功率波动数据分解

风功率信号具有波动性和特殊的周期性,可看作多个不同频率分量的叠加。因此,可将风功率信号分解到不同尺度层次上的频率段内,根据各频率分量的特点,分别研究其作为扰动量时电力系统频率响应情况。EMD、EEMD 等经验模态分解方法可以将风功率数据信号分解为多个 IMF 分量,但是该方法存在分量数目不稳定、数据处理速度慢等弊端,不利于实际应用。小波变换方法能分解具有非线性、非平稳特点的信号,并对其进行时频域分析,因此适用于分解风功率数据信号。故本章选用小波变换将风电场实际出力分解为多个频率分量进行分析。

2.2.1 小波变换理论

小波变换的基本原理是由小波基函数 $\psi(t)$ 通过伸缩因子 a 和平移因子 b 产生的一个函数族 $\{\psi_{a,b}(t)\}$,以此研究信号各个尺度层次上的特征。小波变换方法的分解原理图如图 2-4 所示。

$$\psi_{a,b}(t) = \frac{1}{\sqrt{|a|}} \psi\left(\frac{t-b}{a}\right), \quad a,b \in \mathbf{R}, a \neq 0 \tag{2-4}$$

式中,伸缩因子 a 通过伸缩小波,实现每次遍历分析时对不同频率信号的逼近,对应信号的频域分析;平移因子 b 使小波沿信号的时间轴实现遍历分析,对应信号的时域分析。实际工程中采集到的时间序列数据信号多为离散的,应用较多的小波变换算法为多分辨率 Mallat 算法。

多分辨率分析又称多尺度分析,是将原始信号 $N(t)$ 在 $L^2(R)$ 的两个频率不同但相互正交的子空间内逐级分解,每级输入信号被分解为低频近似部分和高频细节部分,每次分解输出的低频有用部分进行下次分解时采样频率减半,以此类推经多次分解提高频率分辨率,使重构信号与原始信号的误差更小。Mallat 算法的一维分解关系式如下：

$$A_m^j = \sum_{k=-\infty}^{\infty} l(k-2m) A_k^{j-1} \quad (2-5)$$

$$D_m^j = \sum_{k=-\infty}^{\infty} h(k-2m) D_k^{j-1} \quad (2-6)$$

式中，A_m^j 为信号经第 j 级分解输出的低频近似部分；D_m^j 为信号经第 j 级分解输出的高频细节部分；l、h 为滤波参数。

随着 j 的逐级增大，原始信号经小波变换方法逐级分解得到的各分量关系式如下：

$$N(t) = A_j(t) + \sum_j D_j(t) \quad (2-7)$$

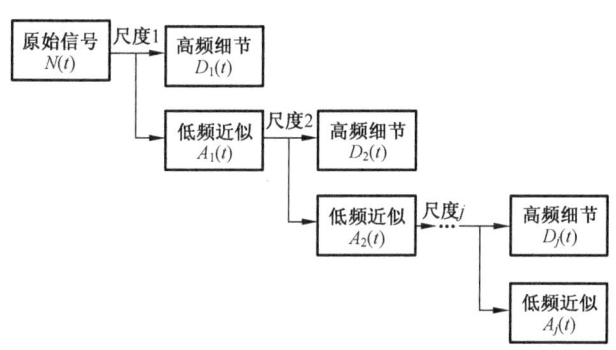

图 2-4 小波变换原理图

2.2.2 分量评估指标的建立

为了进一步研究各分量特征，引用信号能量这一概念。对于非周期信号 $N(t)$，其能量特征可以用能量密度 $|N(t)|^2$ 描述。能量密度表示单位时间内信号的能量。Δt 时间范围内连续信号的总能量定义为

$$E_N = \int |N(t)|^2 dt \quad (2-8)$$

对于离散信号，其总能量定义为

$$E_N = \sum_{i=1}^{n} |N(n)|^2 \quad (2-9)$$

为了对比各分量能量特征的差异、描述各分量与原始信号的相关性，本章引用能量占比这一评价指标。假设每个分量的能量定义为 $E_{I(i)}$，每个分量的能量占比定义为

$$prop = \frac{E_{I(i)}}{E_N} \quad (2-10)$$

式中，$E_{I(i)}$ 的计算方法可借鉴式 (2-9) 即将各分量看成独立不相关的离散信号逐一求解。

2.2.3 风电功率波动频段特征分析

如上分析，风电场实际输出功率的日波动很大，本章引用表征风电波动特性的指标，定义如下：

$$\Delta P_t = P(t+1) - P(t) \tag{2-11}$$

式中，ΔP_t 为相邻采样时刻风电功率波动量；$P(t)$ 为 t 时刻风电场实际出力。

由于分钟级波动对系统的影响最大，故本章对风电场输出功率的分钟级波动量数据进行分解，随后利用 FFT 方法，提取各分量的频域特征以此对风功率波动信号按各分量进行描述。数据信号来自中国东北地区的一个 120 MW 风电场，采样时间为 24 h，采样频率为 1/60 Hz。

对该风电场某典型日实测数据利用 db6 小波基函数进行 8 层分解，得到其分解在各个时间尺度上的曲线如图 2-5 所示，其中 A8 为最后一次分解得到的低频近似部分，D1～D8 依次为在各尺度上分解得到的高频细节部分。从图 2-5 中看出，分解后的低频分量 A8 波动较平缓，但其总体数值占风功率波动量数值的比值较大，因此该部分作为扰动量并入电网后对系统频率偏差的影响不容忽视。高频分量 D8 到 D1 的波动周期依次变小，无规律的波动使各分量造成频率偏差的可观测性变差，但相较于低频分量，此部分占原始数据的比值相对较小。

将原始信号和小波分解后的各分量进行 FFT，得到各部分的频谱特性图如图 2-6 所示。可见，原始信号在 0～0.01 Hz 内按某个特殊的周期呈不规则波动，各分量严格按照波动的频率范围从高阶到低阶排列。为了更清晰地提取原始信号和各分量的波动特征，根据式（2-8）、（2-9）和（2-10），计算各分量的能量和能量占比，结果如表 2-1 所示。

表 2-1 能量和能量占比

名称	能量	能量占比
原始信号	16 574.537 0	1.000 000
D1	3 810.238 3	0.229 885
D2	1 689.926 5	0.101 959
D3	1 355.137 5	0.081 760
D4	393.022 9	0.023 712
D5	1 304.807 2	0.078 724
D6	592.767 6	0.035 764
D7	1 768.962 2	0.106 728
D8	1 360.850 7	0.082 105
A8	4 298.822 5	0.259 363

从表 2-1 看出，各分量之间的能量差异显著，能量占比亦是如此。为降低计算量、缩短仿真时间，根据能量占比和频谱特性，将 D8～D5 组合成一个新的分量；将 D4～D2 组合成一个新的分量。综上，实际风电场输出功率波动量数据信号经小波变换后的各分量可分为四

部分:高频部分(s)、次高频部分(x)、中频部分(y)和低频部分(z)。A8 介于 $0\sim3.24\times10^{-5}$Hz 之间,为低频部分;D8~D5 介于 $3.24\times10^{-5}\sim5.20\times10^{-4}$Hz 之间,为中频部分;D4~D2 介于 $5.20\times10^{-4}\sim4.15\times10^{-3}$Hz 之间,为次高频部分;D1 介于 $4.15\times10^{-3}\sim1\times10^{-2}$Hz 之间,为高频部分。四部分的时域特性图及其能量占比分别如图 2-7 和图 2-8 所示。

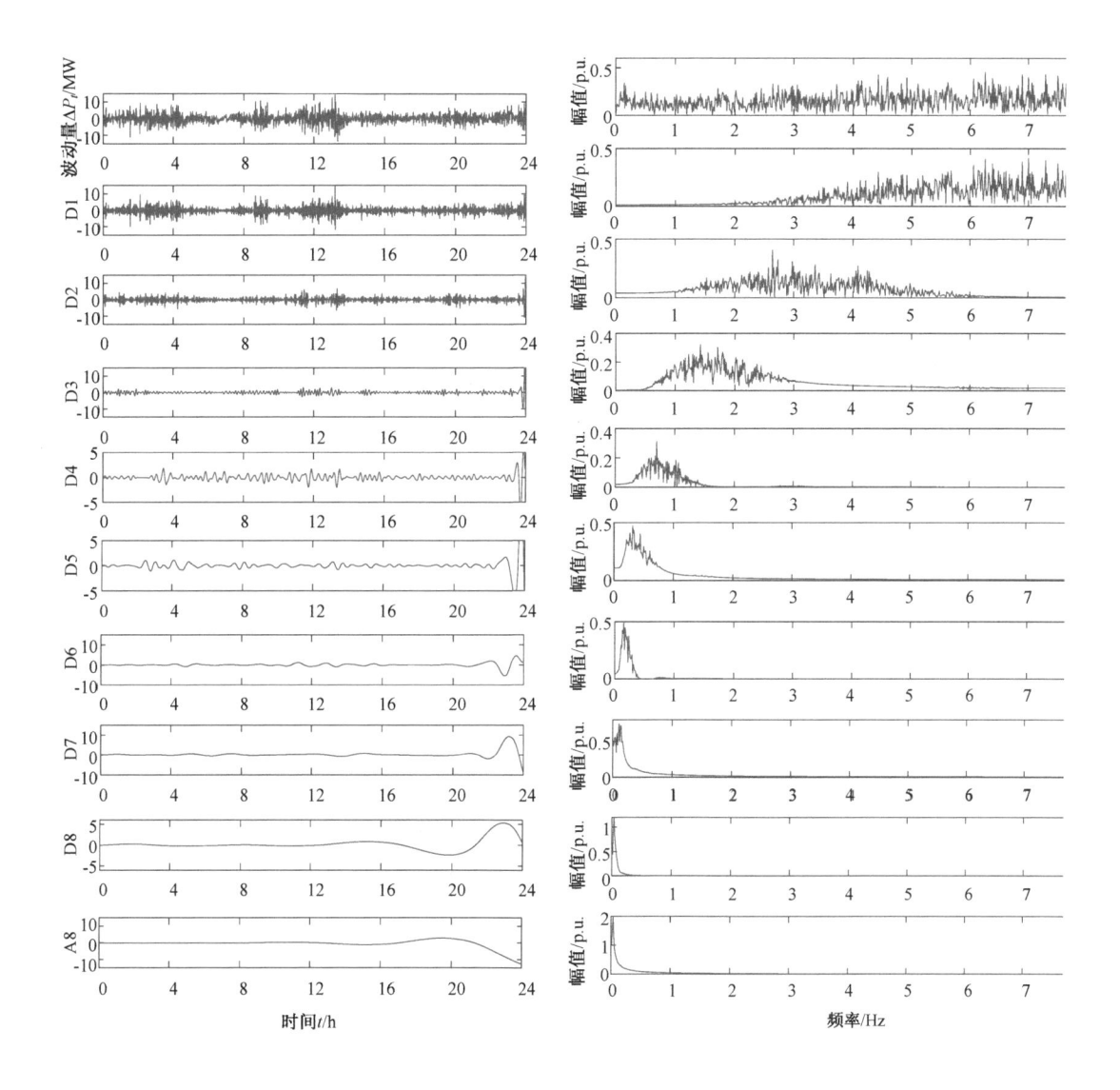

图 2-5 功率波动量数据信号和小波分解后各分量的时域特性图

图 2-6 功率波动量数据信号和小波分解后各分量的频谱特性图

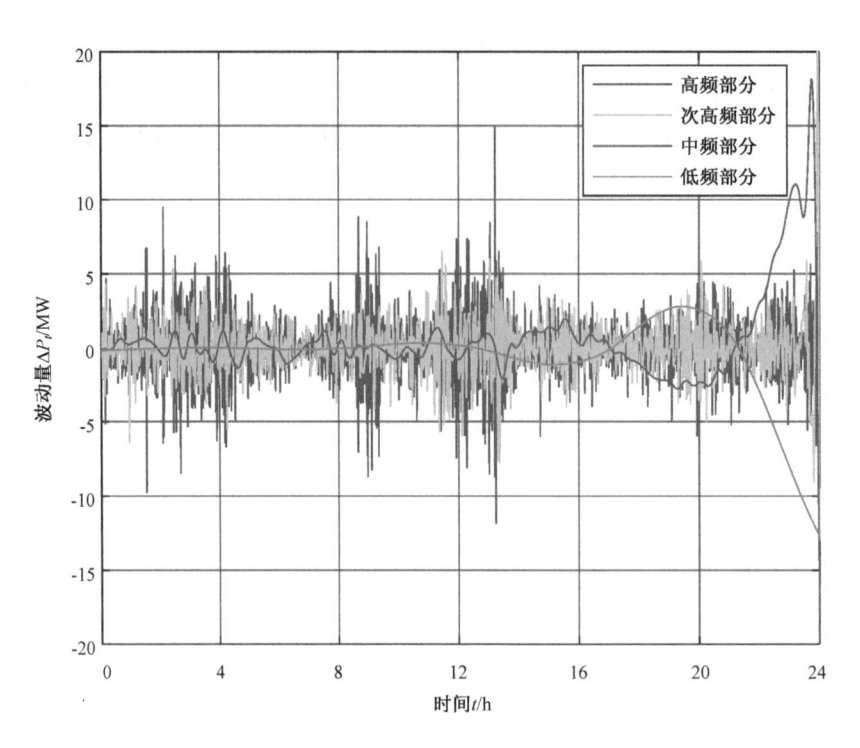

图 2-7 高、次高、中、低频部分的波形图

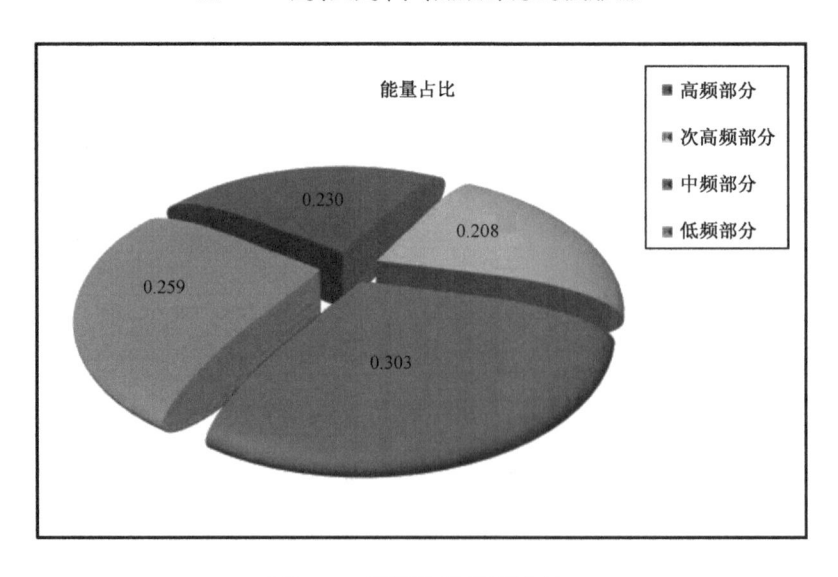

图 2-8 各部分的能量占比

2.3 并网风电功率波动对系统频率特性的影响

为了深入分析风电功率波动信号的四个频率分量分别接入电网后系统频率偏差的变化情况,本章在传统频率模型研究成果的基础上,建立包括原动机及其调速器、发电机惯性、恒功率负荷、风电场调频和 AGC 环节的电力系统等效聚合频率模型,从而导出功率波动量与频率偏差之间的关系式。

2.3.1 传统电力系统频率模型

现有的电力系统频率模型主要考虑系统一次调频、惯性响应以及负荷的影响,是一个闭环控制系统。如文献[15]所提的考虑新能源渗透率的系统频率模型(以下简称模型1),其结构如图2-9所示。

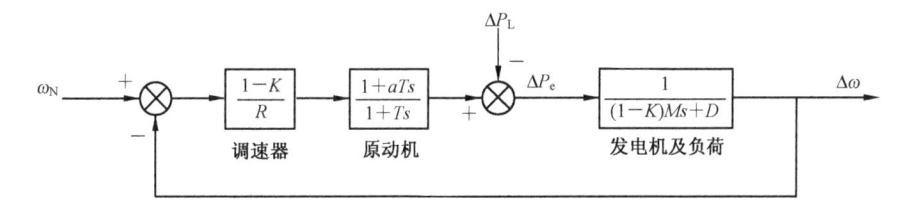

图2-9 考虑新能源渗透率的简化聚合系统频率模型

图2-9中,ω_N为系统电角频率参考值;$\Delta\omega$为受扰后系统电角频率变化量;调速器以纯增益$1/R$简化表示;K为新能源的发电比例;a、T分别为原动机中高压缸特征系数、原动机惯性时间常数;ΔP_L为有功功率变化量;M为和转动惯量相关的转子时间常数;D为负荷的有功频率响应系数。

以上传统模型因未包含表征二次调频过程的环节,故对于较大的功率波动,此模型往往不能实时跟踪频率变化。换言之,模型1仅适用于新能源出力比例很小或在各机组稳定工作区间附近发生的小扰动情况。对于实际系统中频率稳定性的研究,比如由风电功率突增或骤减导致的较大功率缺额,此模型的拟合误差较大。因此,对于现阶段新能源特别是风电场接入电力系统比例过高、系统中有功功率发生较大波动,抑或含有直流电源电力系统,传统模型的不适用性亟须解决。

2.3.2 频率模型建立与系统频率对风电功率波动的响应分析

本章的目标是研究风电功率波动对电力系统频率特性的影响,因此需在传统频率模型的基础上,综合考虑现阶段已成熟的所有调频手段,包括惯性响应、一次调频、二次调频等过程以及风电场参与调频的场景,且近似认为全网负荷为恒功率负荷。本章的研究任务是表征含风电电力系统总体的频率变化情况,因此忽略频率的分散性与电力系统功角稳定性等问题;对于具体控制模块的数学模型,本章不再赘述。

借鉴模型1,本章所建立的风电场参与调频场景下的等效聚合电力系统频率模型(以下简称模型2)如图2-10所示。模型的输入为电力系统角频率参考值,扰动为不同频率段的风功率波动量数据信号,输出为电力系统的角频率偏差。风电场以参考频率闭环控制的方式参与调频时,可以同时增强系统频率抗扰动与维持工频同步的能力,是系统调频的较优方式,故本章采用参考频率闭环控制作为风电场参与系统调频的方式。

图2-10中,$R_{\Sigma0}$为系统中所有调速器的等效调差系数;C_Σ和$T_{\Sigma R}$分别表示系统等效原动机高压缸比例与再热器时间常数;ΔP_t为风电场输出功率波动量;ΔP_e为电磁功率变化量;$M_{\Sigma0}$为系统中所有具有惯量的传统发电机的等效惯量;D为负荷的频率系数;$K_{\Sigma i}$和$K_{\Sigma p}$分别为系统二次调频的等效积分增益和等效比例系数。

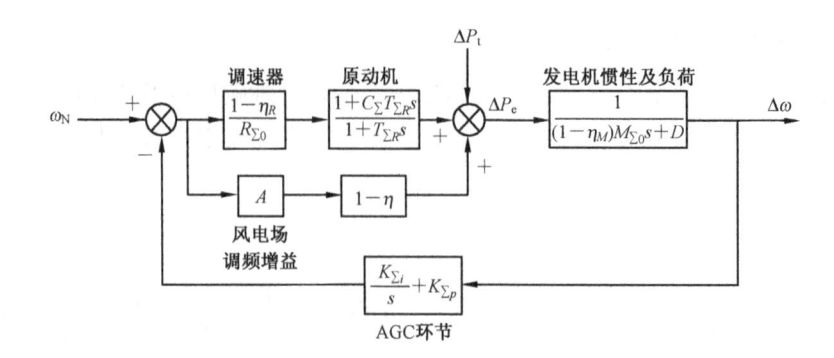

图 2-10　风电场参与调频场景下的系统等效聚合频率模型

为了清晰风电功率波动对电网频率特性的具体影响,本章从频域对系统的频率偏差进行理论分析。具体做法是:从模型 2 出发,推导出风功率扰动下的传递函数,然后运用终值定理求得考虑风电波动的系统稳态频率偏差。

由图 2-10 可知,风电场参与调频环节与原动机及其调速器构成的局部闭环的传递函数为

$$G_1(s)=\frac{1-\eta_R}{R_{\Sigma 0}} \cdot \frac{1+C_\Sigma T_{\Sigma R}s}{1+T_{\Sigma R}s}+A(1-\eta) \tag{2-12}$$

发电机惯性及负荷环节的传递函数为

$$G_2(s)=\frac{1}{(1-\eta_M)M_{\Sigma 0}s+D} \tag{2-13}$$

负反馈通道中 AGC 环节的传递函数为

$$H(s)=\frac{K_{\Sigma i}}{s}+K_{\Sigma p} \tag{2-14}$$

则频率模型的闭环传递函数为

$$\Phi(s)=\frac{\Delta\omega(s)}{\Delta P_t(s)}=\frac{G_2(s)}{1+G_1(s)G_2(s)H(s)} \tag{2-15}$$

由拉氏变换的终值定理可得,当并网风电功率发生阶跃变化时,系统的稳态频率偏差为

$$\Delta\omega_\infty=\frac{R_{\Sigma 0}}{R_{\Sigma 0}D+(1-\eta_R)+A(1-\eta)R_{\Sigma 0}K_{\Sigma i}}\Delta P_t \tag{2-16}$$

系统频率偏差的稳态值 $\Delta\omega_\infty$ 与风电功率波动量 ΔP_t 具有线性关系。因此,随着风电功率变化幅度增大,$\Delta\omega_\infty$ 将会线性增大,故接入电网的风电功率波动越限将导致系统频率超过运行限值,降低电网运行的稳定性。

对式(2-15)进行拉氏变换的逆变换,可得系统频率偏差-时间函数关系式为

$$\Delta\omega(t)=\frac{R_{\Sigma 0}\Delta P_t}{R_{\Sigma 0}D+(1-\eta_R)+A(1-\eta)R_{\Sigma 0}K_{\Sigma i}} \cdot \left[1+\alpha e^{-\zeta\omega_n t}\sin(\omega_r t+\varphi)\right] \tag{2-17}$$

其中:

$$\omega_n=\sqrt{\frac{R_{\Sigma 0}D+(1-\eta_M)}{(1-\eta_R)M_{\Sigma 0}R_{\Sigma 0}T_{\Sigma R}}}$$

$$\zeta = \frac{(1-\eta_M)M_{\Sigma 0}R + [R_{\Sigma 0}D + C_{\Sigma}(1-\eta_R)]T_{\Sigma R}K_{\Sigma p}}{2[R_{\Sigma 0}D + (1-\eta_R) + A(1-\eta)R_{\Sigma 0}K_{\Sigma i}]}\omega_n$$

$$\alpha = \sqrt{\frac{\zeta(1-\omega_n T_{\Sigma R})^2}{(1+\zeta)(1-\zeta)}}$$

$$\omega_r = \omega_n\sqrt{1-\zeta^2}$$

$$\varphi = \arctan\left(\frac{\omega_r T}{1-\omega_n T}\right) - \arctan\left(\frac{\sqrt{(1+\zeta)(1-\zeta)}}{\zeta^2}\right)$$

并网风电功率在某频段上发生波动会对电力系统频率特性造成影响,主要体现为频率偏差将随之变化进而导致系统频率波动。由式(2-17)可知,系统的调频参数、风电占比、负荷频率特性以及风电功率波动量是影响电力系统频率波动的因素。

2.4 案例仿真分析

本部分以总装机容量为 800 MW(其中不参与一次调频机组容量共计 480 MW,即 $\eta_R=60\%$)、负荷总功率为 650 MW、系统额定频率为 50 Hz 的 IEEE-3 机 9 节点系统为基础设计算例仿真,并在节点 8 处并入风电场等效模型,系统单线图如图 2-11 所示,其中 3 台传统发电机组均采用三阶详细模型,能够实现惯性响应、一二次调频等功能。设置系统中非惯量电源容量占比为 $\eta_M=40\%$,风电场调频增益 $A=5$。为重点分析发电功率与系统频率的关系,尽可能获取相对保守的结果,假定风电场中所有风电机组都参与调频且风力发电能提供足够的调频容量,将负荷频率系数设为 $D=2$,且各模型中均采用恒功率负荷模型。

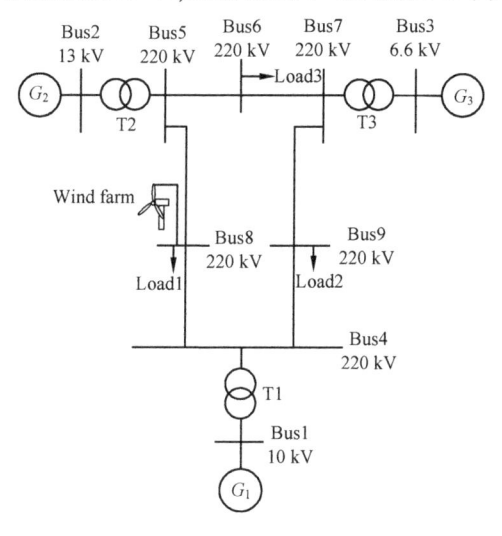

图 2-11 3 机 9 节点仿真模型接线图

本章在所建系统频率响应模型的基础上,研究实际工程中并网风电场不同频段功率波动量引起的系统频率变化情况。以风电占比 20% 为例,将上文所述的分解后的各频段功率波动分别输入模型 2 中,通过 Simulink 仿真绘制以下四个场景中节点 9 处频率偏差曲线。

场景 1：经小波分解后的高频部分注入系统，节点 9 的频率偏差如图 2-12 所示。

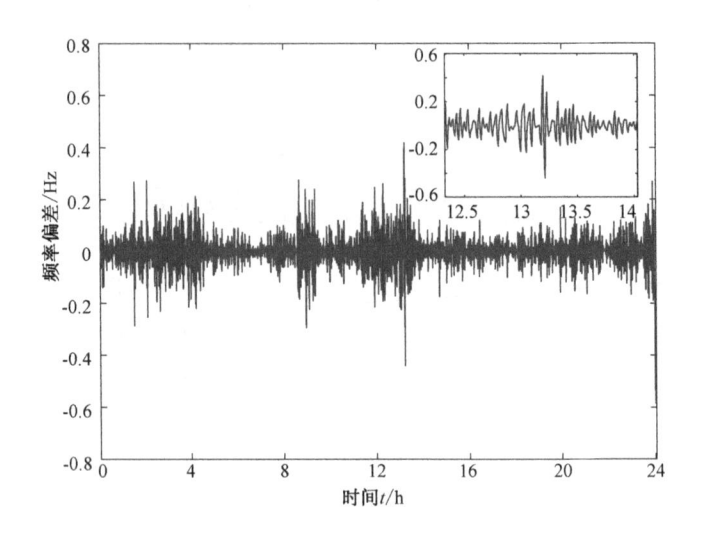

图 2-12　高频部分引起的频率偏差

场景 2：经小波分解后的次高频部分注入系统，节点 9 的频率偏差如图 2-13 所示。

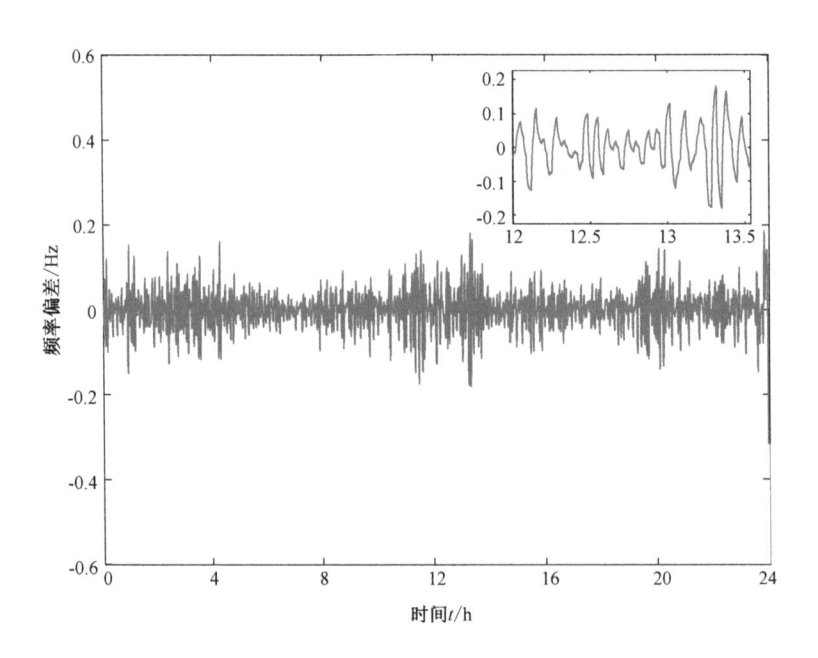

图 2-13　次高频部分引起的频率偏差

场景 3：经小波分解后的中频部分注入系统，节点 9 的频率偏差如图 2-14 所示。

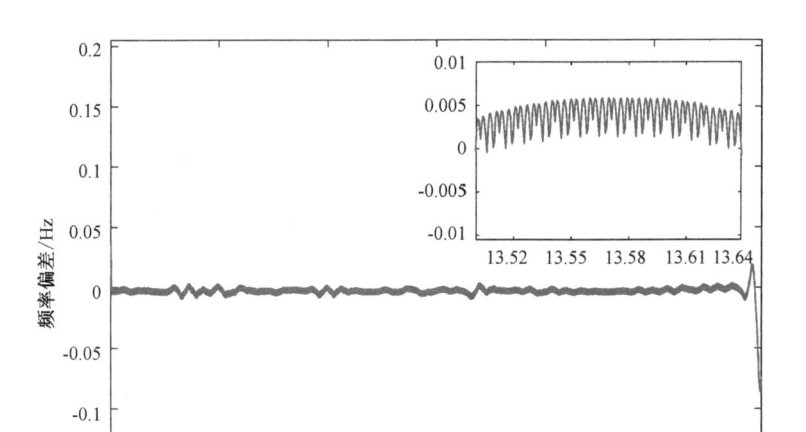

图 2-14　中频部分引起的频率偏差

场景 4：经小波分解后的低频部分注入系统，节点 9 的频率偏差如图 2-15 所示。

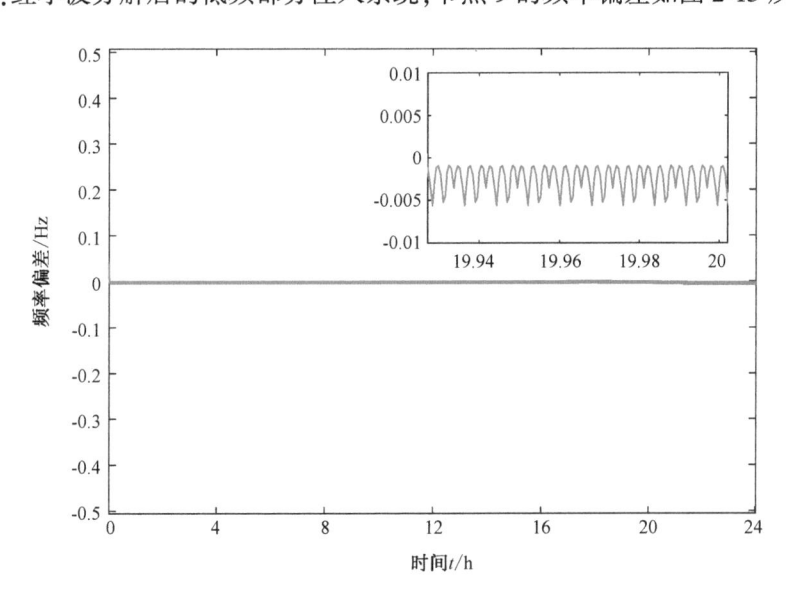

图 2-15　低频部分引起的频率偏差

根据仿真结果，可以得出以下结论：

1. 经小波变换分解得到的各分量中，高频部分对电网的影响最大（频率偏差最大可达到±0.4~±0.5 Hz），次高频的影响次之（频率偏差围绕在±0.2 Hz 之间上下波动）。相反，中频部分和低频部分对电网频率的影响较小（频率偏差均小于±0.01 Hz）。因此，风电波动平抑工作应特别关注高频部分，以获得最大的经济效益。

2. 随着风电功率波动频段升高（低频、中频、次高频、高频），风电波动越剧烈、波动量越大,系统频率特性越差,这与前文结论一致。根据现行国家标准的规定,在风电占比为20%的情况下,其正常运行条件下的频率偏差限值为±0.2 Hz。因此,高频部分输入导致电网频率多时段越限,次高频部分引起的频率偏差接近极限,稳定裕度很小。

综上,低频、中频风功率波动($0\sim5.20\times10^{-4}$ Hz)造成的频率动态变化较平缓,整个变化过程中频率偏差均符合中国现行频率稳定标准规定,因此电力系统可以全部吸纳;次高频($5.20\times10^{-4}\sim4.15\times10^{-3}$ Hz)风功率波动和高频($4.15\times10^{-3}\sim1\times10^{-2}$ Hz)风功率波动不同程度地对系统频率暂态稳定造成破坏,故今后的工作应放在对应频段功率波动的抑制上;另外,四个频段产生的稳态频率偏差均能控制在0.6 Hz以内,有较好的静态频率性能。

第3章 风光参与电网动态调频的作用机理和行为特性

3.1 风、光发电原理

3.1.1 风力发电

　　风力发电以其技术成熟、成本较低和大规模开发利用的优势成为新能源发展最快、最具有竞争力的发电技术。然而,受气候条件的制约,风力发电输出功率具有间歇性和随机性的特点。大规模风力发电接入对电力系统规划、运行控制、保护、调度等方面提出了新的挑战,尤其在频率维持方面。

　　风电的大规模并网意味着未来电力系统中原有的部分常规发电机组将退出运行。而现有风电机组主流机型为变速恒频的双馈型风机和直驱型风机,其基本原理是通过电力变换技术调节风电机组的输出与电网同步,从而避免了对风机转速的苛刻要求。这种运行控制方式从另一个方面使风机转速与系统频率解耦。此外,为追求风能的最大化利用,风电机组通常在最大功率点运行,不提供有功备用,因而无法在系统频率下降时提供类似传统机组的调频等辅助服务。因此,风电机组无法主动响应系统频率的变化,而这对于传统发电机组来说是维持系统频率稳定性非常重要的功能。在此情况下,如果缺失的这部分惯性响应和频率调节能力得不到补充,将使系统整体惯性和频率调节能力减弱,使得系统在扰动(机组脱网、线路故障、负荷突变)下的频率变化率增加、频率最低点降低、稳态频率偏差增加,发生频率稳定性问题更频繁。对于中国风电高渗透率的局部地区,还会导致区域控制偏差增大,给系统的运行调度带来新的问题。

　　以恒速恒频发电方式来说,最佳转速并不能一直保持,在变速恒频发电模式中,能够有效控制风速变化导致的设备叶片转速变化,这种调节能够将转速设置到理想值,这是让风力机输出机械功率最佳、获得风能最大的方式。以变速恒频方式来控制风力发电,可利用交流励磁源将并网电流冲击影响消除,这就是软并网操作,这种方式能够将并网过程规范化,确保安全性提升。目前,变速恒频风电系统主流形式有双馈式、直驱式。不管哪种系统,其组成结构都是以风力机、变流器为主,前者变流器是双馈型转差功率设备,后者以全功率为核心。两种形式的设备结构不同,市场认可双馈式设备比例很高,直驱式风电机组发展空间也很大。本章以双馈式设备为研究对象。

　　DFIG 结构是经过简化的双馈式风电机组结构,通过系统结构来看,其组成项目有:变桨距风力机、变速齿轮箱、双馈异步发电机、双馈式变流器、升压变压器、主控柜、变流器控制柜、滤波器等。双馈式变流器是以机侧变换器(连接转子)、网侧变换器(连接电网)为主,通过电容直流环节完成组建的。按照 DFIG 运行状态来说,两侧变换器都能够根据需要随时调整,运行于整流或逆变状态。

风轮是风力机的核心元件,依靠风轮,能够将风能转换为机械能,接下来依靠发电机来完成从机械能向电能的转换。桨距控制装置、塔筒、电控设备、桨叶、轮毂、发电机是风力发电系统的主要组成部分,桨叶、塔筒则是风轮的核心元件,能够为风力机主轴提供转动的动力,为风能向机械能的顺利转化提供了条件。就现阶段而言,最常见的,也是应用最广泛的风力机主要有两种结构类型,分别为垂直轴风力机以及水平轴风力机。相比较而言,垂直轴风力机不需要设置偏航装置,能够始终保持与地面或气流流动方向的垂直,因此其维护难度较低,维护效率更高。水平轴风力机的优势在于其能够运用体积更小的发电机,尽管其维护难度较高,但是其发出的功率更高、发电效率也更高。就现阶段而言,最实用的水平轴风力机,多设置为三叶片或两叶片的形式。风力机,顾名思义,是将风能转化为电能的机械设备。风力机实际捕获机械能的计算方法为

$$P_{\omega t} = \frac{1}{2}\rho S v^2 C_p(\lambda, \beta) \tag{3-1}$$

式中,风力机捕获的机械功率利用 $P_{\omega t}$ 来表征;风力机的风能利用系数利用 C_p 来表征;v, S, ρ 分别代表风速、风轮的扫风面积、空气密度。风力机获取风能的能力,通过风能利用系数这一参数来加以表征,通常表示为一组桨距角 β 不同的 C_p-λ 曲线。一般情况下,风力机设计厂家在设计之初便会给定这一参数。风力机的叶尖速比为

$$\lambda = \frac{\omega_{\omega t} R}{v} \tag{3-2}$$

式中,R 为风轮半径;$\omega_{\omega t}$ 为风轮的机械旋转角速度。

为了拟合典型的变桨距风力机的风能利用曲线,用式(3-2)描述风力机的风能捕获特性

$$C_p(\lambda, \beta) = c_1 \left(\frac{c_2}{\lambda_1} - c_3 \beta - c_4 \right) e^{\frac{-c_5}{\lambda_1}} + c_6 \lambda$$

$$\frac{1}{\lambda_1} = \frac{1}{\lambda + 0.08\beta} - \frac{0.035}{\beta^3 + 1} \tag{3-3}$$

图 3-1 直观地展示了变桨距风力机风能利用系数曲线,即不同桨距角条件下的 C_p-λ 曲线。

根据图 3-1 可知,风力机在每一个桨距角下对应存在一个最佳叶尖速比。当风力机处于最佳叶尖速比的时候,其能够在最大风能利用系数下运行,当桨距角为零的情况下,最大风能利用系数以及叶尖速比分别为: $C_{pmax} = 0.48$、$\lambda = 8.1$。如此一来,便可求得风力机轴上输出的机械功率,如式(3-4)所示。

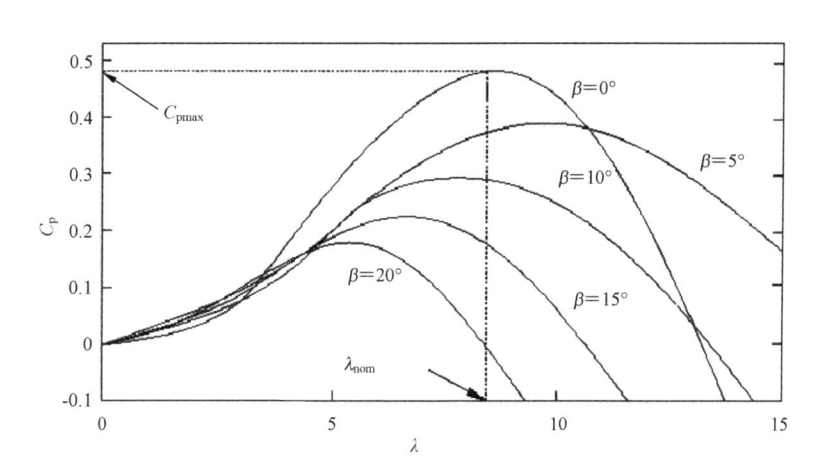

图 3-1 变桨距风力机风能利用系数曲线

$$T_{\omega t} = \frac{P_{\omega t}}{\omega_{\omega t}} \tag{3-4}$$

对于低速旋转的风力机而言,通常都涉及了一个连接机制,即高速旋转的发电机转子与传动系统之间的连接。一般而言,在展开传动系统动态过程分析的时候,通常会简单地应用等效集中质量法来实现。在常规的集中质量块模型中,为了便于描述与运算,通常会将传动系统等效为一个质量块,相当于认为发电机与风力机之间呈现出刚性连接的状态,该过程中的动态方程为

$$J\frac{d\omega}{dt} = T_m - T_e - f\omega \tag{3-5}$$

式中,J 为风力机和发电机的等效转动惯量,其单位为 kg/m^2;T_m、T_e 分别是机械转矩和电磁转矩;折算后的传动轴摩擦系数表征为 f;ω 为角速度,单位为 rad/s。

相比于常规发电设备,大中型双馈发电机组的传动系统往往具备更高的柔性。在此类机组中,必须要考虑电网电气参数波动以及发电机转速波动的问题,因此在实际分析的过程中,有必要将发电机与风力机各自等效为一个质量块。标幺值系统下两质量块传动系统动态模型,具体为

$$\begin{cases} 2H_{\omega t}\dfrac{d\omega_{\omega t}}{dt} = T_{\omega t} - T_m - D_{\omega t}\omega_{\omega t} \\ 2H_g\dfrac{d\omega_g}{dt} = T_m - T_e - D_g\omega_g \\ \dfrac{d\theta_s}{dt} = K_s\theta_s - D_s(\omega_g - \omega_{\omega t}) \\ T_m = K_s\theta_s - D_s(\omega_g - \omega_{\omega t}) \end{cases} \tag{3-6}$$

式中,风力机与发电机转子的惯性时间常数分别利用 $H_{\omega t}$ 和 H_g 来表示;风力机、发电机转子以及传动轴的阻尼系数标幺值分别利用 D_g 和 D_s 来表示;与之相对应的转子角速度的标幺值则利用 $\omega_{\omega t}$ 和 ω_g 来表示;在发电机转子轴上风力机的输入机械转矩标幺值以及输出

转矩标幺值分别利用 T_m 与 $T_{\omega t}$ 来表征;轴刚度标幺值和扭转角分别利用 K_s 和 θ_s 来表征;发电机电磁转矩标幺值利用 T_e 来表征;发电机的同步旋转角速度可由 $\omega_0 = 2\pi f s$ 来计算。

基于此,在 PSCAD 的平台建立了传动系统仿真模型,封装好的发电机转子质量块模型包含在双馈异步发电机模型中,输入为发电机输出的转子转速以及风机输出的风机转矩,通过计算得到风机转速和发电机转子轴上的机械功率。

典型风力发电调频技术包括转子惯性控制、转子超速控制、变桨控制、组合控制。

转子惯性控制是风电机组运行过程中,通过改变机组转子侧变流器的电流给定,控制转子速度发生临时性变化情况下短时释放/吸收风电机组旋转质体所存储的部分动能,以快速响应系统频率的暂态变化,提供类似于传统机组的转动惯量。

转子超速控制是控制转子超速运行,使风机运行于非最大功率捕获状态的次优点,保留一部分的有功功率备用,用于一次频率调节。超速控制参与系统一次频率调节的响应速度快,对风机本身机械应力影响不大,但存在控制盲区。当风速达到额定值以后,机组需要通过桨距角控制实现恒功率运行,此时提高转子转速会超过设定的阈值,因此,超速控制仅适用于额定风速以下的运行工况。不过,根据风电运行统计,风机输出功率超过额定值 80% 的概率一般不超过 10%,因而超速控制在大部分时间内都可以适用。

变桨距控制是通过控制风机的桨距角,改变桨叶的迎风角度与输入的机械能量,使其处于最大功率点之下的某一运行点,从而留出一定的备用容量。风况一定的情况下,桨距角越大,机组留有的有功备用也就越大。

为满足系统对风电场频率调节快速性和持续性的要求,很多研究提出将风电机组上述调频手段进行组合应用,以形成优势互补,提高风电调频能力和运行的经济效益。

随着接入比例的不断增加,风电逐步成为未来电力系统中的重要电源,也对其参与惯性响应和频率调节的能力提出了要求,使其具备类似于传统电源的特性。因此本课题建立基于同步发电机(VSG)技术的风光调频模型,重点研究风光电源应用 VSG 技术的实现方式,以及影响因素、效用评估方法。

改进 PMSG 型风机的变流器控制方法使其并网接口特性类似一台传统同步机。其中机侧变流器(MSC)的运行方式模拟同步电动机(VSM),网侧变流器(GSC)的运行方式模拟同步发电机(VSG)。区别于传统控制中通过 MSC 实现 MPPT,在 VSM 模式下的 MSC 的主要用于控制直流母线电压以及维持电机的单位功率因数运行,同时 GSC 以 MPPT 功率控制为外环,VSG 模型为内环,实现并网接口的虚拟同步化。

DFIG 型风机考虑到转子侧变流器(RSC)具有转差运行与间接控制的特殊性,首先令其有功指令为风机当前 MPPT 值,功率反馈值为系统的并网总功率;其次 VSG 模型中的虚拟同步频率需减去当前转子转速后再作为 RSC 中电压矢量的旋转频率;最后 VSG 的输出参考值需经转子电流控制模块实现对定子内电势的间接控制。综上,即可在 DFIG 风机的并网点模拟传统同步发电机的外特性。

风电机组的 VSG 控制不仅提升了控制系统的参数鲁棒性,实现了无需 PLL 的自同步特性,并且在机电动态方程约束下统一了 PMSG 型风机与 DFIG 型风机的并网接口特性。

3.1.2 光伏发电

近年来,以风电、光伏为代表的新能源得到世界各国政府和电力行业投资者的广泛青睐和普遍关注,新能源的装机和发电量占比均逐年攀升。我国的新能源更是取得了跨越式的发展,风力和光伏发电的累计装机容量已连续多年稳居世界首位。但与此同时,受网源规划不协调、就地消纳空间有限、新能源发电不稳定等多重因素影响,现阶段我国"三北"地区出现了不同程度的弃风弃光问题,利用储能系统(Energy Storage System,ESS)在电网对新能源接纳能力不足时存储受限新能源电量,在电网接纳能力充裕时释放存储电量,通过能量"时空转移"的方式可有效提高新能源的接纳能力,从而减小新能源的弃电率。利用储能提高新能源接纳能力近年来得到了广泛研究。抽水蓄能是当前容量最大也是最为成熟的储能形式,具有削峰填谷、启停迅速、可为电网调频调相等优势,但抽蓄电站的建设依赖地理位置和地势条件,选址困难,使其大面积的推广应用受到限制。电池储能是当前使用最为广泛的一种储能形式,其建设不受地理位置约束,同时具有建设周期短、能量转换效率高等优势,在现阶段电池储能的单位造价还较为昂贵,一定程度上限制了电池储能的推广应用,但随着技术研发和生产工艺的不断进步,大容量电池储能的成本有望逐步回落,电池储能在未来具有非常广阔的应用前景。

随着光伏发电渗透率的不断提高,挤占了部分常规机组空间,降低了电网一次调频资源储备容量,削弱了电网调频能力,为提升电网频率安全水平,迫切需要研究光伏发电系统参与电网调频策略与方法。目前光伏调频技术研究主要围绕微网孤岛、区域电网中光伏发电并网调频问题展开。主要解决方案包括预留调频功率、附加储能参与调频、需求侧管理参与系统调频以及虚拟同步发电机技术。

光伏电站工作在最大功率跟踪模式时,没有可用的备用功率,无法参与电网调频。通过控制光伏阵列实际工作电压稍高于最大功率跟踪点处电压,使其减载运行,从而预留一定的功率备用使得光伏发电系统具备随时参与系统调频的能力,如图3-2所示。

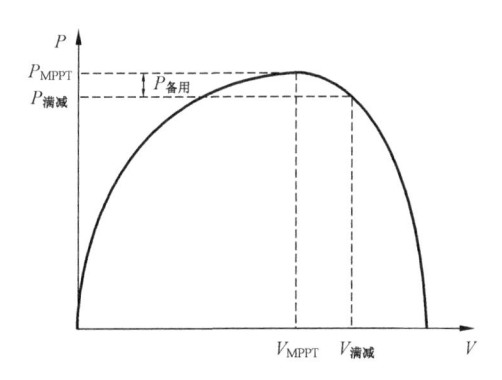

图3-2 光伏发电系统减载运行预留备用功率示意图

因此通过控制光伏减载运行使得并网光伏阵列具备了一次调频的功能,提供光伏出力波动情况下的能量供应。通过附加储能装置参与系统调频研究,储能系统具有快吐纳能量的能力,可以有效抑制新能源电力的随机波动,与传统发电机组相比,储能系统尤其是电池储能具有响应速度快、调节精度高等优势,非常适合提供调频服务。储能系统响应快速精准、容量可调,运行过程中不会直接产生污染物,调频效果是水电机组的 1.7 倍、燃气机组的 2.5 倍、燃煤机组的 25 倍以上。因此为光伏电站配置储能装置,利用储能系统快速放出或吸收功率,平滑光伏输出功率曲线,减小系统有功功率波动对系统频率的影响,以辅助传统机组提升电网整体调频能力已受到业界广泛关注。目前储能系统接入分为电源直流侧接入和交流侧接入两种方式。由于电源交流侧接入具有通用性强等优点,其具有广泛的应用前景。

3.2 虚拟同步机技术控制方法

3.2.1 虚拟同步机技术分类

虚拟同步机技术是指电力电子变流器的控制环节采用同步机的机械方程和电气方程,使采用该技术并网运行的装置具有同步机组并网运行的惯性、阻尼、有功调频和无功调压等运行外特性的技术。

虚拟同步机技术在控制环节引入同步机转子运动方程与电磁暂态方程,可以等效为幅值和功角均可控的电压源,通过改变电压相角调节有功功率输出,改变电压幅值调节无功输出。而虚拟惯量方面,对于风力发电来说,是由风机叶轮释放动能作为虚拟同步机的调频备用,对于光伏发电来说,是由直流侧配置储能单元来提供惯量。其系统主要由新能源发电单元、储能系统和 VSG 逆变器等组成,新能源发电单元如风力机或光伏阵列为发电系统提供一次侧能源,为直流母线进行充电,相当于传统发电系统的原动机环节;VSG 逆变器则作为模拟同步机特性的核心控制部件对直流母线能量流动和变流器的输出特性进行控制,相当于传统发电系统中的发电机环节。VSG 拓扑示意图如图 3-3 所示。

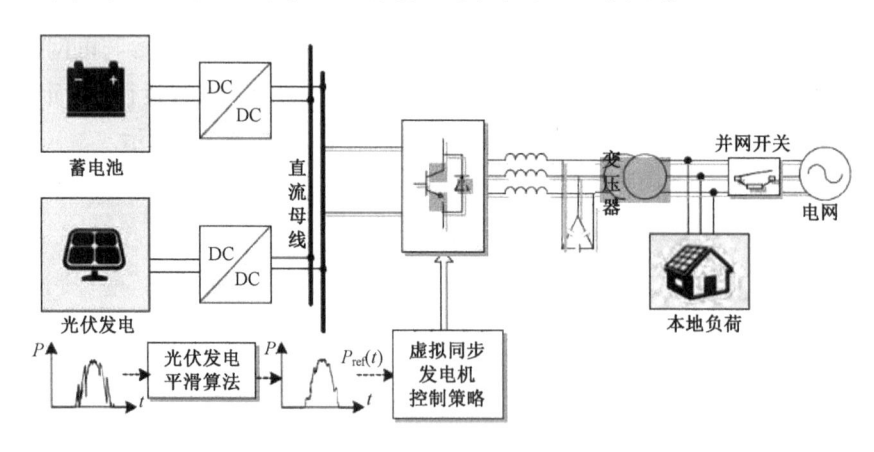

图 3-3 VSG 拓扑示意图

虚拟同步机技术根据分类标准不同,可以分为两大类,如图 3-4 所示。一类按照虚拟同步机应用场合的不同分为单元式和电站式虚拟同步机。另一类按被控对象不同分为清洁能源虚拟同步发电机和负荷虚拟同步电动机。单元式是以分布式电源(光伏、风电)形式接入应用;电站式通常以集中、大规模形式的电站接入应用。

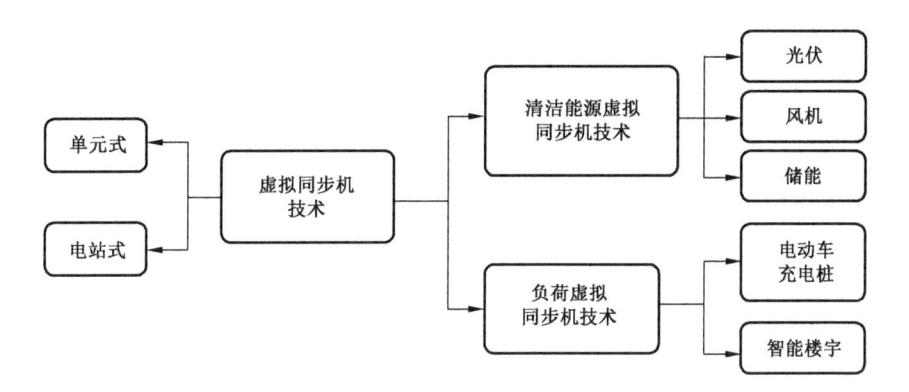

图 3-4 虚拟同步机技术分类

光伏虚拟同步发电机是由逆变器和储能装置组成,储能装置通常安装在光伏阵列的直流母线处,由 VSG 控制逆变器,在储能配合下,优化光伏发电出力,同时可实现多余电能就地消纳的目标。风机虚拟同步发电机惯量实现主要通过风机叶轮动能的吸收或释放来增强电网惯性,而频率和电压调节,则是通过在主控制系统中置入 VSG 控制算法来实现。储能在单独使用时通常应用在电站式集中并网方面,储能电站相当于小型火电厂,由虚拟同步机控制的储能单元可以根据系统需求迅速地提供惯量应对频率波动。

负荷虚拟同步电动机涵盖运用虚拟同步机技术的各类用电设备,例如新能源汽车充电桩、变频电器、智能楼宇等。它是一种可移动的分布式电源,不仅可以为电网提供能量,而且可作为负荷吸收电网多余电能,促进能量双向流动,是理想的调频调峰装置。

3.2.2 虚拟同步机数学模型

虚拟同步机的本质是通过控制并网逆变器来模拟常规同步发电机的运行外特性,使分布式电源达到与同步发电机类似的稳定控制。由于传统同步机较为复杂,因模拟同步机模型阶次不同而具有差异,常见的是 2 阶、3 阶和 5 阶,目前的研究多以经典的 2 阶模型为主,因此,本章节只建立虚拟同步机的 2 阶数学方程,模拟同步发电机的机械方程和电磁方程。同步发电机的机械特性可以表示为

$$\begin{cases} T_\mathrm{m} - T_\mathrm{e} - D(\omega - \omega_\mathrm{ref}) = J\dfrac{\mathrm{d}\omega}{\mathrm{d}t} \\ \dfrac{\mathrm{d}\theta}{\mathrm{d}t} = \omega \end{cases} \tag{3-7}$$

式中,T_m 为机械转矩;T_e 为电磁转矩;ω 和 ω_ref 分别为实际电角速度和额定电角速度;D 为阻尼系数;J 为转动惯量;θ 为转子位置角。

从式(3-7)可知,由于存在转动惯量 J 和阻尼系数 D 传统同步机在电力系统频率扰动和负荷波动时具有阻尼系统功率振荡的能力,J 越大,功率动态响应时间越长,D 越大,动态响应振荡幅值的衰减速度越快。

同步发电机的电磁特性可以表示为

$$L\dfrac{\mathrm{d}i_\mathrm{abc}}{\mathrm{d}t} = e_\mathrm{abc} - u_\mathrm{abc} - Ri_\mathrm{abc} \tag{3-8}$$

式中，u_{abc} 表示 VSG 的并网电压；e_{abc} 表示同步电机的三相感应电动势；L 是由线路滤波电感等效而来的同步电感；R 是滤波电感和功率器件的等效电阻。

3.2.3 风机虚拟同步发电机技术

目前，风电系统中运用最广的机型是双馈感应发电机（Doubly-Fed Induction Generator，DFIG）和永磁直驱发电机（Permanent Magnet Synchronous Generator，PMSG），二者均通过电力电子变流器并网，由于机组的转速与电网频率解耦，导致机组的出力不能响应电网频率的波动，无法提供惯量支持。随着风电新能源占比不断提高，将致使系统惯性能力减弱，给系统的安全稳定运行带来严重威胁。因此，为保证电力系统正常运行，新能源发电系统应当具有与传统发电机组类似的惯性和一次调频的电网辅助功能。

VSG 技术是一种逆变器控制技术，因同时具备协调功率分配和提供虚拟惯量能力广受学术界青睐。综合现有研究来看，虚拟惯量来源有 3 种方式：虚拟惯量控制、功率备用控制以及协同控制。首先，对于虚拟惯量控制而言，主要是利用转子动能的吸收或释放来实现惯性响应，如文献[21]研究了一种含阻尼环节的电流源型风电虚拟同步机控制，通过控制内电势和功角，实现对双馈机组有功功率的控制。但是能量来源主要是转子的动能，当转子转速降至保护值，机组将停止对系统的贡献，在转子转速恢复过程中可能会导致频率再次下跌的问题。另外，通过在风场并网处安装储能装置也可以模拟虚拟惯量，但储能装置的引入会额外地增加设备的成本。功率备用控制又称预留容量控制，通过对桨距角调节，使风力发电机运行在最大功率跟踪（Maximum Power Point Tracking，MPPT）次优曲线上，这虽然降低了风机的功率输出，但可以预留出部分备用容量，以便在系统需要功率支撑时增加出力，使风电机组具有惯性响应的能力。从某种意义上来说该方法相当于以长期的"主动弃风"换取短期的"功率支撑"，违背了经济效应。因此，在前两种控制的基础上又提出惯量协同控制策略，利用储能系统和风机转子动能协同补偿电网惯量，该方法集上述两种方法之长，能够较好地对电网频率变化产生阻尼，为电网提供较长时间的功率支撑，改善电网暂态稳定性。典型的结构如图 3-5 所示。

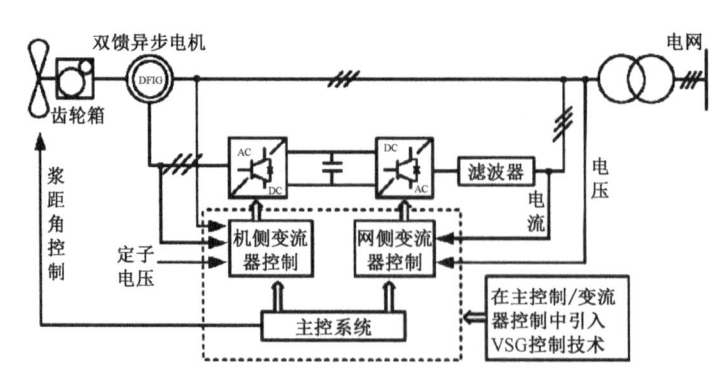

图 3-5 双馈风力发电机

3.2.4 光伏虚拟同步发电机技术

MPPT 方式并网运行，且通过电力电子器件并网，难以为电力系统提供有利于系统稳定的惯量和阻尼。随着光伏装机容量的增加,必然会造成电网转动惯量的降低,限制系统应对功率波动的能力。虚拟同步因模拟了传统机组的运行机制以及变流器设备控制灵活、响应速度快等优点,被广泛运用于光伏发电领域。文献[23]对虚拟同步机技术在光伏领域的运用展开了深入的研究,通过已有的研究来看,引入虚拟惯量有两种方式:其一是在直流母线侧配备储能电池;其二是光伏电源直接充当 VSG 的虚拟原动力。

储能系统作为一种双向的能量提供装置被广泛应用于新能源发电领域,为了使光伏发电系统具有惯性支撑的能力将其与储能系统相结合。在光储联合发电系统中,储能担负着抑制光功率波动和对系统进行惯性支撑两种功能。在光功率波动的情况下储能可以使光储直流环节的功率输出更加平稳;在频率波动时可以快速调用自身所储存的能量为系统提供额外的能量来源,对系统进行惯性支撑,能够有效地解决系统惯性缺失的问题,但该方法在一定程度上忽略了直流侧动态特性的影响,而且究其本质可知直流端仍为储能电池,未从源端解决光伏电源 VSG 形式接入问题。鉴于此,通过分析光伏电源的动态特性提出计及光伏电源动态特征的光伏虚拟同步机(Photovoltaic Virtual Synchronous Machine)及其控制策略,实现了光伏电源可直接通过虚拟同步机控制为电网提供虚拟惯量,与传统研究中以储能电池作为虚拟原动力有着本质区别。典型的结构如图3-6所示。

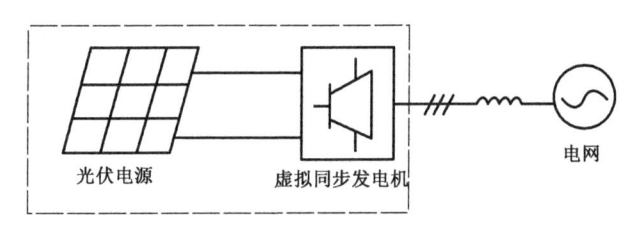

图 3-6 光伏虚拟同步机示意图

3.2.5 储能虚拟同步发电机技术

目前储能虚拟同步机技术主要用于风电场和光伏阵列有功平滑方面,利用虚拟同步机技术控制储能装置为新能源(风能及光伏)提供缺额的惯量,从而使分布式电源友好并网。储能类型主要分为物理储能和电化学储能,物理储能例如风机飞轮,电化学储能主要是蓄电池,是一种运用化学反应进行充放电的双向可逆电源,通过虚拟同步机控制电力电子器件使蓄电池保持合理的吞吐功率以为电力系统提供惯量支撑,典型的结构如图3-7所示。

近年来,随着储能系统的广泛应用,在技术上面临着一些问题,主要归结为两方面,首先是储能系统在工作时过充或过放都会对蓄电池造成不可逆转的损害,因此在系统频率波动储能参与惯量响应时要防止储能系统的过充或过放。其次,考虑到储能配置的成本,在采用VSG 控制策略以储能单元配合风机、光伏参与调频响应时必须合理配置储能容量。

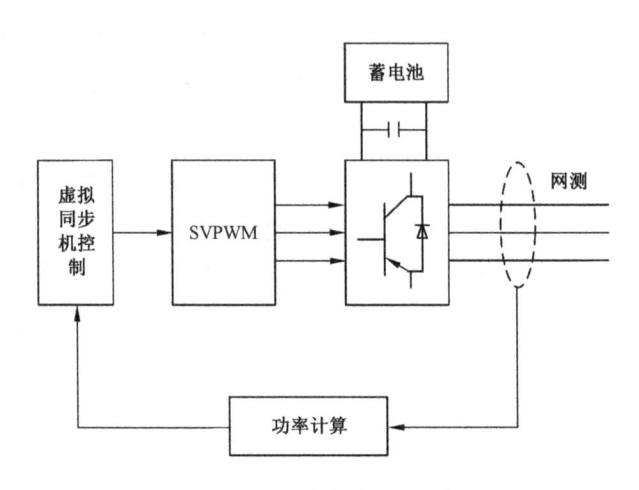

图 3-7 储能虚拟惯量示意图

新一代电力系统中,变频负荷大量兴起,预计未来将有90%的电力设备需要经过电力电子变换后使用。例如:电动汽车充电桩、智能楼宇以及变频电器,其中最具代表性的就是电动汽车的发展,电动汽车充电具有充电功率大、随机性强的特点,大量接入必将会给电力系统带来严重的惯量缺失以及电压跌落等问题。因此,电网对负荷具备惯量调节能力提出迫切要求。基于电动汽车具备电源和负荷的双重特性,兼具能量型和功率型储能优势,有关学者在充电桩变流器中应用虚拟同步机技术,通过对变流器控制模拟同步机的内在电磁转换机理和外在运行特性,使其具备惯量机制,有效促进电动汽车与电网友好互动,助力改善有功平衡和电压稳定性,对新型电力系统的发展有着重要的意义。

3.3 风光 VSG 的惯量特性和调频特性

3.3.1 同步机的惯量响应

VSG 的惯量支撑功能也叫惯量响应(Inertia Response),一般只关心在系统频率变化过程中虚拟同步发电机输出的有功功率响应与系统频率变化率的功能(电流源型 VSG 只能模拟这一功能),但其实同步发电机全面的惯量响应包括以下两个方面。

方面1:转子的状态变量(功角、频率)在不平衡转矩下的响应电网的频率变化往往由系统的功率不平衡(输入、输出功率不平衡)冲击引起,在此过程中,网内的各同步机都将感受到不平衡功率的作用,在不平衡功率(转矩)的作用下,各同步机状态变量的响应可由式(3-9)所示的转子运动方程描述。

$$\begin{cases} \dfrac{d\delta}{dt} = (\omega - 1)\omega_0 \\ \dfrac{d\omega}{dt} = \dfrac{T_m - T_e}{T_J} \approx \dfrac{P_m - P_e}{T_J} \end{cases} \tag{3-9}$$

式中,t 为时间;ω_0 为系统额定电角速度;T_J 为转子惯性时间常数;δ 为转子功角;ω 为转子电角速度;T_m、T_e、P_m、P_e 分别为转子的机械转矩、电磁转矩、机械功率和电磁功率。式中各量除 t、ω_0、T_J 为有名值外,其余均为标幺值。

方面2:发电机转子动能与输出电磁功率在系统频率发生变化时,网内各发电机的转子速度基本同步变化,在此过程中,发电机转子的动能也在相应发生变化,在假设施加到转子上的机械输入功率保持不变时,转子动能的变化量将以发电机电磁功率的形式注入电网中,此功率即为惯量支撑功率系统在额定频率正常运行时,同步机转子以额定转速Ω_N(即同步转速)转动的动能W_k根据发电机转子惯性时间常数T_J的物理意义,T_J为在转子上施加额定转矩T_m后,转子从停顿状态(机械角速度$\Omega=0$)加速到额定状态(机械角速度$\Omega=\Omega_N$)时所经过的时间。

3.3.2 同步机惯量支撑功能的物理意义

同步机的惯量支撑功能实际上包括以下两个方面。

方面1:转子的状态变量(功角、频率)在不平衡转矩下的响应同步机转子的功角和频率是不可突变的机械状态量,该状态量将在转子不平衡转矩的作用下,按照式(3-9)所示的微分方程发生变化,该响应的物理意义是质块在外力作用下运动状态的改变。值得指出的是,该响应隐含的意义是同步机内电势的相位不会发生突变(内电势幅值由转子磁链制约也不会突变),也就是说同步机的内电势是相位和幅值都不会突变的独立电压源,同步机的"电压支撑"作用也由此而来。因此,只有真实同步机和电压源型VSG才有此项响应功能。

方面2:发电机转子动能与输出电磁功率在系统频率变化时的响应如前所述,此项即为同步机的惯量支撑功率,它的物理意义是:质块在运动状态发生变化时对外释放或吸收的能量。

可以看出,方面1和2虽然描述的是同一个运动过程,但是差异却是很明显的,首先是侧重点和因果关系不同:方面1侧重于描述外力作用下质块的运动规律,方面2侧重于描述运动过程中质块由于运动状态不同而引起的能量变化,所以方面1是策动的因,方面2是响应的果。其次,同步机输出电磁功率根本上仍由方面1决定,而不由方面2决定。这是因为对于同步机来说,外部网络发生扰动瞬间该机的电磁功率突变量由扰动点与该机之间的电气距离决定,而扰动后机电振荡过程中该机电磁功率则由该机与外部网络中其他同步机之间的相对功角差和网络参数决定。也就是说,扰动后机电摇摆过程中该机与网络中其他同步机之间的相对运动决定了该机的输出电磁功率,该相对运动可由方面1描述;而该机输出电磁功率的变化又引起转子动能的变化,数值上则可由方面2描述,但须注意到本质上并不是转子动能的变化引起了输出电磁功率的变化,而是正好相反。所以仅模拟方面2的响应并不能真正全面地反映真实的同步机惯量支撑功能。还值得指出的是,对于真实同步机和电压源型VSG,因其内电势为电压源,而它的输出电流和电磁功率是自由的非目标受控量,由外部网络决定,所以同步机的惯量支撑功率可以瞬间释放出来,是电压源在外界功率不平衡时被动应激的自发即时响应。而对于电流源型的VSG,因其输出电流和电磁功率均为目标控制量,则需要附加功率控制指令,才能主动尽可能地模拟这一惯量支撑功率。

3.3.3 一次调频功能及物理意义

当系统频率偏差值大于0.03 Hz(一次调频死区范围),VSG的有功出力大于$20\%P_N$时,VSG应能根据频率偏差调节有功输出,参与电网一次调频。VSG参与一次调频的具体要求如下：

（1）当系统频率下降时，VSG应增加有功输出，有功出力可增加量的最大值至少为$10\%P_N$。

（2）当系统频率上升时，VSG应减少有功输出，有功出力可减少量的最大值至少为$20\%P_N$，降出力至$20\%P_N$时，VSG输出有功功率可不再向下调节。

（3）考虑到与传统机组的协调性，VSG的有功调频系数K_f推荐为10~20。

（4）虽然VSG的调节速度可以更快，但是考虑到与传统机组的协调性，因此仍应推荐VSG与传统机组一次调频性能的主要指标基本保持一致为宜，即一次调频的启动时间（达到10%目标负荷的时间）应不大于3 s，达到90%目标负荷的响应时间应不大于12 s，达到95%目标负荷的调节时间应不大于30 s。一次调频功率与系统频率的偏差值的相反数成正比，因此可看作是系统频率的比例反馈控制。

VSG的一次调频功能本质上是VSG的有功频率下垂控制，以实现VSG有功输出随电网系统频率变化的自适应调节，为使电网达到新的功率平衡点而作出相应的贡献。值得指出的是，电网的系统频率是反映交流电网全局功率盈缺的一个重要运行指标，当电网中功率保持平衡时，系统频率保持不变；当电网中发生功率缺额（如发电机掉机）时，系统频率下降；当电网中发生功率盈余（如大用户负荷突然退出）时，系统频率上升。对于电压源型VSG，因为其输出的电磁功率不是目标受控量，所以和真实同步机一样，一次调频靠改变原动机的输入功率指令来实现一次调频。而对于电流源型VSG，因为其输出电流和电磁功率是直接的目标受控量，所以可通过在电磁功率指令上直接叠加一次调频功率指令来实现一次调频，速度可以做到更快。

VSG惯量支撑与一次调频的功能定位区分辨析如前所述，VSG的惯量支撑功能与一次调频功能是两种不同的控制功能，下面对两者各自的功能定位进行详细的区分辨析。

（1）控制规律

惯量支撑是对系统频率的微分反馈控制，而一次调频是对系统频率的比例反馈控制。相对于一次调频控制，惯量支撑控制因其微分控制规律，具有超前特性，可以很快响应；而在系统频率变化初期的频率偏差较小，一次调频控制因其比例控制规律出力也较小，显得相对较慢。但值得指出的是，这两种控制都无法实现对系统频率的无差调节，而只有二次调频控制（具有积分反馈控制特性）才能实现对系统频率的无差调节。

（2）能量变化

惯量支撑只是一个非常短时的冲击型功率支撑，当系统频率不再变化（频率偏差仍然存在）时，支撑功率为0，该支撑功率所产生的累积能量非常有限；而一次调频功率是一个持续的功率支援，只要系统频率偏差存在，一次调频功率就一直存在，该功率所产生的累积能量非常可观，从而可以使系统频率停止下跌（上升），稳定在一个较低（较高）的平衡点继续运行。

（3）功能定位及作用

以功率缺额事件导致系统频率跌落为例，惯量支撑的功能定位和主要作用是延缓系统的频率变化率，阻止系统频率快速下跌，从而为一次调频赢得时间，但并不能有效抑制频率的跌落深度;而一次调频的功能定位和主要作用是提供可以响应系统频率偏差的持续的有功功率支援,以阻止系统频率的持续跌落,使其可以达到新的平衡,维持在较低的频率水平继续运行。还值得指出的是,对于电流源型 VSG,因其内电势不是独立电压源,所以无法对系统频率产生直接的影响(独立电压源的电角频率才可以对电网系统频率产生直接的影响和约束),而是通过输出的惯量支撑功率和一次调频功率间接减轻网内其他同步机的电磁功率负担,从而减缓其他同步机转子转速的变化率和变化幅度,以达到间接为系统频率提供帮助的目的。

3.4 风光 VSG 频率特性对同步发电机主导电网的适应性

并网逆变器的 VSG 控制模拟了电力系统同步发电机的惯量、一次调频及一次调压特性。给出了基于 VSG 控制的并网逆变器主电路拓扑和控制结构,这种控制策略以有功功率 P、无功功率 Q 为控制目标。L 为并网逆变器的滤波电感;L_g 为电网线路电抗;P_{ref}、Q_{ref} 为并网逆变器输出功率参考值;U_{dc} 为直流母线电压;e_a、e_b、e_c 为逆变器交流侧输出电压;e_{am}、e_{bm}、e_{cm} 为逆变器交流侧输出电压的调制信号;u_a、u_b、u_c 为逆变器并网点电压;u_{ga}、u_{gb}、u_{gc} 为电网电压;i_a、i_b、i_c 为逆变器并网电流。

如图 3-8 所示的 VSG 中,将逆变器交流侧输出电压 e_a、e_b、e_c 等效为同步发电机的空载电动势,滤波电感 L 等效为同步发电机的同步电抗,逆变器并网点电压 u_a、u_b、u_c 等效为同步发电机的机端电压。基于 VSG 控制的逆变器并网输出有功功率 P、无功功率 Q 可分别表示为

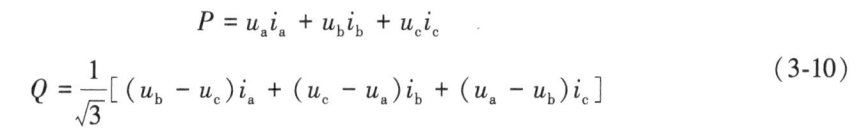

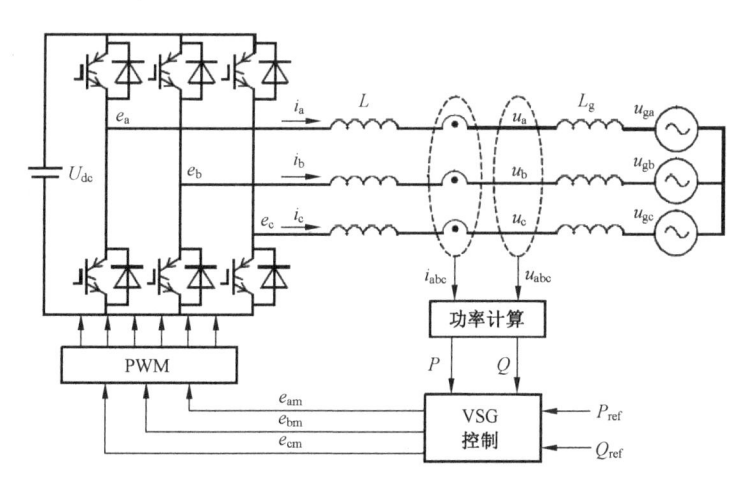

$$P = u_a i_a + u_b i_b + u_c i_c$$
$$Q = \frac{1}{\sqrt{3}}[(u_b - u_c)i_a + (u_c - u_a)i_b + (u_a - u_b)i_c]$$
(3-10)

图 3-8 VSG 结构示意图

下面进一步给出了 VSG 的详细控制框图。图 3-9 中,H 为虚拟惯量时间常数;D_p 为虚拟阻尼系数;K 为无功功率控制常数;D_q 为无功-电压下垂系数;ω_0 为电网额定角频率;ω 为

VSG 实际输出角频率；U_g 为电网额定电压幅值；E_m 为 VSG 输出空载电动势的幅值；θ 为 VSG 输出空载电动势的相位。

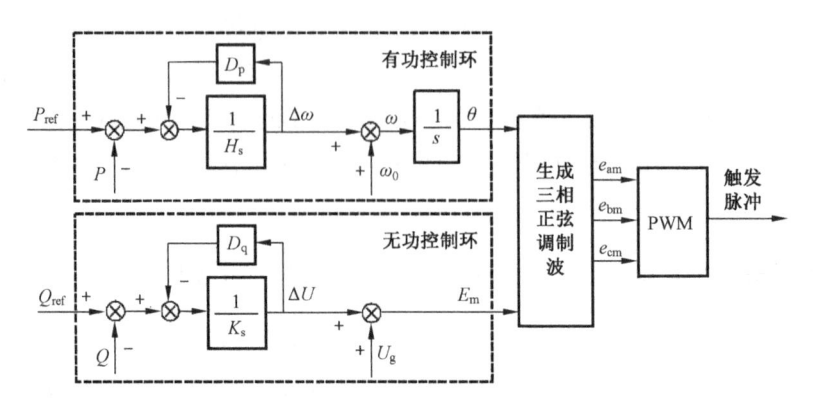

图 3-9 VSG 控制框图

为了分析 VSG 在弱电网环境下的运行稳定性，本章节在 dq 旋转坐标系下建立其输出阻抗的小信号模型。VSG 输出阻抗建模原理如下：在逆变器与电网公共连接点处注入小信号的谐波电压扰动，该扰动经过控制回路以及主电路，在逆变器输出电流中产生谐波电流响应。通过分析谐波电压、谐波电流的幅值与相位，即可求取出 VSG 输出阻抗的频率特性。图 3-10 给出了 VSG 控制下逆变器的小信号模型（文中带"^"的变量均表示该变量的扰动量）。

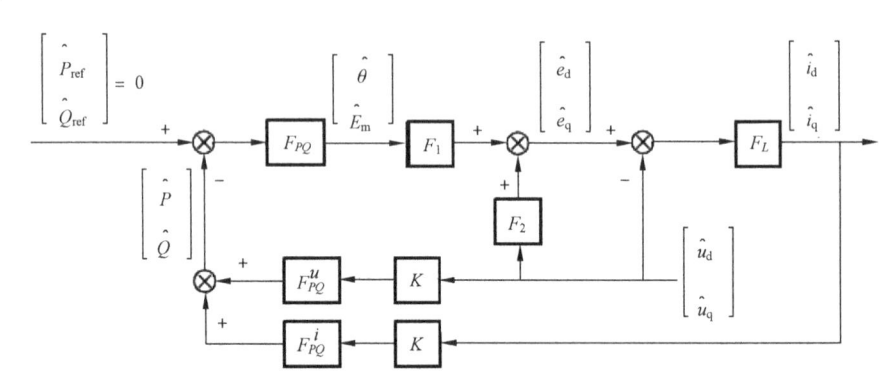

图 3-10 VSG 控制下逆变器小信号模型

如图 3-10 所示的逆变器小信号模型中，小信号扰动项为包含 d 轴、q 轴分量的列向量，由于在整个控制过程中有功功率 P、无功功率 Q 的指令信号不变，可认为功率指令的扰动项为 0。需要注意的是，图 3-10 中 F_{PQ}、F_1、F_2、F_L、K、F_{PQ}^U、F_{PQ}^i 表示的是 2×2 阶传递函数方阵，其物理含义与解析表达式将在下文给出。根据逆变器输出阻抗的定义，电压扰动向量 $[\hat{u}_d, \hat{u}_q]$、电流响应向量 $[\hat{i}_d, \hat{i}_q]$ 以及输出阻抗 $\mathbf{Z}_{out}$ 的关系可表示为

$$\begin{bmatrix} \hat{u}_d \\ \hat{u}_q \end{bmatrix} = -\mathbf{Z}_{out} \begin{bmatrix} \hat{i}_d \\ \hat{i}_q \end{bmatrix} = -\begin{bmatrix} Z_{dd} & Z_{dq} \\ Z_{qd} & Z_{qq} \end{bmatrix} \begin{bmatrix} \hat{i}_d \\ \hat{i}_q \end{bmatrix} \tag{3-11}$$

其中，逆变器输出阻抗 $\boldsymbol{Z}_{\text{out}}$ 为 2×2 阶方阵，下文将对其推导过程进行详细阐述。图 3-11 给出了 dq 旋转坐标系下逆变器主电路的小信号模型，由于假定直流母线电压恒定，本章节仅分析交流侧主电路的动态特性，则图 3-11 中直流母线电压的扰动量 u_{dc} 置为 0，F_1 为电压向量 $[U_{\text{ld}}, U_{\text{lq}}]$。

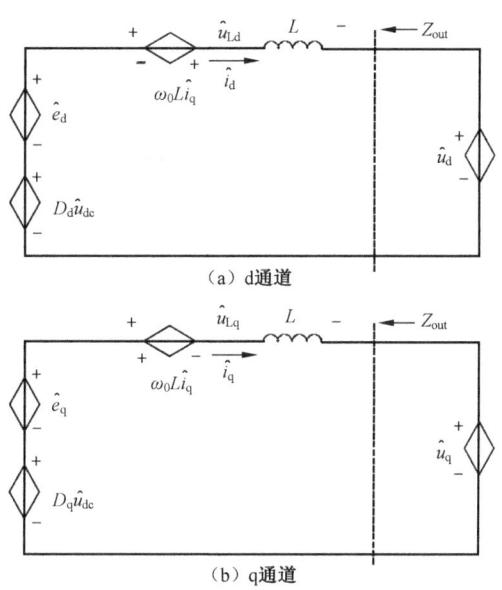

(a) d 通道

(b) q 通道

图 3-11 dq 旋转坐标系下逆变器交流侧主电路小信号模型

VSG 并网运行的稳定性可通过回率矩阵 $\boldsymbol{Z}_{\text{g}}/\boldsymbol{Z}_{\text{out}}$ 是否满足广义奈奎斯特判据来判断。这种稳定性判断方法是：回率矩阵含有 2 个特征根 λ_1、λ_2，如果该 2 个特征根在复平面上的轨迹均不顺时针包围点 (−1, 0)，则系统稳定；否则，系统不稳定。图 3-12 给出了不同电网强度下 2 个特征根的轨迹，从图中可以看出，强电网下 2 个特征根均未顺时针包围点 (−1, 0)，VSG-电网互联系统稳定；弱电网下特征根 λ_2 顺时针包围点 (−1, 0)，系统失稳。

① λ_1 (L_{g}=2.3 mH)，② λ_1 (L_{g}=15.4 mH)，
③ λ_2 (L_{g}=2.3 mH)，④ λ_2 (L_{g}=15.4 mH)，

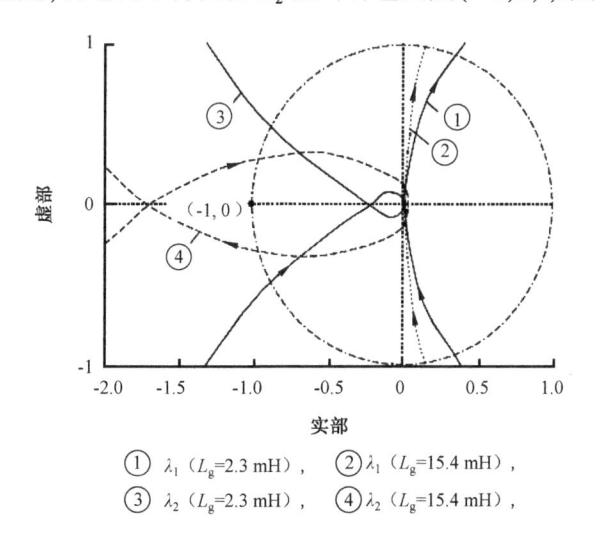

图 3-12 不同电网强度下 $\boldsymbol{Z}_{\text{g}}/\boldsymbol{Z}_{\text{out}}$ 的特征轨迹

图 3-13 进一步分析了弱电网下有功环控制参数对系统稳定性的影响。从图中可以看出,随着有功功率控制环惯量常数 H、阻尼系数 D_p 的增大,特征根 λ_1 的轨迹不变,特征根 λ_2 由顺时针包围点(-1,0)状态变为非包围状态,即 VSG-电网互联系统由失稳变为稳定。因此,可通过增大有功环控制参数 h、D_p 以提高 VSG 弱电网环境下的运行稳定性。

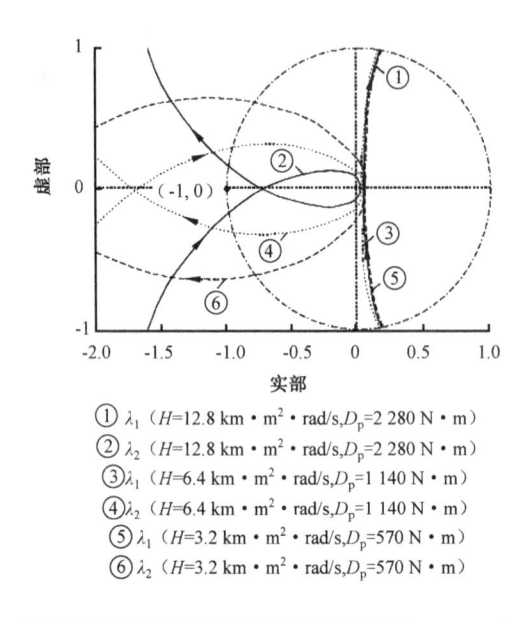

① λ_1 (H=12.8 km·m²·rad/s,D_p=2 280 N·m)
② λ_2 (H=12.8 km·m²·rad/s,D_p=2 280 N·m)
③ λ_1 (H=6.4 km·m²·rad/s,D_p=1 140 N·m)
④ λ_2 (H=6.4 km·m²·rad/s,D_p=1 140 N·m)
⑤ λ_1 (H=3.2 km·m²·rad/s,D_p=570 N·m)
⑥ λ_2 (H=3.2 km·m²·rad/s,D_p=570 N·m)

图 3-13 弱电网以及不同有功环控制参数下 Z_g/Z_{out} 的特征轨迹

图 3-14 为弱电网下无功环控制参数对系统稳定性的影响。从图中可以看出,增大无功功率控制常数 K、无功-电压下垂系数 D_q,特征根 λ_1 的轨迹不变,特征根 λ_2 小幅度变化,但仍然顺时针包围点(-1,0),即 VSG-电网互联系统处在失稳状态。因此,无功环控制参数对 VSG 弱电网环境下的运行稳定性影响较小。

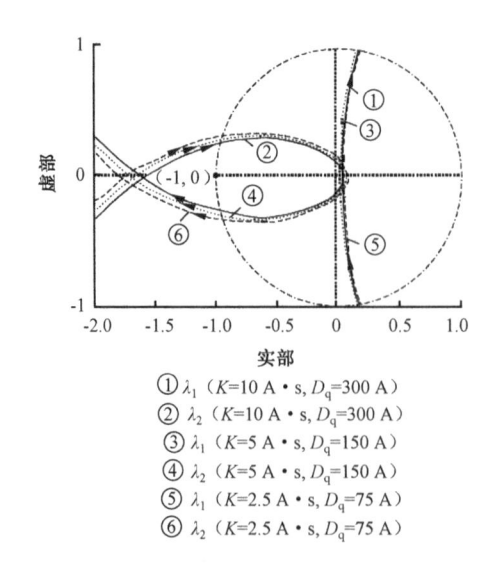

① λ_1 (K=10 A·s,D_q=300 A)
② λ_2 (K=10 A·s,D_q=300 A)
③ λ_1 (K=5 A·s,D_q=150 A)
④ λ_2 (K=5 A·s,D_q=150 A)
⑤ λ_1 (K=2.5 A·s,D_q=75 A)
⑥ λ_2 (K=2.5 A·s,D_q=75 A)

图 3-14 弱电网以及不同无功环控制参数下 Z_g/Z_{out} 的特征轨迹

3.5 光储 VSG 参与电网动态调频案例分析

由于本章节关注负荷扰动的频率问题是属于电力系统静态特性范畴,是瞬时功率在微观层面的整体平衡问题,故电网拓扑结构对本章节问题没有影响。本章节应用 PSCAD/EMTDC 建立了仿真模型,仿真算例中将电力系统用等值同步发电机表示,光储 VSG 也用等值虚拟发电机表示,从而仿真对象可用双机系统表示,如图 3-15 所示。

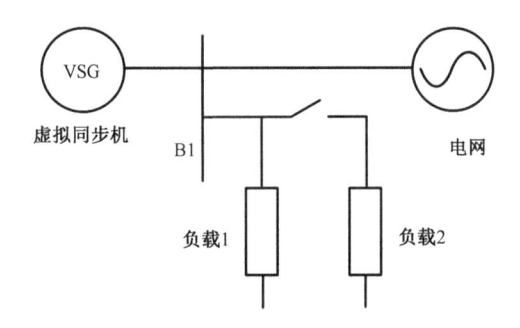

图 3-15 仿真电网的构成

电力系统等值发电机具有一次和二次调频功能,等值机参数为额定功率 10 MW;考虑到原动机和励磁机等均含有惯量,本章节取电网等值机惯量参数为 1.2×10^5 kg·m^2。光储系统中光伏容量为 250 kW;储能容量 550 kWh,储能功率为 250 kW;VSG 逆变器容量为 500 kW。VSG 并网母线的负荷在 30 s 时刻由 500 kW 突变为 800 kW。电网容量为光储 VSG 容量的 20 倍,比例关系合理;负荷扰动量为电网容量的 3%,符合小扰动特征。由于电网小扰动下频率动态期间 VSG 与电网等值机之间转子的相对摇摆可忽略,故阻尼几乎不起作用。按本章节提出的控制策略对不同运行模式光储系统进行 PSCAD/EMTDC 仿真分析。

3.5.1 定功率模式

光储系统按定功率模式运行,VSG 惯量参数取 $J = 2.0 \times 10^4$ kg·m^2,功率参考值 P_{ref} = 150 kW,则在稳态运行和负荷阶跃扰动过程中各功率曲线仿真结果如图 3-16 所示,负荷扰动过程中电网频率变化 PSCAD/EMTDC 曲线如图 2-17 所示。改变 VSG 的惯量参数,令 $J = 1.0 \times 10^5$ kg·m^2,电网频率变化曲线也示于图 3-17 中。由仿真结果可以看出,扰动前光储系统和电网分别向负荷提供 150 kW 和 350 kW 功率;扰动瞬间光储 VSG 与电网共同向负荷提供动态功率,二者之和为 800 kW;稳定后光储功率恢复至原值 150 kW,负荷增量完全转移给电网承担。从频率响应曲线可以看出,VSG 能够响应电网频率变化而输出惯量功率;VSG 的惯量增大时,相同扰动下电网频率下降速度、动态频率偏差和恢复速度都变小,符合理论分析。

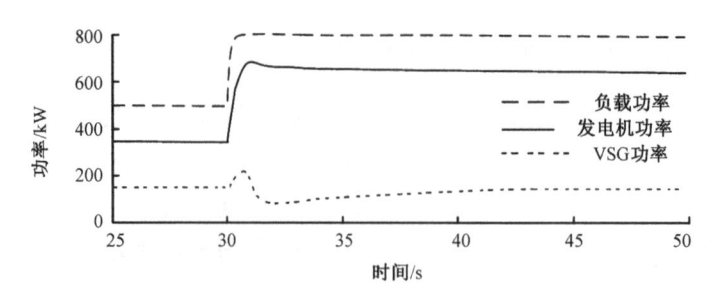

图 3-16　定功率模式下负荷扰动的功率响应曲线

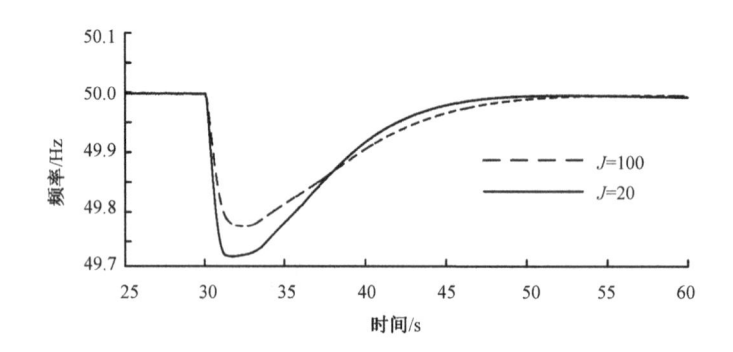

图 3-17　VSG 不同惯量下典型频率响应曲线

3.5.2　跟踪光伏模式

在以上状况下光储系统按跟踪光伏模式运行,光伏初始输出功率为 150 kW,20 s 时刻光伏功率突变为 200 kW,40 s 时刻光伏功率突变为 250 kW,各功率 PSCAD/EMTDC 仿真曲线如图 3-18 所示。

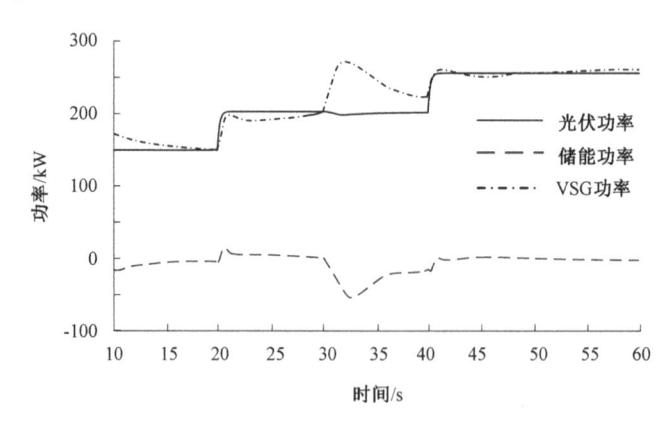

图 3-18　跟踪光伏模式下光伏阶跃扰动的功率曲线

3.5.3　零功率模式

令光储系统工作于跟踪光伏模式且光伏功率为 0,则光储系统处于零功率模式。零功率模式下负荷阶跃扰动的功率 PSCAD/EMTDC 仿真曲线如图 3-19 所示。由于 VSG 处于零功率模式,正常状态下储能功率为 0,但扰动瞬间储能释放了一定的惯量功率参与扰动平抑。

由以上仿真分析可以看出,按本章节提出的控制策略光储能够按预期工作模式输出功率,正确响应电网频率变化而输出惯量功率。

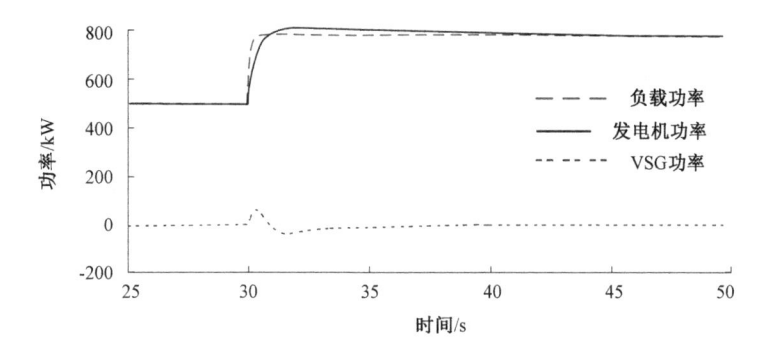

图 3-19 零功率模式下负荷扰动的功率响应曲线

3.5.4 储能充放电

当储能荷电量低于下限或高于上限时,光储系统除了按指定模式运行并产生 VSG 动态功率外,还附加有储能充放电功率。仿真中储能电量的下限和上限允许值分别设定为 20% 和 80%,储能实际荷电量分别设为 15% 和 85%。在负荷扰动下并伴随充放电过程的储能功率 PSCAD/EMTDC 仿真波形如图 3-20 所示。

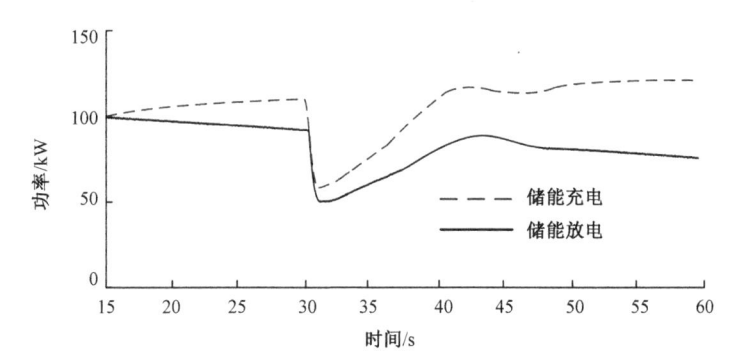

图 3-20 具有充放电电流的负荷扰动下储能功率曲线

由仿真结果可知,当储能荷电状态超限时控制环节可以正确控制储能充放电,充放电过程中光储 VSG 仍可响应负荷扰动进行惯量功率调节。

3.6 本章小结

本章提出了风光储联合发电系统的运行架构,基于多种目标的控制策略和易于工程实践的灵活多组态控制模式,并已在国家风光储输示范工程中得到应用。运行结果表明,采用本章节的方法可使原本不易控制的风光发电具备像常规能源一样的输出特性,极大地提升了电网接纳新能源的能力。

第4章 风光参与电网动态调频的有效性影响因素分析

电力系统频率是衡量电能质量的重要指标之一。频率直接反映了发电有功功率和负荷的平衡关系,它是影响电力系统稳定运行的重要因数,所以也是电力系统控制的重要参数。电力系统频率控制的基本目标是始终保证频率在允许的很小范围内波动,也是电力系统自动化的最重要的任务。电力系统实际运行中,频率的变化对电力用户、发电机组及电力系统本身都极具危害。

对于电力用户来说,由于工业用户绝大多数使用的是异步电动机,其转速与系统频率有关,近似成正比。因此频率的变化将会影响电动机转速的变化,从而会影响其驱动机械设备的产品的质量,如纺织、造纸等工业将因频率变化而出现次品。而且,频率的变化会影响电动机有功出力的改变,进而影响其所带机械的出力,使工厂的生产率降低,产量减少。

对于发电厂及电力系统本身而言,频率变化的影响更为重要。若频率下降,会增加汽轮机组的振动,严重影响汽轮机叶片的使用寿命,甚至产生断裂。若频率升高,导致发电机转子本体所承受的应力、表面损耗和铁心损耗也随之增加。并且频率的变化还会影响发电厂中风机、水泵等的正常运行,严重时会导致锅炉停炉、停机,甚至发生频率崩溃、系统瓦解等事故。在系统处于低频状态时,异步电动机和变压器的励磁电流将随之增大,引起系统无功功率增加,从而使系统电压水平下降,使系统调压困难。

总之,频率偏离额定值会影响用电设备的正常工作。系统频率只有在系统有功出力和有功负荷平衡的情况下,才能保持不变。为了减小频率变化造成的影响,当系统负荷变化时,必须对系统频率进行调整和控制,自动调节发电机的有功出力。我国电力工业技术法规中明确规定:系统的频率偏差应保持在±0.2 Hz 范围内;而且在自动调频装置投入运行后,系统的频率偏差不得超过 0.05~0.15 Hz,并为了防止频率崩溃,系统中必须设置低频减载装置。

交流电力系统的频率直接取决于同步发电机的转速,其关系式为

$$M_j \frac{d\omega_j}{dt} = P_{mj} - P_{ej} - D_j(\omega_j - 1), \forall j \in G \tag{4-1}$$

所以,要保持系统频率稳定就要保证系统中所有发电机的转速保持稳定。机组转速取决于原动机输入功率和发电机输出功率相平衡的情况,并且受转子机械惯性的制约,当忽略转子机械阻尼的影响时,它们之间的关系可用下式表示:

$$M_G \frac{d\omega}{dt} = P_{mG} - P_{eG} - D_G(\omega - 1) \qquad (4\text{-}2)$$

通过上式可以看出,发电机转子的运动状态由原动机的机械功率和发电机的电磁功率的差值决定。当两者差值不恒定时,必然会引起发电机转速的变化,进而会引起频率的变化。原动机的机械功率取决于其本身及调速系统的特性,虽然不是恒定不变的,但在机电暂态过程中可以认为其保持不变,所以是相对容易控制的因素;发电机输出的电磁功率除了与其本身的电磁特性有关之外,更决定于电力系统的负荷特性,网络结构和其他发电机运行工况等因素,它是难以控制的,这是引起电力系统频率波动的主要原因。

4.1 风光 VSG 调频性能的影响因素

电力系统的频率稳定性是指系统由于发生大扰动,如发电机停机、甩负荷等,而出现有功功率不平衡时,在自动调节装置的作用下,全系统频率或者解列后的子系统的频率能够保持在允许范围内或不会降低到危险值以下的能力。由于扰动引起的发电机出力与总负荷之间不平衡时,就会使频率发生偏差,在扰动的初期,受扰机组的有功功率可由其他机组的转子惯性动能来补偿,由于系统总负荷没有发生变化,势必导致发电机组转速下降,频率降低;相反,受扰的是负荷的话,则系统频率会上升。持续几秒钟后,在发电机功频特性及负荷本身调节特性的调节下,使频率回升或下降,这一过程称为频率的一次调整,即一次调频(Primary Frequency Regulation,PFR),但是一次调频是有差的,不能使频率回到额定值。当频率持续波动达到分钟级时,则自动发电控制(Automatic Generation Control,AGC)或者发电机组的调频器开始动作,对频率进一步调整,使其恢复到额定状态,频率的这一调整过程称为二次调频(Secondary Frequency Regulation,SFR)。频率的三次调整主要考虑到季节因素、发电经济因素等,随着时间的推移按照经济调度的原则,重新分配机组出力。因此风光调频容量来源(减出力、风机惯量、储能)、电源类型、出力水平、实施方式、控制策略等内外部因素都会对惯量响应和频率特性产生影响。

4.1.1 虚拟同步发电机运行控制技术

传统逆变器等效为电流源,输出阻抗很大,因此电流不会突变,可以直接并网运行,而虚拟同步发电机等效为电压源,输出阻抗小,与电网之间很小的电压差就会造成很大的冲击,因此不能直接并网,需先从离网模式启动,待其输出电压与大电网的幅值差、相位差、频率差满足一定条件方可切换至并网运行;同时虚拟同步发电机从并网切换到离网运行时也需要尽量减少冲击。一种可使虚拟同步发电机在离网和并网之间自由切换且冲击很小的技术叫无缝切换技术。

虚拟同步发电机在实际并网运行中,由于非线性负载等原因,电网电压常含有一定的低次谐波,会在并网电流中产生同次谐波,恶化电能质量。由于虚拟同步发电机和传统逆变器输入输出接口和运行机理有很大差别,传统电流型控制逆变器谐波抑制策略难以适用,因此需要研究针对虚拟同步发电机的谐波抑制方法。

上面所讲为虚拟同步发电机并网运行时遇到的问题及关键技术,实际在离网运行时也存在各种问题。如由虚拟同步发电机并联组成的微网系统中,由于各个逆变单元线路阻抗的不同,会引起无功不均分,进而导致各逆变器之间的环流问题。因此无功均分技术也是虚拟同步发电机的关键技术之一。

1. 无缝切换技术(Seamless Switch Technology)

基于 VSG 控制的三相逆变器可以等效为一个电压源,因此当 VSG 检测到大电网的故障引发孤岛保护机制的瞬间,VSG 的端电压仍然保持脱离电网前的电压幅值和相位,在 VSG 由并网转换成离网模式时,不会带来过大的暂态冲击。因此只需考虑离网到并网模式的无缝切换。离网到并网的无缝切换技术又称为预同步技术。

虚拟同步发电机从离网切换到并网前,与电网电压的频率差、相位差和电压幅值差必须很小方能闭合并网开关实现并网运行。

图 4-1 为频率差调节示意图,主要通过调整调速器的静态特性曲线完成的。图中 ω_M 表示逆变器输出电压频率,ω_G 表示电网频率,P_M 表示逆变器当前输出功率。离网时由于负载原因使得 $\omega_M<\omega_G$,此时调节下垂曲线,使其额定工作频率增加 $\Delta\omega$ 至 ω_G,特性曲线由 L_1 上升为 L_2,此时逆变器输出电压频率与电网频率一致。

相位差的调节原理也是通过改变 $P\text{-}\omega$ 下垂曲线完成的,这里不再详细阐述。

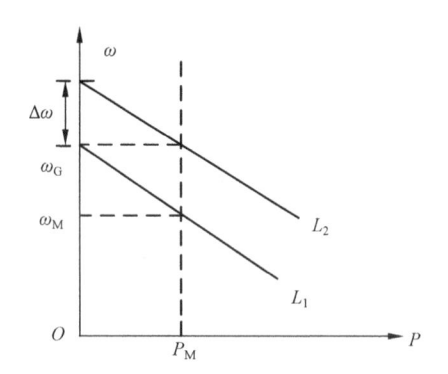

图 4-1 频率偏差调节示意图

2. 一阶虚拟惯性与无功均分

不同的 VSG 控制策略虽然模拟了不同阶次的同步发电机模型,但都具有动态一阶虚拟惯性和稳态频率、电压下垂特性。

在调频控制方面,基于一阶虚拟惯性的 VSG 虽然具有抑制频率波动的能力,但与同步发电机不同的是,VSG 过载能力较弱,当虚拟惯量取值较大时,虽然 VSG 的频率支撑能力增强,但功率指令或负载突变可能导致 VSG 动态输出有功功率发生低频振荡或产生较大超调,从而使得储能单元受到较大的功率冲击及 VSG 过流保护。另外,VSG 输出有功功率的动态特性不仅与虚拟惯量的大小有关,还与阻尼系数有关,而阻尼系数同时也决定着 VSG 并网稳态功率偏差和组网稳态功率均分,因此,研究虚拟惯量和阻尼系数对 VSG 输出有功稳态和动态特性的影响,并通过对其进行合理设计或采用改进算法提高性能,是保证储能单元优化配置和系统安全稳定运行的重要环节。

在调压控制方面,当VSG组成的微网以孤岛模式运行时,为了维持系统稳定高效地工作,各VSG需按照额定容量均分系统的负载功率。对联线阻抗呈感性的微网系统,稳态下各节点的角频率相同,根据VSG的有功功率-频率下垂(P-ω下垂)特性,有功负载能够按照各VSG额定容量实现均分,而无功功率-电压幅值下垂(Q-U下垂)控制虽然可以实现电压的调节和功率的自动分配,提高了系统的可靠性和冗余性,但由于微网中各VSG的容量和位置分布随机,难以做到各VSG的输出阻抗和联线阻抗与额定容量相互匹配,联线阻抗的压降使得VSG偏离设定的Q-U下垂曲线运行,使得无功负载无法按照额定容量实现均分,从而导致一些分布式电源过载,甚至影响系统的稳定运行。

4.1.2 风光出力不确定性对调频能力的影响

风力发电出力具有明显的间歇性与波动性,并入电网发电时,当自身容量相比电网容量较小时,其功率的扰动对电力系统的影响甚微。当并网单元数量增加到一定额度时,其功率的扰动将有可能影响电网的稳定,对电网频率造成不利影响。我国风能资源与电力负荷的地理分布存在着显著的不匹配现象,决定了我国的风电开发特点是大规模、远距离传输。国家发改委规划在沿海地区和"三北"地区建设大型和特大型的风电场,包括若干个千万千瓦级风电基地。这些风能资源丰富地区,一般多为电网末端,电网网架结构较弱,电网调节能力有限,这致使大规模风电接入对地区电网的调频和稳定运行带来极大压力。大规模风电场并网对系统频率的不利影响,主要体现在如下几点:

(1)风电功率的波动性和不可预期性,将会产生严重的地区有功功率不平衡问题。传统电力系统调频任务主要是针对负荷的随机变化及联络线功率控制的需求设置的,随着风电的引入,风电的随机性及负荷波动性的双重性作用将给系统频率控制带来前所未有的困难,而且,这一困难随着风电比例的升高将会变得更加严重。

(2)电力系统的惯量对于系统的频率变化起决定性的作用,惯量越小,系统频率变化速度越快。发电机惯性时间是表征系统惯量的机械参数。

风电大规模并网后,势必代替部分常规发电机组。由于传统变速恒频风电机组控制系统实现了机组转速与电网频率的完全解耦,使风电机组失去了对频率的快速有效响应。因此,传统变速恒频风电机组转速的惯性动能对系统惯量的贡献微乎其微。在电网频率发生改变时,机组无法对电网提供频率响应,导致电网发生功率缺额,且电网频率降低的变化率较高,频率的跌落幅度较大,不利于电网的频率稳定。

(3)由于我国风电事业的发展过程中,对风机并网的技术要求缺少统一标准。目前,并网发电的风电机组多数并不具备高、低电压穿越能力。当电力系统中风电装机容量达到一定规模时,由于电网故障引起的电压波动等因素,导致风电场整体退出运行时,会引起系统有功出力和负荷之间的动态不平衡,当电网其他发电机组不能够快速响应风电功率时,则有可能造成系统频率偏差,严重时可能导致系统频率越限,进而危及电网安全运行。

4.2 风光和储能参与同步发电机为主导电网的调频特性分析

由于风光发电功率及用电负荷的不确定性,会出现三者之间不同的组合方式,而且在某些情况下,这些组合方式对应的情况都有概率发生。当出现用电负荷处于高峰急需用电的时候,如冬季供热或者夏季空调开启等等,风光发电功率受天时地利等因素的影响而可能突然减小,这个时候就需要电网内的常规机组快速增大出力,一方面需要满足用电负荷变化带来的调频容量需求,另一方面还需要快速跟踪调节弥补由于风光功率的缺失带来影响,这时风光功率的波动就变得尤为明显,有可能带来电网频率失稳的问题。

因此,为了让并网的发电机组更好更快更安全地服务于电网,保障电网的安全稳定可靠地运行,国家能源局提出了电力系统的"两个细则"——《并网发电厂辅助服务管理实施细则》(侧重规定义务辅助服务和补偿)和《发电厂并网运行管理实施细则》(侧重规定管理和处罚)。

而电网系统主要是采用并网机组的一次调频和系统 AGC(二次调频)实现对系统频率的调节,维持电网频率在安全范围内,其中,在电网系统中,变化幅度较小(低幅)且周期较短(高频)的负荷所引起的频率偏差将由发电机组的调速器进行调节,这样的一种有差调节手段在电网中被称为系统的一次调频。它的主要原理是:当电网系统频率发生变化时,电网系统内全部发电机组的转子转速都将发生变化,一次调频指令作用在原动机阀门从而改变原动机进气门的开度,进而改变了原动机功率,使原动机功率和负荷达到发用功率平衡,电网系统的一次频率调整的主要是电网中快变的随机分量,是一个完全自动的过程,而电网系统的一次调频属于有差调节,仅靠发电机组调速器作用的一次调频无法使频率恢复到额定数值,因此还需对系统进行二次调频。电网系统的二次调频是指,当一次调频作用后仍不能将频率恢复到允许值范围内时,则需手动或自动操作发电机组的调频器(现在多采用 AGC 实现),增加或者减少进气量,使机组的功频特性发生平行移动,以此来改变发电机的有功功率,是一种无差调节。二次调频主要应对的是低频高幅的负荷分量,能够做到对电网的无差调节。

电网一次频率调节能力反映了电网对系统中负荷快速变化或系统中发生故障引起有功不平衡的响应跟踪能力,它是由网内所有剩余容量的发电机组共同完成的。当系统出现有功不平衡时,若预留的一次频率调节容量释放受到约束,如负荷高峰、风光陡降或负荷低谷风光陡升,在需要的时候不能释放出来,或者一次调频调节的速度不能满足系统有功突变的速度,这些情况都会导致电网频率波动超限,影响电网系统的安全稳定运行,从而也导致新能源弃风弃光的现象。

规模化风光电并网之后,电网系统的二次调频主要应对分钟级的风电光伏功率波动,与电网系统一次调频方式不同,其二次调频是依靠调节发电机组的调速器达到对电网系统进行无差调节的目的。在实际电网运行当中,当电网的频率在给定范围内时,并网机组将按照 AGC 或手动负荷指令严格地控制发电机组出力,一旦电网出现负荷扰动,未及时平衡的功率将促使频率快速升高或降低。当电网的频率超出给定工频附近的死区范围时,一次调频将投入运行,根据机组调速不等率的设置,改变机组出力,将频率值调整到允许范围之内,由此完成电力系统一二次调频的协调配合。

因此,在电网内发展风光等新能源必须要考虑到电网的规模以及电网自身的调节能力是否足以应对这样比例的风光功率扰动,否则将会发生因电网调节能力与风光功率波动不相适应,从而导致电网频率失稳,造成大量不得已的弃风弃光。

4.2.1 新能源参与电网调频的需求和性能分析

传统电网的调频任务主要由同步发电机完成。同步发电机固有的转子转动惯量能平滑负荷快速波动,配合调速器的调节作用,能很好地实现一次调频任务,再经过 AGC 进行的二次调频,可保持频率在合理范围内。但随着新能源发电装机容量占比的增大,由于其缺乏惯量和调频功率储备,现代电网的频率控制面临挑战。如何发挥新能源和储能的调频资源属性,是新能源电网面临的重要问题。能源互联网运行模式的电网需要所有成员参与电网互动,地区电网不再是简单的受端系统,其内部的分布式电源和储能系统也应参与电网调频辅助服务。地区电网调频资源潜力及作用效果的大小应从地区电网以外的外网部分和其内部电网方面进行分析。外网需要进行动态调频等值处理,需建立动态等值模型。而地区电网的内部调频资源主要体现为新能源和储能,同时也可能含有同步发电机类型的小型火电厂、热电厂及水电厂等。同步电机类调频资源主要表现为转动惯量和一次调频,具有相同的调频特性,各机组的惯量和一次调频下垂特性则具有不同的参数,可以进行动态等值。

转子动态参数等值模型:

假设同步发电机 j 动态方程为

$$M_j \frac{\mathrm{d}\omega_j}{\mathrm{d}t} = P_{mj} - P_{ej} - D_j(\omega_j - 1), \forall j \in G \tag{4-3}$$

式中, M_j、D_j、P_{mj} 和 P_{ej} 分别为电机 j 的惯性时间常数、阻尼系数、原动机功率和电磁功率,各参数值均为以其自身额定容量 S_j 为基值的标幺值。为了写出以聚合后的等值机容量 S_G 为基值容量的等值机的惯量方程,把式(4-3)改写为

$$\frac{S_j}{S_G} M_j \frac{\mathrm{d}\omega_j}{\mathrm{d}t} = \frac{S_j}{S_G}[P_{mj} - P_{ej} - D_j(\omega_j - 1)], \forall j \in G \tag{4-4}$$

将 N 台同调机运动方程相叠加,并计及一群内的各同调机转速相同(即 $\omega_j = \omega, \forall j \in G$)的假设,则得到

$$\sum_{\forall j \in G}\left(\frac{S_j}{S_G}M_j\right)\frac{\mathrm{d}\omega_j}{\mathrm{d}t} = \sum_{\forall j \in G}\left\{\frac{S_j}{S_G}[P_{mj} - P_{ej} - D_j(\omega_j - 1)]\right\} \tag{4-5}$$

若合成等值机的转子运动方程为

$$M_G \frac{\mathrm{d}\omega}{\mathrm{d}t} = P_{mG} - P_{eG} - D_G(\omega - 1) \tag{4-6}$$

其中的参数应是以合成等值机容量 S_G 为基值容量时的等值机参数。于是可知

$$M_G = \frac{\sum_{\forall j \in G} S_j M_j}{S_G} = \frac{\sum_{\forall j \in G} S_j M_j}{\sum_{\forall j \in G} S_j} \tag{4-7}$$

$$P_{mG} = \frac{\sum_{\forall j \in G} S_j P_{mj}}{\sum_{\forall j \in G} S_j} \tag{4-8}$$

$$P_{eG} = \frac{\sum_{\forall j \in G} S_j P_{ej}}{\sum_{\forall j \in G} S_j} \qquad (4\text{-}9)$$

$$D_{eG} = \frac{\sum_{\forall j \in G} S_j D_j}{\sum_{\forall j \in G} S_j} \qquad (4\text{-}10)$$

以聚合后等值机容量为基值,聚合后等值机的惯性常数、原动功率、电磁功率和阻尼系数的标幺值等于聚合前群内各台电机相应参数(以各自容量为基值)的标幺值的加权平均值。值得注意的是,聚合前后总惯性常数、总机械功率和总电磁功率的有名值并未改变。

等值机 G 的惯性时间常数可按下式计算:

$$C_G = \frac{\sum_{\forall j \in G} S_j C_j}{\sum_{\forall j \in G} C_j} \qquad (4\text{-}11)$$

式中,C_G 为等值机时间常数,包括等值机 d、q 轴的开路暂态时间常数及开路次暂态时间常数 T'_{d0},T'_{q0},T''_{d0},T''_{q0};C_j 为第 j 台相关发电机对应的参数。

4.2.2 地区电网风光和储能参与调频的有效域和约束边界

以电力电子接口的新能源和储能设备参与调频的作用机理与传统同步发电机组调频机理存在本质差别。同步发电机调频过程是通过惯量响应和一次调频响应完成的,若瞬时负荷增加,同步机组在系统出现功率不平衡,同步机组的输出电磁转矩迅速增加,导致机械转矩低于电磁转矩,此时转子减速、释放自身存储动能,此为惯性响应;转速进一步降低至一次调频死区以下,同步机组调速器动作,增加机械转矩出力,转子重新加速,恢复部分转子动能,此为一次频率响应。电力电子接口设备的旋转部件与电网不直接相连或者没有旋转部件,也没有调速器,为了衡量电力电子接口的调频能力,需建立其等值旋转惯量与一次调频。

针对 VSG 控制方法,VSG 单元的有功-频率控制方程为

$$P_L = a_0 P_{LN} + a_1 P_{LN}\left(\frac{f}{f_N}\right) + a_2 P_{LN}\left(\frac{f}{f_N}\right)^2 + \cdots \qquad (4\text{-}12)$$

式中,a_i 是系统 i 次方成正比的负荷占额定负荷的百分数;P_{LN} 是其负荷在额定频率下,整个系统的有功负荷;f_N 是系统额定频率。

在上式的基础上,为了能够充分发挥虚拟惯性灵活可调性,VSG 控制中基于指数函数的虚拟惯量 H 的表达式为

$$H = \begin{cases} H_0, & \left|\dfrac{\mathrm{d}f}{\mathrm{d}t}\right| > M \\ k_e\left(\left|\dfrac{\mathrm{d}f}{\mathrm{d}t}\right|\right)^{k_f} + H_0, & \left|\dfrac{\mathrm{d}f}{\mathrm{d}t}\right| \leqslant M \end{cases} \qquad (4\text{-}13)$$

式中,$|\mathrm{d}f/\mathrm{d}t|$ 为频率变化率;H_0 为稳态运行时的惯性时间常数;M 为频率变化率的临界阈值;k_e、k_f 为惯性调整系数。当 $|\mathrm{d}f/\mathrm{d}t|<M$ 时,虚拟惯量为一定值,避免 H 的频繁切换,当 $|\mathrm{d}f/\mathrm{d}t|\geqslant M$ 时,H 通过指数函数调节变大,从而减小系统频率变化量,改善系统的频率稳

定性。

4.3 本章小结

维持电网频率稳定对电力系统安全运行至关重要,本章考虑风光调频容量来源,包括风机惯量、储能等,以及出力水平、实施方式、控制策略等内外部因素,分析风光规模化并网对惯量响应和频率特性等产生的影响。根据风光 VSG 调频特性机理,研究了风光和储能参与调频的有效域和约束边界问题。

第5章 光储虚拟同步机多模式运行控制策略

5.1 光储系统 VSG 工作原理与运行模式

5.1.1 光储 VSG 工作原理

光储系统主电路典型拓扑如图 5-1 所示。光伏发电与储能系统经 DC/DC 并联接入直流母线,再经过并网逆变器、LCL 滤波器接入交流电网。并网逆变器包含三个控制环,内环分别为电流环和电压环,外环为功率环。功率环采用 VSG 控制算法实现虚拟惯量和阻尼作用。

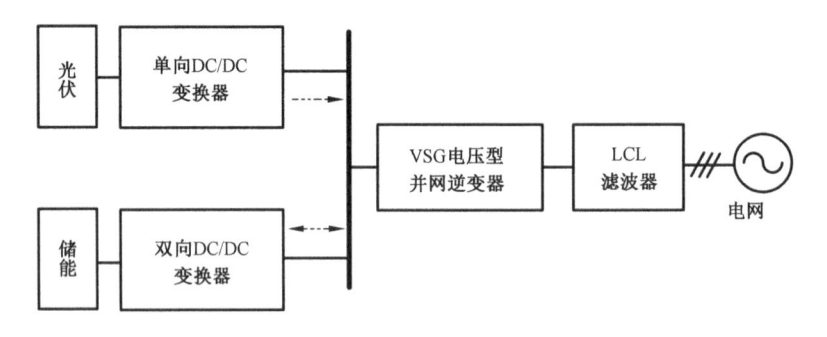

图 5-1 光储系统主电路拓扑

图 5-2 为按 VSG 原理构建的功率外环有功–频率控制框图。图中 ω_n 为电网的额定角频率;E、ω 分别为逆变器出口处的电压幅值和角频率,相当于 VSG 的虚拟内电势;U_G、ω_G 为有限容量电网中光储接入点的电压幅值和角频率;P_{ref} 为 VSG 有功功率给定值;P_e 为光储输出电磁功率测量值;J 为光储系统虚拟转动惯量;D 为虚拟阻尼系数;K 为有功调频系数;逆变器交流侧经 LCL 滤波电路并网。

根据图 5-1 光储系统主电路拓扑所示控制关系,光储系统实时测量接入点电压 U_G 和 ω_G、逆变器出口电压 E 和 ω,以及 VSG 的并网电流,实时计算并网功率 P_e。根据功率给定值 P_{ref} 和调频系数 K 得到功率指令值并与功率测量值 P_e 进行比较,将差额功率转换为转矩量纲,再减去阻尼转矩,形成的不平衡转矩使 VSG 的虚拟转子产生加速或减速,从而 VSG 的虚拟角频率 ω 产生增大或减小趋势,使 VSG 虚拟电势相角发生变化,电磁功率 P_e 亦相应变化。设并网点负荷有正扰动,则扰动瞬间扰动点电压相角瞬时减小,但电网等值电势及 VSG 虚拟电势的相角受惯量作用不会突变,从而向扰动点注入功率增量来平衡功率扰动;此时由于转子功率不平衡,VSG 和电网将发生减速,依靠惯量功率来平衡负荷扰动,频率开始下降。频率下降过程中电网一次和二次调频陆续介入,频率逐渐恢复额定值。VSG 内电势的幅值由电压无功控制关系决定,非本章关注内容,未在图中画出。

图 5-2 VSG 有功-频率控制框图

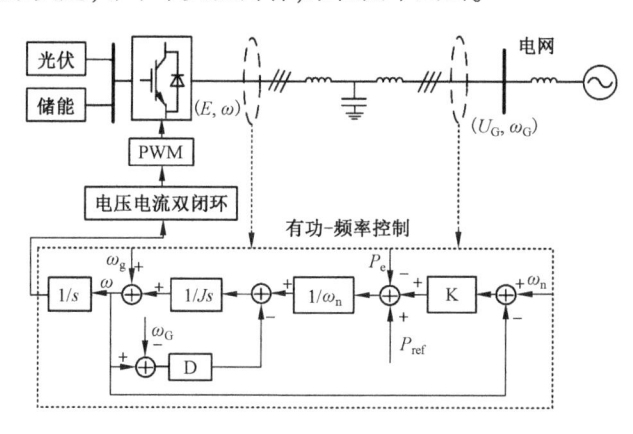

根据图 5-2 VSG 有功-频率控制框图可以得到逆变器功率外环控制的数学表达式满足如式(5-1)的关系:

$$J\frac{d\omega}{dt} = \frac{P_{ref} + K(\omega_n - \omega) - P_e}{\omega_n} - D(\omega - \omega_G) \tag{5-1}$$

式(5-1)所描述的就是一台并网物理同步发电机电磁转矩与转子运动间的关系式。因此,光储系统按式(5-1)输出电磁功率 P_e 的过程,对电网侧来说就如同一台物理同步发电机一样具有惯量 J 和阻尼 D,并具有一次调频系数 K。因而,按式(5-1)控制逆变器输出电磁功率的策略称作虚拟同步发电机控制。对于单机无穷大系统,因角频率不发生变化,式(5-1)中 ω_G 可用 ω_n 替代。

VSG 的频率特性由有功-频率控制参数 J、D 和 K 决定。J 和 D 取值受光储系统动态供电功率和能量限制,在允许范围内可根据电网需要进行改变。调频系数 K 反映 VSG 的一次调频能力,取值大小受自身持续供电能力的制约,可根据电网一次调频需求给定。

5.1.2 光储系统 VSG 运行模式

综合考虑储能荷电状态和系统中各单元可能的工作状态,光储系统 VSG 运行模式可以分为以下几种:

(1) 定功率 VSG 模式。当储能的荷电状态处于较高水平时,有足够的能量平衡光伏出力的峰谷变化且可参与电网调峰,则并网逆变器可按给定指令功率进行有功输出,此时光储 VSG 系统相当于一个可控电源。同时,并网逆变器能够按设定的惯量、阻尼和一次调频特性响应电网频率变化。此模式称作定功率 VSG 模式。由于储能可提供的功率支撑很大,具备可调控特性,逆变器输出功率指令值通常可由电网调控中心设定。

(2) 跟踪光伏 VSG 模式。若储能的荷电状态较低,主要用来平抑光伏出力的随机波动,则在稳态运行时并网逆变器应跟踪经储能平抑后光伏出力值进行功率输出。同时,在动态过程中逆变器仍可利用储能为系统提供一定的惯量和阻尼,但由于储能可提供的功率支撑小,系统不具备一次调频能力。此模式称为跟踪光伏 VSG 模式。定功率 VSG 模式和跟踪光伏 VSG 模式是光储系统 VSG 的两种基本运行模式。当这两种模式下系统运行状态达到边界时,可衍生出另外的运行模式。

(3)零功率 VSG 模式。光储系统在定功率 VSG 模式的参考功率为零或跟踪光伏 VSG 模式在夜间或阴雨天气光伏出力接近零的运行状态下提供虚拟惯量和阻尼的运行模式称为零功率 VSG 模式。由于并网逆变器具有双向调节的特性,当储能单元在正常工作状态时,光储系统在此模式下仍然能够在零功率点提供双向惯量功率。同时,需要对储能充放电进行控制来保持储能 SOC 的合理范围。

(4)单向 VSG 模式。当逆变器或储能单元已经达到运行边界上限时,系统不再能对电网正扰动引起的频率降低进行调节,但是仍然可以响应由于电网负扰动导致的频率升高,产生抑制频率升高的虚拟惯量。此模式称为单向 VSG 模式。

5.2 光储 VSG 不同运行模式的控制策略

5.2.1 逆变器的功率控制

图 5-1 光储系统中,由于光伏按 MPPT 运行,不具有功率调节量。因而,逆变器实施 VSG 惯量和阻尼所需的动态功率完全由储能实时提供。同时,如上所述储能还承担光伏功率与逆变器并网功率之间的平抑和缓冲作用。本章结合光储 VSG 不同运行模式提出光储系统功率协调控制策略如图 5-3 所示,其中 P_{PV} 为光伏发电功率;P_{INV} 为 VSG 并网逆变器输出功率指令值;P_{SC} 为储能单元的充电功率指令;P_{SOC} 为储能 SOC 控制功率;LF 为低通滤波器,用来滤除光伏功率的波动。

当开关 W 置于位置 1 时,光储系统按定功率 VSG 模式运行。此模式下并网逆变器输出功率指令 P_{INV} 由光储系统的功率参考值 P_{ref} 和一次调频功率 $K(\omega_n-\omega)$ 两部分叠加构成。功率参考值 P_{ref} 应由电网调控中心根据经济调度原则确定。储能单元输出功率指令 P_{SC} 由光伏出力与逆变器出力之差形成。

当开关 W 置于 2 位置时,光储系统按跟踪光伏 VSG 模式运行。光伏功率经 LF 环节的低通滤波,得到平滑成分,作为并网逆变器输出功率指令。光伏功率减去平滑功率得到的波动成分则作为储能单元的充电功率指令 PSC,进行光伏功率平抑。

零功率 VSG 模式和单向 VSG 模式的运行控制策略与图 5-3 相同,不再赘述。

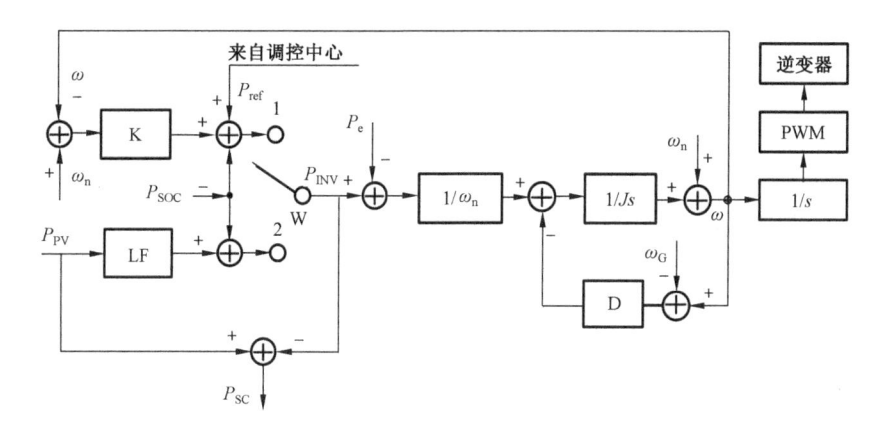

图 5-3 逆变器功率控制逻辑

5.2.2 储能功率与母线电压控制

储能单元需要维持光储系统直流母线的电压，本章采用电压外环电流内环的典型 PI 控制方式，如图 5-4 所示。其中 U_0 为直流母线电压指令值，U_{dc} 为母线电压测量值，I_{dc} 为储能充电电流测量值。虽然通过母线电压控制可以间接实现储能功率与光伏注入功率、逆变器输出功率的实时平衡，但仅以母线电压为参量间接实现功率平衡，会引起母线电压波动较大。故本章对于光储系统静态功率部分，通过构建功率指令 P_{SC} 直接控制储能 DC/DC。而对于虚拟惯量和阻尼引起的动态功率以及储能与逆变器的功率控制偏差部分，则由母线电压控制实现功率平衡。

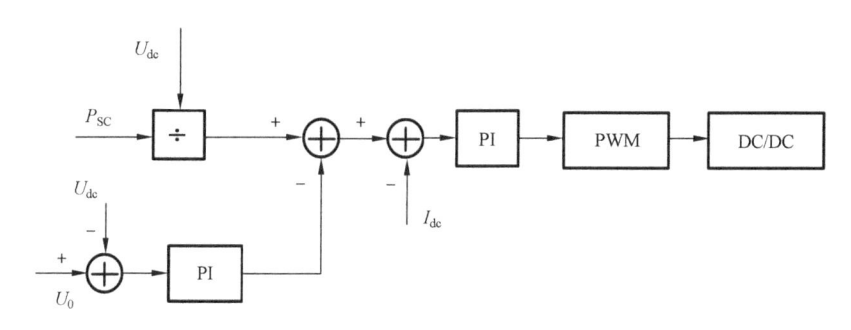

图 5-4 储能双向变换器功率和电压控制策略

5.2.3 储能单元 SOC 控制

定功率 VSG 模式中储能 SOC 状态主要通过电网对储能的运行调控来保障合理范围。但由于调控存在误差，可能出现 SOC 越限，需要在运行调控的基础上对储能单元 SOC 进行本地控制。在跟踪光伏 VSG 模式或零功率 VSG 模式，储能 SOC 完全由在线控制实现。为维持储能 SOC 处于合理范围，并使充放电功率保持平滑，减轻充放电对电网的功率扰动，本章采用比例积分（PI）调节方式响应 SOC 状态。其中比例系数可以选择较小数值，以保持充放电功率比较平滑，不出现大的阶跃。储能 SOC 控制的充电功率关系式如式（5-2）所示。

$$P_{SOC} = K_p \Delta E_{SOC} + K_i \cdot \int \Delta E_{SOC} dt \tag{5-2}$$

其中

$$\Delta E_{\text{SOC}} = \begin{cases} E_{\text{SOC}}^{\min} - E_{\text{SOC}} & E_{\text{SOC}} < E_{\text{SOC}}^{\min} \\ 0 & E_{\text{SOC}}^{\min} \leqslant E_{\text{SOC}} \leqslant E_{\text{SOC}}^{\max} \\ E_{\text{SOC}}^{\max} - E_{\text{SOC}} & E_{\text{SOC}} > E_{\text{SOC}}^{\max} \end{cases} \quad (5\text{-}3)$$

式中，E_{SOC} 为储能系统当前荷电量；$E_{\text{SOC}}^{\min}$ 为最小允许荷电状态的荷电量；$E_{\text{SOC}}^{\max}$ 为最大允许荷电状态的荷电量；K_p 为充电功率的比例系数；K_i 为充电功率的积分系数。

储能 SOC 控制功率指令 P_{SOC} 也示于图 5-3。图 5-3 中并网逆变器功率指令中叠加了储能 SOC 控制的功率成分，同时该成分也叠加到储能功率指令 P_{SC} 上，从而作用到储能 DC/DC 控制中。

5.3 降低储能充放电次数的 VSG 启动策略

5.3.1 电力系统频率响应特性

物理同步发电机的机械惯量是一种自然响应特性，当功率出现不平衡时，物理发电机转子转速自然升高或降低，从而吸收或发出惯量功率。物理发电机的惯量作用几乎是零成本的。与物理同步发电机不同，光储 VSG 惯量作用的能量需要储能提供，而储能充放电过程有寿命损耗，因而光储实施 VSG 作用是有成本的。VSG 主要用于辅助平抑电网中较大负荷扰动引起不期望的动态频率越限，依靠物理发电机能够平抑的微小扰动，没有必要启动 VSG。因此，应对 VSG 响应设置一定的启动阈值，低于阈值的扰动 VSG 不作响应。

以负荷正扰动为例，电网受负荷扰动并在物理发电机惯量和一、二次调频作用下的频率响应曲线如图 5-5 中曲线 1 所示。设 t_0 时刻 VSG 投入，由于增加了虚拟惯量，使响应变为图 5-5 中曲线 2，响应特性表达式具有式(5-4)、式(5-5)的形式。式中 A_1、A_2、α_1、α_2、α_3、α_4 是由扰动大小、惯量参数、一二次调节特性、负荷特性等决定的常数。对于特定电网，本章按这些常数为已知考虑。

$$\Delta\omega = A_1(e^{-\alpha_1 t} - e^{-\alpha_2 t}) \quad (5\text{-}4)$$

$$\Delta\omega = A_2[e^{-\alpha_3(t+\tau)} - e^{-\alpha_4(t+\tau)}] \quad (5\text{-}5)$$

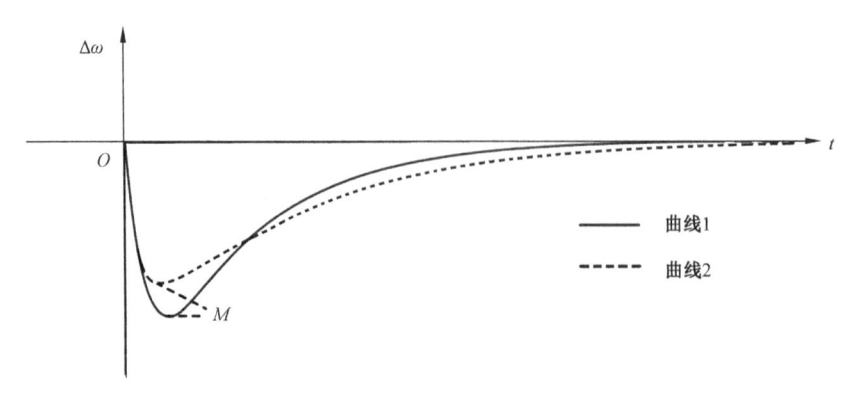

图 5-5 VSG 投入和不投入情况下频率响应曲线

5.3.2 VSG 启动方案

为避免 VSG 在小扰动下频繁启动,可设定一个频率阈值,动态频率低于该阈值的扰动不需要启动 VSG;只有动态频率大于阈值的扰动,才启动 VSG。设角频率阈值为 $\Delta\omega_{th}$,则根据频率响应状况可有三种情况。情况一:负荷扰动较小,不需 VSG 参与就可以使动态频率不大于阈值;情况二:负荷扰动较大,需要 VSG 部分参与才能满足动态频率阈值;本章通过控制 VSG 启动时刻来控制 VSG 的参与程度,使动态频率刚好不越限;情况三:负荷扰动大,需要 VSG 全部参与,以最大化提供惯量功率。三种情况分别如图 5-6(a)、(b)、(c)所示。

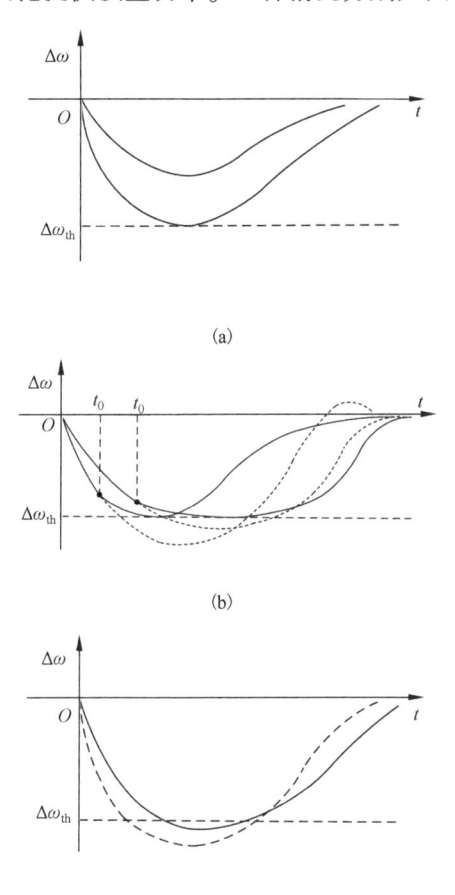

图 5-6 不同扰动水平的典型频率响应曲线

为实现上述 VSG 响应方案,本章采用离线计算、在线匹配的方式实施 VSG 选择性响应。离线计算过程如下:

(1) 令动态频率最大偏差量发生时刻为 t_m,则 t_m 时刻导数应为 0,从而有式(5-6)成立

$$\left.\frac{d\Delta\omega}{dt}\right|_{t=t_m} = 0 \tag{5-6}$$

(2) 根据上述调节方案,在 VSG 有限参与下 t_m 点的频率偏差应为设定的阈值 $\Delta\omega_{th}$,有

$$\Delta\omega_{th} = A_2 [e^{-\alpha_3(t_m+\tau)} - e^{-\alpha_4(t_m+\tau)}] \tag{5-7}$$

(3) 在VSG投入时刻t_0,式(5-4)与式(5-5)应相等,有

$$A_1(e^{-\alpha_1 t_0} - e^{-\alpha_2 t_0}) = A_2[e^{-\alpha_3(t_0+\tau)} - e^{-\alpha_4(t_0+\tau)}] \quad (5-8)$$

式(5-6)、(5-7)、(5-8)联立,可求解出τ、t_0和t_m。求解结果存在3种可能:（ⅰ）无解,对应图5-6(a)情况,表示不需要投入VSG亦能使动态频率不超过阈值;此扰动下VSG不需启动。（ⅱ）解得$t_0>0$,对应图5-6(b)情况,表示应在t_0时刻投入VSG,可使频率刚好不越限。（ⅲ）解得$t_0\leq 0$,对应图5-6(c)情况,表示应在扰动发生时刻立即投入VSG。

针对给定电网,令负荷扰动从零开始按一定间隔递增,代入式(5-6)得出不同扰动下初始频率变化率;同时,按式(5-6)、(5-7)、(5-8)解出对应扰动下VSG是否投入以及投入时刻。找出满足情况(ⅱ)的各扰动值及上下边界,建立相应扰动下初始频率变化率与VSG投入时刻之间的关系表。

实际运行中实时检测扰动引起的频率变化率,并与关系表进行匹配。若频率变化率小于情况(ⅱ)的下边界,则VSG不动作;若频率变化率位于情况(ⅱ)的范围内,则VSG按关系表给出的时间延时投入;若频率变化率大于情况(ⅱ)的上边界,则VSG无延时瞬时动作。

5.4 降低储能充放电量的VSG退出策略

5.4.1 频率响应过程的两个阶段

频率响应过程可分为频率偏离阶段(M点之前)和频率恢复阶段(M点之后)。在频率偏离阶段的开始,电网一次和二次调频几乎不起作用,响应过程主要受电网内发电机及VSG的惯量作用,转子减速并向电网提供惯量功率,频率逐渐降低。随着频率偏离程度的加大,电网一次调频逐渐起作用,惯量与一次、二次调频共同抑制频率降低。在电网动态频率达到最低点瞬间,惯量对频率变化的抑制作用为0,如图5-5中M点。在频率恢复阶段,主要是在频率一、二次调节作用下转速和频率的复原过程。频率恢复过程的同时也将发电机转子包括VSG虚拟转子损失的动能恢复至原值。这个过程中VSG的虚拟惯量会吸收调频功率,构成二次充电,对储能寿命不利,且频率恢复速度变慢,需要更多调频能量。因而,为降低储能充放电量并改善频率恢复速度,在频率恢复阶段应及时退出VSG惯量作用,即令$J=0$。

5.4.2 VSG退出判据

根据分析可知动态频率最大偏离时刻t_m可以通过对响应特性方程的求解得出。但由于电网扰动状况复杂,理论计算值与实际情况可能有偏差,故本节通过检测电网频率变化轨迹得出VSG退出时刻。

由频率响应曲线可知,在频率偏离阶段频率差与频率变化率符号相同,而频率恢复阶段二者相反。因而可以依据$d\omega/dt=0$时刻前后的频差与频率变化率符号来判断是否退出。本章给出的VSG频率响应退出策略为:在VSG响应过程中按一定采样间隔采集动态频率$\omega(t)$和频率变化率$d\omega/dt$;对各采样点$d\omega/dt$的符号进行动态刷新记录;实时检测$d\omega/dt$是否等于0,若满足,令该时刻为t_m;在t_m的邻域内取t_{m-1}和t_{m+1}两点,并记录t_{m-1}、t_{m+1}时刻$d\omega/dt$的符号;根据t_{m-1}和t_{m+1}时刻$d\omega/dt$的符号,代入式(5-9)判断是否成立;若成立则退

出 VSG 惯量响应,若不成立则继续检测。

$$\begin{cases} [\omega(t_m) - \omega_n]\dfrac{d\omega}{dt}\bigg|_{t=t_{m-1}} > 0 \\ [\omega(t_m) - \omega_n]\dfrac{d\omega}{dt}\bigg|_{t=t_{m+1}} < 0 \end{cases} \quad (5\text{-}9)$$

在 VSG 虚拟惯量退出作用后,若下一次负荷扰动满足提出的启动条件则再次启动。由于负荷扰动是随机的,因而理论上 VSG 进行大量扰动响应的平均电量应等于 0,所以本章 VSG 选择性启动策略和即时退出策略可有效避免不必需储能充放电次数。而在储能 SOC 超过上下边界限值时,可通过充放电控制对 SOC 进行校正。

5.5 应用案例设计仿真

5.5.1 光储控制策略仿真

仿真对象如图 5-7 所示。电力系统用一台等值同步发电机表示,等值机具有一次和二次调频功能,等值机参数为额定功率 10 MW;光储系统中光伏容量为 250 kW,储能容量 550 kW·h。VSG 并网母线的负荷在 30 s 时刻由 500 kW 突变为 800 kW。按本章控制策略对不同运行模式光储系统进行仿真分析。

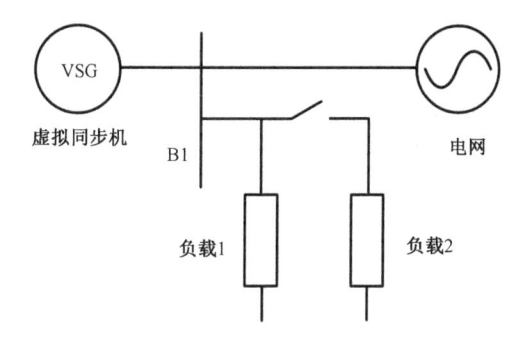

图 5-7 仿真电网的构成

1. 定功率模式

光储系统按定功率模式运行,VSG 参数为 $D = 12$,$J = 20\,(\text{kg/m}^2)$,功率参考值 $P_{\text{ref}} = 150\text{kW}$,则在稳态运行和负荷阶跃扰动过程中各功率曲线仿真结果如图 5-8 所示,负荷扰动过程中电网频率变化曲线如图 5-9 所示。改变 VSG 的惯量参数,令 $J = 100\,(\text{kg/m}^2)$,电网频率变化曲线也示于图 5-9 中。仿真结果可以看出,扰动前光储系统和电网分别向负荷提供 150 kW 和 350 kW 功率;扰动瞬间光储 VSG 与电网共同向负荷提供动态功率,二者之和为 800 kW;稳定后光储功率恢复至原值 150 kW,负荷增量完全转移给电网承担。从频率响应曲线可以看出,VSG 能够响应电网频率变化而输出惯量功率;VSG 的惯量增大时,相同扰动下电网频率下降速度、动态频率偏差和恢复速度都变小,与理论分析相符。

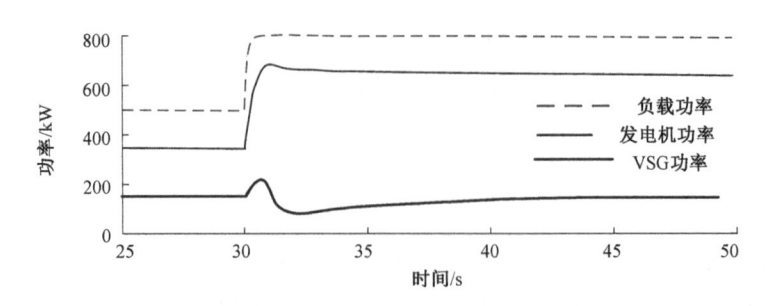

图 5-8　定功率模式下负荷扰动的功率响应曲线

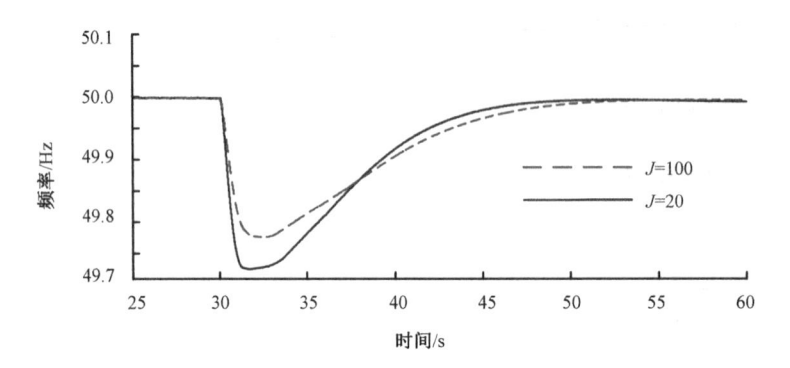

图 5-9　VSG 不同惯量下典型频率响应曲线

2. 跟踪光伏模式

在以上状况下光储系统按跟踪光伏模式运行,光伏初始输出功率为 150 kW,20 s 时刻光伏功率突变为 200 kW,40 s 时刻光伏功率突变为 250 kW,各功率曲线如图 5-10 所示。

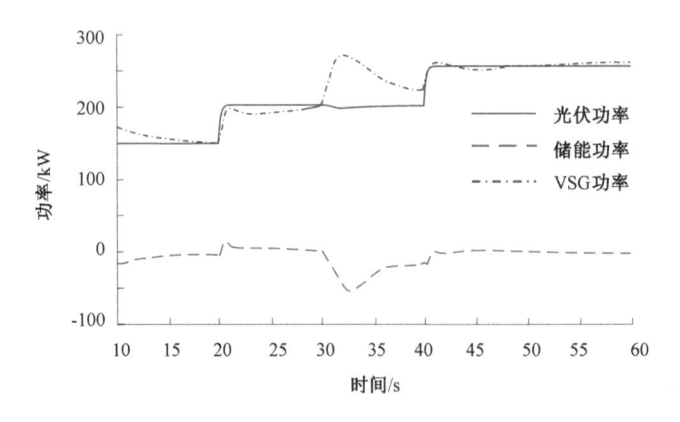

图 5-10　跟踪光伏模式下光伏阶跃扰动的功率曲线

3. 零功率模式

令光储系统工作于跟踪光伏模式且光伏功率为 0,则光储系统处于零功率模式。零功率模式下负荷阶跃扰动的功率曲线如图 5-11 所示。由于 VSG 处于零功率模式,正常状态下储能功率为 0,但扰动瞬间储能释放了一定的惯量功率,参与扰动平抑。

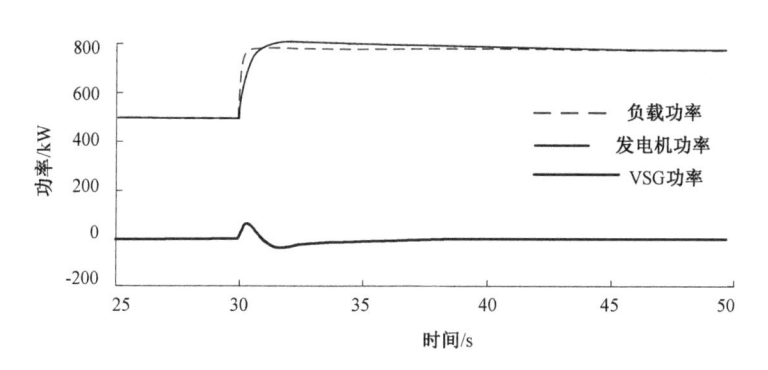

图 5-11 零功率模式下负荷扰动的功率响应曲线

以上仿真分析可以看出,光储系统按本章控制策略能够按预期工作模式输出功率,能够正确响应电网频率变化而输出惯量功率。

4. 储能充放电

当储能荷电量低于下限或高于上限时,光储系统除了按指定模式运行并产生 VSG 动态功率外,还附加有储能充放电功率。仿真中储能电量的下限和上限允许值分别设定为 20%和 80%,储能实际荷电量分别设为 15%和 85%。在负荷扰动下并伴随充、放电过程的储能功率波形如图 5-12 所示。

由仿真结果可知,当储能荷电状态超限时可以进行充放电,充放电过程中光储 VSG 仍可响应负荷扰动进行动态功率调节。

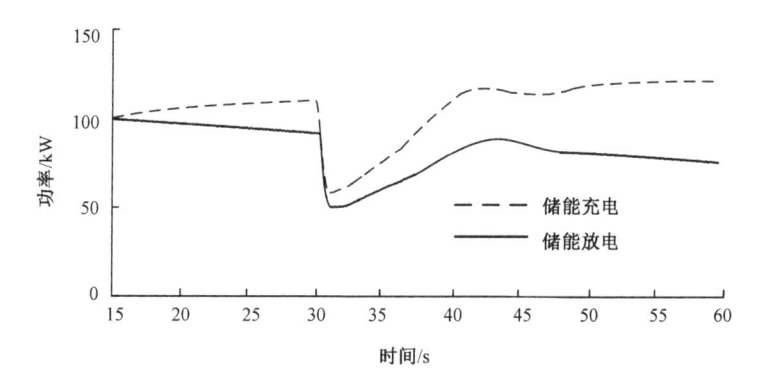

图 5-12 具有充放电电流的负荷扰动下储能功率曲线

5.5.2 光储 VSG 投入策略的算例仿真

仍以前述仿真电网参数为依据,求得 VSG 不投入时电网频率响应参数 $A_1 = 2.58$,$\alpha_1 = 10.56$,$\alpha_2 = 5.63$;VSG 投入时电网频率响应参数为 $A_2 = 1.57$,$\alpha_3 = 8.03$,$\alpha_4 = 3.55$。参考 GB/T 15945—1995《电能质量 电力系统频率允许偏差》,当系统容量较小时,偏差值可以放宽到±0.5 Hz。设允许的频率偏差阈值为 0.4 Hz,对应角频率偏差阈值为 $\Delta\omega_{th} = 2.51$ rad/s。在 VSG 不投入情况下当负荷突增至 200 kW,频率响应如图 5-13 中曲线 L_1。可知角频率偏差 $\Delta\omega = 1.95$ rad/s,不超出允许阈值,不满足式(5-9)。说明在扰动较小的情况下不需 VSG 参与,动态频率偏差不越限。当负荷突增至 350 kW,频率响应如图 5-13 中曲线 L_2 所示。可知角频率偏差 $\Delta\omega = 2.64$ rad/s，已超出允许阈值，需要 VSG 参与调节。求解式得 $t_0 = 32$ s。则在 t_0 时刻投入 VSG，频率响应如图 5-13 中曲线 L_3 所示。可见在 $t_0 = 32$ s 时刻投入 VSG，恰好可以使频率偏差不超出阈值。当负荷突增至 500 kW，频率响应如图 5-13 中曲线 L_4 所示。可知角频率偏差 $\Delta\omega = 3.20$ rad/s，已超出允许阈值。求解式（5-6）、（5-7）、（5-8）得 $t_0 = -5$ s，表示 VSG 应在扰动时刻立即投入。在 VSG 参与的情况下电网频率响应如图 5-14 中曲线 L_5 所示。

以上算例分析可见，按本章策略投入 VSG，可保证在较大扰动时 VSG 参与动态调频调节，而在较小扰动时 VSG 不投入，从而降低了储能的充放电次数，延长储能寿命。仿真结果验证了本章 VSG 参与调频策略的正确性和有效性。

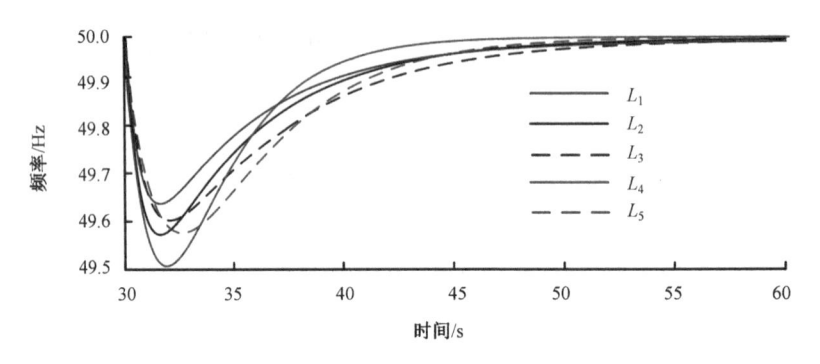

图 5-13　不同扰动下 VSG 投入策略的仿真曲线

5.5.3　光储 VSG 退出策略的算例仿真

仍以前述仿真电网为对象验证 VSG 退出策略的有效性。在 VSG 参与电网调频的情况下，电网受负荷扰动的频率响应曲线如图 5-14 中曲线 1 所示。采样间隔取 100 ms，t_{m-1} 和 t_{m+1} 分别取 $t_m - 0.5$ s 和 $t_m + 0.5$ s。图 5-14 可知频率响应曲线中 $t_m = 32$ s 时 $\omega(t_m) = 49.73$ rad/s，为动态频率偏差最大值。此时 $\left.\dfrac{d\omega}{dt}\right|_{t=t_{m-1}} = -0.54$、$\left.\dfrac{d\omega}{dt}\right|_{t=t_{m+1}} = 0.49$。代入式（5-9），满足退出判据，表明本章退出判据是有效的。在该时刻退出 VSG 时电网的响应曲线如图 5-14 的曲线 2。可以看出，曲线 2 的频率恢复速度快于曲线 1，表明在频率恢复阶段及时退出 VSG 既能避免储能二次充电，又有利于频率恢复。

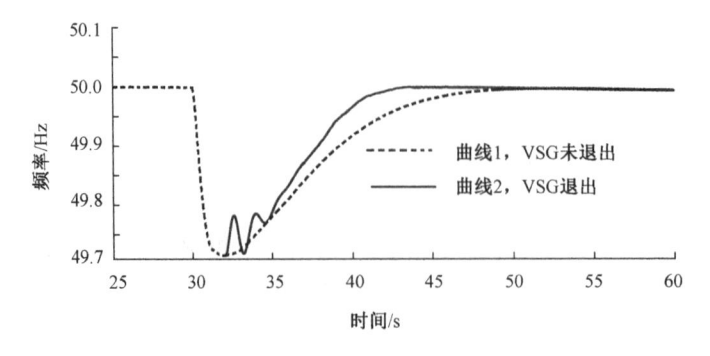

图 5-14　VSG 退出策略的仿真曲线

5.5.4 本章投退策略效果的对比分析

以上述仿真电网为对象,假设该电网负荷扰动按阶跃形式考虑,平均周期为 30 s,则每天共发生 2 880 次负荷扰动。仍取角频率偏差阈值为 $\Delta\omega_{th} = 2.51$ rad/s,则按投入策略分析可知当负荷扰动小于 290 kW 时,不需 VSG 投入;负荷在 290 kW 与 420 kW 之间时,需 VSG 部分投入;负荷大于 420 kW 时,需 VSG 全部投入。设电网中 290 kW 以内的扰动发生次数占 60%,平均强度为 200 kW;290 至 420 kW 之间的扰动次数占 30%,平均强度为 350 kW;大于 420 kW 的扰动次数占 10%,平均强度为 600 kW。则采取本章投退策略与不采取投退策略下,每天储能充电或放电电量情况如表 5-1 所示。

表 5-1 VSG 投退与不投退时储能每天充放电量对比　　　　单位:kWh

扰动强度		平均扰动·次数/(kW·次/天)			总计
		200·1 728	350·864	600·288	
采取策略	VSG 投入策略	0	13.3	26.2	39.5
	VSG 退出策略	0	9.9	14.8	24.7
	VSG 不投退	51.7	32.5	25.1	109.3

从对比数据可见,在采取本章 VSG 选择性投入策略和 VSG 退出策略下,储能平均每天吞吐电量为 64.2 kWh;而不采取本章投退策略则储能每天平均吞吐电量为 109.3 kWh。由于负荷正负随机扰动是等概率的,因而储能吞吐电量的 1/2 就是储能等效充电量或放电量。可见,采取本章策略可大幅度降低储能的充放电量。

第6章 风光储直柔系统辅助调频控制策略

6.1 光储直柔系统数学模型及工作原理

6.1.1 光储直柔系统拓扑结构

本章所研究的光储直柔系统拓扑结构如图6-1所示。系统主要由光伏单元、储能单元、负荷单元三部分组成。交流电网通过双向DC/AC换流器与光储直柔系统连接。

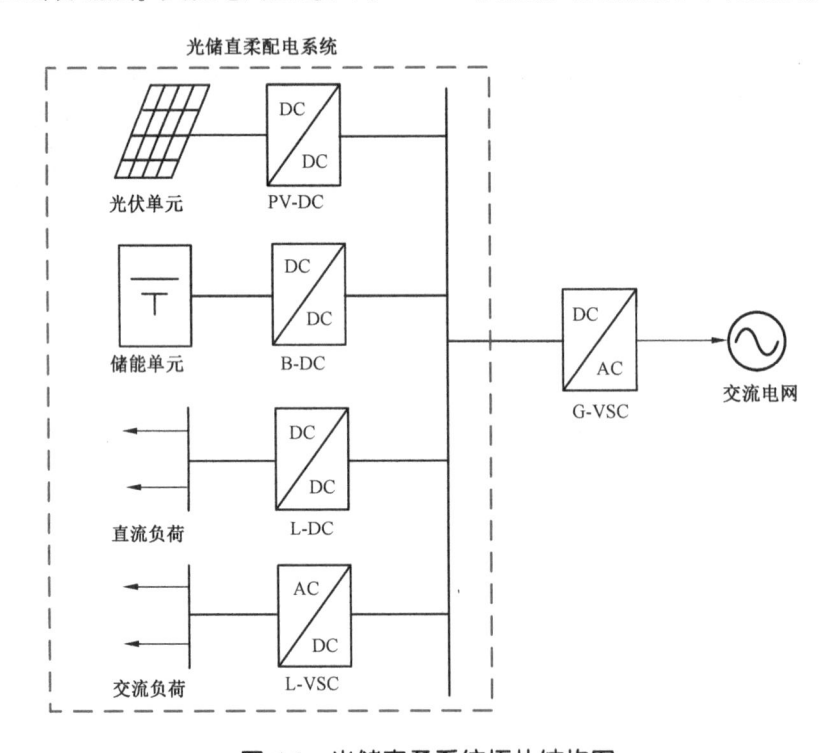

图6-1 光储直柔系统拓扑结构图

（1）光伏单元：光伏单元通过单向DC/DC换流器（PV-DC）接入直流母线，为保证光伏单元发电功率的最大化利用，光伏单元工作在最大功率点。

（2）储能单元：储能单元通过双向DC/DC换流器（B-DC）接入直流母线，双向DC/DC换流器采用下垂控制策略对直流母线电压进行调节。

（3）负荷单元：负荷单元由交流负荷和直流负荷组成。交流负荷通过DC/AC换流器（L-VSC）接入直流母线；直流负荷可直接接入直流母线，或通过DC/DC换流器（L-DC）接入直流母线。

(4) 交流电网:交流电网通过双向 DC/AC 换流器(G-VSC)接入直流母线。

6.1.2 光伏单元数学模型及工作特性分析

光伏单元通过单向 DC/DC 换流器(PV-DC)接入直流母线,其拓扑图如图 6-2 所示。光伏单元通过将光能转换为电能进行发电,为保证光伏的最大化利用,光伏电池运行在最大功率点跟踪(MPPT)状态。

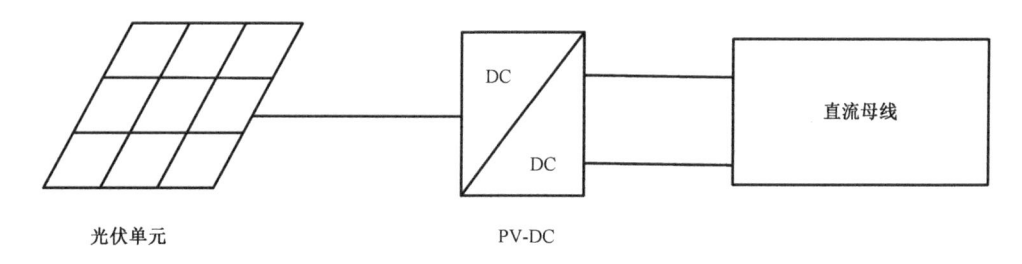

图 6-2 光伏单元接入直流母线

光伏电池的等效模型如图 6-3 所示。

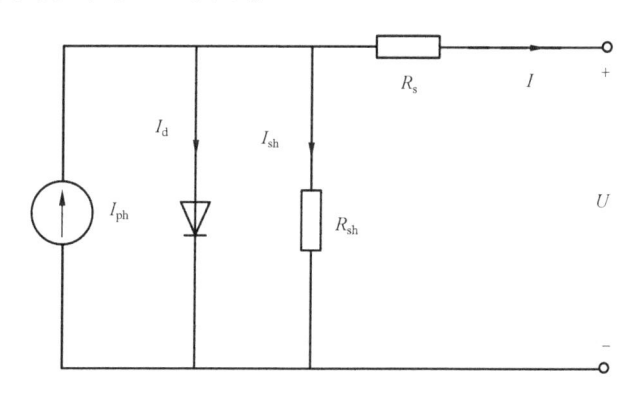

图 6-3 光伏电池等效模型

根据基尔霍夫定律和光伏电池的特性,光伏电池输出的电压、电流表达式为

$$I = I_{ph} - I_0 \left\{ \exp\left[\frac{q(U+IR_s)}{AkT}\right] - 1 \right\} - \frac{U+IR_s}{R_{sh}} \tag{6-1}$$

式中,I_{ph} 为光伏电池产生的电流,其大小与光照强度和温度有关,在光照强度和温度恒定的条件下,光伏电池产生的电流 I_{ph} 恒定,可认为是一个恒定输出的直流电流源;I_d 为流经二极管的电流;I_{sh} 为流经并联电阻电流;I_0 为二极管反向饱和电流;I 为光伏电池输出电流;R_s 为串联电阻;R_{sh} 为并联电阻;U 为光伏电池输出电压;A 为二极管的理想因子,大小在 1~5 之间;k 为玻尔兹曼常数,$k=1.38\times10^{-23}$ J/K;q 为电子的电荷量,$q=1.6\times10^{-19}$ C;T 为温度。

该等效模型虽然可以精确地反映光伏电池的实际电压、电流关系,但模型结构复杂,求解过程困难。在满足模型精度的前提下,对模型进行一定程度的简化。R_{sh} 数值很大,R_s 数值很小,所以 $I_{sh}=(U+IR_s)/R_{sh}$ 相较于光伏电池的电流数值很小,可忽略不计。光伏电池产

生的电流与短路电流 I_{sc} 几乎相等,$I_{ph} \approx I_{sc}$,公式可简化为

$$I = I_{sc}\left\{1 - C_1\left[\exp\left(\frac{U}{C_2 U_{oc}}\right) - 1\right]\right\} \quad (6-2)$$

式中,I_{sc} 为光伏电池输出侧的短路电流;U_{oc} 为光伏电池输出侧的开路电压。

取光伏电池的输出功率最大的点的电压和电流取值分别为 U_m、I_m 代入公式得

$$I_m = I_{sc}\left\{1 - C_1\left[\exp\left(\frac{U_m}{C_2 U_{oc}}\right) - 1\right]\right\} \quad (6-3)$$

对公式进行求解可得 C_1,C_2 的表达式为

$$\begin{cases} C_1 = \left(1 - \dfrac{I_m}{I_{sc}}\right)\exp\left(-\dfrac{U_m}{C_2 U_{oc}}\right) \\ C_2 = \left(\dfrac{U_m}{U_{oc}} - 1\right)\left[\ln\left(1 - \dfrac{I_m}{I_{sc}}\right)\right]^{-1} \end{cases} \quad (6-4)$$

经过模型简化,若已知光伏电池最大功率工作点电流 I_m,最大功率工作点电压 U_m,短路电流 I_{sc},开路电压 U_{oc} 四个参数可以求解得到 C_1,C_2 的数值,再通过给定温度 T 和光照强度 S 的参数就可以得到光伏电池的数学模型。

在不考虑光伏电池材料差异的情况下,光伏电池的发电功率主要受到两个因素的制约,一个是环境温度,另一个是光照强度。

图 6-4 为光伏电池在不同环境温度、不同光照强度下的输出功率特性曲线。将环境温度 T 设置为定值,在不同光照强度下,光伏电池的电压-电流特性曲线和功率-电压特性曲线分别为图 6-4(a)、(b)。将光照强度 S 设置为定值,在不同环境温度下,光伏电池的电流-电压特性曲线和电压-功率特性曲线,分别为图 6-4(c)、(d)。

图 6-4(a)中,环境温度保持恒定不变,伴随着光照强度的增大,电流值增大。当光伏电池的输出电压小于 U_0 时,不同光照强度下的光伏电池的输出电流值恒定,输出电压大于 U_0 时,光照强度越小输出电流最先开始下降。

图 6-4(b)中,环境温度保持恒定不变,伴随着光照强度的增大,光伏电池输出功率与光照强度呈现正相关。

图 6-4(c)中,光照强度保持恒定不变,当光伏电池的输出电压小于 U_1 时,不同环境温度下的光伏电池的输出电流值恒定,当光伏电池的输出电压大于 U_1 时,环境温度越高的光伏电池的输出电流最先开始下降。

图 6-4(d)中,光照强度保恒定不变,伴随着环境温度的升高,光伏电池输出功率与环境温度呈现负相关。

(a) 光伏电池电压-电流曲线

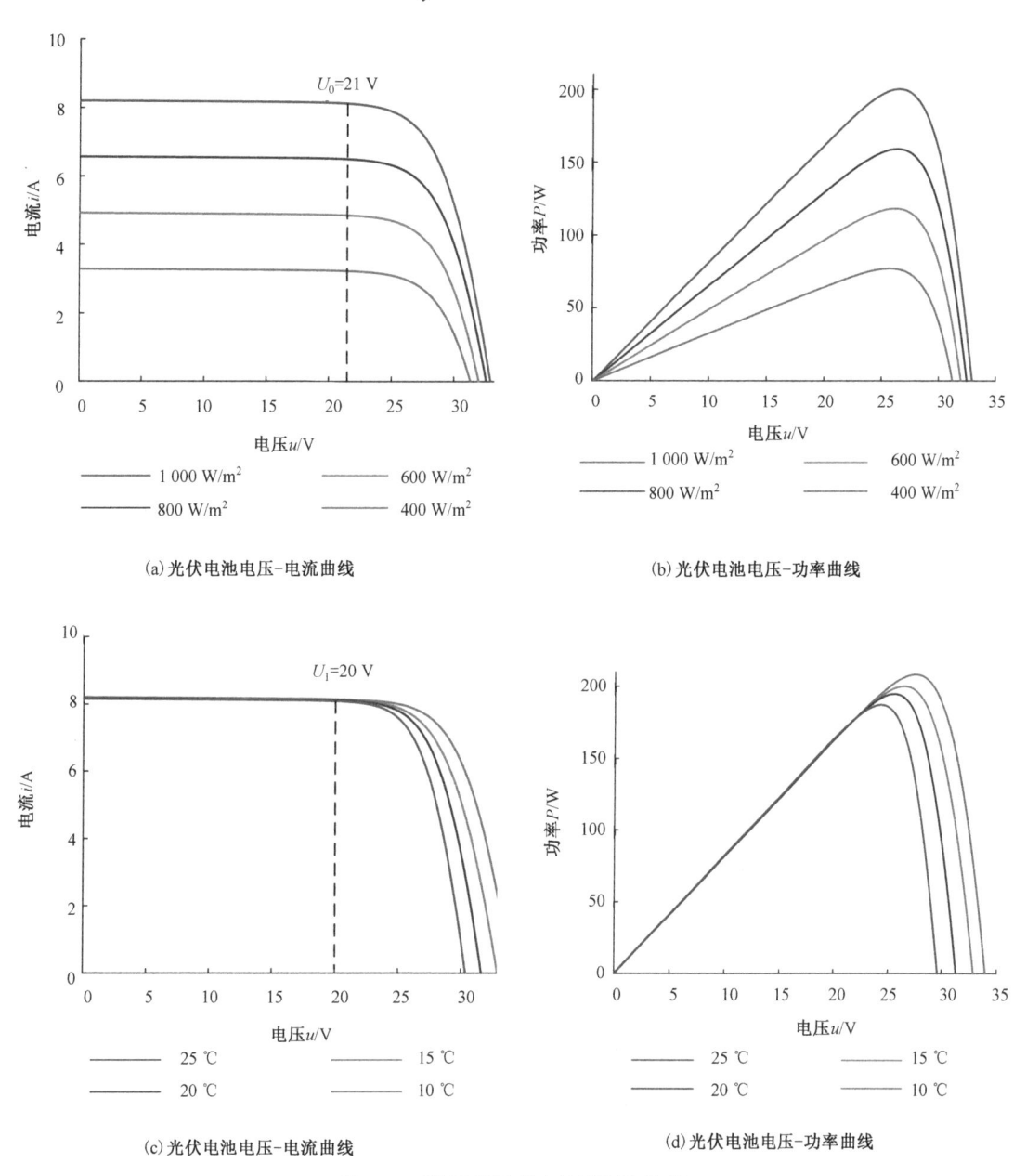

(b) 光伏电池电压-功率曲线

(c) 光伏电池电压-电流曲线

(d) 光伏电池电压-功率曲线

图 6-4 光伏电池的输出特性曲线

6.1.3 储能单元数学模型及工作特性分析

储能单元由蓄电池组构成,蓄电池模型可以表示为受控电压源和定值电阻的串联,该模型在简化了蓄电池复杂的建模过程的同时可以很好地模拟蓄电池的物理特性,蓄电池的充电和放电特性与实际相似。储能单元等效数学模型如图 6-5 所示。

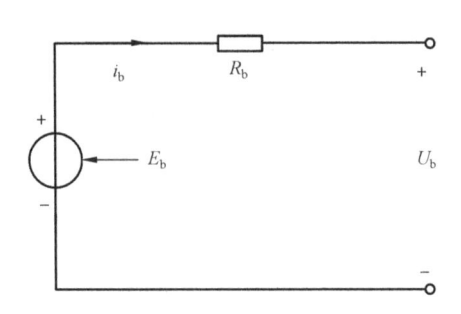

图 6-5 储能单元等效数学模型

由图 6-5 可知，蓄电池的数学表达式为

$$\begin{cases} E_b = E_0 - k\dfrac{Q}{Q - \int i_b \mathrm{d}t} + A\mathrm{e}^{\left(-B\cdot\int i_b \mathrm{d}t\right)} \\ U_b = E_b - R_b i_b \end{cases} \quad (6\text{-}5)$$

式中，E_b 为蓄电池的空载电压；E_0 为蓄电池的恒定电压；U_b 为蓄电池的端电压；Q 为蓄电池的容量；i_b 为蓄电池的电流；R_b 为蓄电池的内阻；k 为极化电压；A 为指数区域幅值；B 为指数区域时间常数的倒数。

k、A、B 的数值对于不同类型的蓄电池的取值也不相同，$\int i_b \mathrm{d}t$ 是电流对时间的积分，表示的是蓄电池的充电容量，$kQ/\left(Q - \int i_b \mathrm{d}t\right)$ 为非线性函数，表示的是放电特性的非线性电压。蓄电池设定为恒压充电和放电状态。蓄电池处于满电的状态，蓄电池的额定容量为 Q_N，蓄电池在放电过程中的电流为 i_b，在 t 时刻的 SOC 的荷电状态参数 γ_{SOC} 可表示为

$$\gamma_{\text{SOC}} = \dfrac{Q_N - \int i_b \mathrm{d}t}{Q_N} = \dfrac{Q_r}{Q_N} \quad (6\text{-}6)$$

双向 DC/DC 换流器（B-DC）的电路拓扑图如图 6-6 所示。双向 DC/DC 工作模式有两种，一种是 Buck 降压，一种是 Boost 升压。当光储直柔系统直流母线电压因扰动而升高时，DC/DC 工作在 Buck 降压模式，能量由直流母线流向蓄电池，蓄电池充电；当直流微电网因扰动导致直流母线电压降低时，DC/DC 工作在 Boost 升压模式，能量由蓄电池流向直流母线，蓄电池放电。下面对双向 DC/DC 变换器的工作模式进行具体说明。

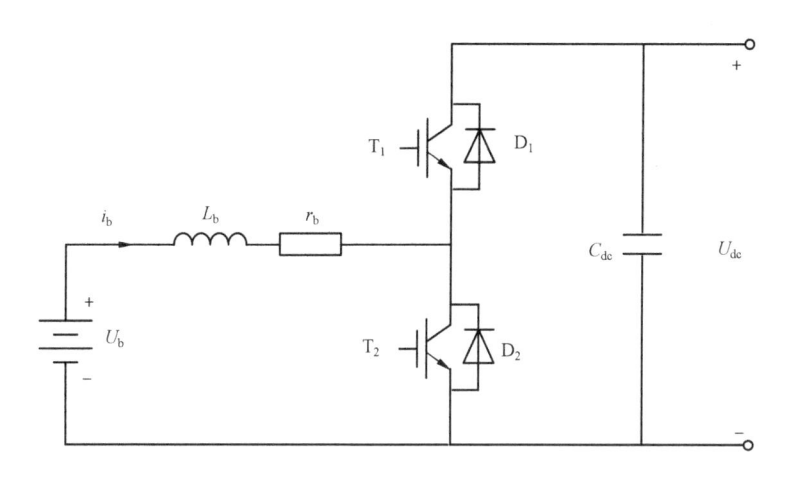

图 6-6 双向 DC/DC 换流器（B-DC）电路拓扑图

Boost 升压模式下 V2 导通和关断图如图 6-7 所示。

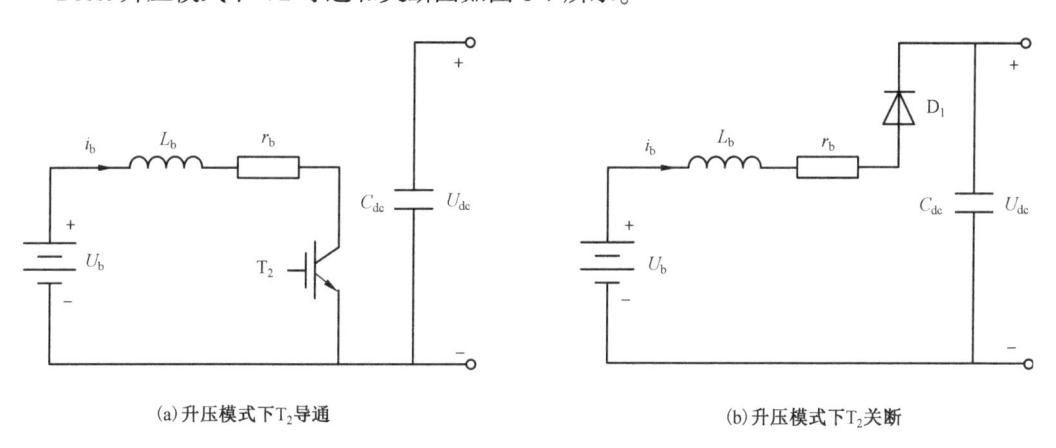

(a) 升压模式下 T_2 导通

(b) 升压模式下 T_2 关断

图 6-7 升压模式下 V2 导通、关断图

Boost 升压模式：开关 T_1 截止，开关 T_2 导通，导通时间为 $T_{on}=D_{Boost}T_s$（D_{Boost} 为占空比），T_s 为开关周期，蓄电池处于放电状态，通过电感 L_b 与 T_2 构成的回路向电感充电，电容 C_1 向直流母线供电；开关 T_2 关断，关断时间为 $T_{off}=(1-D_{Boost})T_s$，电感 L_b 与二极管 D_1 和电容 C_1 构成的回路向直流母线侧供电，电感 L_b 的电流下降。由上述公式可以得知，开关周期 T_s 和占空比 D_{Boost} 可调整直流侧电压的大小。Boost 升压模式下，开关 T_2 导通和关断情况下的电压和电流方程为

$$\begin{cases} L_b \dfrac{di_b}{dt} + r_b i_b = U_b, & t = T_{on} \\ L_b \dfrac{di_b}{dt} + r_b i_b = U_b - U_{dc}, & t = T_{off} \end{cases} \quad (6-7)$$

$$\begin{cases} C_{dc}\dfrac{dU_b}{dt} + \dfrac{U_b}{r_b} = i_b, & t = T_{on} \\ C_{dc}\dfrac{dU_b}{dt} + \dfrac{U_b}{r_b} = i_b - i_{dc}, & t = T_{off} \end{cases} \quad (6\text{-}8)$$

则在一个开关周期中输出电压的平均值方程为

$$L_b\dfrac{di_b}{dt} + r_b i_b = U_b - (1 - D_{Boost})U_{dc} \quad (6\text{-}9)$$

式中，U_b 为蓄电池的电压；i_b 为蓄电池的电流；U_{dc} 为直流侧母线电压；D_{Boost} 为 Boost 占空比。

蓄电池放电电流的大小可以由占空比 D_{Boost} 进行调节，对公式进行变形：

$$D_{Boost} = 1 - \dfrac{1}{U_{dc}}\left(U_b - L_b\dfrac{di_b}{dt} - r_b i_b\right) \quad (6\text{-}10)$$

双向 DC/DC 换流器 B-DC 在蓄电池放电情况下的控制框图如图 6-8 所示，采用的形式为电压电流双闭环，电压外环使用直流侧电压进行控制，将测量得到的直流母线电压与直流母线电压参考值进行比较，得到内环电流的参考值，蓄电池电流的测量值与计算后的内环电流参考值通过 PI 控制进行跟踪，消除稳态误差。

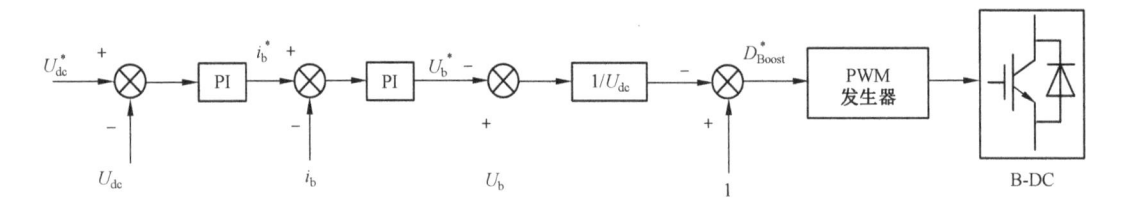

图 6-8 蓄电池放电状态下双向 DC/DC 换流器控制策略

Boost 降压模式下 V2 导通和关断图如图 6-9 所示。

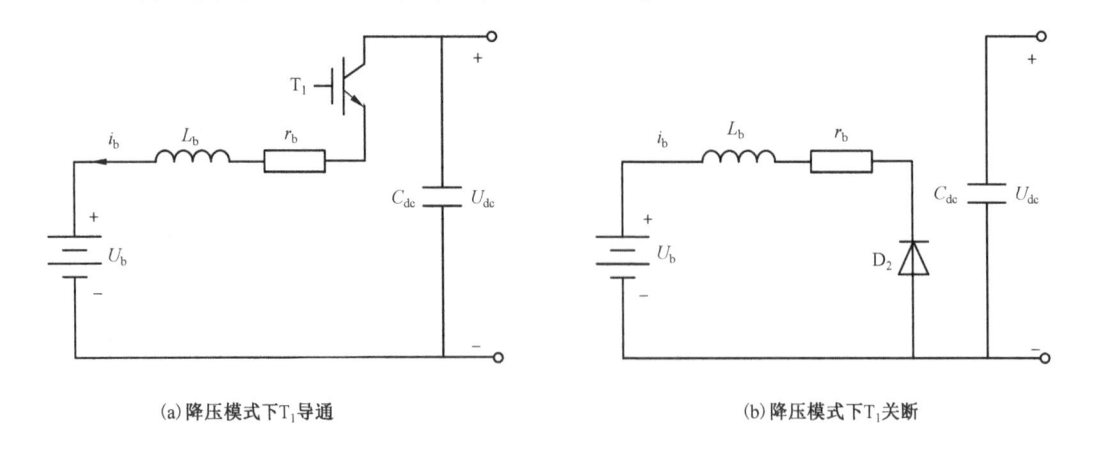

(a) 降压模式下 T_1 导通

(b) 降压模式下 T_1 关断

图 6-9 降压模式下 V2 导通、关断图

Buck 降压模式：开关 T_2 截止，开关 T_1 导通，导通时间为 $T_{on} = D_{Buck}T_s$（D_{Buck} 为占空比），蓄电池处于充电状态，通过电感 L_b 与 T_1 构成的回路向电感 L_b 和蓄电池充电。开关 T_1 断开,关断时间为 $T_{off}=(1-D_{Buck})T_s$,电感 L_b 与二极管 D_2 和蓄电池构成的回路继续向蓄电池充电。由上述公式可以得到:开关周期 T_s 和占空比 D_{Buck} 可以调整母线向蓄电池的充电能力。

Buck 降压模式下,开关 T_1 导通和关断情况下的电压和电流方程为

$$\begin{cases} L_b \dfrac{di_b}{dt} + r_b i_b = U_{dc} - U_b, & t = T_{on} \\ L_b \dfrac{di_b}{dt} + r_b i_b = -U_b, & t = T_{off} \end{cases} \quad (6\text{-}11)$$

则在一个开关周期中输出电压的平均值方程为

$$L_b \dfrac{di_b}{dt} + r_b i_b = D_{Buck} U_{dc} - U_b \quad (6\text{-}12)$$

式中,U_b 为蓄电池的电压;i_b 为蓄电池的电流;U_{dc} 为直流侧母线电压;D_{Buck} 为 Buck 占空比。

蓄电池充电电流的大小可以由占空比 D_{Buck} 进行调节,对公式(6-12)进行变形得到

$$D_{Buck} = \dfrac{1}{U_{dc}}\left(U_b + L_b \dfrac{di_b}{dt} + r_b i_b \right) \quad (6\text{-}13)$$

蓄电池充电状态下双向 DC/DC 换流器控制策略如图 6-10 所示。

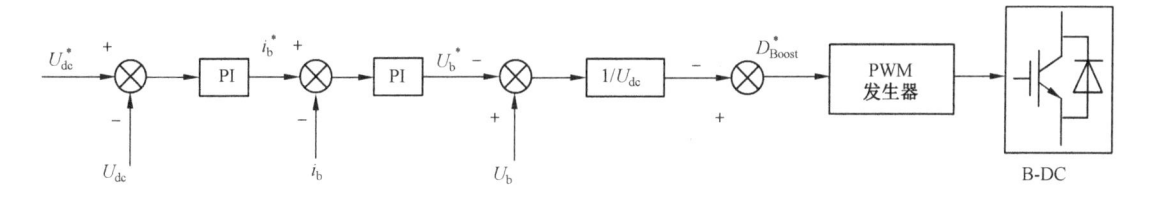

图 6-10 蓄电池充电状态下双向 DC/DC 换流器控制策略

6.1.4 负荷单元换流器数学模型

负荷单元分为直流负荷和交流负荷。直流负荷的供电电源为直流电源,可以直接接在直流母线上,或通过 DC/DC 换流器(L-DC)与直流母线连接,不同连接方式的区别在于直流负荷对于电压等级的需求。交流负荷的供电电源为交流电源,通过双向 DC/AC 换流器(L-VSC)连接至直流母线。交流负荷的双向 DC/AC 换流器(L-VSC)与交流电网的双向 DC/AC 换流器(G-VSC)的结构相似。L-VSC 换流器拓扑结构如图 6-11 所示。

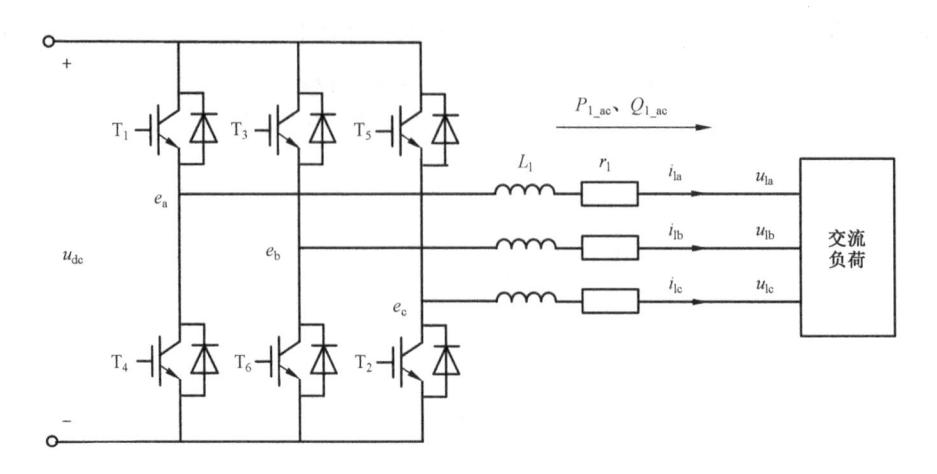

图 6-11 双向 DC/AC 换流器（L-VSC）的拓扑结构图

L-VSC 的数学模型与 G-VSC 的数学模型类比可得到其表达式为

$$\begin{cases} L_1 \dfrac{\mathrm{d}i_{1\mathrm{d}}}{\mathrm{d}t} = -r_1 i_{1\mathrm{d}} + \omega L_1 i_{1\mathrm{q}} + e_\mathrm{d} - u_{1\mathrm{d}} \\ L_1 \dfrac{\mathrm{d}i_{1\mathrm{q}}}{\mathrm{d}t} = -r_1 i_{1\mathrm{q}} + \omega L_1 i_{1\mathrm{d}} + e_\mathrm{q} - u_{1\mathrm{q}} \end{cases} \tag{6-14}$$

交流负荷通过 DC/AC 换流器（L-VSC）接入直流母线。式（6-14）由于 d 轴和 q 轴分量相互耦合，同样需要进行前馈解耦。在应用基于矢量化控制的电压电流双闭环控制策略时，L-VSC 的交流负荷为无源负荷，无法像 G-VSC 采取电压定向矢量控制，故采用恒定的角频率 ω_1 用于坐标变换，L-VSC 的控制结构图如图 6-12 所示。

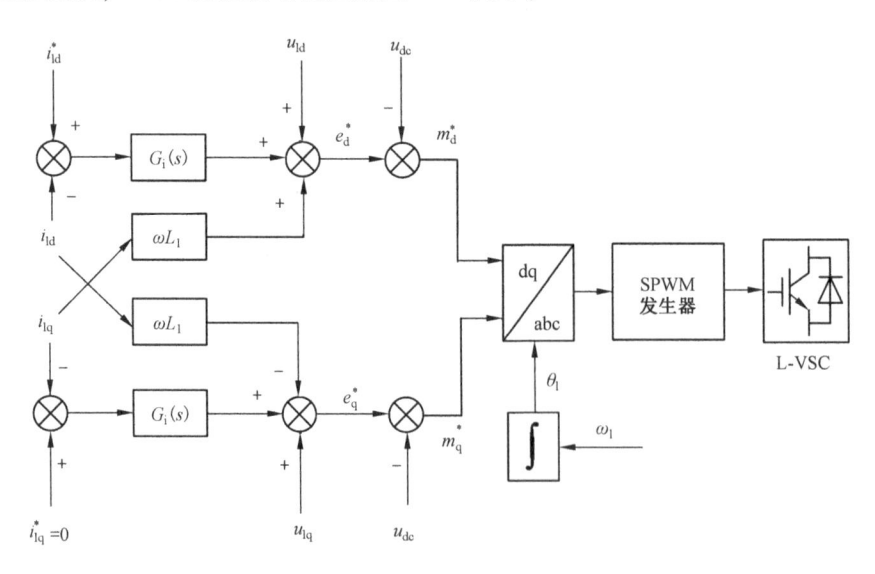

图 6-12 双向 DC/AC 换流器（L-VSC）控制结构图

6.1.5 交流电网电压源换流器数学模型

交流电网通过双向 DC/AC 换流器与直流母线连接，图 6-13 为双向 DC/AC 换流器的拓扑结构图。u_{dc} 为直流母线电压;L_g 为滤波电感;R_g 为滤波电感内阻和功率器件内阻的和;$T_1 \sim T_6$ 为三相逆变桥的开关器件;e_a、e_b、e_c 为桥臂中点的电压;u_{ga}、u_{gb}、u_{gc} 为电网电压。

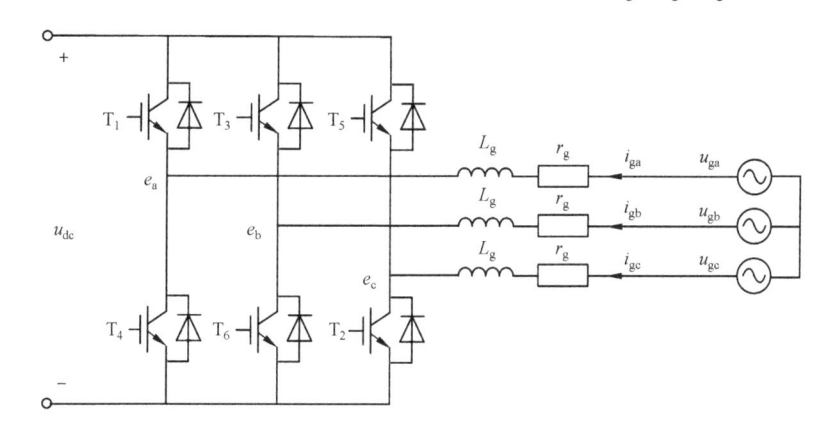

图 6-13 双向 DC/AC 换流器的拓扑结构图

三相静止坐标下双向 DC/AC 换流器(G-VSC)的数学模型表达式为

$$\begin{cases} L_g \dfrac{di_{ga}}{dt} = u_{ga} - r_g i_{ga} - e_a \\ L_g \dfrac{di_{gb}}{dt} = u_{gb} - r_g i_{gb} - e_b \\ L_g \dfrac{di_{gc}}{dt} = u_{gc} - r_g i_{gc} - e_c \end{cases} \tag{6-15}$$

式中,$u_{gx}(x=a,b,c)$ 为电网侧的三相交流电压;$i_{gx}(x=a,b,c)$ 为电网侧的三相交流电流;$e_x(x=a,b,c)$ 为 G-VSC 换流器桥臂中点电压。

为了便于研究,将 G-VSC 在三相静止坐标系下的数学模型,通过 Clark 变换,转换为两相静止 $\alpha\beta$ 坐标系下的数学模型,再通过利用 Park 变换,转换为两相旋转 dq 坐标系下的数学模型,其表达式为

$$\begin{cases} L_g \dfrac{di_{gd}}{dt} = -r_g i_{gd} + \omega L_g i_{gq} - e_d + u_{gd} \\ L_g \dfrac{di_{gq}}{dt} = -r_g i_{gq} - \omega L_g i_{gd} - e_q + u_{gq} \end{cases} \tag{6-16}$$

式中,u_{gd}、u_{gq} 为交流电网电压;i_{gd}、i_{gq} 为交流电网电流;e_d、e_q 为 G-VSC 换流器桥臂中点电压的 d 轴和 q 轴分量;ω 为交流电网的角频率。

由式(6-16)可以看出,G-VSC 的 d 轴和 q 轴的电流分量相互耦合,不易进行控制。故进行前馈解耦:

$$\begin{cases} e_d = G_i(s)(i_{gd}^* - i_{gd}) + \omega L_g i_{gq} + u_{gd} \\ e_q = G_i(s)(i_{gq}^* - i_{gq}) - \omega L_g i_{gd} + u_{gq} \end{cases} \tag{6-17}$$

将式(6-16)代入式(6-17)中得

$$\begin{cases} L_\text{g} \dfrac{\text{d}i_\text{gd}}{\text{d}t} + r_\text{g} i_\text{gd} = G_\text{i}(s)(i_\text{gd}^* - i_\text{gd}) \\ L_\text{g} \dfrac{\text{d}i_\text{gq}}{\text{d}t} + r_\text{g} i_\text{gq} = G_\text{i}(s)(i_\text{gq}^* - i_\text{gq}) \end{cases} \quad (6\text{-}18)$$

经过前馈解耦,实现了 G-VSC 的 d 轴和 q 轴分量的前馈解耦,有利于控制策略的制定。G-VSC 的控制结构图如图 6-14 所示。

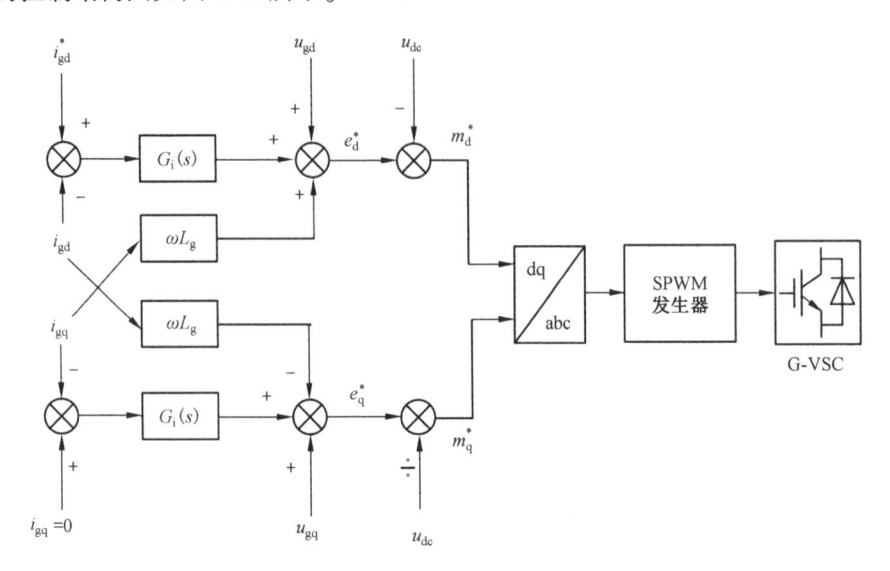

图 6-14 双向 DC/AC 换流器(G-VSC)控制结构图

6.2 光储直柔系统虚拟惯性控制策略

6.2.1 光储直柔系统虚拟惯性

直流系统的惯性反映了系统在抑制电压发生突变方面的能力。直流系统的惯性时间常数 H_dc 可定义为

$$H_\text{dc} = \frac{W_\text{e}}{S_\text{N\_dc}} = \frac{C}{2} \frac{U_\text{N}^2}{S_\text{N\_dc}} \quad (6\text{-}19)$$

式中,H_dc 为惯性时间常数;W_e 为直流母线在额定电压下其电容中储存的能量;$S_\text{N\_dc}$ 为直流母线额定功率传输容量;C 为直流系统的电容;U_N 为直流母线的额定电压。

直流系统的惯性时间常数 H_dc 的大小反映了直流系统惯性的大小。直流系统的电容 C 的大小反映了其存储能量的多少。直流系统的电容 C 一般情况下数值很小,造成了直流母线电容中存储的能量很少,惯性时间常数越小,系统所具有的惯性越小。当系统受到扰动时,直流母线电压波动明显,不利于系统的稳定运行,系统的电压质量下降。

图 6-15 给出了光储直柔系统中功率源换流器直流侧的等效电路。

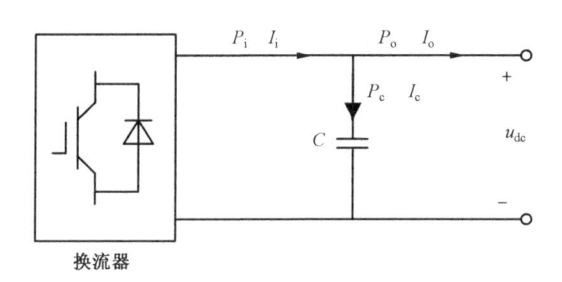

图 6-15 换流器直流侧的功率关系

图中，P_i、I_i 为功率源提供的功率和电流；P_o、I_o 为负荷的功率和电流；P_c、I_c 为直流侧电容的功率和电流。

由图 6-15 可得电流关系表达式：

$$I_i - I_o = I_c = C\frac{du_{dc}}{dt} \tag{6-20}$$

式(6-20)两边同乘 u_{dc} 可得功率关系表达式：

$$I_i u_{dc} - I_o u_{dc} = I_c u_{dc} = C u_{dc} \frac{du_{dc}}{dt} \tag{6-21}$$

$$P_i - P_o = P_c \tag{6-22}$$

当系统内无扰动存在，系统内功率平衡，整个系统处于稳定运行状态，直流母线电压 u_{dc} 值保持不变，直流侧电容处于备用状态，既不吸收能量也不释放能量，此时，$P_c=0$，$P_i=P_o$。当系统存在扰动时，系统内出现功率不平衡现象，此时直流侧电容开始吸收或释放能量以改善功率不平衡现象。直流侧电容 C 数值越小，系统所具有的惯性越小，系统应对扰动的能力越差，直流母线电压出现较大程度的波动，影响了系统的稳定运行。

光储直柔系统中电容 C 数值很小，系统所具有的惯性较小，故存在扰动时，直流母线电压会出现较大波动，不利于系统的稳定运行。为了改善这种情况，通过对功率源的换流器附加合理的控制策略，可以实现在系统直流侧固有电容的基础上，在直流侧继续并联虚拟电容的目标。系统的固有电容和功率源提供的虚拟电容共同作为系统的电容，系统电容数值变大，系统的惯性随之增强。

系统发生扰动后，不平衡功率导致直流母线电压变化，功率源的换流器附加虚拟惯性控制策略可改变功率源的输出功率，为系统提供额外的功率 ΔP_i，其表达式为

$$\Delta P_i = C_v u_{dc} \frac{du_{dc}}{dt} \tag{6-23}$$

式中，C_v 为在换流器直流侧附加虚拟惯性控制策略后得到的虚拟电容。

在功率源的换流器附加虚拟惯性控制后，系统受到负荷扰动的影响，负荷波动设置为 ΔP_o，此时换流器直流侧的功率平衡方程为

$$P_i - (P_o + \Delta P_o) = P_c + \Delta P_i \tag{6-24}$$

由式(6-21)、式(6-23)可得

$$P_\text{c} + \Delta P_\text{i} = (C + C_\text{v}) u_\text{dc} \frac{\text{d}u_\text{dc}}{\text{d}t} \tag{6-25}$$

由式(6-24)、式(6-25)可以发现,当系统受到扰动后功率产生波动,功率源的换流器通过附加虚拟惯性控制策略,可在直流侧虚拟出电容 C_v,系统的电容由固有的 C 变化为 $C+C_\text{v}$,附加虚拟电容后,系统的惯性时间常数的表达式为

$$H_\text{dc} = \frac{W_\text{e}}{S_\text{N\_dc}} = \frac{C + C_\text{v}}{2} \frac{U_\text{N}^2}{S_\text{N\_dc}} \tag{6-26}$$

系统的换流器附加虚拟惯性控制,系统的电容变大,惯性时间常数变大,系统的惯性变大,直流母线电压波动变小,提高了直流母线电压质量。

6.2.2 光储直柔系统分段虚拟惯性控制

光储直柔系统中,功率源的换流器通过附加虚拟惯性控制策略产生虚拟电容 C_v,系统的电容从 C 变化到 $C+C_\text{v}$,系统的惯性变大,提高了直流母线电压质量。但系统在某一时刻受到的扰动具有随机性和不可预测性,直流母线电压波动也存在差异,故应该根据直流母线电压波动的不同情况为功率源的换流器附加不同的虚拟电容 C_v,为不同扰动附加不同的虚拟惯性。本章根据直流母线电压变化率进行分段,为不同区间段附加不同的虚拟电容进行虚拟惯性控制。下面根据系统的直流母线电压在一般扰动情况下的曲线来进行分析,如图 6-16 所示。

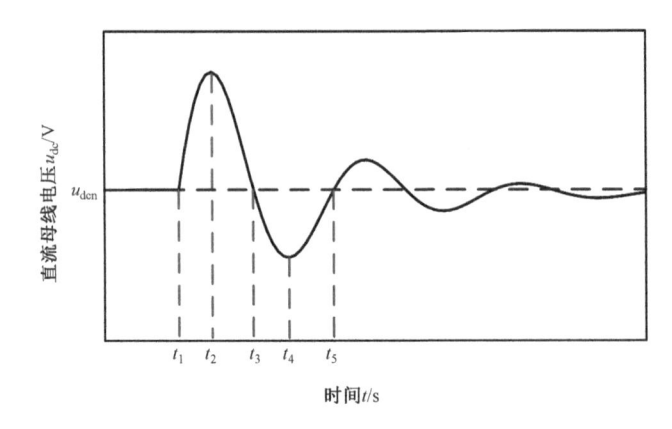

图 6-16 直流母线电压变化曲线

根据直流母线电压变化曲线,选取五个典型时刻来分析电压的波动情况,分别为 $t_1 \sim t_5$,根据五个典型时刻将直流母线电压分为四个区间,分别为 $t_\text{I} \sim t_\text{IV}$。

区间 I:$t_\text{I} = (t_1, t_2)$ 直流母线电压测量值大于基准值,直流母线电压变化率 $\text{d}u_\text{dc}/\text{d}t > 0$,直流母线电压在加速偏离基准值,直流母线电压的变化速度快,对系统的冲击大,需要附加较大的虚拟电容来抑制直流母线电压的快速变化,降低直流母线电压的变化率。

区间 II:$t_\text{II} = (t_2, t_3)$ 直流母线电压测量值大于基准值,直流母线电压变化率 $\text{d}u_\text{dc}/\text{d}t < 0$,直流母线电压在达到最大偏差量时开始恢复至基准值,在 $t_\text{I} = (t_1, t_2)$ 中,系统附加的虚拟电容在电压恢复期会产生不利作用,较大的电容会延长系统到达基准值的时间,故应考虑附加较

小的虚拟电容来促进直流母线电压的恢复。

区间Ⅲ：$t_{Ⅲ}=(t_3,t_4)$直流母线电压测量值小于基准值，直流母线电压变化率$du_{dc}/dt<0$。当系统受到扰动后，直流母线电压的动态过程会经过几个周期的振荡才会逐渐达到基准值，故在区间$t_{Ⅱ}=(t_2,t_3)$后，直流母线电压继续加速偏离基准值，直流母线电压的变化过程同区间Ⅰ。直流母线电压加速偏离基准值，需要附加较大的虚拟电容来抑制直流母线电压的快速变化。

区间Ⅳ：$t_{Ⅳ}=(t_4,t_5)$直流母线电压测量值小于基准值，直流母线电压变化率$du_{dc}/dt>0$，直流母线电压在达到最大偏差量开始恢复至基准值，直流母线电压的变化过程区间同区间Ⅱ，需要考虑附加较小的虚拟电容来促进直流母线电压的恢复。为建立数学模型，将上述变化过程进行分析对比，如表6-1所示。

表6-1 直流母线电压的变化特性

区间	电压偏差 Δu_{dc}	电压变化率 du_{dc}/dt	状态	附加虚拟电容
Ⅰ	>0	>0	加速	大
Ⅱ	>0	<0	减速	小
Ⅲ	<0	<0	加速	大
Ⅳ	<0	>0	减速	小

由表6-1可知，在区间Ⅰ和区间Ⅲ，直流母线电压加速偏离基准值，需要附加较大的虚拟电容，系统的电容变大，系统的惯性变大，减缓了直流母线电压的快速波动；在区间Ⅱ和区间Ⅳ，直流母线电压减速恢复至基准值，需要附加较小的虚拟电容，系统的虚拟电容变小，系统的惯性变小，加速了直流母线电压快速恢复至基准值。根据区间Ⅰ~区间Ⅳ直流母线电压变化情况，为便于后文分段虚拟电容表达式的建立，建立直流母线电压变化统一表达式为

$$T=\frac{\Delta u_{dc}}{|\Delta u_{dc}|}\frac{du_{dc}}{dt} \tag{6-27}$$

式中，u_{dc}为直流母线电压测量值；Δu_{dc}为直流母线电压变化量。

$T>0$，对应区间Ⅰ和区间Ⅲ，$T<0$，对应区间Ⅱ和区间Ⅳ。根据直流母线电压变化建立的统一表达式，结合基本数学函数的特性，建立分段虚拟电容的表达式。

1. 线性函数变化的虚拟电容

直流母线电压变化率阈值m_0，当直流母线的电压变化率低于阈值，系统通过直流侧电容储存的电能对直流母线电压进行调整即可满足系统稳定性的要求。当直流母线电压的变化率高于阈值，系统通过直流侧电容储存的电能无法满足直流母线电压的调节，需要增加虚拟电容来增加系统的电容，提高系统的惯性，保证直流母线电压的稳定性。为满足对直流母线电压变化响应的快速性，虚拟电容采取线性函数的变化形式，为了便于表达，当直流母线电压的变化率低于阈值时，令$C_v=C_0$，表示只采用系统固有电容对直流母线电压波动进行响应。线性函数变化的虚拟电容的表达式为

$$C_{\mathrm{v}} = \begin{cases} C_0, & \left|\dfrac{\mathrm{d}u_{\mathrm{dc}}}{\mathrm{d}t}\right| \leq m_0 \\ C_0 + k_1 \dfrac{\Delta u_{\mathrm{dc}}}{|\Delta u_{\mathrm{dc}}|} \dfrac{\mathrm{d}u_{\mathrm{dc}}}{\mathrm{d}t}, & \left|\dfrac{\mathrm{d}u_{\mathrm{dc}}}{\mathrm{d}t}\right| > m_0 \end{cases} \quad (6\text{-}28)$$

式中，C_0 为直流侧电容；k_1 为线性函数下虚拟电容的调节系数；m_0 为直流母线电压变化率的阈值。

2. 反正切函数变化的虚拟电容

线性函数变化的虚拟电容在直流母线电压波动时可以进行快速响应，引入虚拟电容增加系统的电容，增加了系统的惯性。但系统在面对较大扰动时，直流母线电压的变化率较大，根据线性函数建变化的虚拟电容计算值较大，换流器可能无法根据计算的虚拟电容值提供等效的虚拟惯性功率。因此，在考虑换流器输出上限的情况下，通过引入反正切函数进行修正，反正切函数变化的虚拟电容的表达式为

$$C_{\mathrm{v}} = \begin{cases} C_0, & \left|\dfrac{\mathrm{d}u_{\mathrm{dc}}}{\mathrm{d}t}\right| \leq m_0 \\ C_0 + k_2 \dfrac{\Delta u_{\mathrm{dc}}}{|\Delta u_{\mathrm{dc}}|} \arctan\left(k_3 \dfrac{\mathrm{d}u_{\mathrm{dc}}}{\mathrm{d}t}\right), & \left|\dfrac{\mathrm{d}u_{\mathrm{dc}}}{\mathrm{d}t}\right| > m_0 \end{cases} \quad (6\text{-}29)$$

式中，k_2、k_3 为虚拟电容在反正切函数变化下的调节系数。

3. 线性函数、反正切函数变化的虚拟电容

根据直流母线电压波动曲线，不同电压变化率应该为系统附加不同的虚拟电容，增加系统的电容，提高系统的惯性。根据直流母线电压变化率的大小进行分段，可分为稳定段、预防段和紧急段，如图 6-17 所示。

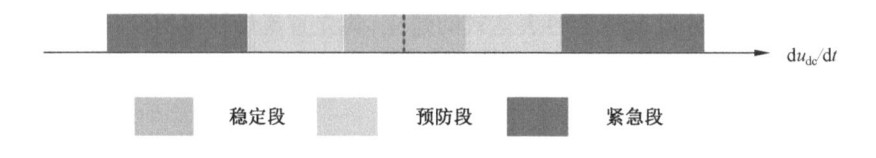

图 6-17 直流母线电压变化率分段示意图

在稳定段，直流母线电压变化率较小，仅依靠系统的电容即可满足直流母线电压稳定的需要。

在预防段，直流母线电压变化率较大，仅依靠系统的电容无法满足直流母线电压稳定的需要，故应该引入线性变化的虚拟电容，增加系统的电容，提高系统的惯性，满足直流母线电压稳定的需要。

在紧急段，直流母线电压变化率大，需要引入大的虚拟电容来增加系统的电容，大幅增强系统的惯性。虚拟电容是通过换流器附加虚拟惯性控制策略产生的，本质是换流器通过虚拟惯性控制策略输出虚拟惯性功率，平抑系统所受的扰动，直流母线电压变化率大时，系统所受的扰动大，依据线性函数变化的虚拟电容未考虑换流器输出虚拟惯性功率的上限问题，故应引入反正切函数变化的虚拟电容。将直流母线电压变化率分段后，虚拟电容的表达式为

第6章 风光储直柔系统辅助调频控制策略

$$C_v = \begin{cases} C_0, & \left|\dfrac{du_{dc}}{dt}\right| \leq m_0 \\ C_0 + k_2 \dfrac{\Delta u_{dc}}{|\Delta u_{dc}|} \arctan\left(k_3 \dfrac{du_{dc}}{dt}\right), & \left|\dfrac{du_{dc}}{dt}\right| > m_0 \end{cases} \quad (6\text{-}30)$$

式中，k_1、k_2、k_3 为虚拟电容的调节系数；m_0、m_1 为直流母线电压变化率阈值。

储能单元通过 B-DC 换流器与直流母线连接，通过建立 B-DC 换流器的控制策略，可控制储能单元充电或放电，与直流母线进行功率交换。对储能单元换流器的控制策略进行建模与分析，B-DC 换流器采用电压电流双闭环控制策略。本章将直流母线电压变化量引入储能单元换流器的控制策略中，通过附加分段虚拟惯性控制策略来改变 B-DC 控制策略中电流内环的电流参考值，改变储能单元的充电或放电状态，为直流母线提供虚拟惯性功率，维持了直流母线电压稳定，提高直流母线电压质量。附加分段虚拟惯性控制的储能单元的 B-DC 的控制结构图如图 6-18 所示。

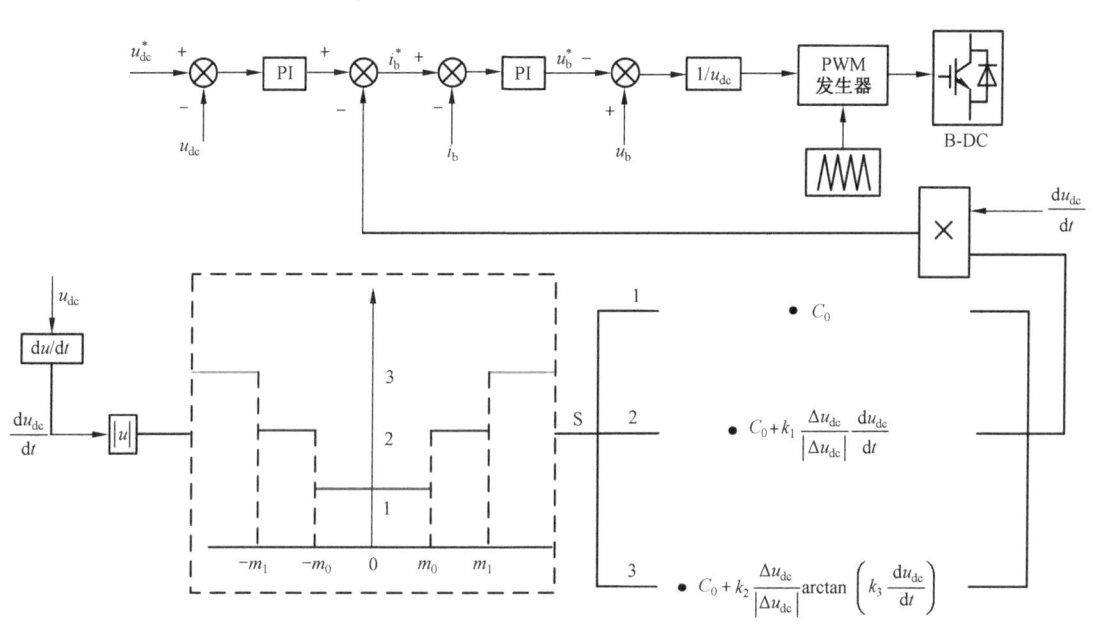

图 6-18 储能单元 B-DC 控制结构图

直流母线电压的测量值为 u_{dc}，计算直流母线电压测量值对时间的导数可得直流母线电压变化率 du_{dc}/dt。根据直流母线电压变化率为系统匹配不同的虚拟电容。

当 du_{dc}/dt 在区间 $(-m_0, m_0)$ 时，直流母线电压变化率处于稳定段，依靠系统的固有电容即可满足直流母线电压稳定。此时开关 S 位于 1 位置，系统的电容为

$$C = C_0 \quad (6\text{-}31)$$

当 du_{dc}/dt 在区间 $(-m_1, -m_0) \cup (m_0, m_1)$，直流母线电压变化率处于预防段，仅靠系统的电容无法稳定直流母线电压，采用线性函数变化的虚拟电容增加系统的电容，提高系统的惯性，使直流母线电压稳定。此时开关 S 位于 2 位置，系统的电容为

$$C_0 + k_1 \dfrac{\Delta u_{dc}}{|\Delta u_{dc}|} \dfrac{du_{dc}}{dt} \quad (6\text{-}32)$$

当 du_{dc}/dt 在区间 $(-\infty, -m_1) \cup (m_1, +\infty)$，直流母线电压变化率处于紧急段，采用反正切函数变化的虚拟电容增加系统的电容，大幅提高系统的惯性，使系统受到大扰动时，稳定直流母线电压。此时开关 S 位于 3 位置，系统的电容为

$$C_0 + k_2 \frac{\Delta u_{dc}}{|\Delta u_{dc}|} \arctan\left(k_3 \frac{du_{dc}}{dt}\right) \tag{6-33}$$

6.2.3 光储直柔系统新型虚拟惯性控制

光储直柔系统中储能单元的 B-DC 换流器附加分段虚拟惯性控制，系统受到扰动后，虚拟惯性控制可以改善直流母线电压快速波动的情况，使直流母线电压变化平稳，提高了直流母线电压质量。

但系统应用所提出的储能单元附加分段虚拟惯性控制策略，直流母线电压在扰动后无法恢复至扰动前的状态，只改变了直流母线的电压变化率，使直流母线的电压波动平稳，到达稳定值时，无论换流器是否附加虚拟惯性控制，直流母线电压的值不变。此外，在储能单元向系统提供虚拟惯性功率时，未考虑到储能单元的荷电状态（State Of Charge，SOC）。为解决上述问题，本章提出了一种考虑储能单元荷电状态的虚拟惯性控制策略。

6.2.3.1 考虑储能单元荷电状态的虚拟惯性控制

当光储直柔系统出现光伏单元出力波动、负荷变化等扰动时，系统出现功率不平衡，直流母线电压波动。在提出的储能单元的 B-DC 换流器通过附加虚拟惯性控制策略，当系统受到扰动时，储能单元可以提供虚拟惯性功率，平抑系统出现的不平衡功率，提高了直流母线电压质量。交流电网通过双向 DC/AC 换流器接入直流母线，与系统进行功率的交换。当交流电网的 G-VSC 换流器采用附加虚拟惯性控制策略时，交流电网可为系统提供虚拟惯性功率。当系统受到扰动时，附加虚拟惯性控制策略的储能单元和交流电网可共同为系统提供惯性功率的支撑，平抑系统内因扰动造成的不平衡功率，保证直流母线电压的稳定。

然而，储能单元的建设、运行和维护成本高，其使用寿命也有一定的限制，储能单元的过度充电和过度放电都会影响其使用寿命。储能单元的荷电状态是衡量储能单元剩余容量的重要参数，其表征了当前储能单元的剩余容量占其额定容量的百分数。

为避免储能单元的过度充电和过度放电，通过设置储能单元 SOC 的上限值 SOC_{max} 和下限值 SOC_{min} 来限制储能单元的充电或放电。当 SOC 到达上限值，储能单元停止充电，进入备用状态；当 SOC 到达下限值，储能单元停止放电，进入待充状态。本章所研究的储能单元 SOC 处于正常状态，储能单元可以通过充电或放电为系统提供虚拟惯性功率。

储能单元 SOC 处于正常运行区间时，也存在较高和较低水平。当系统受到扰动时，储能单元与交流电网共同为系统提供虚拟惯性功率，平抑系统内不平衡功率，维持直流母线电压的稳定。当储能单元 SOC 处于较高水平时，储能单元的剩余容量较高，希望通过合理的虚拟惯性控制策略使得储能单元可以多放电，少充电；当储能单元 SOC 处于较低水平时，储能单元的剩余容量较低，希望通过合理的虚拟惯性控制策略使得储能单元可以少放电，多充电。在考虑储能单元荷电状态的情况下，合理地为系统提供一部分虚拟惯性功率，其余的虚拟惯性功率由交流电网提供，储能单元和交流电网共同维持系统直流母线电压稳定。

第 6 章 风光储直柔系统辅助调频控制策略

为解决上述问题,基于储能单元荷电状态 SOC 建立了一种新型的虚拟惯性控制策略。该策略根据储能单元 SOC 的上限值 SOC_{max}、下限值 SOC_{min} 及当前状态下的 SOC 值建立了分配因子 x,将储能单元和交流电网流向直流母线的电流进行统一管理,通过虚拟惯性控制策略得到电流的参考值,对参考电流通过分配因子合理分配,得到储能单元和交流电网各自的参考电流,基于该参考电流对储能单元的双向 DC/DC 换流器和交流电网的双向 DC/AC 换流器进行虚拟惯性控制,改变储能单元和交流电网的输出功率,在为系统提供惯性功率的同时,达到了惯性功率合理分配的目的。

基于储能单元 SOC 建立的新型虚拟惯性控制策略通过对参考电流的合理分配改善了储能单元的惯性功率的输出,保证了储能单元在参与系统直流母线电压调节过程的同时,保证了自身的安全、稳定运行。称该策略为基于虚拟惯性控制的均流控制策略(Current Sharing Control Strategy,CSCS),均流策略的结构图如图 6-19 所示。

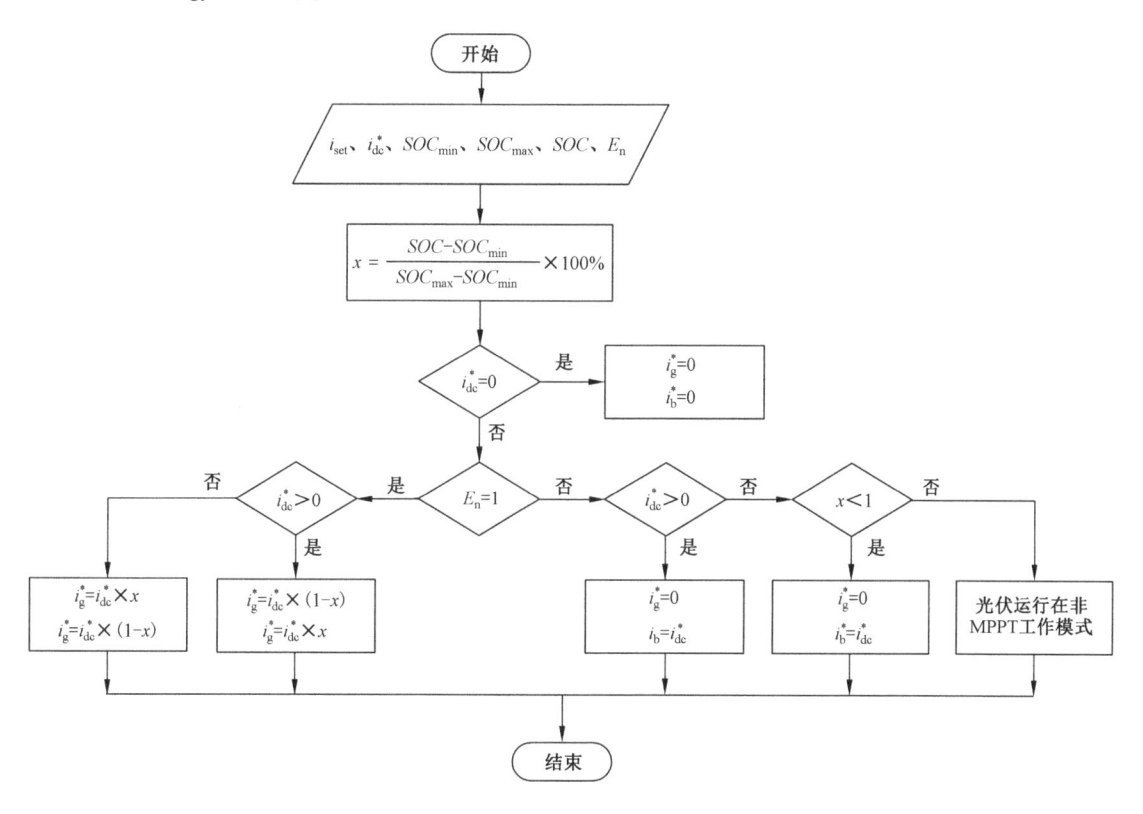

图 6-19 均流控制策略(CSCS)的结构图

(1) 首先读取储能单元当前的荷电状态值 SOC,根据储能单元 SOC 的上限值 SOC_{max}、SOC 的下限值 SOC_{min} 及当前状态下的 SOC 值,建立参考电流 i_{dc}^* 的分配因子 x。x 的表达式为

$$x = \frac{SOC - SOC_{min}}{SOC_{max} - SOC_{min}} \times 100\% \tag{6-34}$$

(2) 进一步为区分系统的并网运行状态和离网运行状态,通过 E_n 建立表达式,$E_n = 1$,

表示系统并网运行，$E_n=0$，表示系统离网运行。

(3) 系统并网运行状态下，即 $E_n=1$。当系统受到扰动时，储能单元和交流电网的换流器通过虚拟惯性控制策略向系统提供的虚拟惯性功率应该在分配因子 x 下进行合理的分配。储能单元 SOC 值越大，储能单元内剩余容量越大，储能单元应该少充电、多放电；储能单元 SOC 值越小，储能单元内剩余容量越小，储能单元应该多充电、少放电，保证了储能单元的安全稳定运行。

(4) 系统离网运行状态下，即 $E_n=0$。如果储能单元 SOC 到达上限值，即 $SOC=SOC_{max}$，$x=1$。当系统受到扰动时，该扰动使得系统的光伏单元的发电功率大于负荷单元的消耗功率，系统出现净剩功率。因储能单元 SOC 到达上限值，储能单元停止充电。为解决因净剩功率导致系统直流母线电压升高的问题，降低光伏单元的发电功率。具体通过改变光伏单元接入直流母线的 PV-DC 换流器的控制策略，使光伏单元运行在非最大功率输出工作状态，或将一部分光伏发电单元与系统解列，从而达到降低光伏单元的发电功率，解决了在该扰动下系统的功率平衡问题。

如果储能单元 SOC 到达下限值，即 $SOC=SOC_{min}$，$x=0$。当系统受到扰动时，该扰动使得系统的光伏单元的发电功率小于负荷单元的消耗功率，系统出现缺额功率。因储能单元 SOC 到达下限值，储能单元停止放电。为解决因功率缺额导致系统直流母线电压降低的问题，此时光伏发电单元已经处于最大功率跟踪输出的工作状态，无法提供更多的发电功率，在该情况下，可将光储直柔系统中一部分不重要的负荷切除，如建筑外墙非必要的 LED 灯、园区内的音乐喷泉等；或通过改变系统内负荷单元的参数，使其消耗的功率降低，如降低制冷设备的功率、降低照明设备的亮度等，解决在该扰动下系统的功率不平衡问题。

(5) 通过虚拟惯性控制策略可得直流母线电压的参考值 u_{dc}^*，直流母线电压参考值与测量值作差后通过直流母线电压控制器可得直流母线电流的参考值 i_{dc}^*。将直流母线电流参考值 i_{dc}^* 通过分配因子 x 进行合理分配，得到储能单元的电流参考值 i_b^* 和交流电网的电流参考值 i_g^*。

(6) 储能单元的 B-DC 换流器和交流电网的 G-VSC 换流器根据第 2 章所建立的换流器的控制策略，对根据分配因子分配的电流参考值进行响应，控制储能单元和交流电网输出虚拟惯性功率，共同为系统提供虚拟惯性支撑，维持系统的稳定运行。

为解决直流母线电压在扰动后无法恢复至扰动前正常水平的问题，在虚拟惯性控制策略前对直流侧电流的给定值 i_{set} 进行修正。通过将直流母线电压基准值 u_{dcn} 与测量值 u_{dc} 作差，经过 PI 控制器，得到直流侧电流的给定值 i_{set}，称该控制为电压恢复器控制。附加电压恢复器的虚拟惯性控制策略可使得直流母线电压的测量值恢复至扰动发生前的状态。

新型虚拟惯性控制策略的控制结构如图 6-20 所示。由电压恢复器、虚拟惯性控制、均流控制、储能单元和交流电网各自的换流器控制策略组成。图 6-20(a) 给出了储能单元和交流电网参考电流生成的结构控制图，引入虚拟阻尼 D_v，解决了系统扰动发生后，直流母线电压波动可能会出现超调量的问题。在后续的小信号模型分析中，会根据阶跃扰动分别确定虚拟电容 C_v 和虚拟阻尼 D_v 的系数。参考对系统换流器的数学模型的建立，图 6-20(b) 给出了储能单元 B-DC 换流器的控制策略结构图，图 6-20(c) 给出了交流电网 G-VSC 换流器的控制策略结构图。

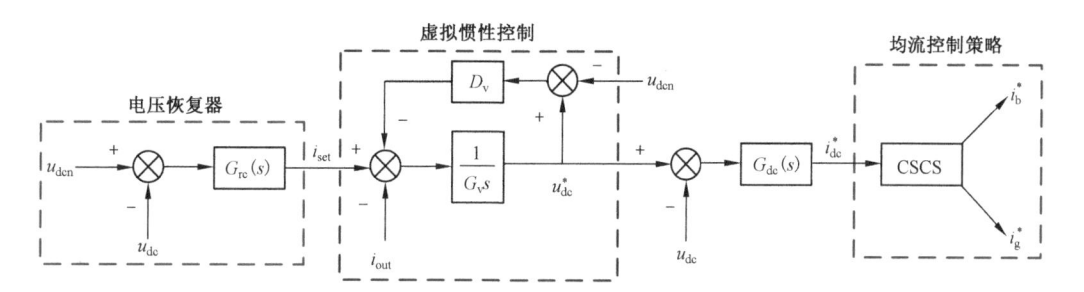

(a) 储能单元和交流电网参考电流生成的控制结构图

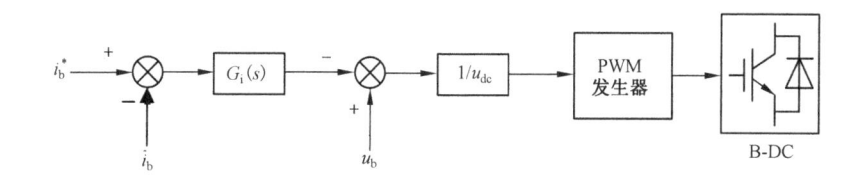

(b) 储能单元B-DC换流器的控制结构图

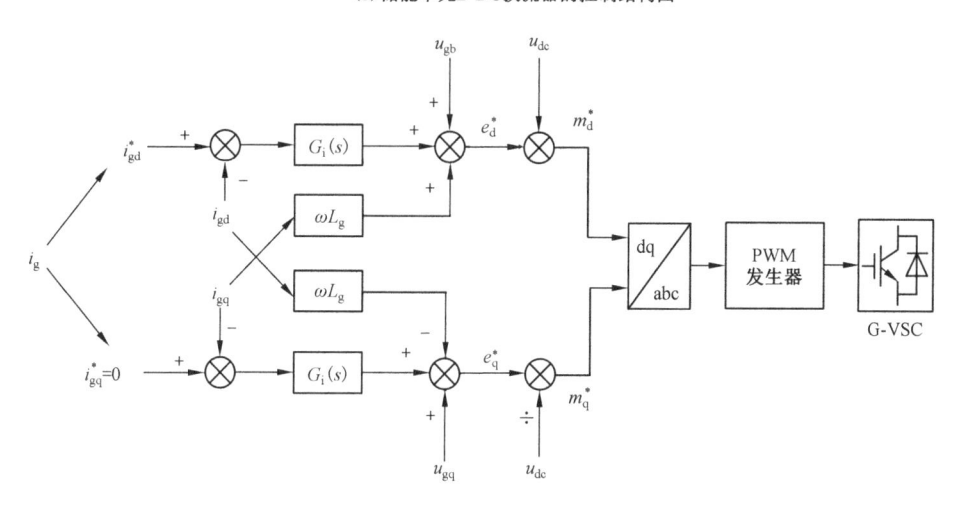

(c) 交流电网G-VSC换流器的控制结构图

图 6-20　新型虚拟惯性控制策略控制结构图

储能单元和交流电网的换流器的参考电流通过均流控制算法得到,在各自换流器的控制策略下,改变换流器的输出电流,从而达到改变换流器功率输出的目的。由储能单元荷电状态建立的均流策略可以使储能单元根据其荷电状态输出合理的功率,对储能单元的充电或放电更加友好。交流电网可以提供充足的虚拟惯性功率,与储能单元共同向光储直柔系统提供虚拟惯性功率。

6.2.3.2　虚拟惯性控制小信号模型分析

当系统受到扰动时,储能单元和交流电网的换流器根据所提出的考虑储能单元荷电状态的虚拟惯性控制策略,共同向系统提供虚拟惯性功率,平抑扰动造成的系统功率不平衡,进一步维持了直流母线电压的稳定。根据建立的系统各单元的数学模型和其所对应的换流器数学模型,建立如图 6-21 所示的新型虚拟惯性控制策略的小信号模型。

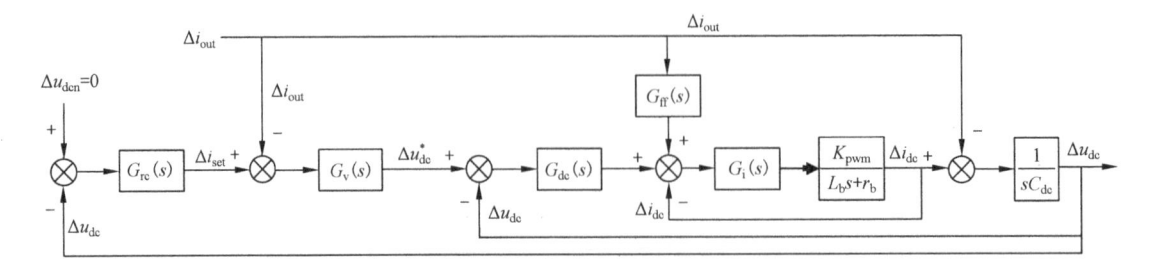

图 6-21　新型虚拟惯性控制策略小信号模型

(1) 储能单元 B-DC 换流器电流控制回路小信号模型：

$$\Delta i_{\mathrm{b}} = (\Delta i_{\mathrm{b}}^* - \Delta i_{\mathrm{b}}) \frac{G_{\mathrm{i}}(s)}{L_{\mathrm{b}}s + r_{\mathrm{b}}} \tag{6-35}$$

(2) 交流电网 G-VSC 换流器电流控制回路小信号模型：

$$\begin{cases} \Delta i_{\mathrm{gd}} = \dfrac{1}{L_{\mathrm{g}}s + r_{\mathrm{g}}} G_{\mathrm{i}}(s) \ (\Delta i_{\mathrm{gd}}^* - \Delta i_{\mathrm{gd}}) \\ \Delta i_{\mathrm{gq}} = \dfrac{1}{L_{\mathrm{g}}s + r_{\mathrm{g}}} G_{\mathrm{i}}(s) \ (\Delta i_{\mathrm{gq}}^* - \Delta i_{\mathrm{gq}}) \end{cases} \tag{6-36}$$

(3) 直流母线电压控制回路小信号模型：

$$\Delta u_{\mathrm{dc}} = \frac{1}{sC_{\mathrm{dc}}} [G_{\mathrm{dc}}(s) \ (\Delta u_{\mathrm{dc}}^* - \Delta u_{\mathrm{dc}}) + G_{\mathrm{ff}}(s) \Delta i_{\mathrm{out}} - \Delta i_{\mathrm{out}}] \tag{6-37}$$

(4) 虚拟惯性控制小信号模型：

$$G_{\mathrm{v}}(s) = \frac{\Delta u_{\mathrm{dc}}^*}{\Delta i_{\mathrm{out}}} = -\frac{1}{C_{\mathrm{v}}s + D_{\mathrm{v}}} \tag{6-38}$$

(5) 电压恢复器小信号模型：

$$\Delta i_{\mathrm{set}} = G_{\mathrm{rc}}(s) \ (\Delta u_{\mathrm{dcn}} - \Delta u_{\mathrm{dc}}) \tag{6-39}$$

式中,$G_{\mathrm{dc}}(s)$ 为直流母线电压控制器传递函数,$G_{\mathrm{dc}}(s) = k_{\mathrm{pdc}} + k_{\mathrm{idc}}/s$；$G_{\mathrm{ff}}(s)$ 为前馈校正传递函数；$G_{\mathrm{i}}(s)$ 为直流母线电流控制器传递函数,$G_{\mathrm{i}}(s) = k_{\mathrm{pi}} + k_{\mathrm{ii}}/s$；$G_{\mathrm{v}}(s)$ 为虚拟惯性控制策略传递函数,$G_{\mathrm{v}}(s) = -1/C_{\mathrm{v}}s + D_{\mathrm{v}}$；$G_{\mathrm{rc}}(s)$ 为电压恢复器 PI 控制器传递函数,$G_{\mathrm{rc}}(s) = k_{\mathrm{prc}} + k_{\mathrm{irc}}/s$；$G_{\mathrm{pi}}(s)$ 为储能单元 B-DC 换流器电流内环控制传递函数,$G_{\mathrm{pi}}(s) = K_{\mathrm{pwm}}/(L_{\mathrm{b}}s + r_{\mathrm{b}})$；$K_{\mathrm{pwm}}$ 为 PWM 发生器的等效增益。

在不考虑前馈控制策略的情况下,建立小信号模型中 $\Delta u_{\mathrm{dc}}(s)$ 和 $\Delta i_{\mathrm{out}}(s)$ 之间的闭环传递函数 $T(s)$ 为

$$T(s) = \frac{\Delta u_{\mathrm{dc}}}{\Delta i_{\mathrm{out}}} = \frac{G_{\mathrm{dc}}(s) \ G_{\mathrm{pi}}(s) \ G_{\mathrm{i}}(s) \ G_{\mathrm{v}}(s) + 1}{sC_{\mathrm{dc}} + G_{\mathrm{dc}}(s) \ G_{\mathrm{i}}(s) \ G_{\mathrm{pi}}(s)} \tag{6-40}$$

$T(s)$ 可表示为 $T_1(s)$ 和 $T_2(s)$ 的和,其表达式为

$$\begin{cases} T_1(s) = \dfrac{G_{dc}(s)\, G_{pi}(s)\, G_i(s)\, G_v(s)}{sC_{dc} + G_{dc}(s)\, G_i(s)\, G_{pi}(s)} \\ T_2(s) = \dfrac{1}{sC_{dc} + G_{dc}(s)\, G_i(s)\, G_{pi}(s)} \end{cases} \quad (6\text{-}41)$$

在进行虚拟惯性控制策略的过程中,虚拟电容 C_v 和虚拟阻尼 D_v 数值的选择对系统直流母线电压的稳定性具有重要作用。虚拟电容 C_v 会影响系统的瞬时动作响应,虚拟阻尼 D_v 会影响系统的稳态动作响应。图 6-22 为不同虚拟阻尼 D_v 值下, $T(s)$ 的单位阶跃响应。图 6-23 为不同虚拟电容 C_v 值下, $T_1(s)$、$T_2(s)$、$T_{ff}(s)$ 的单位阶跃响应。

由图 6-22 可以看出,随着虚拟阻尼 D_v 值的变大, $T(s)$ 单位阶跃响应得到的直流母线电压变化率 Δu_{dc} 逐渐减少。当 $D_v = 4.6$ 后, D_v 的增加对 Δu_{dc} 的影响效果不明显。故本章中 D_v 的取值为 4.6。

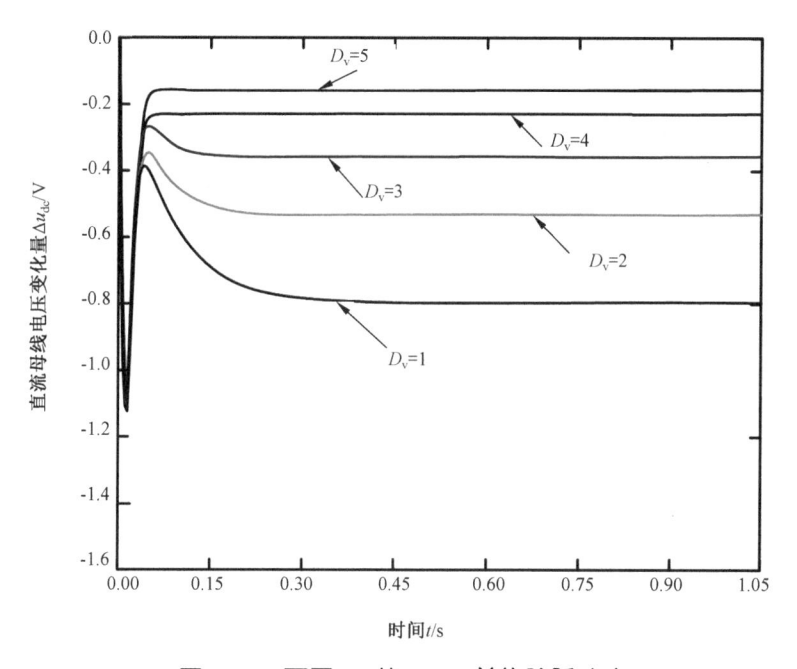

图 6-22 不同 D_v 值,$T(s)$ 单位阶跃响应

由图 6-23 可以看出,随着虚拟电容 C_v 值的变大, $T_1(s)$、$T_2(s)$、$T_{ff}(s)$ 单位阶跃响应得到的直流母线电压变化率 Δu_{dc} 逐渐减少。由图 6-21 建立的小信号模型可知,流向直流母线电流的变化量 Δi_o 通过两条路径来影响直流母线电压的变化量 Δu_{dc},分别记作为 $T_1(s)$ 和 $T_2(s)$,$T(s)$ 可记作为 $T(s) = T_1(s) + T_2(s)$。

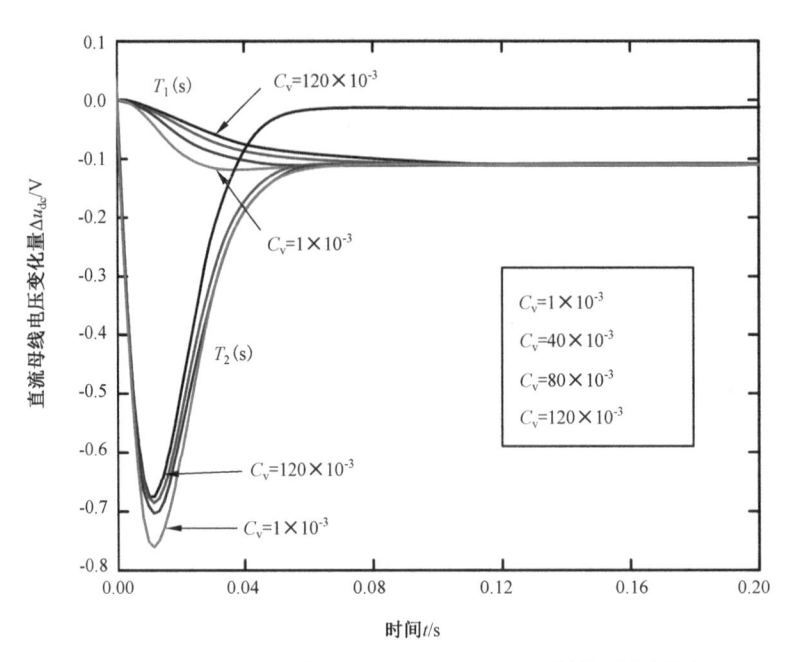

图 6-23 不同 C_v 值，$T_1(s)$、$T_2(s)$、$T_{ff}(s)$ 单位阶跃响应

在 $T_1(s)$ 的阶跃响应中，不同 C_v 的取值对直流母线电压变化量 Δu_{dc} 影响不大，均在一定时间达到稳定值，且差异不明显。在 $T_2(s)$ 的阶跃响应中，不同 C_v 的取值对直流母线电压变化量 Δu_{dc} 影响较大，且存在尖峰波形，故 $T_2(s)$ 影响直流电压母线的瞬态稳定性，故引入前馈校正的控制方法，消除 $T_2(s)$ 产生的尖峰波形。前馈校正的传递函数可以表示为

$$G_{ff}(s) = -\frac{1 + G_i(s) G_{pi}(s)}{G_i(s) G_{pi}(s)} \tag{6-42}$$

附加前馈校正的新型虚拟惯性控制策略的小信号模型中，$\Delta u_{dc}(s)$ 和 Δi_{out} 之间传递函数为

$$T_{ff}(s) = \frac{G_v(s) G_{dc}(s) G_{pi}(s) G_i(s)}{sC_{dc}[1 + G_{pi}(s) G_i(s)] + G_{dc}(s) G_i(s) G_{pi}(s)} \tag{6-43}$$

通过对比传递函数 $T_{ff}(s)$ 和 $T_1(s)$ 的表达式，二者具有相似的形式，故二者的阶跃响应也类似。在不同虚拟电容 C_v 值，附加前馈校正的 $T(s)$ 的单位阶跃响应如图 6-24 所示，零、极点分布图如图 6-25 所示。

由图 6-24 可以看出，随着虚拟电容 C_v 值的增加，直流母线电压的变化量随之减小。附加前馈校正可以明显地消除 $T_2(s)$ 的阶跃响应造成的尖峰，有利于直流母线电压的稳定。

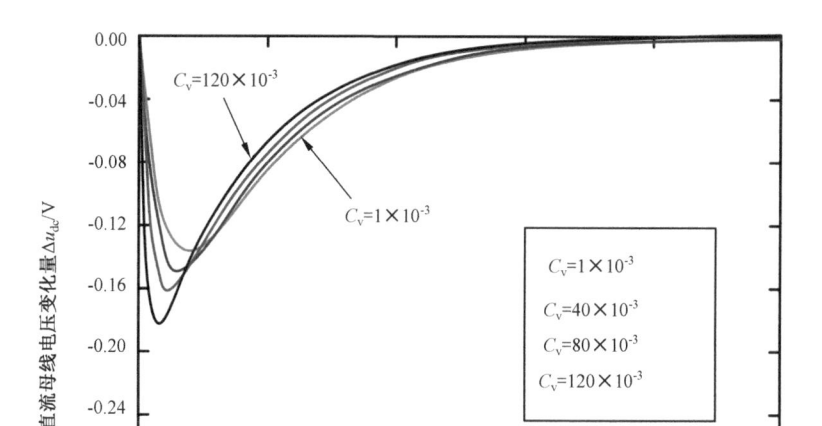

图 6-24 C_v 值，附加前馈校正 $T(s)$ 单位阶跃响应

由图 6-25 可以看出，$T(s)$ 一共有 5 个极点和 2 个零点。系统的动态特性和稳态性主要取决于系统闭环特征方程根的分布，在系统的所有极点中，有 4 个极点为固定极点，其中有 2 个极点离虚轴的距离较远，在图 6-25 中未体现，只有 1 个极点为虚拟电容 C_v 的函数，该极点表示为 $\tau = -D_v/C_v$，且该极点距离虚轴最近，且附近没有其他闭环零点和极点，可认为该极点为闭环主导极点。通过对闭环主导极点的研究，可以对系统的稳定性进行分析。

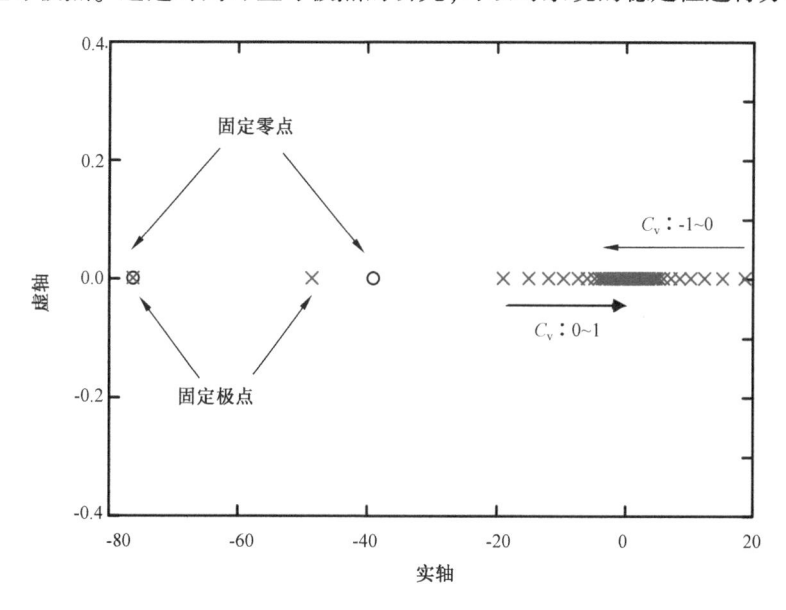

图 6-25 不同 C_v 值，附加前馈校正 $T(s)$ 零、极点分布图

该极点与虚轴的距离随着 C_v 值的增加而向虚轴方向移动。在虚拟电容 $C_v \geqslant 0$ 的情况

下,极点 τ 一直位于左半平面,由根轨迹的判据可知,系统是稳定的;在虚拟电容 $C_v<0$ 的情况下,极点 τ 一直位于右半平面,由根轨迹的判据可知,系统是不稳定的。故为实现系统的稳定,只需满足条件 $C_v \geqslant 0$ 即可。

系统随着 C_v 值的增加,τ 值也随之变大,系统的动态响应变慢,有利于抑制直流母线电压的快速变化。但储能单元和交流电网可提供的虚拟惯性功率有限,导致了虚拟电容 C_v 值应该具有上限。对 $T(s)$、$T_1(s)$、$T_2(s)$、$T_{ff}(s)$ 阶跃响应的综合考虑,本章中取虚拟电容 $C_v = 120 \times 10^{-3}$。

6.2.4 案例仿真分析

为验证所提控制策略的有效性,在 MATLAB/Simulink 中搭建了如图 6-1 所示的仿真模型,验证所提策略的有效性。表 6-2 虚拟惯性控制策略参数值为虚拟惯性控制策略参数值,对系统内各单元的参数介绍如下:

(1) 交流电网:交流电网由采用永磁同步发电机(PMSG),额定功率为 25 kW。其定子电阻 0.432 Ω,定子电感 4.24 mH,磁链 0.932 Wb。

(2) 光伏单元:光伏单元由一个 5×40 的光伏阵列组成。每个光伏模块的发电功率为 150 W,经过计算,光伏单元的额定功率为 30 kW。

(3) 储能单元:储能单元由蓄电池组组成,额定电压为 200 V,储存的电能为 10 kWh。

(4) 负荷单元:负荷单元由直流负荷和交流负荷组成。

表 6-2 虚拟惯性控制策略参数值

参数	数值	参数	数值
u_{dcn}	750 V	k_{pdc}	8
i_{set}	0 A	k_{idc}	400
L_b	2 mH	k_{pi}	0.8
r_b	0.01 Ω	k_{ii}	5
L_g	2 mH	C_v	120×10^{-3}
r_g	0.0126 Ω	D_v	4.6

6.2.4.1 分段虚拟惯性控制仿真分析

光伏单元的发电功率为 30 kW,负荷单元由交流负荷与直流负荷组成,交流负荷消耗功率 18 kW,直流负荷消耗功率 20 kW,负荷单元消耗功率合计 38 kW。净剩功率 8 kW 由储能单元提供。2 s 时直流负荷突增 7 kW,6 s 时交流负荷突减 2 kW。图 6-26 和图 6-27 分别给出了储能单元 B-DC 换流器在附加无惯性、固定虚拟惯性、分段虚拟惯性控制策略时,系统直流母线电压、储能单元放电功率曲线。

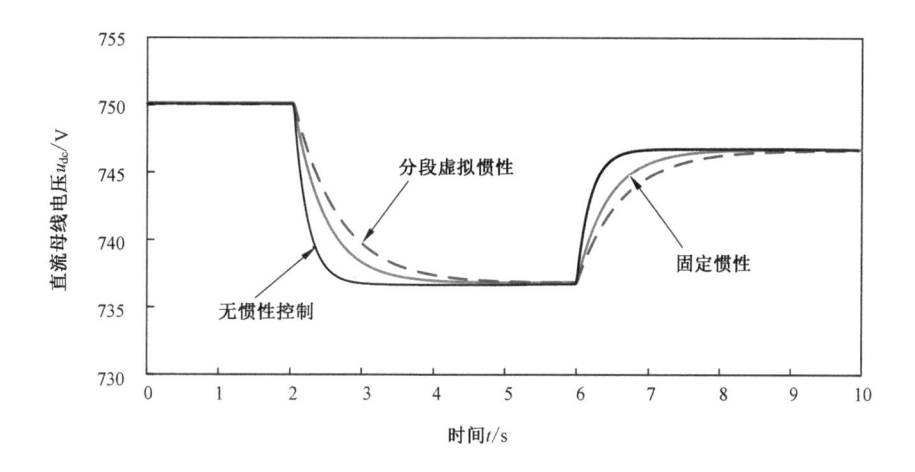

图 6-26 系统直流母线电压变化曲线

由图 6-26 可以看出,采用无惯性控制策略时,电系统因为自身的低惯性导致系统直流母线电压迅速下降至 737 V,蓄电池根据基本的下垂控制策略对扰动进行响应,但响应速度慢,直流母线电压变化率快;采用固定惯性控制时,直流母线电压的变化率变缓,蓄电池的换流器附加虚拟惯性控制策略使得蓄电池可为系统提供一定的固定惯性功率支撑,改善直流母线电压在扰动后迅速变化的问题,有限地提高了直流母线电压的稳定性。

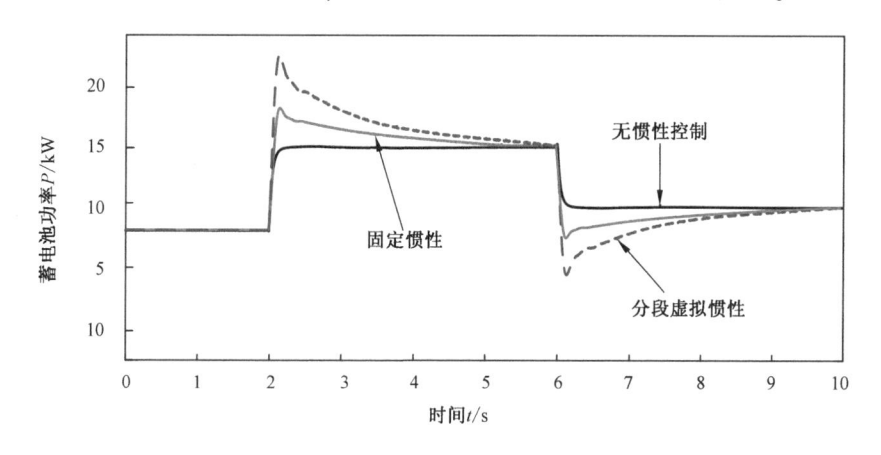

图 6-27 储能单元放电功率曲线

由图 6-27 可以看出,采用无惯性控制策略时,蓄电池会对负荷扰动进行响应,但响应速度慢,所能提供的惯性支撑有限;采用固定惯性控制策略时,直流母线的电压下降的速率相较于无虚拟惯性情况下变缓,蓄电池与在直流母线电压的下降过程中可以提供更多的惯性支撑;采用分段虚拟惯性控制策略,在电压变化率较快的区间附加更大的虚拟惯性,直流母线电压的下降速率进一步降低,改善了电压质量,蓄电池可以提供更多的惯性支撑。

6.2.4.2 新型虚拟惯性控制仿真分析

仿真 1:负荷功率波动时,直流母线电压变化曲线

系统光伏阵列在光照强度 $S=1\ 000\ W/m^2$,温度 $T=25\ ℃$ 的情况下输出功率 30 kW,负

荷单元中直流负荷 20 kW,交流负荷 10 kW,负荷单元合计 30 kW。在第 2 s 时,直流负荷增加 10 kW,负荷单元合计 40 kW。在第 6 s 时,交流负荷增加 5 kW,负荷单元合计 45 kW。光伏阵列输出功率和负荷功率曲线如图 6-28 所示,系统直流母线电压曲线如图 6-29 所示。

在第 2 s 和第 6 s 时,系统负荷单元的交流负荷和直流负荷相继发生变化,直流母线电压也随之波动。在传统控制策略下,直流母线电压会出现较大的波动,同时会存在较大的超调量。采用虚拟惯性控制策略时,直流母线电压的在受到扰动的情况下,电压波动较缓慢,超调量显著降低。进一步附加电压恢复器的虚拟惯性控制策略可以消除稳态误差,直流母线电压恢复至扰动前的状态。

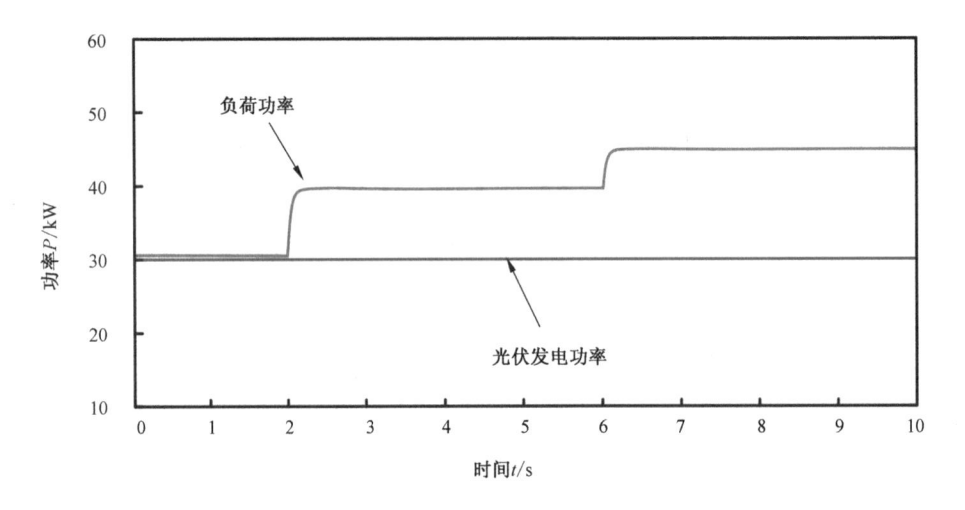

图 6-28 光伏阵列输出功率和负荷功率曲线

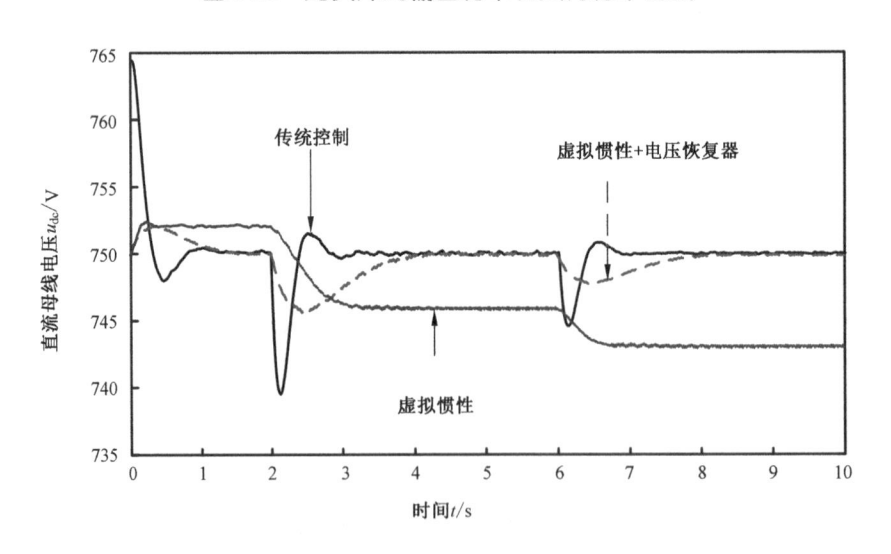

图 6-29 系统直流母线电压曲线

仿真 2:光伏阵列波动时,直流母线电压变化曲线

环境温度恒定不变 $T=25\ ℃$,光伏阵列的光照强度呈阶跃式变化,光伏阵列初始光照强度 $S=1\,000\ W/m^2$,在 2 s 时光照强度降低为 $S=400\ W/m^2$,在 6 s 时光照强度升高为 $S=600$

W/m², 光伏阵列的输出功率分别为:30 kW、12 kW、20 kW。负荷单元中直流负荷 25 kW,交流负荷 10 kW,负荷单元合计 35 kW。光伏阵列输出功率和负荷功率曲线如图 6-30 所示,系统直流母线电压曲线如图 6-31 所示。

在第 2 s 和第 6 s 时,系统光伏阵列的光照强度 S 发生变化,直流母线电压也随之波动。仿真 2 在传统控制、虚拟惯性控制、附加电压恢复器的虚拟惯性控制三种不同的控制策略下直流母线电压的变化情况与仿真 1 相同。

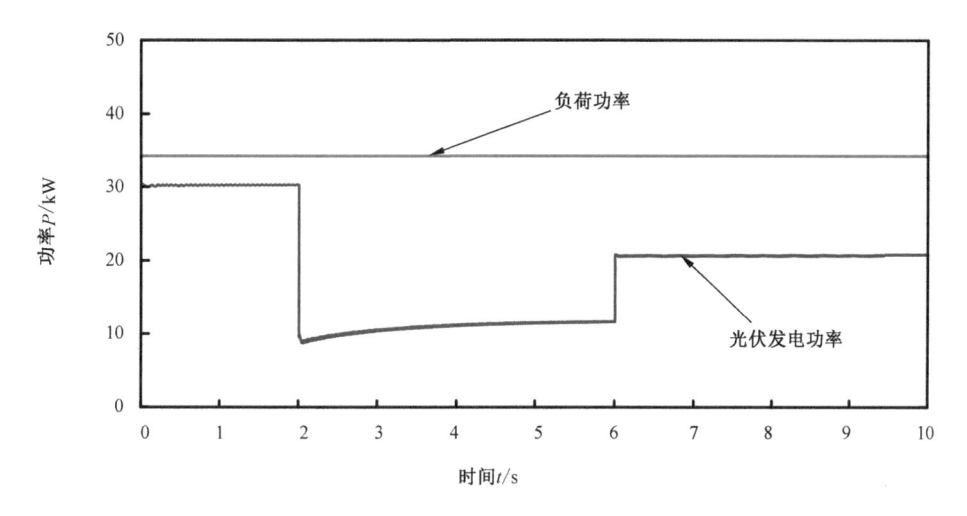

图 6-30 光伏阵列输出功率和负荷功率曲线

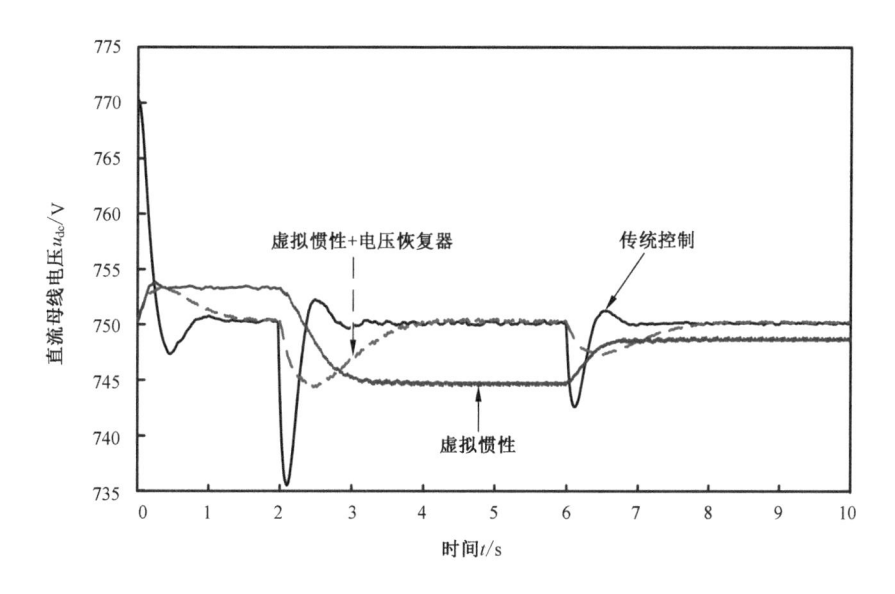

图 6-31 系统直流母线电压曲线

仿真 3:负荷功率波动时,考虑储能单元 SOC 的虚拟惯性策略仿真

系统光伏阵列在光照强度 $S=1\ 000$ W/m²,温度 $T=25$ ℃ 的情况下输出功率 30 kW,蓄电池组的最大荷电状态 $SOC_{max}=80\%$,最小荷电状态 $SOC_{min}=20\%$,当前荷电状态 $SOC=65\%$。负荷单元初始功率 25 kW,在第 2 s 增加 10 kW,在第 4 s 增加 5 kW,在第 6 s 减少 5

kW,在第 8 s 减少 10 kW。光伏单元和负荷单元输出功率如图 6-32 所示,蓄电池组、交流电网输出功率曲线如图 6-33 所示。将蓄电池组的当前荷电状态更改为 $SOC = 35\%$,系统内其他参数保持不变,进行仿真分析,蓄电池组、交流电网输出功率曲线如图 6-34 所示。

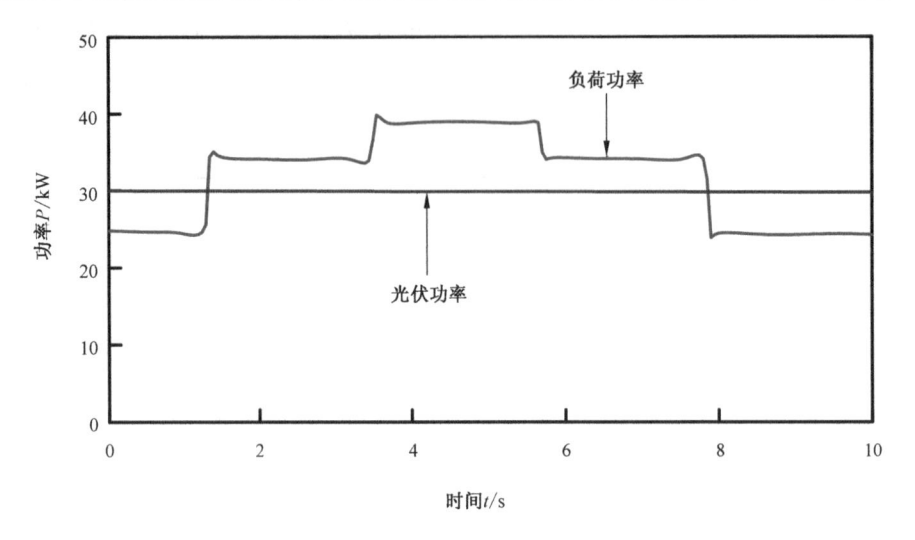

图 6-32　光伏单元和负荷单元输出功率

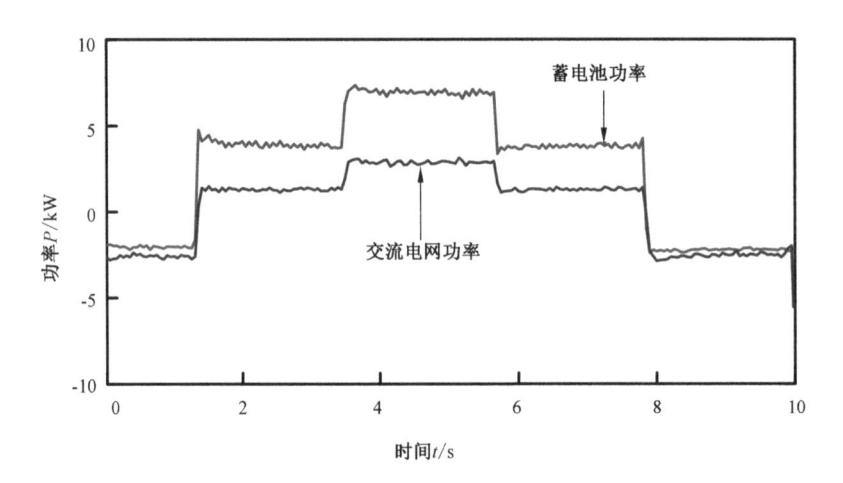

图 6-33　$SOC = 65\%$ 蓄电池组、交流电网输出功率

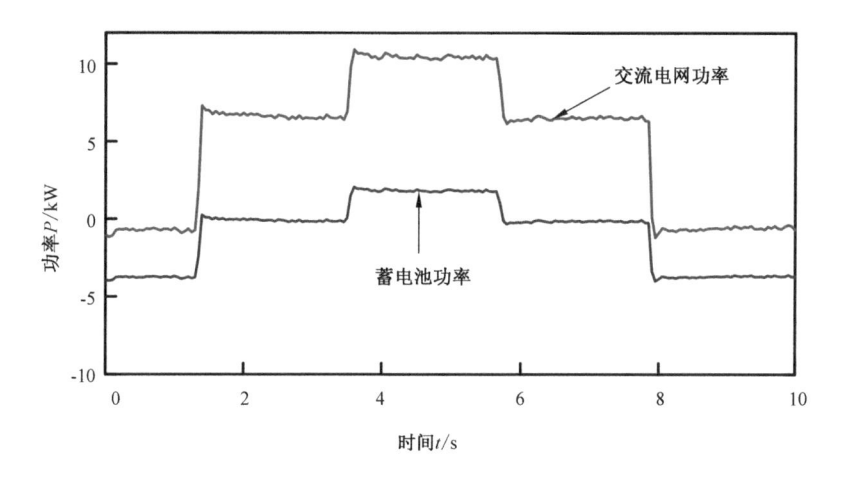

图 6-34 $SOC = 35\%$ 蓄电池组、交流电网输出功率

基于储能单元的荷电状态 SOC 的虚拟惯性控制策略,通过将蓄电池组和交流电网的电流进行统一管理,并通过分配因子进行合理分配,当系统受到扰动时,储能单元和交流电网的换流器可以通过虚拟惯性控制策略输出惯性功率来改善因扰动造成的直流母线电压的波动。蓄电池组 $SOC = 65\%$,当蓄电池组处于放电状态下,蓄电池组释放更多的电量,当蓄电池组处于充电状态下,蓄电池组吸收更少的电量。蓄电池组 $SOC = 35\%$,当蓄电池组处于放电状态下,蓄电池组释放更少的电量,当蓄电池组处于充电状态下,蓄电池组吸收更多的电量。

仿真 4:光伏阵列波动时,考虑储能单元 SOC 的虚拟惯性策略仿真

考虑两组光伏阵列波动情况下对系统进行仿真分析。负荷单元功率为 30 kW,系统光伏阵列 1 在光照强度 $S = 800 \text{ W/m}^2$,温度 $T = 25\ ℃$ 的情况下输出功率 25 kW,系统光伏阵列 2 在光照强度 $S = 400 \text{ W/m}^2$,温度 $T = 25\ ℃$ 的情况下输出功率 12 kW。光伏阵列 1 和光伏阵列 2 受到不同光照影响输出功率也会发生变化,光伏单元和负荷单元输出功率如图 6-35 所示,蓄电池组的最大荷电状态 $SOC_{max} = 80\%$,最小荷电状态 $SOC_{min} = 20\%$,当前荷电状态 $SOC = 65\%$。蓄电池组、交流电网输出功率曲线如图 6-36 所示。将蓄电池组的当前荷电状态更改为 $SOC = 35\%$,系统内其他参数保持不变,进行仿真分析,蓄电池组、交流电网输出功率曲线如图 6-37 所示。

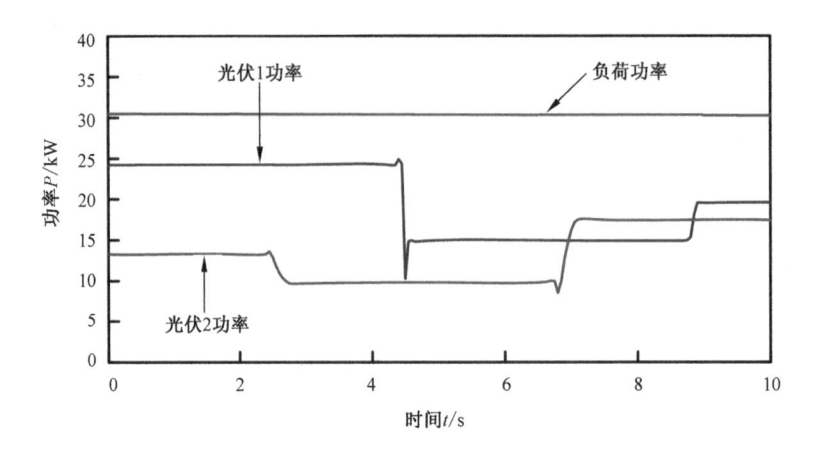

图 6-35　光伏单元和负荷单元输出功率

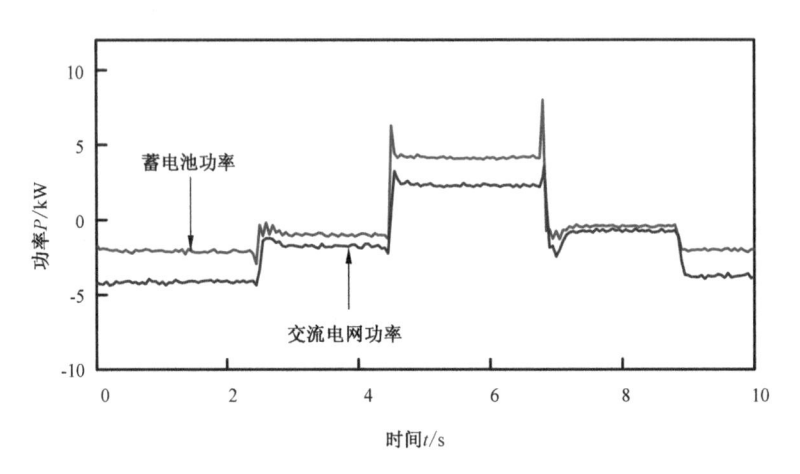

图 6-36　$SOC = 65\%$ 蓄电池组、交流电网输出功率

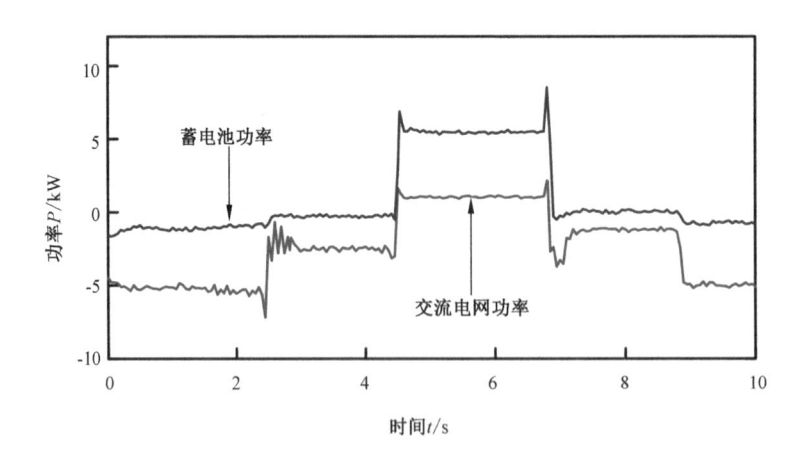

图 6-37　$SOC = 35\%$ 蓄电池组、交流电网输出功率

采用两个光伏阵列的情况下进行仿真分析,可得到与仿真 3 相同的结论。根据蓄电池的荷电状态 SOC 建立的虚拟惯性控制策略,蓄电池组荷电状态较高水平,当蓄电池组处于放

电状态下,蓄电池组释放更多的电量,当蓄电池组处于充电状态下,蓄电池组吸收更少的电量。蓄电池组荷电状态较低水平,当蓄电池组处于放电状态下,蓄电池组释放更少的电量,当蓄电池组处于充电状态下,蓄电池组吸收更多的电量。验证了考虑储能单元 SOC 的虚拟惯性控制策略的有效性。

6.3 光储直柔系统辅助调频控制策略

6.3.1 交流电网调频分析

6.3.1.1 交流电网频率变化的影响

频率是衡量交流电网电能质量的三大指标之一,其表征了发电厂发出的有功功率和用户的用电负荷功率之间的平衡关系。日常情况下,频率对交流电网的安全、稳定和高效运行,是一个十分重要的控制参数,同时,频率与数量庞大的用电设备,也有着很密切的关系。

交流电网的频率波动会对发电厂的发电设备造成影响。火力发电厂的汽轮机的叶片对频率的变化敏感,频率的变化会增加叶片的损耗,同时对发电的经济性造成影响。频率的变化会影响发电厂电动机的正常运行,如风机和水泵,对风力循环和水力循环的过程造成或多或少的影响,对整个发电过程的稳定性进一步破坏。交流电网的频率波动会对用户的用电负荷造成影响。卷扬机和压缩机和频率的一次方成正比,变压器的涡流损耗和频率的二次方成正比,通风机和循环水泵和频率的三次方成正比。频率的波动会影响设备的正常运行,同时改变设备的用电功率,用电费用随之改变,对用户的用电成本造成了一定影响。由此可看,交流电网的频率稳定性对发电侧和用户侧都具有重要的意义。

《电能质量 电力系统频率偏差》(GB/T 15945—2008)中规定,交流电网的标称频率为 50 Hz,在交流电网正常运行的条件下,频率偏差的限值为±0.2 Hz,当交流电网容量较小时,偏差限值可以放宽到±0.5 Hz。本章所研究的交流电网为小容量系统,故频率偏差的限值取为±0.5 Hz。

6.3.1.2 交流电网频率波动原因

在交流电网中,频率的波动是由发电侧和用电侧功率不平衡造成的。在常规发电厂中,火力发电机组为主要的发电设备,火力发电机为同步发电机,交流电网的频率与同步发电机的转速关系可表示为

$$f = n \times p/60 \tag{6-44}$$

式中,f 为交流电网的频率,单位为 Hz;n 为同步发电机的转速,单位为 r/min;p 为同步发电机的极对数。

作为发电厂的主要发电设备的同步发电机,发电机的极对数一般为 1,额定转速为 3 000 r/min,故额定频率为 50 Hz。同步发电机的角速度和频率的关系可表示为

$$\omega = 2\pi f \tag{6-45}$$

同步发电机的运动方程为

$$J\frac{d\omega}{dt} = T_m - T_e \tag{6-46}$$

式中，T_m 为发电机输入机械力矩；T_e 为发电机输出电磁力矩；J 为发电机组的转动惯量；$d\omega/dt$ 为发电机的角加速度。

根据功率和力矩的转换关系式（$P=\omega T$）可将式（6-46）变化为

$$J\frac{d\omega}{dt}=\frac{P_m}{\omega}-\frac{P_e}{\omega} \quad (6-47)$$

式中，P_m 为原动机输入功率；P_e 为发电机电磁功率。

当原动机输入功率和发电机的电磁功率不相等时，发电机的转速会根据式（6-47）作出相应的加速或减速的变化，发电机的转速发生变化，频率会随之发生改变，交流电网的频率发生变化。在发电厂中，原动机功率 P_m 控制起来相对容易，但发电机的电磁功率 P_e 主要与用户侧的用电负荷相关，而用户负荷的变化具有随机性和不可控性，故控制相对较难。原动机功率和发电机的电磁功率的不平衡是造成交流电网频率波动的根本原因。

6.3.1.3 交流电网的频率调节

当交流电网出现频率波动现象时，发电厂的火力发电机组开始发挥作用。火力发电机组由多台同步发电机并列运行构成，同步发电机转子产生的惯性功率有利于减缓频率的振荡，同时在扰动期间稳定交流电网的频率具有积极的作用。当交流电网中同步发电机组所具有的惯性较低时，交流电网的频率变化较快，交流电网的频率稳定性降低，甚至会造成电网崩溃和用户停电等现象。因此惯性在交流电网频率稳定性中具有重要的作用，惯性补偿和频率控制具有紧密的联系。本章所提及的惯性补偿是基于有功功率来进行实施的。

交流电网的频率变化是基于发电机发电量与负荷需求量的供需关系不平衡导致的。因交流电网的频率受到同步发电机的转速的影响，故频率的控制问题可转化为对同步发电机组转速的控制问题。通常情况下，发电单元会有一个调节装置，该装置通过跟踪发电机的转速，并根据该数值来调节输入值，进而改变输出的机械功率，来响应负载的变化，进而减小出现的频率偏差情况。同时，辅助控制调节装置会将频率进一步调整，使其恢复至标称频率 50 Hz。上述过程通过发电机转子的惯性功率的补偿响应、一次调节、二次调节、三次调节和紧急调节来共同控制交流电网的频率。根据频率偏差大小确定的交流电网的运行控制方如图 6-38 所示。图中 f_0 为标称频率，Δf_1、Δf_2、Δf_3、Δf_4 为交流电网实施不同动作时的频率的变化区域的边界范围。

交流电网在运行状态下，会受到不同程度的扰动。当频率处于区间 $(f_0-\Delta f_1/2, f_0+\Delta f_1/2)$ 时，交流电网处于正常运行状态，可通过同步发电机的调速器的控制和惯性补偿控制，改善频率的波动情况，称为交流电网的一次调节。当频率处于区间 $(f_0-\Delta f_2/2, f_0-\Delta f_1/2) \cup (f_0+\Delta f_1/2, f_0+\Delta f_2/2)$ 时，交流电网处于异常运行状态，交流电网的同步发电机通过调用备用功率，可以将交流电网的频率恢复至标称频率值，称为交流电网的二次调节。当频率处于区间 $(f_0-\Delta f_3/2, f_0-\Delta f_2/2) \cup (f_0+\Delta f_2/2, f_0+\Delta f_3/2)$ 时，交流电网出现了严重的扰动或故障，导致频率出现了快速的变化，二次调节不足以使得交流电网的频率恢复至标称频率，三次调节开始发挥作用。通过低频减载等操作来避免因频率过低而造成的交流电网出现的风险事件，称为交流电网的三次调节。当频率处于区间

$(f_0 - \Delta f_3/2, f_0 - \Delta f_2/2) \cup (f_0 + \Delta f_2/2, f_0 + \Delta f_3/2)$ 时,交流电网出现了非常严重的紧急事件,需要通过紧急控制来维持交流电网不发生大范围的停电事故,通常会采取甩负荷和发电机组跳闸等操作,称为交流电网的四次调节。基于传统的交流电网中同步发电机,上述调节过程的启动时间及作用时间如图6-39所示。

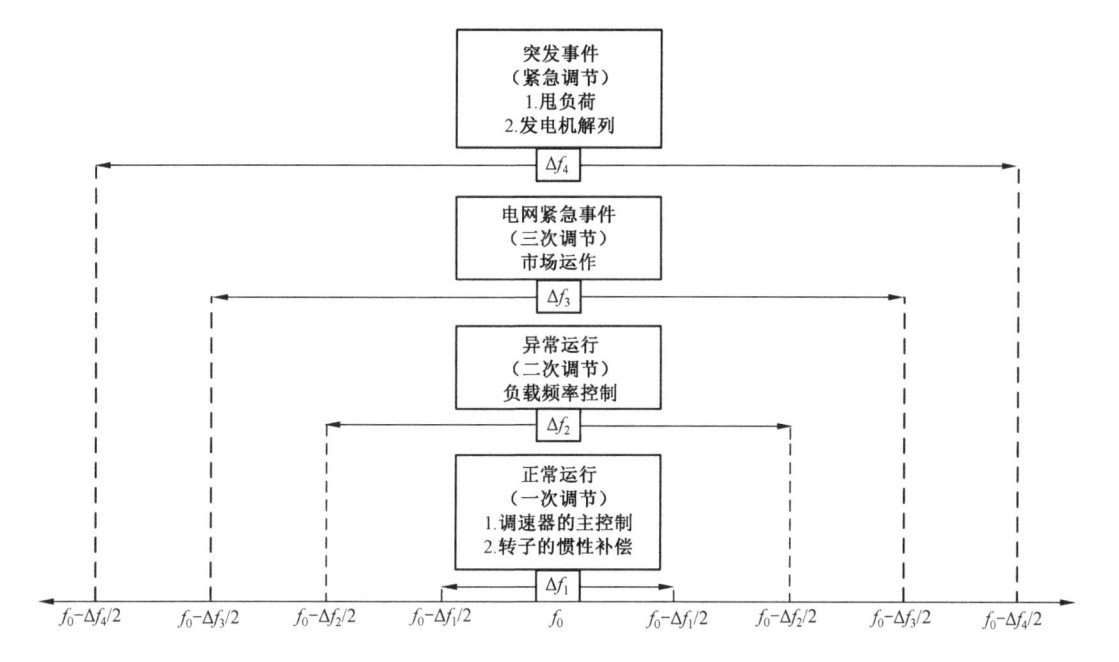

图6-38 不同频率偏差的运行控制方案

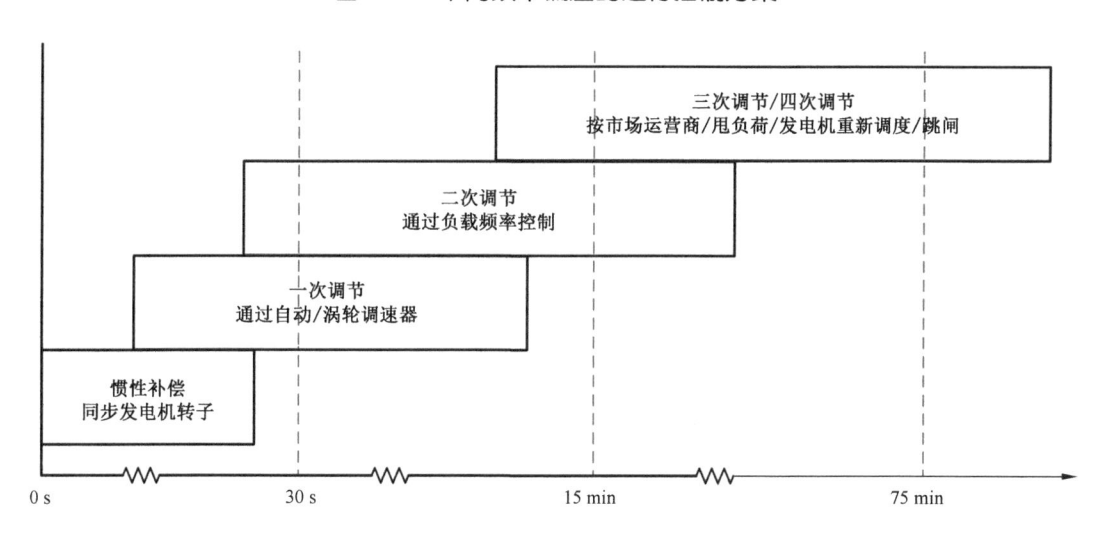

图6-39 交流电网频率动态控制时间尺度

当交流电网受到扰动时,同步发电机的转子通过加速或减速提供惯性功率,该状态在扰动发生的10 s内进行响应,来阻止频率的变化。同步发电机的调速器会在扰动发生后的3 s内启动,并在10 s内完全发挥作用。该过程会根据扰动的大小维持一段时间,交流电网通过一次调节可以使得频率恢复至一个固定值,但该固定值不等于标称频率,故一次调节为有差

105

调节。进一步，二次调节控制会在 30 min 内激活，通过有功功率的重新分配，并调用火力发电机组的备用功率来使得频率恢复至标称频率，理论上可以做到频率的无差调节。当交流电网受到紧急事件或扰动超过火力发电机组的正常调节范围时，如不采取紧急措施，交流电网会出现发电机跳闸、区域内停电等事故，此时三次调节和四次调节会发挥作用。在惯性补偿、一次调节、二次调节、三次调节和四次调节的共同作用下，交流电网的频率特性曲线如图 6-40 所示。

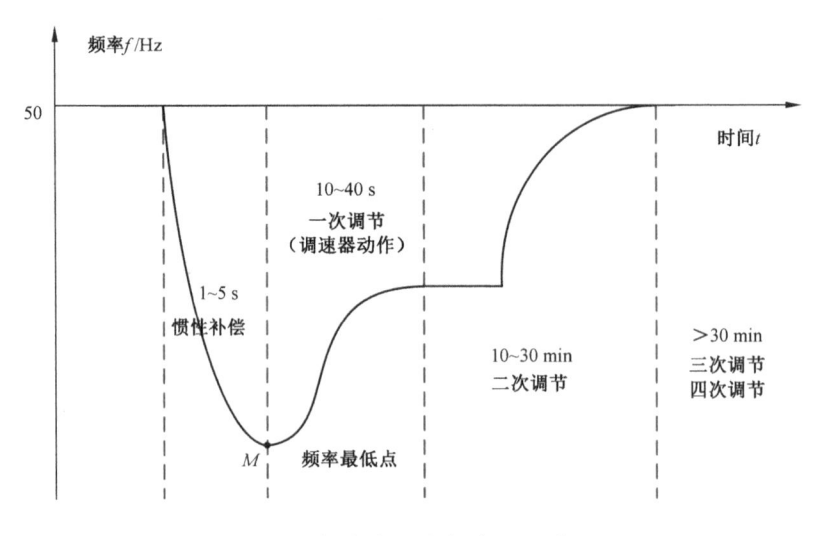

图 6-40　交流电网的频率特性曲线

6.3.2　虚拟同步发电机控制策略

6.3.2.1　虚拟同步发电机算法

随着新能源发电设备的高比例的接入，交流电网的惯性降低，当交流电网受到较大扰动时，自身的低惯性不能提供足够的惯性功率来抑制频率的进一步降低，交流电网频率处于不稳定状态，与标称频率相差较大。为此，国内外学者提出了虚拟同步发电机（Virtual Synchronous）技术，通过合理的控制策略，可使得 DC/AC 电压源换流器等效为同步发电机状态运行。在实际的应用过程中，将同步发电机的运动方程、有功频率特性、无功电压特性引入至 DC/AC 电压源换流器的控制策略中，使得该换流器在运行状态上和等效的外特性上都很好地模拟了传统的同步发电机。

本章所研究的光储直柔系统中，其中的功率源包括光伏发电单元和储能单元。当光储直柔系统的光伏单元和储能单元无法提供需要的惯性功率时，还可以考虑将改变光储直柔系统中部分负荷的消耗功率来尽可能地补充惯性功率的缺额。下面分析虚拟同步发电机的具体控制策略。

图 6-41 中，U_{dc} 为直流母线电压；$S_1 \sim S_6$ 为全控型开关器件；R_s 为滤波电阻；L_s 为滤波电感；C_s 为滤波电容；i_{abc} 为通过三相桥变换的三相电流；e_{abc} 为通过三相桥变换的三相电压；P_e、Q_e 为经过功率计算的有功功率和无功功率；P_{set}、Q_{set} 为有有功功率和无功功率的给定值；$e_{am}e_{bm}e_{cm}$ 为经过虚拟同步控制策略后得到的电压的参考值；$Q_1 \sim Q_6$ 为经过 PWM 调制器

的开关器件的控制信号。

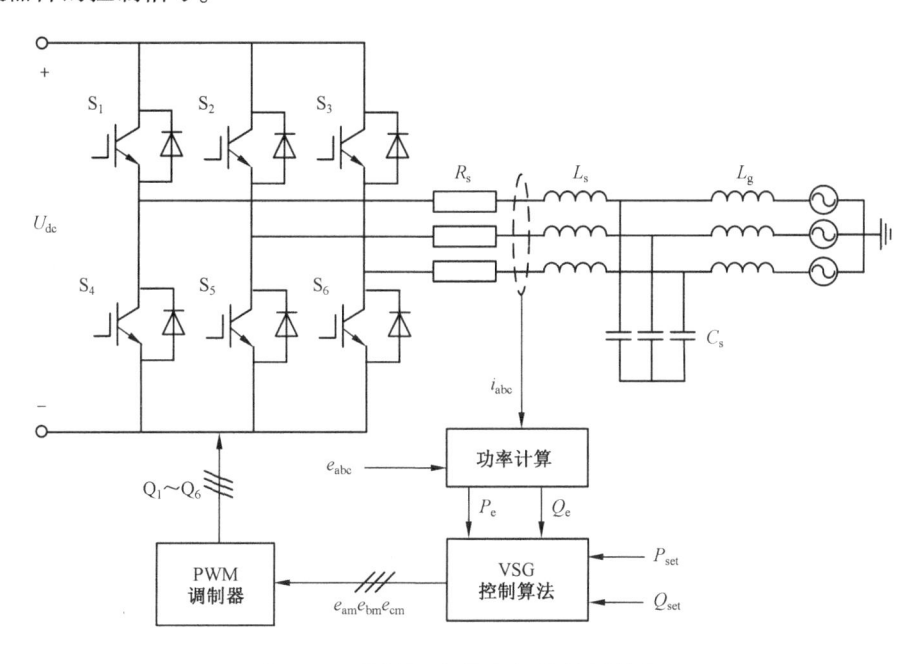

图 6-41 虚拟同步发电机拓扑结构图

虚拟同步机的控制算法如下：

$$\begin{cases} T_\mathrm{m} - T_\mathrm{e} - D\Delta\omega = \dfrac{P_\mathrm{m}}{\omega} - \dfrac{P_\mathrm{e}}{\omega} - D\Delta\omega = J\dfrac{\mathrm{d}\Delta\omega}{\mathrm{d}t} \\ \dfrac{\mathrm{d}\theta}{\mathrm{d}t} = \omega \end{cases} \quad (6\text{-}48)$$

式中，T_m 为发电机输入机械力矩；T_e 为发电机输出电磁力矩；P_m 为原动机输入功率；P_e 为发电机的电磁功率；J 为转动惯量；D 为阻尼系数；θ 为电角度；ω 为电角速度。

直流母线电压由光储直柔系统的直流母线提供，光储直柔系统中具有光伏单元、储能单元，可构成功率源，储能单元通过充电或放电改变输出功率的大小，光储直柔系统可通过 DC/AC 电压源换流器向交流电网提供可变的有功功率，当交流电网受到扰动时，同步发电机的转子所具有的惯性功率无法满足交流电网的功率缺额，此时光储直柔系统通过改变系统的输出功率，为交流电网提供功率支撑，光储直柔系统通过 G-VSC 换流器与交流电网建立联系，G-VSC 换流器采用 VSG 控制算法，对于交流电网而言，光储直柔系统等效为一台虚拟同步发电机，与交流电网的同步发电机组共同来对电网的频率进行支撑，稳定了交流电网的频率，对于发电侧和用户侧都具有重大的影响。光储直柔系统参与交流电网频率调节，根据经过三相桥变换得到的三相电压和电流经过功率计算得到电磁功率。交流电网内部出现扰动，交流电网的惯性功率无法保证频率不越限，故光储直柔系统参与交流电网的调频过程。交流电网的功率缺额即为 P_set，该数值上传至调度中心，调度中心下发该指令至光储直柔系统，光储直柔系统等效的虚拟同步发电机通过 VSG 算法输出功率为 P_set。无功功率不在本章的研究范围，故将无功功率的给定值设置为 0，即 $Q_\mathrm{set}=0$，仅用于计算参考电压。VSG

控制算法的控制框图如图 6-42 所示。

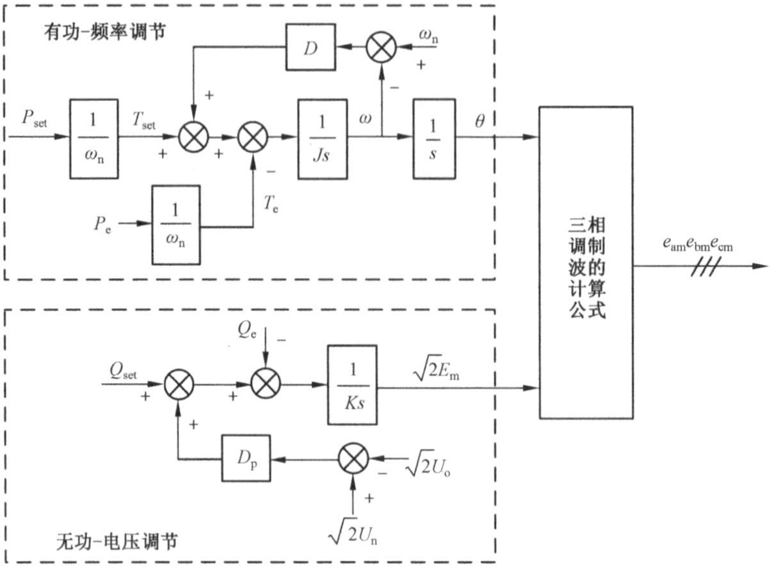

图 6-42　VSG 控制算法的控制框图

VSG 控制算法的有功-频率调节和无功-电压调节模拟了同步发电机的特性。VSG 控制算法的有功-频率调节输出作为逆变器调制信号的频率和相位,无功-电压调节输出作为逆变器调制波的幅值。

6.3.2.2　虚拟惯性功率的合理分配

一般情况下,光储直柔系统处于稳定运行状态下,光伏单元和储能单元作为系统内的功率源,为保证发电效率和经济性,光伏单元运行在最大功率跟踪(MPPT)状态下,其输出的有功功率一般保持在最大功率输出,故系统可向交流电网提供的功率主要是由储能单元提供。光储直柔系统中储能单元由储能电站构成,储能电站由多块蓄电池并联构成,通过蓄电池的充电或放电来改变储能单元的输出功率,光储直柔系统进而向交流电网提供虚拟惯性功率,改善交流电网的频率质量。每个蓄电池所具有的荷电状态(SOC)不相同,当光储直柔系统向交流电网提供虚拟惯性功率时,对每个蓄电池提供功率的合理分配具有重要的研究意义。

图 6-43 为不同荷电状态的蓄电池构成的蓄电池组,通过 DC/DC 换流器连接至直流母线拓扑图。图中阴影部分表示为蓄电池的剩余电量,不同蓄电池内所剩余的电量不尽相同,当光储直柔系统参与交流电网频率调节时,储能单元为系统提供虚拟惯性功率,在蓄电池剩余电量不同的情况下,储能单元对功率进行分配。

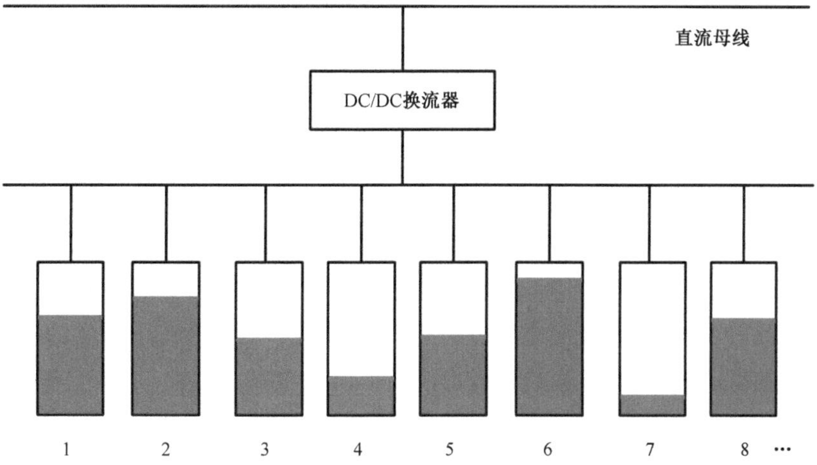

图 6-43 蓄电池组接入直流母线拓扑图

系统的储能单元由 i 个蓄电池构成,每个蓄电池的荷电状态为 SOC_i,剩余电量 Q_{ri},额定电量 Q_{ni},为保证蓄电池的安全稳定运行,蓄电池荷电状态的最大值 SOC_{maxi},蓄电池荷电状态的最小值 SOC_{mini}。当 $SOC_i < SOC_{mini}$,蓄电池无法继续进行放电,当 $SOC_i > SOC_{maxi}$,蓄电池无法继续充电。在某一时刻,储能单元具有的蓄电池个数为 n,系统通过 G-VSC 换流器向交流电网传输的功率为 P_{set}。

根据蓄电池的剩余电量对系统向交流电网传输的功率进行合理分配,建立分配因子 y_i,y_i 的表达式为

$$y_i = \frac{Q_{ri}}{\sum_{i=1}^{n} Q_{ri}} \tag{6-49}$$

每个蓄电池需要提供的功率 P_i 可表示为

$$P_i = y_i P_{set} \tag{6-50}$$

上述过程中,蓄电池处于放电状态,根据蓄电池当前剩余电量 Q_{ri} 进行功率的合理分配;当蓄电池处于充电状态,根据蓄电池的额定电量与当前剩余电量的差值,即 $Q_{ni} - Q_{ri}$ 进行功率的合理分配。建立分配因子 z_i,z_i 的表达式为

$$z_i = \frac{Q_{ni} - Q_{ri}}{\sum_{i=1}^{n} (Q_{ni} - Q_{ri})} \tag{6-51}$$

每个蓄电池需要吸收的功率 P_i 可表示为

$$P_i = z_i P_{ref} \tag{6-52}$$

为实现上述功率的合理分配,系统和交流电网应该将自身的运行数据通过通信网络汇聚到调控中心,调控中心根据各蓄电池当前剩余电量 Q_{ri},额定电量 Q_{ni},计算分配因子 y_i 和 z_i,将计算得到的分配因子反馈到系统和交流电网,当系统参与交流电网的频率调节时,可根据已经计算好的分配因子将功率分配给各蓄电池进行功率的响应。考虑到系统与交流电

网各自在运行中状态是变化的,因此上传到调控中心的数据应该动态刷新,考虑到通信线路的承载能力,动态刷新的时间设定为 1 min。

6.3.3 光储直柔系统辅助交流电网调频

光储直柔系统通过 DC/AC 电压源换流器接入交流电网,当交流电网出现扰动时,频率发生变化,为维持交流电网频率稳定性,交流电网内发电厂火力发电机组的同步发电机的转子储存的惯性功率释放出来平抑扰动造成的功率不平衡。根据交流电网受到扰动大小情况,可分为以下三种情况进行讨论:

(1) 在扰动较小情况下,交流电网完全可以依靠同步发电机转子提供的惯性功率维持交流电网频率的稳定,无须光储直柔系统提供虚拟惯性功率。

(2) 在扰动较大情况下,同步发电机转子提供的惯性功率无法完全平抑扰动,此时光储直柔系统通过 DC/AC 电压源换流器(G-VSC)向交流电网提供虚拟惯性功率,同步发电机转子提供的惯性功率和光储直柔系统提供的虚拟惯性功率共同作用,改善交流电网的功率不平衡现象,维持交流电网的稳定性。

(3) 在扰动大情况下,交流电网出现了大的功率不平衡,同步发电机提供的惯性功率达到上限,光储直柔系统通过 G-VSC 换流器提供的虚拟惯性功率已经达到输出功率的最大值,同步发电机转子提供的惯性功率和光储直柔系统提供的虚拟惯性功率仍无法满足扰动造成的交流电网功率不平衡,此时交流电网频率已经越限,故交流电网会采取一些紧急措施,如区域内断电、切机、甩负荷等,确保交流电网的安全稳定运行。

光储直柔系统可以根据不同扰动情况,选择性地参与交流电网调频过程,降低储能单元的充电或放电次数,蓄电池组构成的储能单元进行响应时具有成本,蓄电池的频繁充电或放电不利于蓄电池寿命,同时经济性较差。故研究光储直柔系统参与交流电网调频过程的判断依据具有重要意义。下文将建立频率特性曲线的数学模型来进行相关研究。

6.3.3.1 选择性参与交流电网调频

本章所研究的虚拟同步发电机控制策略所模拟的同步发电机具有二阶特性,通过分析同步发电机的二阶模型可知,无论扰动存在的情况如何,交流电网的频率特性都具有两个特征根。系统不参与交流电网频率调节时,交流电网的频率特性为

$$\Delta f_1 = A_1 (e^{-\alpha_1 t} - e^{-\alpha_2 t}) \tag{6-53}$$

式中,A_1 为交流电网频率特性系数;α_1、α_2 为交流电网频率特性的特征根。

光储直柔系统参与交流电网频率调节时,交流电网的频率特性为

$$\Delta f_2 = A_2 (e^{-\alpha_3 (t+\tau)} - e^{-\alpha_4 (t+\tau)}) \tag{6-54}$$

式中,A_2 为交流电网频率特性系数;α_3、α_4 为交流电网频率特性的特征根。

A_1、A_2、α_1、α_2、α_3、α_4 是根据交流电网扰动大小、同步发电机转子的惯性参数、负荷特性等确定的参数,在系统参与和不参与交流电网频率调节两种情况下,交流电网的频率特性曲线如图 6-44 所示。

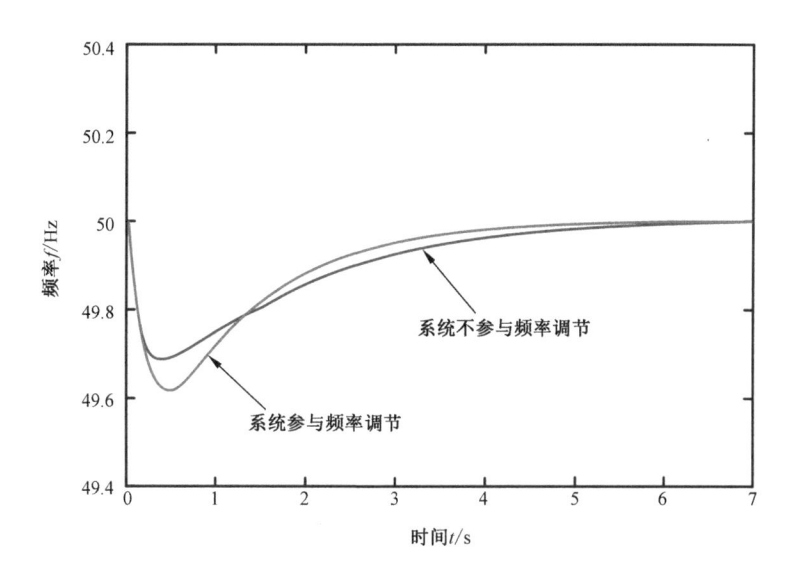

图 6-44　不同情况下交流电网的频率特性曲线

交流电网不同扰动大小所对应的频率特性曲线不尽相同,故通过研究频率特性曲线来确定光储直柔系统参与交流电网频率调节的时刻 t_0。在 t_0 时刻,光储直柔系统通过 DC/AC 电压源换流器接入交流电网,采用 VSG 控制算法的换流器可以使得光储直柔系统输出虚拟惯性功率,与交流电网的同步发电机的转子提供的惯性功率共同来补偿交流电网由于扰动造成的功率缺额,维持交流电网的频率稳定性。光储直柔系统参与交流电网频率调节时刻 t_0 的求解过程如下:

(1) 设交流电网频率特性曲线中,频率偏差最大点为点 M,该时刻 $t=t_m$。在该时刻,频率的变化率为 0,则有

$$\left.\frac{\mathrm{d}\Delta f}{\mathrm{d}t}\right|_{t=t_m} = 0 \tag{6-55}$$

(2) 在最大频率偏差发生时刻 $t=t_m$,对应的频率变化量为 Δf_{th},将该值设定为阈值,根据式(6-56)可得 Δf_{th} 的表达式为

$$\Delta f_{th} = A_2(\mathrm{e}^{-\alpha_3(t_m+\tau)} - \mathrm{e}^{-\alpha_4(t_m+\tau)}) \tag{6-56}$$

(3) 在光储直柔系统向交流电网提供虚拟惯性功率时刻 $t=t_0$,系统在参与和不参与交流电网频率调节的两种情况下的频率特性曲线相交,即 $\Delta f_1 = \Delta f_2$,根据式(6-53)与(6-54)可表示为

$$A_1(\mathrm{e}^{-\alpha_1 t_0} - \mathrm{e}^{-\alpha_2 t_0}) = A_2(\mathrm{e}^{-\alpha_3(t_0+\tau)} - \mathrm{e}^{-\alpha_4(t_0+\tau)}) \tag{6-57}$$

(4) 将式(6-55)、(6-56)、(6-57)三个公式联立求解,可得 τ、t_0、t_m 的数值,根据 t_0 的大小,可对应光储直柔系统选择性参与交流电网频率调节的三种情况,如图 6-45 所示。

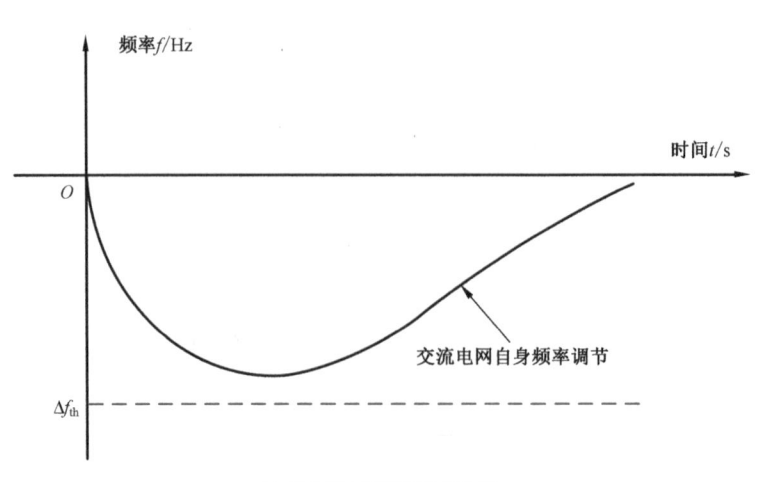

(a) 扰动较小时频率特性曲线

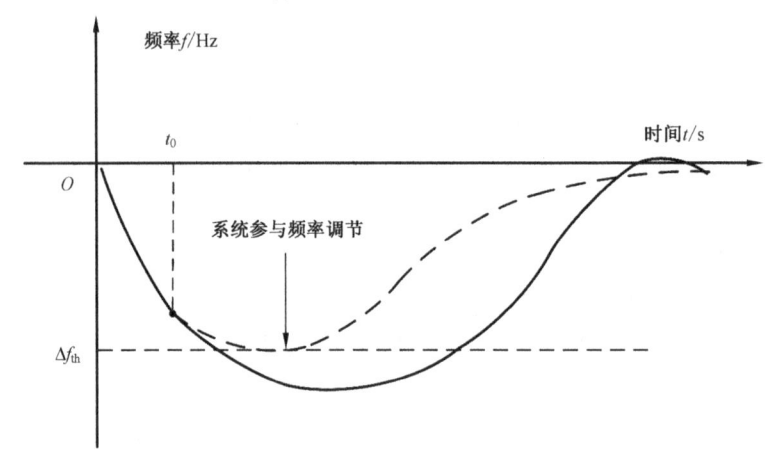

(b) 扰动较大时频率特性曲线

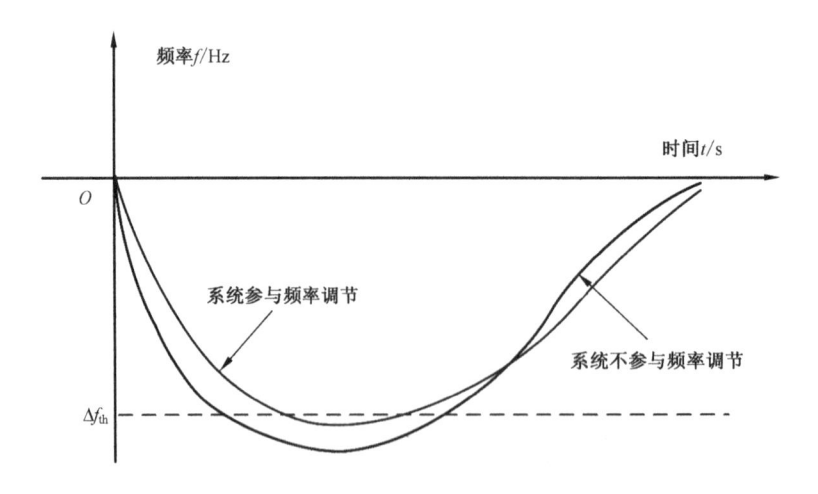

(c) 扰动大时频率特性曲线

图 6-45 不同扰动时频率特性曲线

情况Ⅰ:图 6-45(a)所示,经过联立求解,无法求得 t_0 的具体数值,则 t_0 无解。交流电网扰动较小时,交流电网依靠其内部的同步发电机转子提供的惯性功率即可使得频率的动态响应不超过阈值,此时无须系统参与交流电网调频过程。

情况Ⅱ:如图 6-45(b)所示,联立求解所得 $t_0>0$,交流电网扰动较大时,交流电网依靠其内部的同步发电转子提供的惯性功率仍无法将交流电网的频率不超过正常运行的上限或下限,此时 G-VSC 换流器采用 VSG 控制算法,系统通过 G-VSC 换流器为交流电网提供虚拟惯性功率。考虑到储能单元的频繁充电或放电会影响储能单元的使用寿命,系统在时刻 t_m 参与交流电网调频,满足最低限度的要求,即系统参与交流电网调频后,交流电网的频率正好处于上限或下限值。

情况Ⅲ:如图 6-45(c)所示,联立求解所得 $t_0<0$,交流电网扰动大时,交流电网同步发电机的转子提供的惯性功率和系统在扰动发生时刻即提供虚拟惯性功率参与交流电网频率调节仍无法使得交流电网的频率处于上限或下限范围内。此时交流电网应该采取紧急措施,使频率的变化量恢复至限值内。

交流电网频率波动大多数为负荷投切造成,在固定拓扑结构的交流电网中,将扰动等效为阶跃响应,根据不同阶跃响应的频率特性曲线,将其反代入式(6-53)和式(6-54)中,可确定参数 A_1、A_2、α_1、α_2、α_3、α_4,代入式(6-55)和式(6-56)可得不同扰动下的 t_0 值,t_0 值为光储直柔系统向交流电网提供虚拟惯性功率时刻,通过多次的阶跃响应分析,可得出系统部分参与交流电网频率调节的扰动的上限值和下限值。建立在不同扰动下交流电网频率变化量和系统参与交流电网频率调整的时刻 t_0 的关系表,所建立的关系表存储在调控中心,交流电网的频率变化量通过监测设备反馈到调控中心,调控中心根据已经建立的关系表将系统参与交流电网频率调节的时刻 t_0 反馈给光储直柔系统,系统根据 t_0 值进行响应。

6.3.3.2 选择性退出交流电网调频

由交流电网频率特性曲线图可知,在交流电网频率变化的初期,惯性补偿作为主要的调频的措施。当仅由交流电网自身完成频率调节时,依靠同步发电机转子提供的惯性功率来补偿扰动造成的功率缺额,稳定交流电网频率。当频率的变化达到极值点时,此时频率的变化率为0,交流电网的一次调节和二次调节逐渐作为主导的调节手段,此时频率处于恢复阶段。当光储直柔系统参加交流电网频率调节时,交流电网通过 DC/AC 电压源换流器为交流电网提供虚拟惯性功率,实则增强了交流电网的惯性,可以更好地抑制交流电网频率的变化,在频率变化的初期具有有益的效果。但当频率曲线到达极值点后,频率即将进入恢复阶段,光储直柔系统向交流电网提供的虚拟惯性功率使交流电网的惯性得到增强,惯性大不利于交流电网的频率恢复,故光储直柔系统应该在合理的时刻退出交流电网的频率调节过程。

在实际情况下,交流电网所受到的扰动复杂,并非由简单的阶跃响应构成,故通过阶跃响应建立的交流电网频率特性曲线具有一定的偏差,其理论值与实际值之间存在一定的误差。为更加准确地判断出光储直柔系统在何时退出交流电网的频率调节时刻,对交流电网的频率进行实时的监测,根据频率的变化率来选择退出时刻。当所选取时刻左侧的频率变化率为负值,右侧的频率变化率为正值,在该时刻光储直柔系统退出交流电网的调频过程效

果最好。光储直柔系统退出交流电网调频过程的控制策略的具体步骤为:

(1) 在系统参与交流电网频率调节过程中,设置一定的采样时间间隔,记录每个采样时刻的交流电网的频率值 f,计算交流电网频率的变化率 df/dt、计算交流电网频率变化量 Δf。

(2) 实时检测 df/dt 是否等于 0,若满足该条件,令该时刻即为 t_m,在 t_m 的邻域内取两个点,分别为 t_{m-1}、t_{m+1}。

(3) 根据 t_{m-1}、t_{m+1} 时刻的 df/dt、Δf 判断其是否满足:

$$\begin{cases} \dfrac{df}{dt}\bigg|_{t=t_{m-1}} < 0 \\ \dfrac{df}{dt}\bigg|_{t=t_{m+1}} > 0 \end{cases} \tag{6-58}$$

(4) 若满足式(6-58),光储直柔系统在 t_m 时刻退出交流电网的频率调节,若交流电网再次受到扰动,按照光储直柔系统选择性参与交流电网频率调节策略进行响应。

6.3.4 应用案例仿真分析

为验证所提策略的有效性,在 MATLAB/Simulink 中搭建了如图 6-1 所示的光储直柔系统和交流电网,二者通过 DC/AC 电压源换流器(G-VSC)连接,G-VSC 换流器采用 VSG 控制算法,频率曲线的参数如表 6-3 所示。

表 6-3 频率曲线参数

参数	数值	参数	数值
A_1	2.58	A_2	1.57
α_1	10.56	α_3	8.03
α_2	5.63	α_4	3.55

图 6-46 为不同扰动下光储直柔系统参与交流电网频率调节特性曲线,光储直柔系统参与交流电网频率调节仿真分析如下:

(1) 交流电网负荷突增 9 kW,频率特性如曲线 L_1 所示,此时角频率的偏差量 $\Delta f = 0.19$ Hz,频率的偏差量不超过其阈值 $\Delta f_{th} = 0.4$ Hz,光储直柔系统无须参与交流电网频率调节过程。

(2) 交流电网负荷突增 14 kW,频率特性如曲线 L_2 所示,频率的偏差量 $\Delta f = 0.35$ Hz,频率的偏差量已经超过阈值,系统部分参与交流电网的调频过程,即可满足交流电网频率刚好不超过阈值。通过式(6-53)和式(6-54)求解得 $t_0 = 3.2$ s,即在交流电网发生扰动后的 3.2 s,光储直柔系统在该时刻参与交流电网频率调节,通过 G-VSC 换流器向交流电网提供虚拟惯性功率,可使交流电网的频率变化量恰好不超过阈值 Δf_{th},频率特性曲线如曲线 L_3 所示。

(3) 交流电网负荷突增 22 kW,频率特性曲线如曲线 L_4 所示,角频率的偏差量 $\Delta f = 0.5$ Hz,已超过交流电网正常运行状态下的最大阈值 Δf_{th},交流电网处于紧急状态。通过式(6-53)和式(6-54)求解得 $t_0 = -s$,光储直柔系统在交流电网扰动刚发生时刻立刻参与交流电网的频率调节,交流电网的频率的变化量依旧会超过阈值,但已经得到很大的改善,交流电网自身需要进行紧急控制才可保证频率稳定在正常阈值下,频率特性如曲线 L_5 所示。

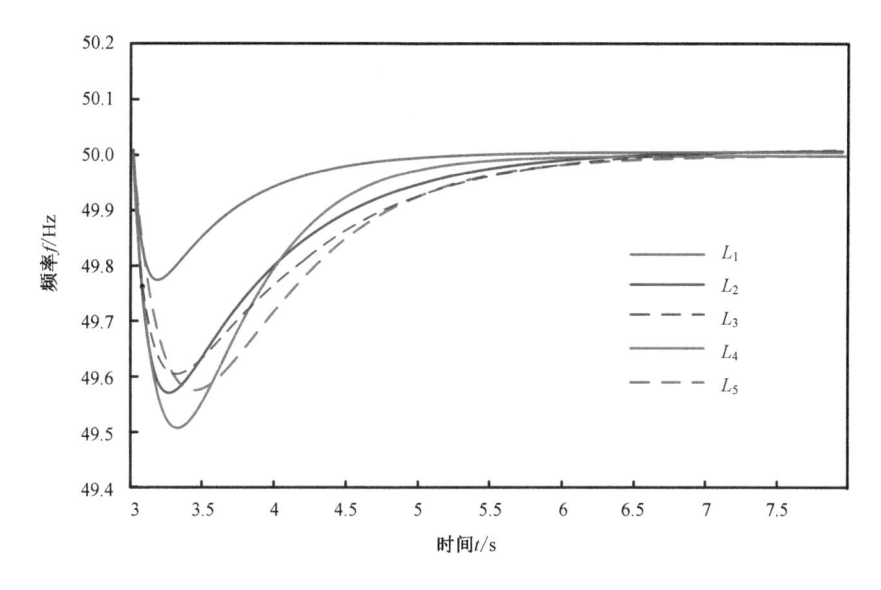

图 6-46　不同扰动情况下交流电网频率特性曲线

通过仿真实验可得：根据本章所提的光储直柔系统选择性参与交流电网频率调节，根据系统向交流电网提供功率的时刻确定参与程度，在交流电网扰动较小时，系统不参与交流电网频率调节；扰动较大时，系统选择性参与交流电网频率调节，选择某一时刻向交流电网提供虚拟惯性功率；扰动大时，系统在扰动发生时即为交流电网提供虚拟惯性功率。

图 6-47 为系统选择性退出频率曲线，系统选择性参与交流电网频率调节仿真分析如下。设置采样间隔时间为 0.01 s，交流电网频率特性中频率最低点对应的时刻 t_m 的邻域取值，左邻域 $t_m = t_m - 0.05$ s，右邻域 $t_m = t_m + 0.05$ s，在 $t_m = 3.5$ s 时，交流电网的频率变化量 $\Delta f = 0.27$ Hz 为频率偏差量的最大值。代入式(6-58)中满足退出判据，表明所提出的选择性退出策略的有效性。根据曲线 1 和曲线 2 到达稳定的时间，曲线 2 代表的退出策略频率可以更快地恢复至基准值。

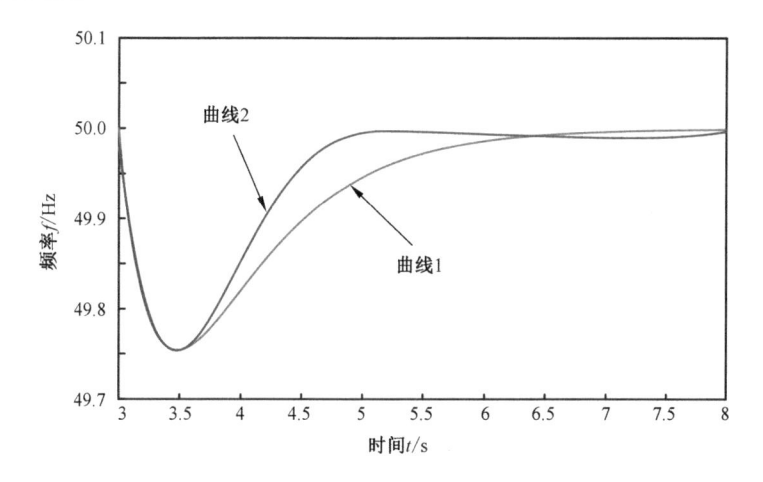

图 6-47　系统选择性退出频率曲线

根据建立的投入和退出策略,对扰动的大小和发生的频率进行分段。当交流电网的扰动小于 12 kW 时,光储直柔系统不参与交流电网的频率调节过程,当交流电网的扰动大于 20 kW 时,光储直柔系统全部参与交流电网的频率调节过程。设交流电网的负荷扰动在 12 kW 以内的占比为 60%,平均强度为 10 kW;负荷扰动在 12 kW 至 20 kW 之间的扰动占总扰动大小为 30%,平均强度为 16 kW;负荷扰动在 20 kW 以上的扰动占总扰动的大小为 10%,平均强度为 22 kW。

为验证本章中所提光储直柔系统选择性投入和退出控制策略的有效性,通过对储能单元的充电和放电的吞吐量进行监测,通过对比实验的情况来验证所提策略的可行性。通过对储能单元的吞吐电量的数据进行统计分析,可得到如表 6-4 的不同控制策略下吞吐电量的对比情况。

表 6-4　不同控制策略下储能单元吞吐电量的对比　　　　　　　　单位:kW·h

	较小扰动(60%)吞吐电量	较大扰动(30%)吞吐电量	大扰动(10%)吞吐电量	吞吐电量总计
投入策略	0	1.33	2.62	3.95
退出策略	0	0.99	1.48	2.47
无投入和退出策略	5.17	3.25	2.51	10.93
可变参数策略	5.36	3.63	2.74	11.73

由表 6-4 可知,当光储直柔系统应用选择性投入策略时,储能单元每天的吞吐电量为 3.95 kW·h,应用选择性退出策略时,储能单元每天的吞吐电量为 2.47 kW·h。当不采取选择性投入和退出策略时,储能单元每天的吞吐电量为 10.93 kW·h,采取可变参数控制策略时,储能单元每天的吞吐电量为 11.73 kW·h。将储能单元吞吐电量的一半作为储能单元等效的充电或放电量,根据表 6-4 中的数据可以计算得出,本章所提出的选择性投退策略可以使得储能单元的充电或放电量比不采投入退出时可降低储能单元的充电或放电量 41.3%,故采取本章所设计的投入和退出策略可降低光储直柔系统的储能单元的充电或放电次数,提高储能单元的寿命。

第7章 风光储资源参与调频的效用评估方法

7.1 风光资源参与调频的评价与适应性分析

风力发电和光伏发电容易受到各种自然因素的影响,如天气等,因此具有发电间歇性和波动性的特点,电量变化随机性大。风光储参与调频时会影响系统功率分布和系统特性,因此需要对这些技术方法在电网应用中的适应性进行分析。

7.1.1 风光资源参与电网一次调频的评价方法

要掌握电网运行情况,一个切实可行的方法是进行实际数据的分析。因为实时数据是当时情况的真实反映。但如果要反映长期的情况,就不能根据几个时间点或某段时间内的数据进行评价,此时就需要对某一个较长时间段内的数据进行统计分析,利用概率的理论来进行分析。北美电力可靠性委员会正是依据这种思想制定了 CPS 标准来评价区域控制性能。据实际情况来看,这种标准是比较有效的。

随着新能源一次调频功能的大量投入,为了保证和促进新能源一次调频工作的进一步开展,新能源一次调频的考核管理被提上了议事日程。很多控制区域都将新能源的一次调频性能纳入了考核范围,由于目前自动化技术对新能源一次调频性能还不能做到在线监测,一般都采用事后分析的方法。

与一次调频相关的机组固有特性包括调差率和调频死区,但目前的自动化技术还不能在线监测发电机组的调差率和调频死区,因此虽然各控制区域对发电机组的调差率和调频死区都有很明确的规定,但仍不能用这两个指标来评价发电机组的一次调频性能。

目前对区域控制性能的有效的评价标准是 CPS 指标,但此指标评价的是某控制区域内所有发电机组总的调频控制性能(包括一次调频和二次调频),不能单独评价发电机组的一次调频性能,因此还需要一种针对一次调频长期性能的评价指标。

因为发电机组的一次调频的主要作用是减少频率偏差,使系统在遭遇负荷突变时频率能得到一定恢复,所以要对单台机组的一次调频性能进行评价,所使用的指标理所当然能表现其与频率变化的相关性。当区域频率变化时,各发电新能源的一次调频功能都必须投入,以减少频率的偏差,此时发电机组的调节功率反映了其对频率偏差的恢复所做的贡献大小。为了表现调节效果,可以用调节功率与频率偏差的乘积来表现。当乘积为负值时,假设频率偏差为负值,则此时调节功率应该是正值,即当系统中负荷增多或机组跳闸等原因引起系统频率降低时,发电机组的一次调频起作用,增发功率,使系统频率偏差减少,显然,此时一次调频有利于频率偏差的减小,有利于电网的稳定;反之,当乘积为正时,则表明一次调频对频率偏差起反向调频作用,使频率偏差进一步变大,不利于电网稳定。

在评价发电机组的一次调频时,在相同的频率偏差下,并不是调节功率越大该机组的一次调频性能就好,因为各台机组的调节能力和调节容量都不一样。还要考虑新能源的调节能力,能表征各机组一次调频能力的是单位调节功率,一次调频能力强的机组对系统频率恢复做的贡献应该要多一些。因此考虑用调节效果和机组的单位调节功率综合来构造一个适合评价机组一次调频性能的指标。这样就能公平评价不同调节能力的机组对电网频率稳定所做的贡献大小。表征新能源一次调频能力的单位调节功率要根据试验来确定。

如果在评价发电机组的一次调频性能时只是选择一些特殊的时段(例如,当频率偏差超过一定值后的某段时间),则有可能对机组的评价不公平,因为这些特殊的时段在发电机组运行的总时间中所占比例不大,这就使得发电机组在其他时段的调节被忽略,并给发电机组进行投机提供了条件。为了防止发电机组的投机行为,并准确评价发电机组的一次调频性能,所构造的指标应该是基于概率对发电机组长期一次调频性能进行评价。

基于以上分析,构造了如下一次调频性能评价指标:Primary Frequency Regulation Criterion($PFRC$)

$$PFRC_1 = \frac{\overline{\Delta P_1} \times \overline{\Delta F_1}}{K_G} \tag{7-1}$$

式中,$PFRC_1$ 为一次调频性能评价指标的一分钟平均值;$\overline{\Delta P_1}$ 为发电机组一次调频功率一分钟平均值;$\overline{\Delta F_1}$ 为频率偏差一分钟平均值;K_G 为发电机组单位调节功率。则 $PFRC = AVG_T(PFRC_1)$,$AVG_T(PFRC_1)$ 为 $PFRC_1$ 在时段 T 内的平均值,T 可取小时、天、月和年。

一次调频性能评价指标在计算时有三个量需要统计:发电机组的一次调频功率、频率偏差和发电机组单位调节功率。下面我们分别给出这三个量的计算过程。

从功率守恒的角度来看:

发电机组总的调节功率 = 发电机组实际出力 - 发电机组计划出力 - 经济调度计划

对 AGC 机组又有:

发电机组一次调频功率 = 发电机组总的调节功率 - 发电机组二次调节功率

对于没有 AGC 功能的机组来说,发电机组总的调节功率就是发电机组一次调频功率。发电机组实际出力、计划出力和经济调度计划都可以从 EMS 系统中取得数据,因此很容易得出发电机组总的调节功率。无 AGC 功能的机组总的调节功率就是一次调频功率,不需再做另外的计算,但 AGC 机组现在主要的工作是将一次调频功率从总的调节功率中分离出来。由于一次调频和二次调频是交织在一起的,很难将它们准确地分开。但一次调频成本比二次调频成本要高,在计算时假设二次调频是按要求进行的,总功率减掉二次调频要求功率就是一次调频功率。

频率偏差在 EMS 系统中很容易得到,取得相关时段的数据进行统计分析即可。

发电机组的单位调节功率根据机组类型的不同有不同的设置范围,需要根据实际情况来确定。

对取得的数据进行一分钟平均值的计算,就可以按上面给出的公式求出 $PFRC_1$ 指标值,进而根据需要求出 $PFRC$ 指标值。

7.1.2 风光资源参与调频的适应性评价指标

适应性评价指标涉及各电压等级适应性评价和整体电网适应性评价2个层级,具体从可靠性、负载率、短路水平、电能质量等方面构建评价指标、评分公式及指标权重,完成评价工作,具体参见表 7-1。

表 7-1 电网适应性评价指标

一级指标	二级指标	一级指标权重	二级指标权重	评分公式
电能质量		0.2		$y=-101x$
	频率偏差超标率		0.04	$y=-102x$
	电压偏差超标率		0.04	$y=-103x$
	谐波畸变超标率		0.04	$y=-104x$
	电压波动超标率		0.04	$y=-105x$
	电压不平衡度超标率		0.04	$y=-106x$
电压质量		0.2		$y=-100x$
	电压不平衡度		0.05	$y=-100x$
	电压偏差		0.05	$y=-100x$
	电压波动		0.05	$y=-100x$
	电压闪变		0.05	$y=-100x$
负载率		0.2		$y=-100x$
	线路负载率		0.1	$y=-100x$
	变电负载率		0.1	$y=-100x$
短路电流		0.1		$y=-100x$
线损率		0.1		$y=-100x$
可靠性		0.2		$y=-100x$
	变压器可靠性		0.1	$y=-100x$
	线路可靠性		0.1	$y=-100x$

表 7-1 中,一级指标主要有电能质量、电压质量、负载率、短路电流、线损率、可靠性等 6个,其中,电能质量对应的二级指标为频率偏差超标率、电压偏差超标率、谐波畸变超标率、电压波动超标率、电压不平衡度超标率 5个,电压质量对应的二级指标为电压不平衡度、电压偏差、电压波动、电压闪变 4个,负载率对应的二级指标为线路负载率、变电负载率 2个,可靠性对应的二级指标为变压器可靠性、线路可靠性 2个。二级指标的权重相加即为对应一级指标的权重。各指标的含义如下:

1. 电能质量

频率偏差超标率：新能源及分布式电源接入电网后，频率偏差超标节点的增加比例。

电压偏差超标率：新能源及分布式电源接入电网后，电压偏差超标节点的增加比例。

谐波畸变超标率：新能源及分布式电源接入电网后，电压总谐波畸变率超标节点的增加比例。

电压波动超标率：新能源及分布式电源接入电网后，电压波动超标节点的增加比例。

电压不平衡度超标率：新能源及分布式电源接入电网后，负序电压不平衡度超标节点的增加比例。

2. 电压质量

电压不平衡度：新能源及分布式电源接入电网后，公共连接点的负序电压不平衡度。

电压偏差：新能源及分布式电源接入电网后，公共连接点电压偏差是否满足 GB/T 12325 要求。

电压波动：新能源及分布式电源接入电网后，电压波动是否符合 GB/T 12326 要求。

电压闪变：新能源及分布式电源接入电网后，电压闪变是否满足 GB/T 12326 要求。

3. 可靠性

变压器可靠性：分布式电源接入电网后，不满足 N-1 的变压器的增加比例。

线路可靠性：分布式电源接入电网后，不满足 N-1 的线路的增加比例。

4. 负载率

变压器满（过）载率：分布式电源接入电网后，变压器满载和过载数目的增加比例。

线路满（过）载率：分布式电源接入电网后，线路满载和过载数目的增加比例。

5. 短路电流

该指标是指分布式电源接入电网后，短路电流超标节点的增加比例。

6. 线损率

该指标是指电力网络中损耗的电能（线路损失负荷）占向电力网络供应电能（供电负荷）的百分比；线损率用来考核电力系统运行的经济性。

适应性评价流程如图 7-1 所示。

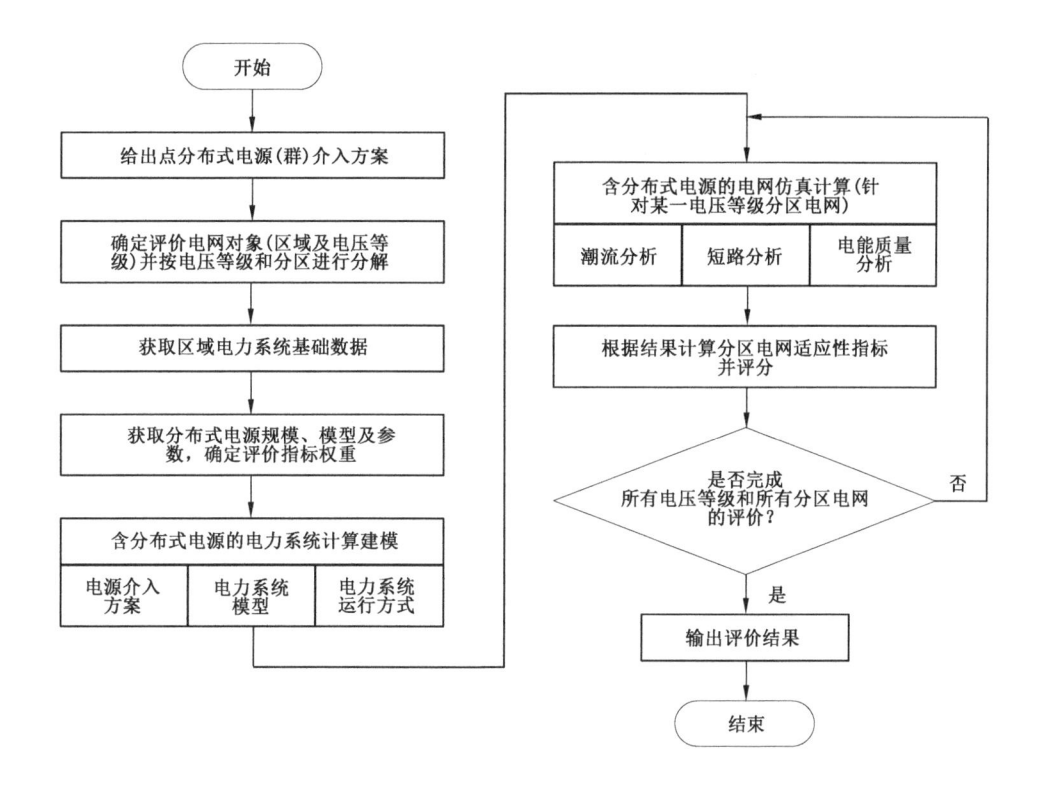

第7章 风光储资源参与调频的效用评估方法

图 7-1 电网适应性评价流程

其中重要评价指标的计算：

（1）可靠性

分布式电源接入后不满足 N-1 准则的变压器增加比例计算公式为

$$K_{N-1}^{T} = \frac{\sum\limits_{i=1}^{n_T} n_{T,i}}{n_T} \tag{7-2}$$

式中，K_{N-1}^{T} 表示新能源及分布式电源接入后不满足 N-1 的变压器的增加比例，单位为%；n_T 表示区域某一电压等级电网公用变压器台数，单位为台；$n_{T,i}$ 表示分布式电源接入后第 i 台变压器 N-1 安全性的变化情况。

分布式电源接入后不满足 N-1 的线路的增加比例的计算公式为

$$K_{N-1}^{L} = \frac{\sum\limits_{i=1}^{m_L} m_{L,i}}{m_L} \tag{7-3}$$

式中，K_{N-1}^{L} 表示新能源及分布式电源接入后不满足 N-1 的线路的增加比例，单位为%；m_L 表示区域某一电压等级电网公用线路条数，单位为条；$m_{L,i}$ 表示分布式电源接入后第 i 条线路 N-1 安全性的变化情况。

(2) 负载率

变压器负载率,新能源及分布式电源接入后满载和过载的变压器增加比例的计算公式为

$$K_{\mathrm{OL}}^{\mathrm{S}} = \frac{\sum_{i=1}^{n_{\mathrm{TS}}} n_{\mathrm{TSDG},i}}{n_{\mathrm{TS}}} \tag{7-4}$$

式中,$K_{\mathrm{OL}}^{\mathrm{S}}$ 表示新能源及分布式电源接入后不满足 N-1 的线路的增加比例,单位为%;n_{TS} 表示区域某一电压等级电网变压器台数,单位为台;$n_{\mathrm{TSDG},i}$ 表示分布式电源接入后第 i 台变压器满载的变化系数,其中满载或过载为 1,其他为 0。

线路负载率,新能源及分布式电源接入后满载和过载线路的增加比例的计算公式为

$$K_{\mathrm{OL}}^{\mathrm{L}} = \frac{\sum_{i=1}^{m_{\mathrm{L}}} m_{\mathrm{LDG},i}}{m_{\mathrm{L}}} \tag{7-5}$$

式中,$K_{\mathrm{OL}}^{\mathrm{L}}$ 表示新能源及分布式电源接入满载和过载线路的增加比例,单位为%;m_{L} 表示域某一电压等级电网线路条数,单位为条;$m_{\mathrm{LDG},i}$ 表示分布式电源接入后第 i 条线路满载或过载的变化系数,其中满载或过载为 1,其他为 0。

7.2 风光不确定性调频贡献潜力的置信水平评估方法

根据式(7-5),本项目从发电侧出发,在维持新能源并网前后发电系统可靠性水平不变的前提下,采用 ECGC 指标计算新能源并网对常规煤电机组的容量替代效益。考虑到可信容量评估是一个不断迭代计算可靠性的过程,本项目采用弦截法计算新能源并网的可信容量。

$$f(C_{\mathrm{W}} + C_{\mathrm{V}} + C_{\mathrm{G}} - \Delta C_{\mathrm{G}}, L) = f(C_{\mathrm{G}}, L) \tag{7-6}$$

式中,f 为可靠性测度函数;C_{G} 为系统的初始发电容量;L 为负荷水平;C_{W}、C_{V} 分别为新建的风电装机容量和光伏装机容量;ΔC_{G} 为新能源的可信容量。

对于一个确定的新能源装机方案,其可信容量计算方法如图 7-2 所示。

为深入分析风、光之间的协调运行关系对新能源可信容量的影响,研究不同新能源渗透率,不同风光装机配比,不同火电强迫停运率下的可信容量差异,提出如下新能源并网可信容量评估步骤:

(1) 计算新能源未并网前原始电力系统的可靠性指标 R_0,该指标将作为后续新能源可信容量评估的可靠性基准。

(2) 将原始电力系统中的全部水电机组替换为火电机组,调整该部分火电的装机容量,使得纯火电系统的可靠性指标也为 R_0,其中,火电机组的参数同原始系统中的火电机组参数相同。该步骤的主要目的是对比在纯火电系统和含水电系统中,新能源可信容量的差异,研究风光之间的协调运行对新能源可信容量的影响。

(3) 分别在原始电力系统和纯火电系统中接入等容量的风电,计算其可靠性指标,采用弦截法计算该风电装机容量下,原始系统和纯火电系统中风电的可信容量。然后按照一定

的步长,不断改变风电装机容量,获得风电可信容量同风电渗透率之间的变化关系。

(4) 分别在原始电力系统和纯火电系统中接入等容量的光伏发电,采用弦截法计算该光伏装机容量下,原始系统和纯火电系统中光伏发电的可信容量。然后按照一定的步长,不断改变光伏装机容量,获得光伏发电的可信容量同光伏渗透率之间的变化关系。

(5) 分别在原始电力系统和纯火电系统中接入等容量的风光混合装机,采用弦截法计算该装机方案下,原始系统和纯火电系统中风光联合发电的可信容量。然后按照一定的步长,不断改变风光装机容量,获得风光联合发电可信容量同渗透率之间的变化关系。

(6) 改变风光装机配比,在原始系统中接入一定容量的风光混合装机,评估风光装机配比对新能源并网可信容量的影响。

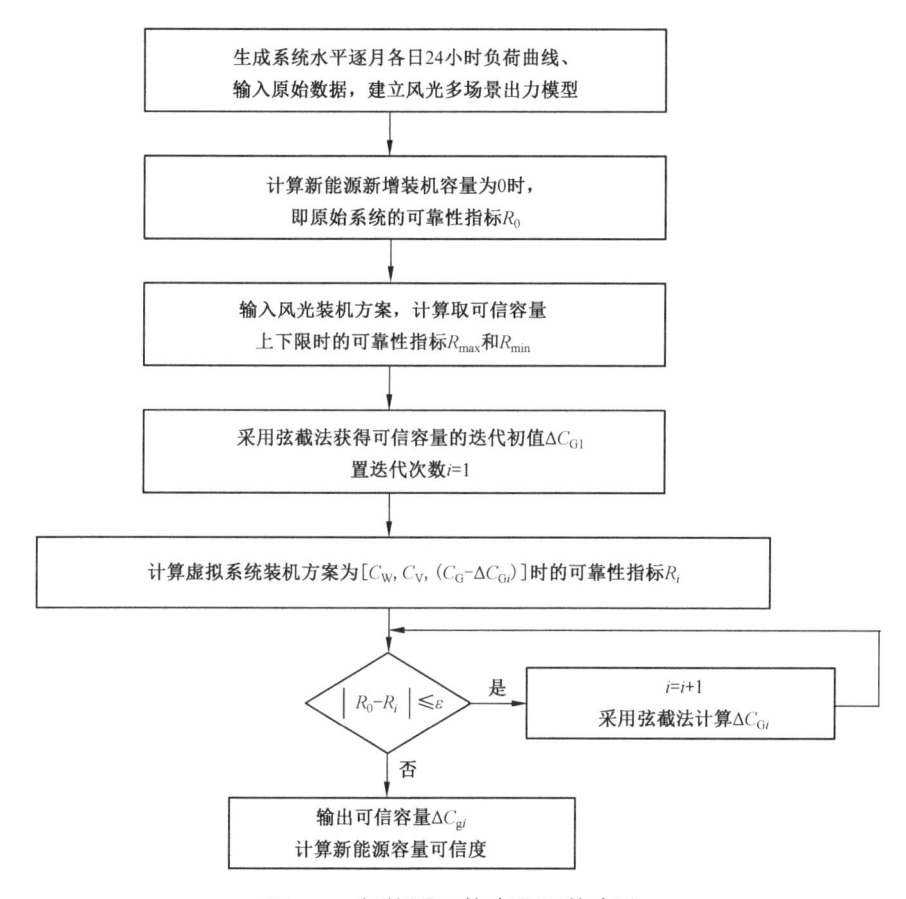

图 7-2 新能源可信容量置信方法

7.3 风光参与调频成效性评价

7.3.1 成效性评价指标体系

成效性分析的评价指标主要考虑 4 个方面,即安全评估、可靠性、稳定性和经济性。在每个指标下建立二级指标,如安全评估指标中,$N-1$ 通过率是最权威的静态安全分析指标,对电网的要求是达到 $100\% N-1$ 通过率;以设备负荷率去评价电网的安全性指标。可靠性指标中,从用户平均停电次数和平均停电时间两个指标对电网的可靠性进行全面的评价。稳定性评价指标中,采用静态功率角稳定裕度和静态电压稳定裕度作为评价指标,测量小扰动下电网的稳定裕度,衡量电网的静态稳定水平;利用暂态稳定下的暂态功角稳定指标,对电力系统在短路和短路条件下的稳定性进行评价;利用暂态电压稳定判据对电力系统在短路和短路条件下的稳定性进行评价。具体的指标框架如图 7-3 所示。

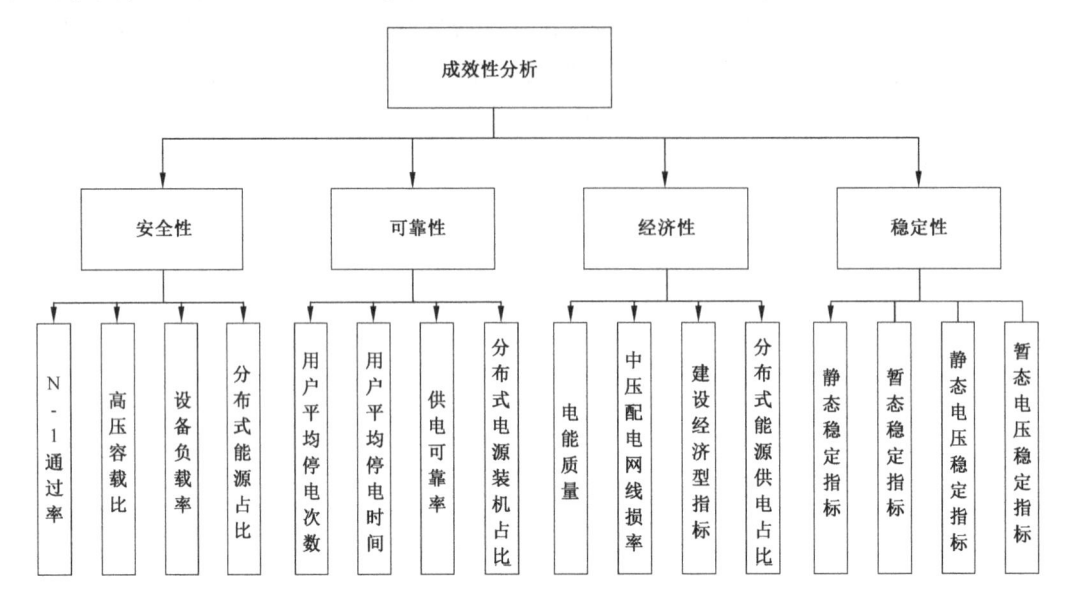

图 7-3 电网评价指标体系

7.3.2 风光参与调频的可用容量、支撑功率及动态行为分析方法

1. 含分布式电源的安全性指标

线路上的负荷因分布式电源的加入而减小,即增加了变电线路上部分"负的负荷"。

（1）含分布式电源的电网容载比 S_{HD}

$$S_{HD} = \frac{\sum_{i=1}^{n} S_{HDT,i}}{P_{max}} \tag{7-7}$$

式中,$S_{HDT,i}$ 为电网第 i 台主变压器的容量;P_{max} 为电网全网的最大等效负荷;n 为电网中主变总数。

（2）可控分布式电源容量占比 S_i

可控分布式电源可以供电网调节,在电网运行的情况下可以起到控制的作用。可以用可控分布式电源的总容量占所有分布式电源总容量的比值来表示可控分布式电源容量占比。

$$S_i = \frac{\sum_{i=1}^{b_n} \mu_i S_{e,i}}{\sum_{i=1}^{b_n} S_{e,i}} \times 100\% \tag{7-8}$$

式中，μ_i 表示第 i 个分布式电源可控系数，其中可控为 1，不可控为 0；b_n 为分布式电源总数量；$S_{e,i}$ 为第 i 个分布式电源容量。

2. 含分布式电源的可靠性指标

由于分布式电源接入电网中，会对电网的可靠性带来一些影响。考虑到这种影响，采用分布式电源装机占比来评估含分布式电源的电网可靠性指标，其具体的计算公式为

$$R_d = \frac{\sum_{i=1}^{n} f_i}{n} \times 100\% \tag{7-9}$$

式中，R_d 为分布式电源满发率；若第 i 个分布式电源装置处于 80% 装机容量以上和设备运行状态的时间大于 4 000 h 时，$f_i = 1$，否则 $f_i = 0$；n 为电网内接入的分布式电源总数。

3. 含分布式电源的稳定性指标

分布式电源接入电网后最突出的影响是让电网的电压产生波动性，进而使得整个电网产生运行的风险。因此，增加静态电压稳定性指标和暂态电压稳定性指标。

（1）静态电压稳定指标

计算静态电压稳定指标时可以通过层层递进负荷的方式找出电压失稳的临界值，由此可以估计出当前电网运行点的电压稳定裕度。衡量电网的运行状态的静态稳定水平可以用静态电压稳定储备系数来表示，静态电压稳定储备系数的定义为

$$IVS = (U_i - U_j)/U_i \times 100\% \tag{7-10}$$

式中，U_j 是电网母线的临界电压；U_i 是电网母线的正常电压。

（2）暂态电压稳定指标

通过电压中枢点电压下降幅度与持续时间的长短来进行电压稳定性的分析来确定暂态电压稳定计算。也可以根据这个去计算电网暂态功角的稳定程度，若暂态过程当中电网电压中枢点的电压持续小于最小值的时间不超规定的时间，那么就认为电网或负荷的电压是稳定的，反之就不稳定。于是用电网电压中枢点的电压持续小于最小值的时间去衡量暂态电压稳定程度。用公式表示为

$$IVT = T_L \tag{7-11}$$

式中，IVT 为电网暂态电压稳定水平；T_L 为中枢点母线电压持续低于限定值的时间。

4. 含分布式电源的经济性指标

分布式电源接入电网后给其带来了许多的经济影响。由于分布式电源具有清洁性和经济性的优点，相比于传统的发电单元，可以降低电网成本的开支，因此，可以使用分布式电源的供电占比来衡量电网的经济性。

$$E_d = \frac{\sum_{i=1}^{m} w_i}{8\,760 \sum_{i=1}^{m} S_i} \times 100\% \tag{7-12}$$

式中，E_d 为分布式电源供电占比；w_i 为第 i 个分布式电源的实际发电量；S_i 为第 i 个分

布式电源的额定容量;m 为电网中分布式电源的数量。

7.3.3 风光参与调频成效性评价方法

1. 指标评分方案

指标评分标准设定的主要思路是:首先确定指标关键评分点的评分值,以此计算出评分函数,之后再确定具体的评分。

(1) 关键评分点的确定:关键得分包括 0 分、60 分和 100 分。由于高分区是目标得分的理想区间,所以在 60 分到 100 分中选取 75 分和 90 分作为另外两个关键得分点。因此样本值中有 5 个关键评分点(0、60、75、90、100)用来表示电网是否满足相关方面的要求。专家评分范围的基本原则为

① 0 分~60 分:电网不符合有关方面的要求;

② 60 分~75 分:电网基本符合有关方面的要求;

③ 75 分~90 分:电网符合有关方面的要求,但在某些方面仍有提高其满意度的要求;

④ 90 分~100 分:电网完美地符合了各个方面的要求。

(2) 关键评分点对应评分值的确定:采用概率统计和德尔菲法确定关键评分点对应的评分值。对于能够获得大数据样本的评价指标,可采用概率统计法或概率统计法与德尔菲法相配合的方法。对于其他指标,可采用德尔菲法通过专家经验确定关键评分点的评分值。

(3) 评分曲线的绘制:根据步骤(1)、(2),确定平面直角坐标系中关键评分点的坐标值,绘制指标的评分曲线。

(4) 评分函数的确定:根据评分点的坐标,采用分段线性插值法得到相邻两个评分点之间的分段函数。

2. 权重设置方案

各指标在评价中的作用和重要性并不完全一致,因此有必要确定评价中各指标的权重。主要采用层次分析法来确定指标的权重值,形成判断矩阵的过程中结合德尔菲法,综合众多专家的宝贵经验,可以消除层次分析过程中的模糊性。

(1) 指标判断矩阵的形成(表 7-2)

表 7-2 指标判断矩阵

评估指标	安全性	可靠性	稳定性	经济性
安全性	1	2	1	3
可靠性	1/2	1	1/2	2
稳定性	1	2	1	3
经济性	1/3	1/2	1/3	1

(2) 求解最大特征根及其对应的特征向量

对表 7-2 中判断矩阵求解特征根,得到最大特征根为 $\xi_{max} = 4.0104$,根据最大特征值可以计算出对应的特征向量,求得的结果为

$$W = \begin{pmatrix} 0.6473 \\ 0.3487 \\ 0.6473 \\ 0.2013 \end{pmatrix} \quad (7\text{-}13)$$

(3) 权重计算

将最大特征值对应的特征向量转化为单位向量得到权重向量

$$W' = \begin{pmatrix} 0.3509 \\ 0.1890 \\ 0.3509 \\ 0.1092 \end{pmatrix} \quad (7\text{-}14)$$

(4) 一致性检验

$$CI = \frac{\lambda_{\max} - n}{n - 1} = \frac{4.0104 - 4}{4 - 1} = 0.0033 \quad (7\text{-}15)$$

$$RI = 1.12 \quad (7\text{-}16)$$

$$CR = \frac{CI}{RI} = 0.003 \quad (7\text{-}17)$$

7.4 风光参与大电网调频成效性评价案例分析

以邢台 220 kV 主电网为例，根据各个指标的历史统计数据为样本，应用评价指标模型进行调频成效性评估。

1. 供电可靠率评分函数

(1) 对获取到的数据通过上文的计算公式进行量化，获取到的数据分布结果如图 7-4 所示，对得到的概率密度函数图进行进一步的分析计算，将数据重新整合，得到量化指标的概率分布曲线，如图 7-5 所示。

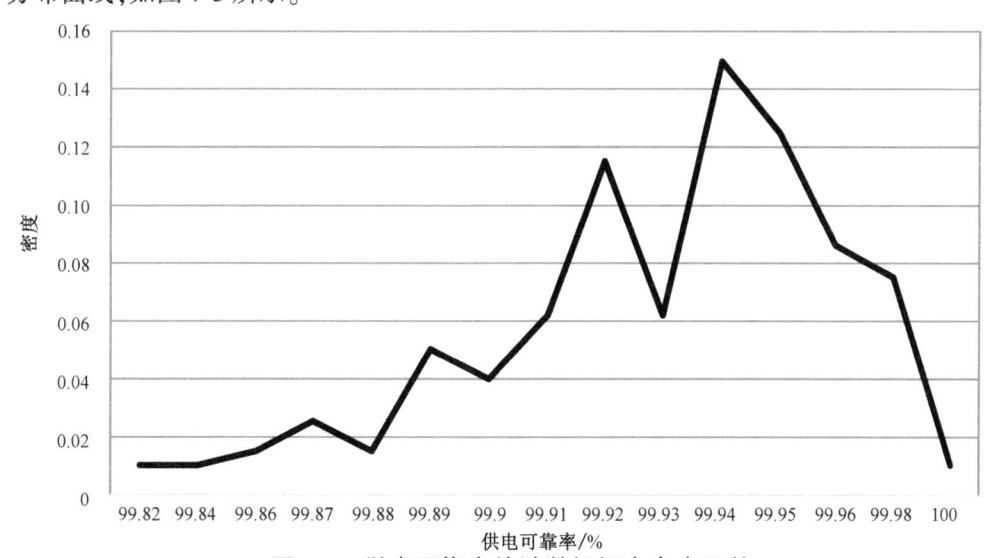

图 7-4 供电可靠率统计数据概率密度函数

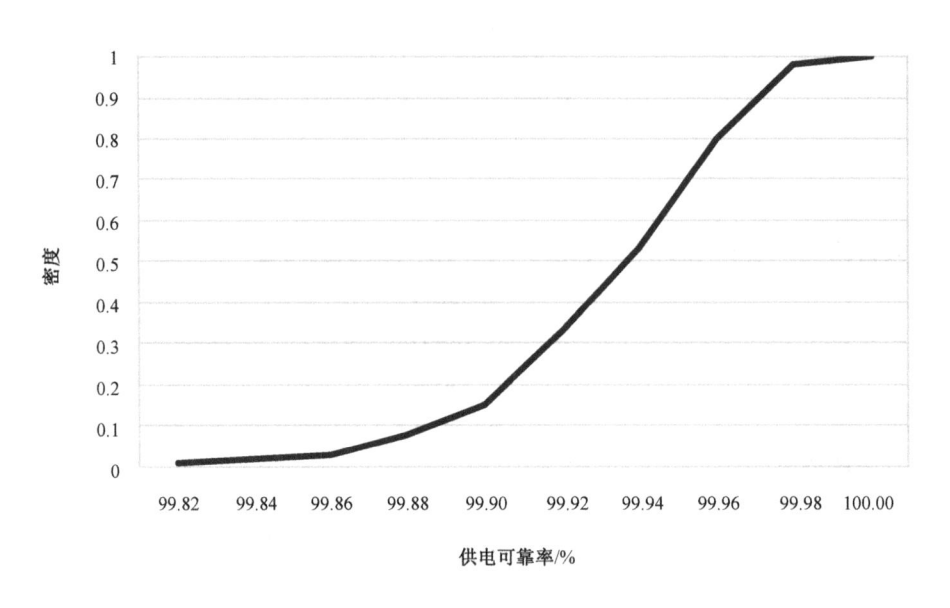

图 7-5 供电可靠率统计数据概率分布函数

(2) 根据图 7-5 的概率分布函数可得关键评分点的坐标值为

$$\begin{pmatrix} (99.82,0) \\ (99.95,60) \\ (99.96,75) \\ (99.97,90) \\ (99.99,100) \end{pmatrix} \quad (7\text{-}18)$$

(3) 绘制的评分曲线,如图 7-6 所示。

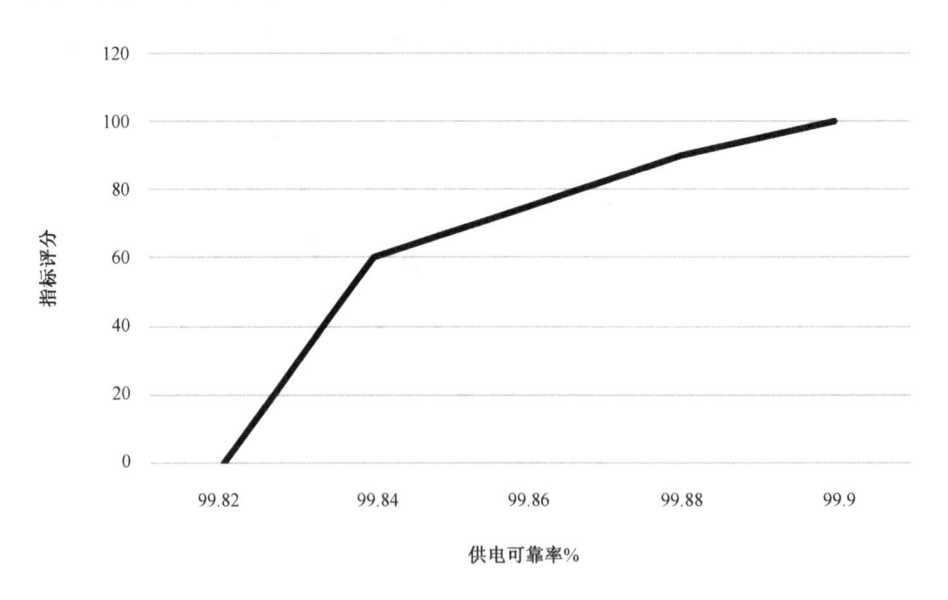

图 7-6 供电可靠率指标评分曲线

第 7 章 风光储资源参与调频的效用评估方法

(4) 基于关键评分点和评分曲线,得到指标的评分分段函数为

$$y = \begin{cases} 0, & x \leq 99.82 \\ 500x - 49\,910, & 99.82 < x \leq 99.95 \\ 750x - 74\,895, & 99.95 < x \leq 99.96 \\ 1\,500x - 149\,865, & 99.96 < x \leq 99.97 \\ 500x - 49\,895, & 99.97 < x < 99.99 \\ 100, & x \geq 99.99 \end{cases} \quad (7\text{-}19)$$

式中,x 为电网的供电可靠率(%);y 为相应的指标评分数值(分)。

2. 权重计算

根据指标权重方案计算电网的二级指标权重。

(1) 安全性指标的二级指标权重计算

电网安全性指标判断矩阵,如表 7-3 所示。

表 7-3 电网安全性指标判断矩阵

安全性指标	N-1 通过率	高压容载比	设备负载率	可控分布式电源容量占比
N-1 通过率	1	2	3	2
高压容载比	1/2	1	2	1/2
设备负载率	1/3	1/2	1	1/3
可控分布式电源容量占比	1/2	2	3	1

其最大特征根为 $\xi_{max} = 4.071$,最大特征值所对应的最大特征向量为

$$\boldsymbol{W} = \begin{pmatrix} 0.753\,7 \\ 0.335\,5 \\ 0.194\,0 \\ 0.530\,8 \end{pmatrix} \quad (7\text{-}20)$$

将最大特征向量归一化后得到权重向量为

$$\boldsymbol{W}' = \begin{pmatrix} 0.415\,5 \\ 0.185\,0 \\ 0.106\,9 \\ 0.292\,6 \end{pmatrix} \quad (7\text{-}21)$$

进行一致性检验

$$CI = \frac{\xi_{max} - n}{n - 1} = \frac{4.071 - 4}{4 - 1} = 0.024 \quad (7\text{-}22)$$

$$RI = 1.12 \quad (7\text{-}23)$$

$$CR = \frac{CI}{RI} = \frac{0.024}{1.12} = 0.021\,4 \quad (7\text{-}24)$$

因为 0.021 4<0.1,所以一致性检验通过,权重是有效的。

(2) 可靠性指标的二级指标权重计算

电网可靠性指标判断矩阵，如表7-4所示。

表7-4 电网可靠性指标判断矩阵

可靠性指标	平均停电次数	平均停电时间	供电可靠率	分布式电源装机占比
平均停电次数	1	2	1/2	3
平均停电时间	1/2	1	1/4	3
供电可靠率	2	4	1	2
分布式电源装机占比	1/3	1/3	1/2	1

其最大特征根为 $\xi_{\max}$ = 4.321 3，其最大特征值对应的最大特征向量为

$$W = \begin{pmatrix} 0.487\ 5 \\ 0.312\ 9 \\ 0.790\ 4 \\ 0.199\ 3 \end{pmatrix} \tag{7-25}$$

将上面的特征值归一化后为

$$W' = \begin{pmatrix} 0.272\ 3 \\ 0.174\ 8 \\ 0.441\ 5 \\ 0.111\ 3 \end{pmatrix} \tag{7-26}$$

进行一致性检验

$$CI = \frac{\xi_{\max} - n}{n - 1} = \frac{4.321\ 3 - 4}{4 - 1} = 0.107\ 1 \tag{7-27}$$

$$RI = 1.12 \tag{7-28}$$

$$CR = \frac{CI}{RI} = \frac{0.107\ 1}{1.12} = 0.095\ 6 \tag{7-29}$$

因为 0.095 6<0.1，所以一致性检验通过，权重数值合理。

(3) 稳定性指标的三级指标权重计算

电网稳定性指标判断矩阵，如表7-5所示。

表7-5 电网稳定性指标判断矩阵

稳定性指标	静态稳定性	暂态稳定性	静态电压稳定指标	暂态电压稳定指标
静态稳定性	1	1	1/3	1/2
暂态稳定性	1	1	1/2	1/2
静态电压稳定指标	3	2	1	1
暂态电压稳定指标	2	2	1	1

其最大特征值为 $\xi_{\max}$ = 4.020 6，其对应的最大特征向量为

$$W = \begin{pmatrix} 0.2765 \\ 0.3046 \\ 0.6780 \\ 0.6092 \end{pmatrix} \quad (7-30)$$

经过归一化后得

$$W' = \begin{pmatrix} 0.1480 \\ 0.1630 \\ 0.3692 \\ 0.3261 \end{pmatrix} \quad (7-31)$$

进行一致性检验

$$CI = \frac{\xi_{\max} - n}{n - 1} = \frac{4.0206 - 4}{4 - 1} = 0.0069 \quad (7-32)$$

$$RI = 1.12 \quad (7-33)$$

$$CR = \frac{CI}{RI} = \frac{0.0069}{1.12} = 0.0062 \quad (7-34)$$

因 0.0062<0.01，所以一致性检验通过，稳定性指标权重设置合理。

(4) 经济性指标的三级指标权重计算

电网经济性指标判断矩阵，如表7-6所示。

表7-6 电网经济性指标判断矩阵

经济性指标	电能质量	线损率	建设经济性指标	分布式电源供电占比
电能质量	1	3	3	2
线损率	1/3	1	1	1/2
建设经济性指标	1/3	1	1	1/2
分布式电源供电占比	1/2	2	2	1

其最大特征值为 $\xi_{\max} = 4.0104$，其对应的最大特征向量为

$$W = \begin{pmatrix} 0.8099 \\ 0.2505 \\ 0.2505 \\ 0.4674 \end{pmatrix} \quad (7-35)$$

经过归一化后得

$$W' = \begin{pmatrix} 0.4554 \\ 0.1409 \\ 0.1409 \\ 0.2628 \end{pmatrix} \quad (7-36)$$

进行一致性检验

$$CI = \frac{\xi_{\max} - n}{n - 1} = \frac{4.0104 - 4}{4 - 1} = 0.0035 \tag{7-37}$$

$$RI = 1.12 \tag{7-38}$$

$$CR = \frac{CI}{RI} = \frac{0.0035}{1.12} = 0.0031 \tag{7-39}$$

因 0.0031<0.01,所以一致性检验通过,经济性指标权重设置合理。

3. 电网评价指标数据

根据配网指标评分方案的计算方法,可以计算出所有指标评分,然后根据指标的评分判断电网的各项运行状况。

电网指标评估数据如表 7-7~表 7-10 所示。

表 7-7 电网安全性评估结果

指标	N-1 通过率	高压容载比	设备负载率	可控分布式电源容量占比
权重	0.42	0.19	0.1	0.29
得分	91	99	88	95

表 7-8 电网可靠性评估结果

指标	平均停电次数	平均停电时间	供电可靠率	分布式电源装机占比
权重	0.27	0.18	0.44	0.11
得分	91	72	82	85

表 7-9 电网稳定性评估结果

指标	静态稳定性	暂态稳定性	静态电压稳定指标	暂态电压稳定指标
权重	0.14	0.16	0.36	0.32
得分	88	86	90	90

表 7-10 电网经济性评估结果

指标	电能质量	线损率	建设经济性指标	分布式电源供电占比
权重	0.14	0.14	0.46	0.26
得分	90	92	72	85

根据表 7-7 到表 7-10 的结果可以得出:

在安全性方面,没有特别大的短板,但是可以看出"设备负载率"得分较低,也就是说,分布式电源接入或断开对电网的影响很大,要求电力设备对分布式电源进行更好的监控,防止对电网造成破坏。

在可靠性方面,"平均停电时间"得分最低,整个可靠性指标类别的加权得分最低。由此可见,在电网的运行和管理中,应更加重视停电事故后的应急响应速度,加快抢修速度,缩短停电时间。

从稳定性上看,"静态稳定性"和"暂态稳定性"两个指标的分数相对较低。这是因为在分布式电源接入后,电网运行的瞬态效应和电压都会增大。通过对电压和运行状态的实时监测,有必要减小暂态不稳定性。

在经济性上,"线损率"的得分很高,但是在"建设经济性指标"上得分比较低,在电网运行过程中建设成本和效益仍然是需要关注的焦点。通过尽可能地降低电网的建设成本,使得电网的经济性评分更高。

7.5 本章小结

本章结合电网的具体特征,分析电网调频的具体需求,建立风光储资源参与调频的效用评估体系;提出风光并网可信容量评估步骤;建立可用容量、支撑功率及动态行为分析模型,分析风光储参与地区互联网调频技术的适应性和成效性。

第8章 光伏逆变器剩余容量参与无功调压的工作原理

8.1 光伏逆变器结构及工作原理

8.1.1 光伏并网发电系统结构组成

光伏发电并网系统组成如图 8-1 所示,该系统一般由太阳能电池光伏阵列、MPPT 控制、DC/DC 变换器、驱动电路以及控制器组成,其中变换器可将太阳能光伏阵列发出的直流电逆变成正弦交流电并入公共电网。控制器主要控制逆变器并网电流的波形、功率以及光伏电池最大功率点的跟踪,以便向电网传送的功率与太阳能光伏电池阵列所发的最大功率电能相匹配。

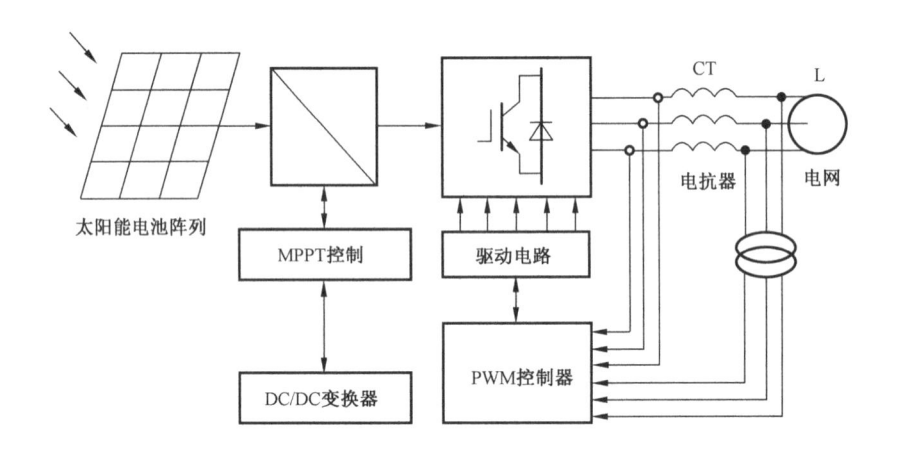

图 8-1 并网光伏发电系统

8.1.2 光伏逆变器结构和工作原理

早期光伏逆变器和现代光伏逆变器的结构和工作原理采用纯有功模式。

逆变器的基本电路由输入电路、输出电路、主逆变开关电路、控制电路、辅助电路、保护电路构成。光伏并网逆变器的控制目标是:控制逆变电路输出的交流电流为稳定的高质量的正弦波,且与电网电压同频、同相。光伏并网系统逆变器按控制方式分类,可以分为电压源电压控制、电压源电流控制、电流源电压控制和电流源电流控制四种方式。电压源型逆变器是采用电容作为储能元件,在直流输入侧并联大电容用作无功功率缓冲环节,构成逆变器低阻抗的电源内阻特性,即电压源特性。以电流源为输入方式的逆变器,其直流侧需串联一个大电感作为无功元件储存无功功率,构成逆变器高阻抗的电流源特性,提供稳定的直流电流输入,但是串入大电感往往会导致系统动态响应差,因此,目前世界范围内大部分光伏并网逆变器均采用以电压源输入为主的方式。

并网逆变器中逆变部分控制的关键量是矢量图中的电流,可以通过对输出电压的控制完成对电流的控制或者直接对电流进行控制,完成对交流侧电流、功率因数的控制。因此,根据电流控制方法的不同,可以将电流控制方式分为以下两种控制模式:

1. 间接电流控制

它是根据稳态电流向量的给定、PWM 基波电压向量的幅值和相位,分别进行闭环控制,进而通过电压控制实现对并网电流的控制。该控制策略虽然简单且不需检测并网电流,但动态响应慢,存在瞬时直流电流偏移,尤其是瞬态过冲电流几乎是稳态值的两倍;从稳态向量关系进行电流控制,其前提条件是电网电压不发生畸变,而实际上由于电网内阻抗、负载的变化以及各种非线性负载扰动等情况的存在,尤其是在瞬态过程中电网电压的波形会发生畸变。电网电压波形的畸变会直接影响系统控制的效果,因此间接电流控制方法控制电路复杂、信号运算过程中要用到电路参数、对系统参数有一定的依赖性、系统的动态响应速度也比较慢。

2. 直接电流控制

通过运算求出交流电流,再引入交流电流反馈,通过对交流电流的直接控制,使其跟踪指令电流值。对于光伏并网逆变器来说,为了获得与电网电压同步的给定正弦电流波形,通常用电网电压信号乘以电流有功给定,产生正弦参考电流波形,然后使其输出电流跟踪这一指令电流。具有控制电路相对简单、对系统参数的依赖性低、系统动态响应速度快等优点。

8.2 配电网电压评价体系

为了对配电网电压的综合情况进行描述及分析,建立如图 8-2 所示的配电网电压评价体系,其中包含 5 项评价指标,从多个角度对配电网电压质量进行评价,并划分为评价单个节点的单节点级指标以及评价配电网综合电压情况的配电网级指标。

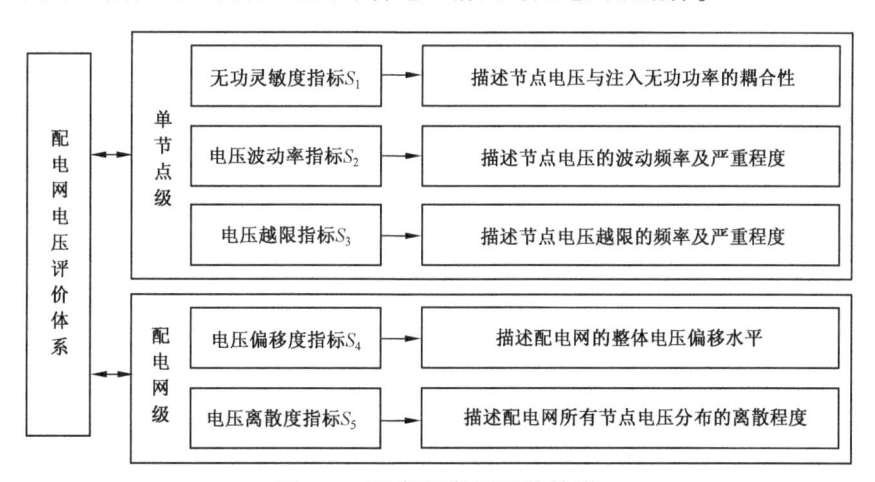

配电网电压评价体系	单节点级	无功灵敏度指标 S_1	描述节点电压与注入无功功率的耦合性
		电压波动率指标 S_2	描述节点电压的波动频率及严重程度
		电压越限指标 S_3	描述节点电压越限的频率及严重程度
	配电网级	电压偏移度指标 S_4	描述配电网的整体电压偏移水平
		电压离散度指标 S_5	描述配电网所有节点电压分布的离散程度

图 8-2 配电网电压评价体系

8.2.1 单节点级电压评价指标

1. 无功灵敏度指标

影响光伏接入点电压大小的主要因素为分布式光伏所注入的有功功率及无功功率,而其中无功功率与电压存在强耦合性,因此构建节点电压对光伏无功注入的灵敏度指标。首先探究系统中注入功率与节点电压间的关系,根据电力系统潮流计算中的雅可比矩阵进行分析,得到

$$\begin{bmatrix} \Delta P \\ \Delta Q \end{bmatrix} = \begin{bmatrix} A_{P\delta} & B_{PU} \\ C_{Q\delta} & D_{QU} \end{bmatrix} \begin{bmatrix} \Delta \delta \\ \Delta U \end{bmatrix} \tag{8-1}$$

式中,ΔP、ΔQ 为注入节点中有功功率和无功功率的增量;$A_{P\delta}$、B_{PU} 为注入节点有功功率增量与节点相角、电压增量的关系;$C_{Q\delta}$、D_{QU} 为注入节点无功功率增量与节点相角、电压增量的关系;ΔU 为电压幅值增量;$\Delta \delta$ 为电压相角增量。

由式(8-1)进行变换得到式

$$\begin{bmatrix} \Delta \delta \\ \Delta U \end{bmatrix} = \begin{bmatrix} R_{\delta P} & R_{\delta Q} \\ R_{UP} & R_{UQ} \end{bmatrix} \begin{bmatrix} \Delta P \\ \Delta Q \end{bmatrix} \tag{8-2}$$

式中,$R_{\delta P}$、$R_{\delta Q}$ 为有功增量、无功增量对节点电压相角影响的灵敏度因子;R_{UP}、R_{UQ} 为有功增量、无功增量对该节点电压幅值影响的灵敏度因子。

因节点电压与有功功率的耦合较弱,因此 $R_{UP} \approx 0$,可得到 n 节点配电网的节点电压变化量与其注入功率变化量序列间的公式为

$$\Delta U = R_{UQ} \Delta Q \tag{8-3}$$

式中,$\Delta U = [\Delta U_1, \Delta U_2, \cdots, \Delta U_n]$ 以及 $\Delta Q = [\Delta Q_1, \Delta Q_2, \cdots, \Delta Q_n]$ 分别代表节点的电压幅值增量序列以及节点无功增量序列。

根据上述分析,进一步提取灵敏度因子矩阵 $\boldsymbol{R}_{UQ}$ 的奇异值,将奇异值作为所对应节点的灵敏度指标

$$S_{1,i} = \sigma_{UQ,i} \tag{8-4}$$

式中,$S_{1,i}$ 为配电网中第 i 个节点的无功灵敏度指标;$\sigma_{UQ,i}$ 为灵敏度因子矩阵 $\boldsymbol{R}_{UQ}$ 的第 i 个奇异值。

无功灵敏度指标 S_1 是节点电压对注入的无功功率的敏感程度进行直接描述的指标,由该指标表述在当前电网拓扑下各节点电压对光伏注入无功的敏感程度,指标数值越大则说明对应节点电压对光伏无功功率注入越敏感。在配电网正常运行状态下,各节点的无功灵敏度指标越小越好,若该指标大则节点电压很容易受到无功功率影响,无功的缺额、过量将会导致电压越限问题。通过该项指标使光伏无功对配电网节点产生的影响达到有效量化评价。

2. 电压波动率指标

大量光伏接入使传统配电网成为有源网络,但因光伏通过伏打效应获取太阳光照的辐射能量并将其转换为电能,因此光伏的输出存在难以消除的不确定性以及随机性,给配电网的运行管理以及电能质量治理带来了极大挑战。同时,云层骤变等短时随机天气现象导致

节点电压波动进一步加剧,严重影响了配电网的安全及稳定运行。

本节对单节点电压波动进行分析,根据国家标准,对电压波形存在变动幅值限制以及变动频度限制,并且在不同测量周期下的限制不同。首先将节点电压由大到小或由小到大的一次单向变化定义为一次电压波动,建立式(8-5)

$$r = \frac{n_\mathrm{d}}{T_\mathrm{sim}} \tag{8-5}$$

式中,r 为电压波动频度;T_sim 为所分析的配电网运行周期;n_d 为电压波动的次数。

另一方面为表征单次电压波动的严重程度,建立式(8-6)

$$d = \frac{V_\mathrm{max} - V_\mathrm{min}}{V_\mathrm{N}} \tag{8-6}$$

式中,d 为节点电压单次电压波动率;V_max 为单次电压波动中节点电压最大值;V_min 为单次电压波动中节点电压最小值;V_N 为节点额定电压。

由上述分析,建立电压波动率指标

$$S_2 = r \cdot d = \frac{n_\mathrm{d}(V_\mathrm{max} - V_\mathrm{min})}{T_\mathrm{sim} V_\mathrm{N}} \tag{8-7}$$

电压波动率指标 S_2 通过对电压波动发生的频度以及幅值波动的严重程度进行刻画,该指标值越大则说明对应节点电压波动越严重,对配电网产生了严重的负面影响。该指标的建立贴合了国家标准对电压波动的限值标准,合理有效地评价了节点电压波动问题。

3. 电压越限指标

随着光伏电源的大规模接入,其功率的不确定性及随机性对配电网的影响逐步增加,因光伏与配电网负荷均存在一定的周期性,光伏的输出助增了节点电压的抬升或降低,使得配电网节点电压偏差加重,更容易发生电压越限。节点电压越限事件对配电网造成的影响除与节点电压越限的幅度有关外,还与电压越限的时长有关,电压越限的时间越长、越限幅值越高,越容易对配电网产生负面影响或严重后果。因此,本节从空间和时间尺度对节点电压越限问题进行量化评价,建立电压越限评价指标。

首先对节点单次越限事件进行分析,得到单次越限事件严重程度如式(8-8)的所示

$$R = \frac{|V_\mathrm{over} - V_\mathrm{lim}|}{V_\mathrm{N} t_\mathrm{over}} \tag{8-8}$$

式中,R 为节点电压单次电压波动率;t_over 为单次电压波动中节点电压越限时间;V_over 为单次电压波动中节点电压越限极值;V_lim 为节点电压限值。

当发生节点电压越上限事件时,电压极值 V_over 为正极值,V_lim 为节点电压上限值;当发生节点电压越下限事件时,电压极值 V_over 为负极值,V_lim 为节点电压下限值。根据一般要求,10 kV 及以下供电和电力用户允许的电压偏差范围为额定电压的±7%。

将单个节点作为分析对象时,发生电压越限事件的概率对节点的影响应进行考虑。在具有代表意义的典型场景中,节点发生电压越限事件的概率可由越限事件发生的频率代表,通过在配电网运行周期中越限事件所发生的次数进行统计,可得到越限事件的概率

$$P = \frac{m_{\text{over}}}{T_{\text{sim}}} \tag{8-9}$$

式中,P 为越限事件的概率;m_{over} 为所研究的配电网运行周期中越限事件所发生的次数。

通过对单节点发生电压越限事件的严重程度及概率的分析,建立电压越限指标 S_3

$$S_3 = P \cdot R = |(V_{\text{over}} - V_{\text{lim}})| \frac{m_{\text{over}} t_{\text{over}}}{T_{\text{sim}}^2} \tag{8-10}$$

电压越限指标 S_3 是对单节点的电压越限问题从多角度进行综合描述的指标,当该指标越大时电压越限事件越严重,对该节点的负面影响越大,需采取措施防止该节点产生频繁、严重的电压越限;当指标越小时,电压越限事件对该节点的影响小,该节点基本运行在规定的电压范围内。

8.2.2 配电网级电压评价指标

1. 电压偏移度指标

对于非故障的电力网络而言,电压质量成为电能质量治理的首要问题。节点电压的状态主要与功率分布有关,为研究配网中各节点电压基于额定电压的整体偏移程度,定义配电网电压偏移度 S_4,如式(8-11)所示

$$S_4 = \frac{\sum_{i=1}^{n}(V_i - V_N)}{nV_N} \tag{8-11}$$

式中,n 为配电网中节点数;V_i 为 i 节点电压。

配电网电压偏移度考虑到配电网中节点电压的整体偏移情况,其符号则表示了电压整体偏移方向,其数值越接近 0,则在当前配电网运行状态下整体电压水平偏移程度越小、电压质量越好。但该指标接近 0 时只能为"电网节点不越限"的必要不充分条件,应结合电压离散度指标进行分析。在应用该指标时应考虑到配电网处于"逆调压"或"顺调压"等调压方式对指标计算产生的影响,并且应根据仿真周期取该指标平均值作为电压偏移度指标 S_4。

2. 电压离散度指标

配电网电压状态的整体评价不能片面关注节点电压的整体偏移度,存在节点电压越上限与越下限的情况可能在平均值计算中被抵消。为考虑个别节点电压的大幅度偏移,设立指标配电网电压离散度 S_5,如式(8-12)所示

$$S_5 = \frac{\sqrt{\sum_{i=1}^{n}(V_i - \bar{V})^2}}{(n-1)V_N} \tag{8-12}$$

式中,$\bar{V}$ 为配电网节点的节点电压均值。

配电网电压离散度的值越大,说明配电网中节点的电压值分布越不集中、电压稳定性差,当前配电网状态电压质量差;其值越小,则节点电压值分布接近平均值,电压质量好。本章在应用该指标时,根据仿真周期取指标的平均值作为配电网电压离散度指标 S_5。

图 8-3 为一个 5 节点的配电网模型的电压分布,以其对电压偏移度指标 S_4 及电压离散度指标 S_5 进行示例说明。

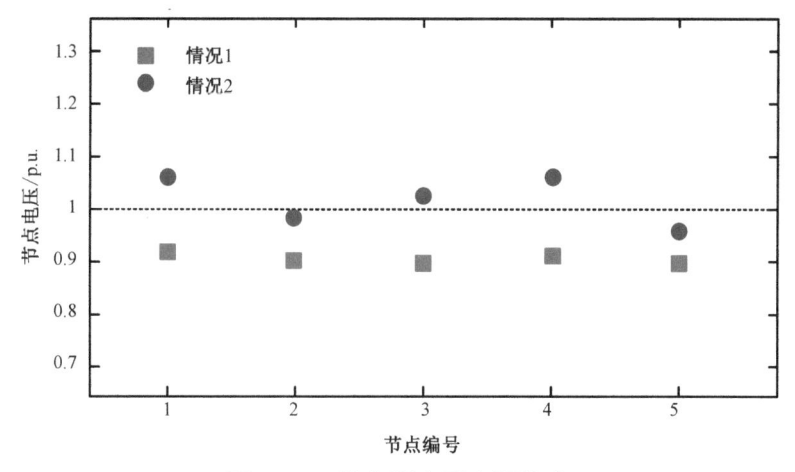

图 8-3 5 节点配电网电压分布

由图 8-3 可见,该 5 节点配电网在情况 1 下的电压分布中,电压偏移度较大,但其电压离散度较小、电压值分布集中,此时对配电网整体电压水平进行抬升可有效改善电压偏移情况;在情况 2 下配电网整体电压偏移度虽然较小,但其电压离散度较大、电压分布离散,此时应采用改善潮流分布的调节策略或在电压问题严重节点接入补偿设备。

8.3 配电网调压策略分析及模型建立

8.3.1 配电网调压策略分析

8.3.1.1 传统调压设备调压策略

在我国电网新能源渗透率处于较低水平的发展阶段时,变电站的调压方式主要依靠有载调压变压器以及并联补偿的电容器组。其大多通过变电站综合自动化系统中的无功电压自动调节装置控制,其调压策略为基于"井"字的九区图控制策略。利用配电网中的联络开关进行拓扑重构,以实现改善电能质量目的,相关研究也在实际中逐步得到应用。一些新型的无功补偿设备以及控制装置效果好但价格高昂,因此目前还未达到对电网的全面覆盖。

1. 九区图调压

九分区电压无功控制策略是我国广泛应用的一种调压策略,其主要调节目标为保证无功及电压均在要求范围内,其主要控制规则如图 8-4 所示。

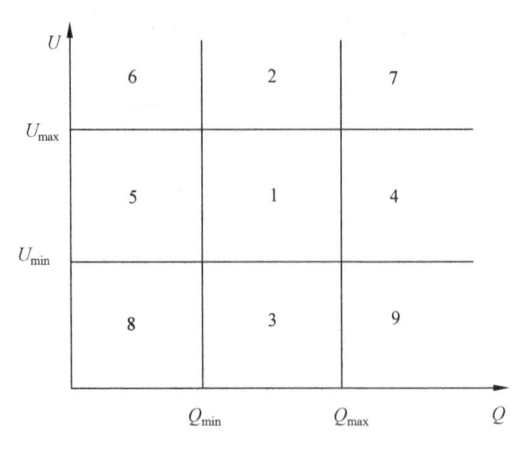

图 8-4 九区图

图中包含了由节点电压上下限以及无功上下限所划分的 9 个区域,其中区域 1 表示节点电压、无功均满足要求,无须进行调节动作,而另外 8 个区域均需要采用相应的调节方案。具体控制策略如下:

区域 1:节点电压及无功均符合要求,不进行调压控制,设备不动作;

区域 2:节点电压越上限,无功满足要求,改变 OLTC 分接头降低电压,若仍不合格需分组切除 SCB 直到电压、无功满足要求;

区域 3:节点电压越下限,无功满足要求,改变 OLTC 分接头抬升电压,若仍不合格需分组投入 SCB 直到电压、无功满足要求;

区域 4:节点电压满足要求,无功越上限,分组投入 SCB;

区域 5:节点电压满足要求,无功越下限,分组切除 SCB;

区域 6:节点电压越上限,无功越下限,先切除 SCB,若电压仍然越限,则改变 OLTC 分接头降低电压;

区域 7:节点电压越上限,无功越上限,改变 OLTC 分接头降低电压,若无功仍越限,分组投入 SCB;

区域 8:节点电压越下限,无功越下限,改变 OLTC 分接头抬升电压,分组切除 SCB;

区域 9:节点电压越下限,无功越上限,分组投入 SCB,若电压仍越限,改变 OLTC 分接头抬升电压。

在九区图调节策略中最常用的调节设备是 OLTC,选择变压器变比调压实际上是基于配电网对于电压的要求,适当选择变压器的分接头,改变潮流分布进而改变节点电压。当系统中无功功率产生缺额导致整体电压水平偏低时,首先应增设无功补偿设备,通过接入或切除来向系统输入或吸收感性无功功率,以提高功率因数以及电能质量,变电站装设 SCB 是改善电能质量和降低电能损耗的有效措施。九区图存在固有的缺陷,其未考虑节点电压与无功功率的耦合关系,并且调节策略不灵活,难以用于多种运行情况,尤其在分布式光伏的大量接入的情况下,其引发的电压、功率波动将会导致调节设备频繁动作,增加了设备的损耗以及故障风险。

2. 联络开关重构调压

在传统配电网中,往往采用"闭环设计、开环运行"的供电方式,而开环运行的缺点随着智能电网的发展而日益显现。其缺点一是开环运行限制了配电网供电可靠性的提高,在发生故障时停电的可能性增加;其缺点二是无法接纳大规模分布式电源的接入,新能源的接入很大程度地改变了配电网的拓扑结构,对配电网的继电保护及电能质量产生影响。而在配电网的渗透率不断增加的背景下,配电网的闭环运行在供电连续性及改善电能质量方法具有很大优势。

在配电网中存在许多分段开关和联络线开关,通过对其状态的更改,进而重构了配电网的拓扑结构,可达到从开环运行状态到闭环或部分闭环运行状态的转换。在实际中,配电网即使采用重构也要保留其拓扑结构的辐射,但随着配电网的负荷逐步提升以及新能源的大量接入,对于经济发达、负荷密度大、有新能源接入以及可靠性要求高的地区,在条件允许的情况下,可考虑采用闭环运行方式。

配电网的重构分为动态重构及静态重构,其主要区别在于:

(1) 动态重构的求解时间域由一整个时间序列组成,因此寻优的决策及控制变量由多级开关组成;而静态重构仅考虑一个时间点,控制变量仅仅是单级的开关动作组合。

(2) 仅考虑求解的算法的话,单纯的数学算法理论上一定可以找到最优重构时间和最优网络结构,但是动态重构的求解空间以几何级倍数增长,较静态重构复杂程度大得多,并导致寻优困难。

8.3.1.2 分布式光伏调压策略

随着我国新能源渗透率的不断增加,利用分布式光伏等分布式资源进行就地调压是一种既方便又可行的方法,分布式电源除输出有功功率以外,其剩余容量可作为一种辅助调节的资源。早在 2011 年,《光伏电站接入电网技术规定》中指出:大中型光伏电站应配置无功电压控制系统,具备无功功率及电压控制能力。因该种方法利用了现有的设备并且实现了就地调节,其经济性十分优良,但如何寻求最优的调压效果以实现最优的经济性成为相关研究的核心议题。

目前有关分布式光伏参与调压的策略分为两类:一类是从光伏的上级系统进行统一协调规划,通过统一计算得到各光伏逆变器的最优参数,并对光伏逆变器进行控制,以实现电网中所有光伏电源的最优调压配合;另一类是将调压策略集成到逆变器当中,上级系统只作为信息传递作用,光伏逆变器控制参数由其自身控制策略及自身状态得出。

1. 基于逆变器本地控制调压策略

逆变器作为光伏发电并网的核心部件,其主要功能是将光伏阵列所产生的直流电转换为与电网同频率的交流电,以此实现光伏并网运行。光伏逆变器的一项主要功能为最大功率点跟踪(MPPT)技术,因光伏输出功率具有非线性特征,具有其电流-电压曲线,通过对光伏模组的输出取样,生成负载电阻,以此来获取光伏最大可能的功率。分布式光伏通过逆变器接入配电网,拓扑结构如图 8-5 所示。

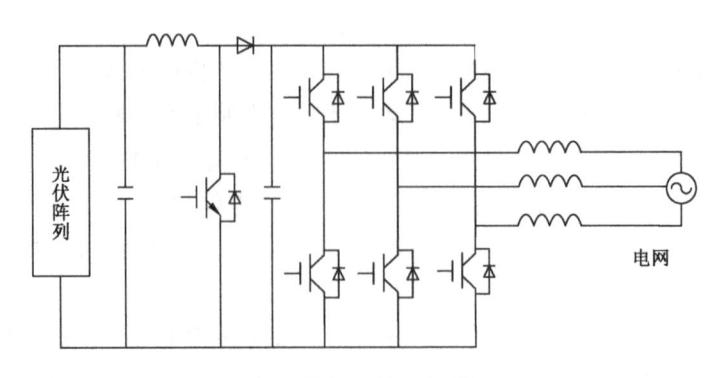

图 8-5 逆变器并网拓扑

新型的光伏逆变器可运行在超前的功率因数,也可运行在滞后的功率因数,这两种运行状态间可平滑切换。正因如此,光伏逆变器的额定容量通常大于最大有功功率输出,除去输出安全裕度外还存在剩余容量。通过对逆变器的输出进行编程控制,以此实现智能逆变器本地控制,按照所制定的调压策略利用光伏的剩余容量输出无功功率进行调压。

德国电气工程师协会(Verband Deutscher Elektrotechniker)提出了 4 种利用逆变器输出无功的控制策略:

(1) 恒无功功率控制。该策略原理简单,但若要在实际应用中得到好的调压效果需要得到精确的负荷功率曲线及光伏出力曲线,由此来决定无功设定值。

(2) 恒功率因数控制。该控制策略与恒无功功率控制策略均容易实现,且原理简单,但灵活性很差,无论配电网是否存在电压质量问题,光伏均向电网输送无功功率,因此可能仅增大了配电网网损。

(3) 基于有功输出的 $\cos\varphi(P)$ 控制。该策略使逆变器输出的无功功率仅与有功功率输出有关,而与配电网节点电压无关。当光照较强使光伏有功出力较大时,若配电网处于重载状态可能出现较大的无功输出,而该情况可能对配电网产生不利的影响。

(4) 基于并网点节点电压的 $Q(U)$ 控制。光伏逆变器根据其接入点节点电压来输出对应的无功功率,利用自身的剩余容量进行调压。该策略对于每个逆变器只考虑了其各自的接入点,对于相互之间的影响及关联性未作考虑,其调压效果还有改进空间。

2. 基于智能算法协调控制的调压策略

与常规电源电压控制原理不同,光伏电站有功出力的大小与电网负荷的变化不存在相关性,因此为保证配电网中光伏逆变器、无功补偿设备之间的相互协调配合,高效统一的通信手段是进行有效调压的重要要求。目前的相关策略主要通过智能算法寻找全局最优控制参数,并由控制系统向各逆变器发送控制参数,实现全局的最优电压调节。

基于智能算法协调控制的调压策略主要可包括日前优化与实时优化:日前优化根据对历史数据的处理或中长期预测技术得到的数据进行优化计算,通过智能算法按所设定目标函数及约束进行寻优,得到各项最优控制参数后通过通信手段预置到逆变器或无功补偿设备中;实时优化通过光伏逆变器及其他配电网状态采集装置实时向控制中心发送状态数据,控制中心通过算法进行优化,实时下发控制指令进行电压调节。实时优化较日前优化调控更加精确但对通信速率要求更高,随着我国 5G 技术以及边缘计算技术在电网中的发展应用,对分布式电源、无功补偿设备采用基于智能算法的实时协调控制将成为主流调压策略。

8.3.2 基于 OpenDSS 的配电网模型建立

8.3.2.1 OpenDSS 软件功能及特点

OpenDSS(Open Distributed System Simulator)为美国电力科学院所研发的软件,其用于配电网潮流仿真,支持几乎所有用于配网规划稳态分析的功能,并且支持大量用于智能电网的分析功能。其主要功能包括:分布式发电分析、智能电网应用、电能传输效率的分析、谐波分析等。该软件不仅可作为一个独立的应用程序使用,同时其内部接口使其可以被其他仿真软件调用。作为独立应用程序使用时,OpenDSS 有一个程序输入界面,使用者可以建立基于文字程序的模型并查看仿真结果。其可扩展性使其支持 Python、MATLAB 等编程语言,让用户编写其他程序调用以满足不同的需要。通过 COM 接口,用户可以用其他程序设计执行不同的客户解决方案和执行仿真计算,包括可以通过这种方式定义系统模型。并且该软件内嵌仿真计算模式,可以进行连续时间的系统仿真计算,例如,它可以仿真计算一个电路在一年内的运行参数情况,图 8-6 为 OpenDSS 的软件结构。

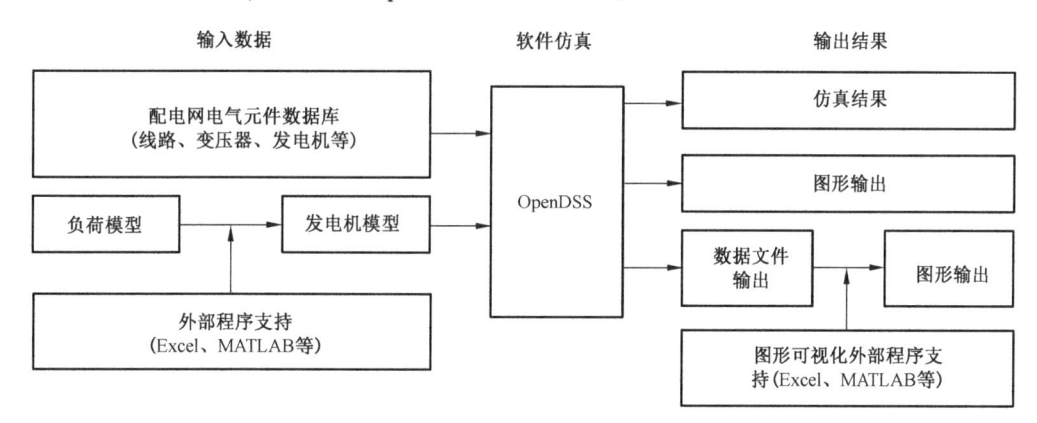

图 8-6 OpenDSS 软件结构

在 OpenDSS 中建立该模型首先需要进行一些参数配置,如配电网模型的基准电压、基准频率等,其次对配电网中的其他元件进行模型建立。该软件将电力系统中的元件分为四个种类,分别是控制元件(Controls)、功率转换元件(Power Conversion Elements,PC 元件)、功率传输元件(Power Delivery Elements,PD 元件)以及测量元件(Meters)。

1. 线路模型

线路是 OpenDSS 中最基本的 PD 元件之一,其两端分别接在不同节点上,常见线路分为三相和单相线路。线路模型是一个标准的线性电力元件,其模型可完全由其导纳矩阵 Y_{prim} 所表示(图 8-7)。

Y_{prim}

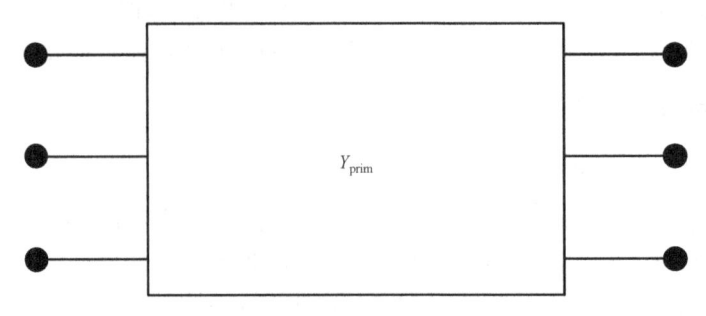

图 8-7　OpenDSS 三相线路元件模型

在定义线路元件时需要定义的参数如表 8-1 所示。

表 8-1　线路元件定义参数

参数	内容
Bus1	线路首端连接的节点编号
Bus2	线路末端连接的节点编号
Phases	线路相数
Length	线路长度
Units	线路长度单位
Linecode	线路类型
R1	单位正序电阻
R0	单位零序电阻
X1	单位正序电抗
X0	单位零序电抗

2. 联络开关模型

IEEE-33 配电网模型中存在 5 个联络开关，在 OpenDSS 中联络开关的设定与线路的参数设定设定基本一致，不同的是，每个联络开关要在程序中通过新建"swtcontrol"设定相应的控制语句，需定义参数如表 8-2 所示。

表 8-2　联络开关元件定义参数

参数	内容
SwitchedObj	所控制的联络开关名称
Action	联络开关的当前状态（打开或闭合）

3. 负荷模型

在 OpenDSS 中负荷是最基本的 PC 元件，并采用诺顿等效进行处理。在该软件中定义了 8 种不同类型的负荷模型，以满足不同的仿真需求，因本章仿真采用真实的实时数据，所以通过 Mult 以及 QMult 命令读取 CSV 文件中的负荷时序有功功率、时序无功功率来定义配电网模型中的负荷，需定义的参数如表 8-3 所示。

表8-3 负荷元件定义参数

参数	内容
Bus1	负荷接入的节点编号
Phases	线路相数
Conn	负荷连接方式(星形或三角形)
kV	负荷额定电压
Daily	时序负荷数据

4. 分布式光伏模型

在OpenDSS中,其假设光伏逆变器可以快速找到最大功率点,其光伏发电系统模图如图8-8所示。

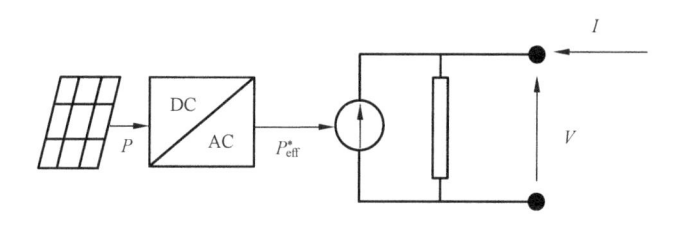

图8-8 OpenDSS分布式光伏元件模型

光伏阵列输出的直流电流通过逆变器逆变为交流电流,该模型所需要定义的参数如表8-4所示。

表8-4 光伏元件定义参数

参数	内容
Bus1	光伏接入的节点编号
Phases	光伏接入相数
kV	光伏额定电压
kVA	光伏额定容量
PF	光伏功率因数
Effcurve	单位输出功率与效率曲线
P-TCurve	最大功率跟踪点-温度曲线
Daily	时序光照幅度数据
TDaily	时序温度数据

5. 时序仿真

利用OpenDSS进行时序仿真应在程序中对仿真模式进行设定,仿真模式参数"mode"可设定为年仿真或日仿真,仿真步长"stepsize"可设置小时、分钟或者秒为单位,并且可通过设置"number"参数指定仿真步长数,实现仿真时长定义。

在程序仿真结束后，可通过各种指令显示或输出结果。"show"命令在程序运行后将所选配电网参数仿真结果打开，以 txt 文件形式显示；"export"命令将所需数据以 CSV 文件形式输出到电脑本地文件夹内，可用于后续分析或用 MATLAB、Excel 等软件将数据图形化；"plot"命令可用于配电网地理信息图的绘制，并结合软件中 monitor 元件可对配电网中其他元件进行监测，用于绘制监测元件电压、电流以及功率曲线等。

8.3.3 IEEE-33 配电网模型

本章通过 OpenDSS 软件建立 IEEE-33 标准配电网模型，通过对配电网模型的仿真来分析光伏并网在不同因素、条件下对配电网所产生的影响。IEEE-33 标准配电网结构如图 8-9 所示，其中共包含 33 个节点、5 条联络开关支路，并且其首端 1 号节点基准电压为 10 kV。通过在不同条件下将光伏电源接入配电网，对各项因素进行对比分析，为方便比较分析，节点电压采用标幺值进行表示。模型中 5 条联络开关支路默认状态为断开。

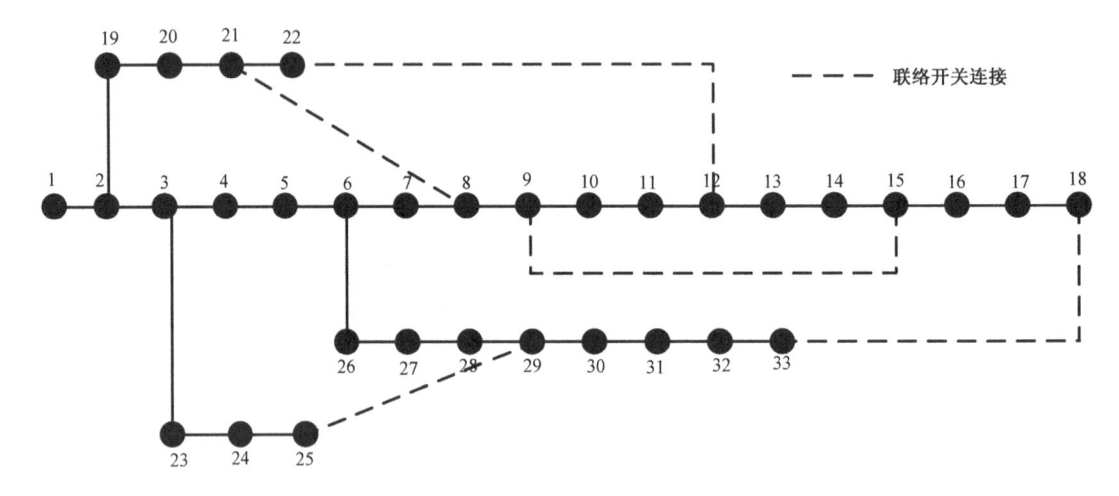

图 8-9　IEEE-33 标准配电网结构图

为对常用的配电网调压设备在多场景下的调压效果进行对比分析，在基于 OpenDSS 建立的 IEEE-33 节点配电网模型作如下配置：

（1）在模型中接入一定数量的分布式光伏，假定模型中所接入的光伏所处外界环境完全相同，不考虑地理因素导致的差异。

（2）在模型中接入有载调压变压器，新增节点 0 为高压侧，节点 1 为低压侧。有载调压变压器变比为 110 kV/10 kV，分接头调节范围为，调节挡位有 $-4,-3,\cdots,3,4$ 等 9 个取值，单位调节量为 2.5%。

（3）在模型中接入 5 个常闭联络开关：5-6、11-12、14-15、16-17、28-29，其余联络开关为常开，正常运行时配电网开环。将开关进行编号，编号如表 8-5 所示。

表 8-5 联络开关编号

编号	首节点	末节点	编号	首节点	末节点
1	5	6	6	14	15
2	8	21	7	16	17
3	9	15	8	18	33
4	11	12	9	25	29
5	12	22	10	28	29

（4）在模型中 3、7、9、13、17、18、22、25、31、32 号节点接入投切并联电容器组，电容器组的容量均为 4×200 kVar。在 1 号节点接入容量为 8×150 kVar 的投切并联电容器组。

（5）模型中电压互感器变比"Ptratio"采用默认值 60，测到的节点电压为相电压，应为 5 773.5 V，经理想电压互感器变换后，二次侧应为 96.2 V。

8.4 光伏接入对配电网电压影响分析

在分布式光伏接入配电网后，配电网原有的潮流分布将会发生改变，对配电网的电能质量带来了极大的不确定性及风险因素。以下分析单个分布式光伏接入所产生的影响，当分布式光伏电源接入配电网节点后，等效电路模型如图 8-10 所示。

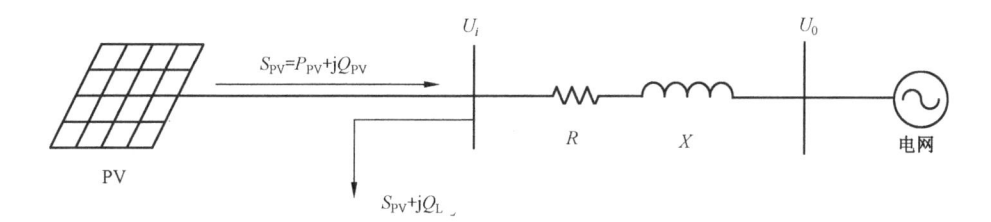

图 8-10 光伏接入配电网等效电路模型

通过对以上等效电路模型进行分析，可得到节点电压的表达式

$$U_i = \frac{(P_{PV} - P_L)R + (Q_{PV} - Q_L)X}{U_0} \tag{8-13}$$

式中，U_0、U_i 为电网侧电压、并网点电压；P_{PV}、Q_{PV} 为光伏注入电网的有功、无功功率；P_L、Q_L 为负荷的有功、无功功率；R、X 为线路中的电阻、电抗。

由式（8-13）可知，在线路参数已知、负荷功率恒定时，分布式光伏注入配电网的功率将对节点电压产生影响。

8.4.1 光伏渗透率对配电网电压的影响

因配电网自身的功率限制以及电能质量要求，可接入配电网的总光伏装机容量受到系统的约束。光伏装机容量在配电网中所占比重大小通常采用光伏渗透率来进行表征，定义如式

$$S_{per} = \frac{S_{DPV}}{S_L}\% \qquad (8\text{-}14)$$

式中，S_{per} 为配电网光伏渗透率；S_L 为配电网总负荷；S_{DPV} 为配电网光伏总装机容量。

为探究渗透率因素对节点电压的影响，抽取某日数据进行仿真分析，选取场景 1 的 13:00 时刻进行分析。IEEE-33 节点模型中配电网处于仅接有负荷的状态，假设将光伏接入 7、10、13、14、17、20、23、26、29、32 节点，并按不同渗透率条件下光伏总装机容量进行平均分配，进行仿真后得到节点电压结果如图 8-11 所示。

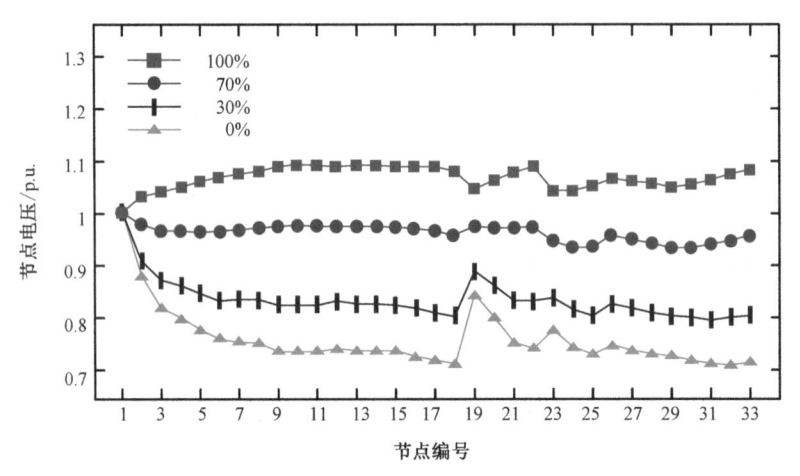

图 8-11 不同渗透率下的节点电压

在此时刻系统中当渗透率为 0% 时，等效于配电网不接入光伏电源，此时因配电网模型未接入除负荷以外的设备，节点电压下降严重并且远超限制，需采取调压措施才可将节点电压恢复至正常运行水平。由图中曲线可知，随着配电网渗透率的增大，各节点电压显著提高。当渗透率为 70% 时，配电网中各节点在无调压设备的情况下均满足运行约束，由此表明光伏的接入对配电网电压存在一定调节作用，应充分利用光伏作为调节电压的手段之一。当渗透率为 100% 时，配电网中节点电压已经超过系统的电压限制，并出现大量节点越电压上限的情况，因此光伏在配电网的渗透率存在一定的限制要求。

在图 8-11 中，虽各节点电压随光伏渗透率增大而增大，但变化程度存在差异，为更直观地进行分析，记录 5 号、13 号以及 19 号节点在不同光伏渗透率下的电压变化情况，如图 8-12 所示。

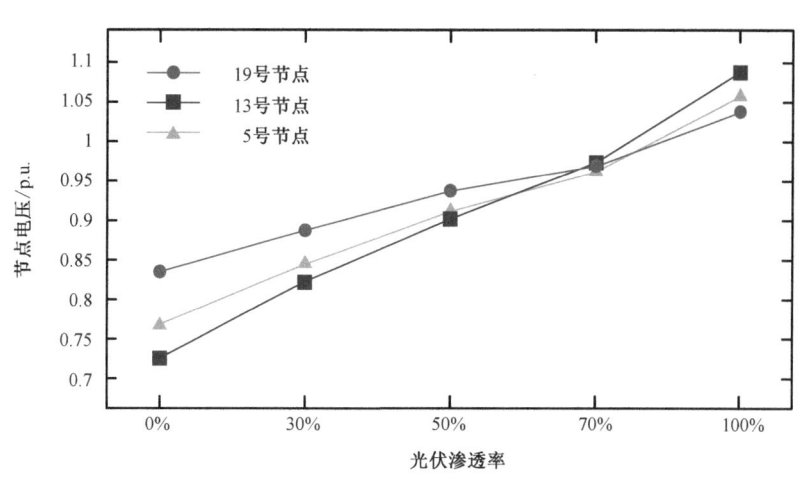

第 8 章 光伏逆变器剩余容量参与无功调压的工作原理

图 8-12 节点电压与光伏渗透率关系

由图 8-12 可知,虽节点电压随光伏渗透率增大而抬升,但不同节点的节点电压随光伏渗透率的变化程度并不相同。13 号节点在光伏渗透率变化的情况下电压最大值与最小值差值极大,其节点电压对光伏接入敏感程度大;19 号节点电压随渗透率变化幅度小,对光伏接入敏感程度小。由此可知,对光伏节点电压无功灵敏度指标建立的必要性及其重要意义。

根据前文建立的电压评价指标,将该日在不同渗透率下的电压运行情况进行进一步分析,选取渗透率为 30%、50% 及 70% 的情况进行对比,结果如图 8-13 所示。

由指标进行分析可得到如下结论:

(1) 对比三种渗透率情况下无功灵敏度指标 S_1 可知,因光伏的接入未能改变节点间固有的导纳关系,因此在不同的渗透率下该指标不发生变化;

(2) 虽然 1 号节点的无功灵敏度指标 S_1 值较大,但其在仿真中作为电源接入点,电源电压对其产生钳制作用,因此其节点电压变化极小;

(3) 根据 13 号的无功灵敏度指标 S_1 均大于 19 号节点,可得出 13 号节比 19 号节点更容易受到无功功率影响,导致节点电压发生显著变化,与图 8-13 所得结论一致;

(4) 根据对电压波动率指标 S_2 进行对比可知,随渗透率增大该指标增大,说明光伏接入容量越大节点电压的波动性越大;

(5) 根据对电压越限指标 S_3 进行对比可知,随着光伏电源的接入容量增大,各节点的该指标减小,有效改善了各节点的电压越限情况问题;

(6) 根据对指标 S_4 以及指标 S_5 进行对比可知(表 8-6),在该配电网中节点电压向下偏移问题严重,这一情况随着光伏电源的接入容量增大而改善,且节点电压数值分布更为集中,但仍未达到电能质量要求,接入容量存在最优,并非越大越好。

(a) 无功灵敏度指标

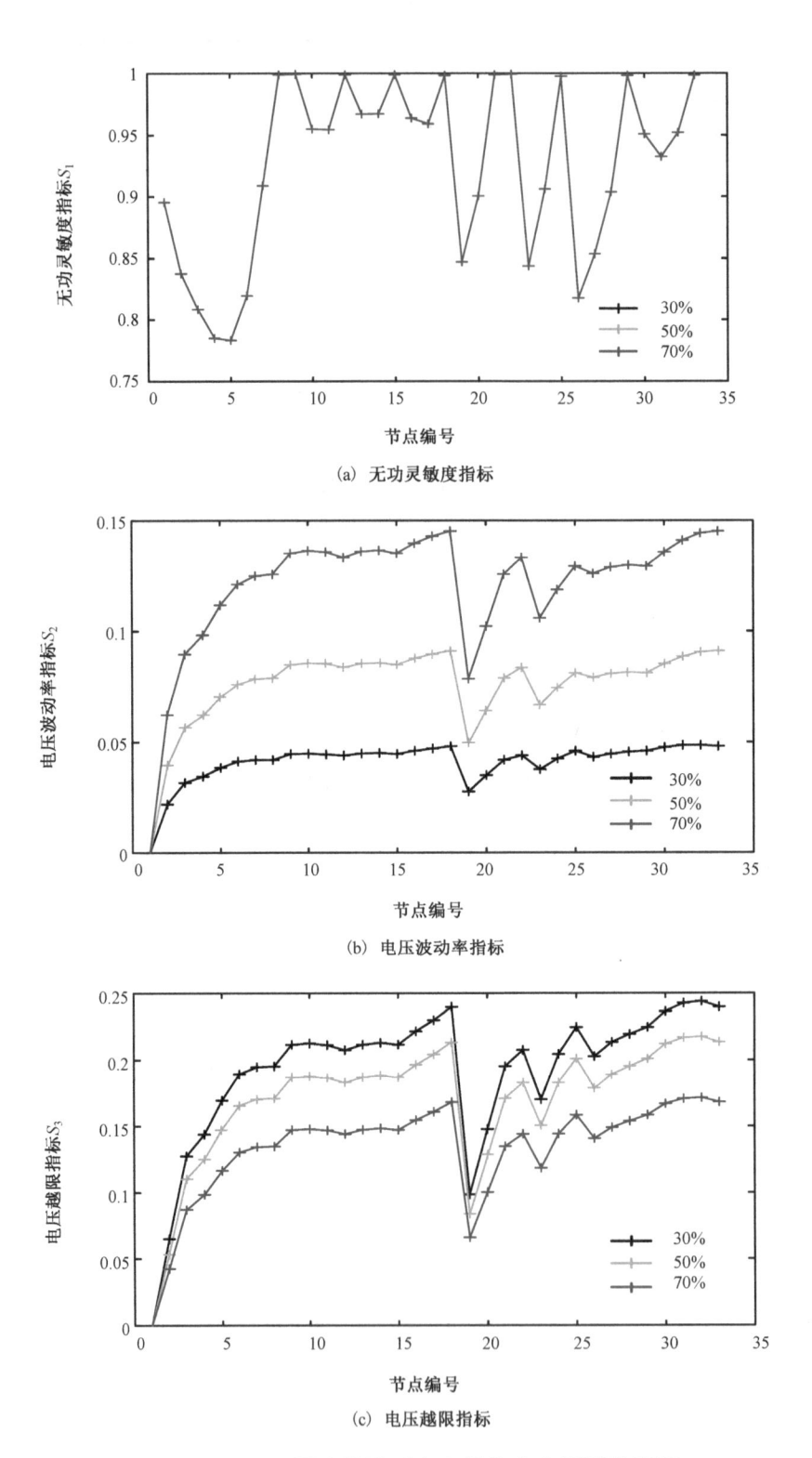

(b) 电压波动率指标

(c) 电压越限指标

图 8-13 不同光伏渗透率下单节点电压评价指标

表8-6 不同光伏渗透率下配电网级电压评价指标

渗透率	S_4	S_5
30%	-0.259 6	0.062 1
50%	-0.229 6	0.054 7
70%	-0.181 1	0.049

8.4.2 光伏分布位置对配电网电压的影响

因分布式光伏大规模接入配电网会改变其原有的单电源拓扑结构,并且对配电网的潮流分布产生很大影响,因此光伏接入点的位置通常要考虑多种因素,对保证配电网电能质量及其稳定运行具有重要意义。

根据潮流方程可知,节点j与节点$j-1$的节点电压关系如式(8-15)

$$U_{j-1}^2 = U_j^2 + 2(P_j R_j + Q_j X_j) + (R_j^2 + X_j^2)\frac{P_j^2 + Q_j^2}{U_j^2} \tag{8-15}$$

式中,U_j、U_{j-1}为节点j与节点$j-1$的节点电压;P_j、Q_j为节点j的有功功率、无功功率;R_j、X_j为节点j的电阻、电抗。

通过化简式(8-15),得到

$$U_{j-1}^2 = U_j^2 + 2(P_j R_j + Q_j X_j) \tag{8-16}$$

对上游所有节点的电压进行叠加,可得

$$U_j^2 = U_0^2 - 2\sum_{n=1}^{j}(P_n R_n + Q_n X_n) \tag{8-17}$$

由以上关系式分析可得,电源节点以及到节点j所有线路上的功率决定了节点j的电压。若假设节点j上游的光伏电源所输出的有功功率及无功功率不变,下游一任意节点k上的光伏电源输出产生功率波动,设有功功率波动量为ΔP,无功功率波动量为ΔQ,则节点j与上游节点之间传输的功率同样会产生波动。波动量之间的关系如式(8-18)及(8-19)

$$\Delta P_1 = \Delta P_2 = \cdots = \Delta P_j = \Delta P \tag{8-18}$$

$$\Delta Q_1 = \Delta Q_2 = \cdots = \Delta Q_j = \Delta Q \tag{8-19}$$

并且根据式(8-19),节点电压从U_{j0}变为U_{j1},且有

$$(U_{j1})^2 = (U_{j0})^2 - 2\Delta P \sum_{n=1}^{j} R_n - 2\Delta Q \sum_{n=1}^{j} X_n \tag{8-20}$$

其中假设

$$Z_{i,j} = (U_{j0})^2 - (U_{j1})^2 \tag{8-21}$$

$$Z_{h,j} = (U_{j0})^2 - (U_{j2})^2 \tag{8-22}$$

则由式(8-21)和式(8-22)可知

$$Z_{i,j} - Z_{h,j} = 2\Delta P \sum_{n=h+1}^{j} R_n + 2\Delta Q \sum_{n=h+1}^{j} X_n \tag{8-23}$$

当ΔP和ΔQ均大于0时,则有

$$Z_{i,j} - Z_{h,j} > 0 \tag{8-24}$$

通过以上的推导可知,对于一任意节点 j,其下游接入的光伏功率波动较上游的光伏来说对 j 影响更大。因此当配电网中光伏电源接入越靠近末端,其功率波动对配电网影响越大。因此,当配电网存在电压越限节点时,调节其下游节点光伏功率的作用要大于调节其上游节点功率的效果。

采用本章 IEEE-33 配电网模型进行对比分析,分别将完全相同的光伏以不同位置分布接入配电网中,并得到各节点电压值。接入光伏位置分布如表 8-7 所示。

表 8-7 不同分布下光伏接入节点号

首端分布	末端分布	均匀分布
1	24	2
2	25	5
3	26	8
4	27	11
5	28	14
6	29	17
7	30	21
8	31	24
9	32	28
10	33	32

首端、末端分布即将光伏电源接入靠近配电网靠近电源侧、远离电源侧,均匀分布即在配电网各位置的节点尽可能均匀地接入光伏电源。在以上三种分布情况下将 10 台额定容量为 200 kVA 的光伏电源接入配电网模型进行对比分析,得到各节点电压如图 8-14 所示。

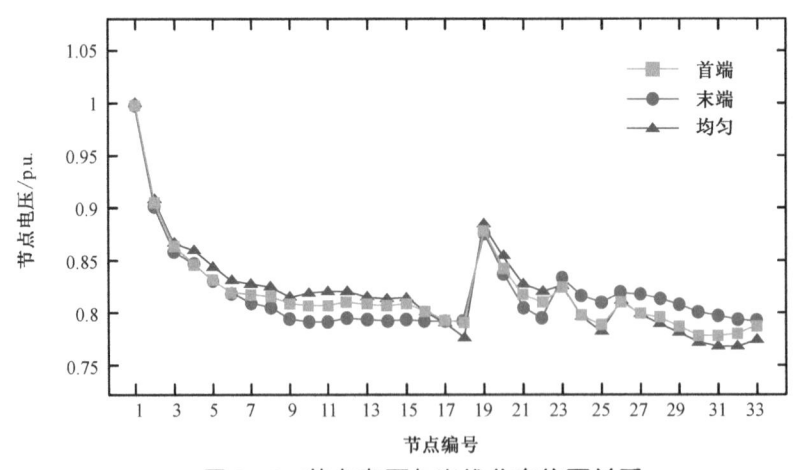

图 8-14 节点电压与光伏分布位置关系

由图 8-14 结果可知,在光伏首端分布的情况下,靠近首端的节点电压抬升显著;光伏末端分布情况下,靠近末端的节点电压抬升显著;光伏均匀分布的情况下,节点改善效果较均衡。图 8-15 为三种分布情况下的电压评价指标。

(a) 无功灵敏度指标

(b) 电压波动率指标

(c) 电压越限指标

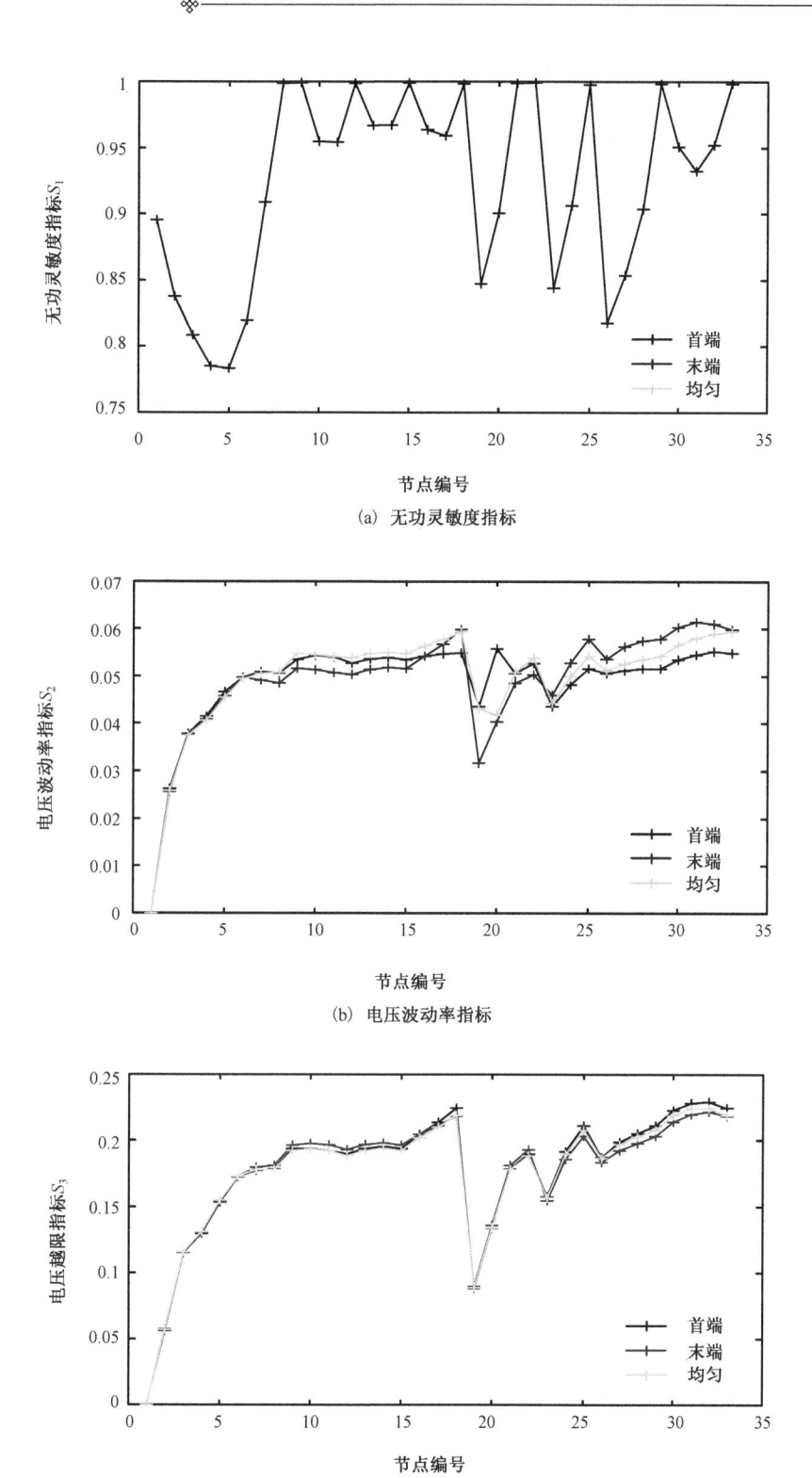

图 8-15 光伏不同分布下单节点电压评价指标

由指标进行分析可得到如下结论：

（1）对比三种分布情况下无功灵敏度指标 S_1 可知，因光伏的接入未能改变节点固有的导纳关系，因此在不同的渗透率下该指标不发生变化。

（2）根据对电压波动率指标 S_2 进行对比可知，电压波动情况在首端分布时的首端节点以及末端分布时的末端节点最为严重，由此说明光伏电源接入位置的节点电压波动性将增大。

（3）根据对电压越限指标 S_3 进行对比可知，光伏电源所接入的节点指标 S_3 减小，说明光伏电源可有效改善接入节点的电压越限问题。

（4）根据对电压偏移度指标 S_4 以及电压离散度指标 S_5 进行对比可知（表8-8），在该配电网中节点电压向下偏移问题严重，光伏接入末端节点时对指标改善最多，因末端节点电压降落随电气距离增大而增大，光伏的接入使配电网络成为多电源网络，改善了整体电压水平。首端节点距离电源的电气距离近、电压降落小，光伏接入对整体电压水平改善效果小。

表8-8 光伏不同分布下配电网级电压评价指标

分布	S_4	S_5
首端	−0.244 6	0.059 3
末端	−0.243 3	0.057 9
均匀	−0.243 1	0.058

8.5 光伏逆变器调压工作原理

8.5.1 传统光伏逆变器有功调压工作原理

早期光伏逆变器采用纯有功模式，逆变器不仅将直流电转换为交流电，还需要根据负载需求调整输出电压和频率。在有功调压过程中，逆变器根据负载的电压和频率需求，通过控制开关器件的导通和截止来实现电压和频率的调整。

逆变器的有功调压原理可以通过以下步骤概括：

（1）输入电流检测：逆变器首先检测光伏电池输出的直流电流，并对其进行测量和监控。

（2）目标输出电压和频率设定：根据负载需求和电网要求，设定逆变器的目标输出电压和频率。

（3）比较和控制：逆变器将目标输出电压和频率与实际输出进行比较。如果实际输出电压和频率低于目标值，逆变器会增加开关器件的导通时间，以提高输出电压和频率。如果实际输出电压和频率高于目标值，逆变器会减少开关器件的导通时间。

（4）输出电压和频率调整：通过控制开关器件的开关时间和频率，逆变器调整输出电压和频率，使其接近目标设定值。

（5）反馈控制：逆变器持续监测输出电压和频率，并根据反馈信息对控制参数进行调整，以保持稳定的输出。

通过以上步骤,逆变器能够实现对光伏发电系统输出电压和频率的有功调压,以满足负载需求和电网要求。这样,光伏发电系统就能够有效地将直流电转换为交流电,并将其接入电网或为负载供电。

8.5.2 现代光伏逆变器无功调压工作原理

现代逆变器基本都具备无功调节能力,涉及功率因数控制和无功功率调节。其工作原理如下:

(1)功率因数控制:功率因数是衡量电路中有功功率和视在功率之间关系的参数。在交流电路中,有功功率用于提供实际的功率输出,而无功功率用于维持电路的电压和电流波形。功率因数是用来衡量电路中有功功率和视在功率之间的相位关系,它的范围在-1到$+1$之间。

(2)无功功率调节:无功功率是指电路中的无功电流和电压所传输的功率,它不执行实际的功率输出工作,而是用于维持电网稳定和支持电力系统的运行。光伏逆变器可以通过调节无功功率来实现对电网的无功调压。

(3)目标功率因数设定:根据电网要求和逆变器控制策略,设定逆变器的目标功率因数。通常情况下,目标功率因数为1(即单位功率因数),以实现最佳的功率因数控制和无功调压。

(4)无功功率调节策略:逆变器通过控制开关器件(如晶体管、MOSFET等)的导通和截止,调节输出电流的相位和幅值,以实现无功功率的调节。具体的调节策略可以采用各种方法,如电流控制、电压控制、相位控制等。

(5)反馈控制:逆变器持续监测输出功率因数和无功功率,并根据反馈信息对控制参数进行调整,以保持稳定的输出功率因数和无功功率。

通过以上步骤,现代光伏逆变器能够实现对光伏发电系统输出功率因数和无功功率的调节,以满足电网要求和稳定运行。这样,光伏发电系统就能够在实现有功发电的同时,调节无功功率,提供对电网的无功支持,并维持电网稳定运行。

第9章 光伏逆变器参与调压的优化控制策略

9.1 光伏逆变器的电压控制策略

9.1.1 分布式光伏调压的主从分散协调控制

分布式光伏调压控制策略的思路是,首先逆变器的本地控制器按指令值实时闭环调节逆变器有功、无功输出,指令值由全局优化策略给定;以配电网全局电压优化为目标对无功及有功削减量等光伏运行指令值进行全局优化决策,并将优化指令值通过分布式网络发送给本地控制器;以次日负荷和光伏预测值为参考,做出 15 min 为一个时段的指令优化结果,作为本地控制器次日各时段运行指令。因此本章核心工作就是通过全局优化实现多个光伏电源协调配合运行,形成全局-本地两级控制的主从分散协调控制系统。分布式光伏对配电网进行电压控制的分散协调控制结构如图 9-1 所示。

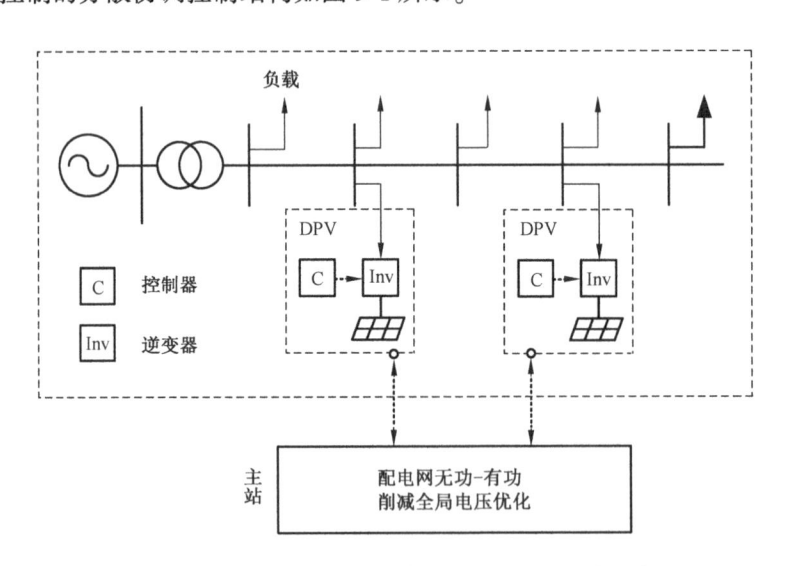

图 9-1 光伏调压全局/本地分散协调控制系统

9.1.2 分布式光伏无功-有功削减协调优化策略

电压合格率是电力系统的重要考核指标,电压越限会给电网和用电设备构成威胁。《电能质量供电电压偏差》(GB/T 12325—2008)中对各种电压等级的电压偏差允许值做了规定,其中要求 20 kV 及以下电压等级的供电电压偏差不超过标称电压的±7%。《供配电系统设计规范》(GB 50052—2009)规定用电设备端子处电压偏差允许值宜符合±5%。分布式光伏的接入加大了电压越限风险,分布式光伏通常采用最大功率点跟踪控制模式,保证光伏有功出力最大化。但如凭借无功调压手段仍无法控制电压在上述标准范围内时,为保障电网安全运行,适当削减有功出力是必要的。本节提出一种以电压合格为条件,最小化削减有功为原则的分布式光伏无功与有功削减协调优化调压策略。首先使分布式光伏按最大功率跟踪方式输出有功功率,并利用逆变器剩余容量进行无功电压调节,使电压最优;若以剩余容量为优化空间进行无功优化后,电网仍有电压不合格节点,则通过优化手段最小化削减逆变器有功输出,从而使全网电压合格;同时对削减出的逆变器容量再次进行无功优化,以进一步改善电压合格水平。具体步骤如下:

步骤一:在分布式光伏最大化输出有功的前提下利用逆变器剩余容量提供无功功率,建立以全网总电压偏差最小为目标函数的静态无功优化模型,优化变量为光伏无功出力仿射量。

步骤二:若优化后仍有节点电压越限,则在第一步无功优化结果的基础上以全网电压合格为约束,光伏总有功出力仿射值最大为目标函数建立有功削减优化模型,得到满足电压合格的最小有功削减方案。

步骤三:根据有功削减值,计算出逆变器新增剩余容量,求出逆变器无功输出范围,判断节点电压是否满足约束要求。若不满足条件,重新进行无功优化;若满足条件,则输出优化结果。

上述步骤可表示成如图9-2所示的分布式光伏参与的无功-有功削减协调优化策略流程图。

9.1.3 分布式光伏无功-有功削减优化建模

分布式光伏逆变器总容量除了传递有功功率外,其剩余容量可用于电压无功控制,在剩余容量限值范围内具体的无功需求则取决于电压无功优化。本章电压无功优化的决策变量是各逆变器输出无功功率或有功削减量,优化的目标是电压最优。无功功率及有功功率对电压的影响关系通过潮流方程来反映。

```
                    ┌─────────┐
                    │  开始   │
                    └────┬────┘
                         │
            ┌────────────▼────────────┐
            │  以全网总电压偏差最小为  │
            │  目标函数建立全天各时段  │
            │      无功优化模型        │
            └────────────┬────────────┘
                         │
            ┌────────────▼────────────┐
            │ 以光伏电源总有功放射量最大 │
            │ 为目标建立有功削减优化模型 │
            └────────────┬────────────┘
                         │
            ┌────────────▼────────────┐
            │    求出光伏无功出力范围  │
            └────────────┬────────────┘
                         │
                    ◇────▼────◇  否
                    节点电压满足约束要求 ──────┐
                    ◇─────────◇              │
                         │是                  │
            ┌────────────▼────────────┐      │
            │    输出各控制变量最优值  │      │
            └────────────┬────────────┘      │
                    ┌────▼────┐              │
                    │  结束   │              │
                    └─────────┘              │
```

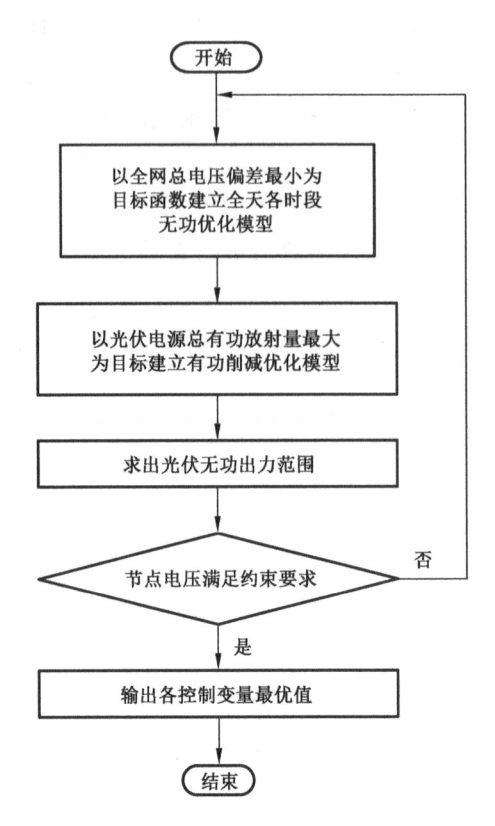

图 9-2 分布式光伏参与的无功-有功削减协调优化策略流程图

9.1.3.1 目标函数

以各时段全网总电压偏差最小为目标函数：

$$F_1 = \min\left(\sum_{i=1}^{n} |U_{it} - U_0|\right) \tag{9-1}$$

式中，U_{it} 为 t 时段节点 i 的电压区间中值；U_0 为节点电压期望值；n 为系统节点数。
以光伏电源总有功出力仿射值最大为目标函数：

$$F_2 = \max\left(\sum_{f=1}^{N_{PV}} \hat{P}_{PVft}\right) \tag{9-2}$$

式中，N_{PV} 为光伏电源的数量；$\hat{P}_{PVft}$ 为时段 t 内光伏电源 f 输出的有功功率仿射量。
目标函数 F_1 和 F_2 分别对应于步骤一和步骤二所述目标函数。

9.1.3.2 约束条件

1. 等式约束

光伏出力、负荷功率、补偿装置无功功率应满足如下潮流方程：

$$\begin{cases} \hat{P}_{it} = \hat{U}_{it} \sum_{j \in i} \hat{U}_{jt}(G_{ij}\cos\theta_{ij} + B_{ij}\sin\theta_{ij}) \\ \hat{Q}_{it} = \hat{U}_{it} \sum_{j \in i} \hat{U}_{jt}(G_{ij}\cos\theta_{ij} - B_{ij}\sin\theta_{ij}) \end{cases} \quad (9\text{-}3)$$

$$\begin{cases} \hat{P}_{it} = \hat{P}_{\text{PV}t} - \hat{P}_{\text{L}it} \\ \hat{Q}_{it} = \hat{Q}_{\text{PV}t} + Q_{\text{C}it} - \hat{Q}_{\text{L}it} \end{cases} \quad (9\text{-}4)$$

式中，$\hat{P}_{it}$、$\hat{Q}_{it}$ 分别为时段 t 内节点 i 注入的有功功率、无功功率仿射量；$\hat{P}_{\text{PV}t}$、$\hat{Q}_{\text{PV}t}$ 分别为时段 t 内光伏电源输出的有功功率、无功功率仿射量；$\hat{P}_{\text{L}it}$、$\hat{Q}_{\text{L}it}$ 分别为时段 t 内节点 i 负荷消耗的有功功率、无功功率仿射量；$Q_{\text{C}it}$ 为时段 t 内节点 i 无功补偿电容器组的出力值；G_{ij}、B_{ij} 分别为节点 i、j 之间的电导、电纳；θ_{ij} 为节点间的电压相角差。

2. 节点电压约束

$$[U_{it}] \subseteq [U_{\min}, U_{\max}] \quad (9\text{-}5)$$

式中，$[U_{it}]$ 为时段 t 内节点 i 的电压幅值区间，$i = 1, 2, \cdots, n$；$U_{\max}$ 和 $U_{\min}$ 分别为满足运行要求的电压上、下限值。

3. 逆变器运行约束

分布式光伏发出的无功功率由光伏逆变器的运行容量和光伏输出的有功功率共同决定，如式(9-6)所示。

$$0 \leqslant Q_{ft} \leqslant \sqrt{S^2 - P_{ft}^2} \quad (9\text{-}6)$$

式中，Q_{ft} 为时段 t 内光伏电源 f 无功出力；S、P_{ft} 分别为光伏并网逆变器安装容量和光伏削减后的有功出力值。

9.1.3.3 模型求解方法

Ybus 高斯迭代潮流计算对初值要求低，不需要快速解耦且收敛性不受 R/X 限制。线性递减权重粒子群(LinWPSO)算法是一种改进粒子群算法，算法在迭代前期加强全局搜索，避免在局部最优解附近徘徊，加快粒子群算法的收敛速度；在迭代后期对局部进行细致的搜索，提高解的精度。因此，本章采用 Ybus 潮流计算与 LinWPSO 相结合的算法对优化模型进行求解。

1. 仿射参与的无功优化模型求解流程

(1) 初始化 LinWPSO 算法参数，包括种群规模 N，惯性权重的最大值 $\omega_{\max}$ 和最小值 $\omega_{\min}$，迭代次数 T 等。随机产生光伏无功出力仿射量 $\hat{Q}_{\text{PV}t}$、变压器分接头挡位 T_t 和电容器投切组数 $N_{\text{C}t}$ 的初始种群。

(2) 输入时段 t 对应天气的云层系数仿射量 $\hat{J}_t$ 和光照强度的仿射量 $\hat{G}_{at}$；输入负荷有功、无功功率实数值 $P_{\text{L}it}$ 和 $Q_{\text{L}it}$、波动的噪声元 $\varepsilon_{\text{L}it}$ 和 $\gamma_{\text{L}it}$ 以及该时段对应的负荷不确定率

δ_{Lt}。

(3)计算得到 DPV 有功输出仿射量 $\hat{P}_{PVt}$ 和负荷的有功、无功输出仿射量 $\hat{P}_{Lit}$、$\hat{Q}_{Lit}$。

(4)将随机产生的种群个体以及步骤(3)得到的仿射量代入 Ybus 潮流计算得到各个节点电压区间值 $[U_{it}]$,选取各个节点电压区间的中值 U_{it} 与电压额定值 U_0 的偏差之和最小作为适应度函数,找出各个粒子个体最优值 p_{best} 和全局最优值 g_{best}。

(5)更新每个粒子的速度和位置,更新惯性权重,再次进行 Ybus 潮流计算,得到每个粒子的适应度值,更新种群位置和速度进行迭代。

(6)判断是否达到最大迭代次数,若满足条件,则输出最优变量值,否则返回步骤(4)。

2. 有功削减优化模型求解流程

有功削减优化模型求解过程是指设定节点电压满足区间约束,然后将静态无功优化结果、光伏有功出力变量代入 Ybus 潮流计算,并通过 LinWPSO 迭代寻优得到削减后的光伏有功出力值。具体求解流程如图 9-3 所示。

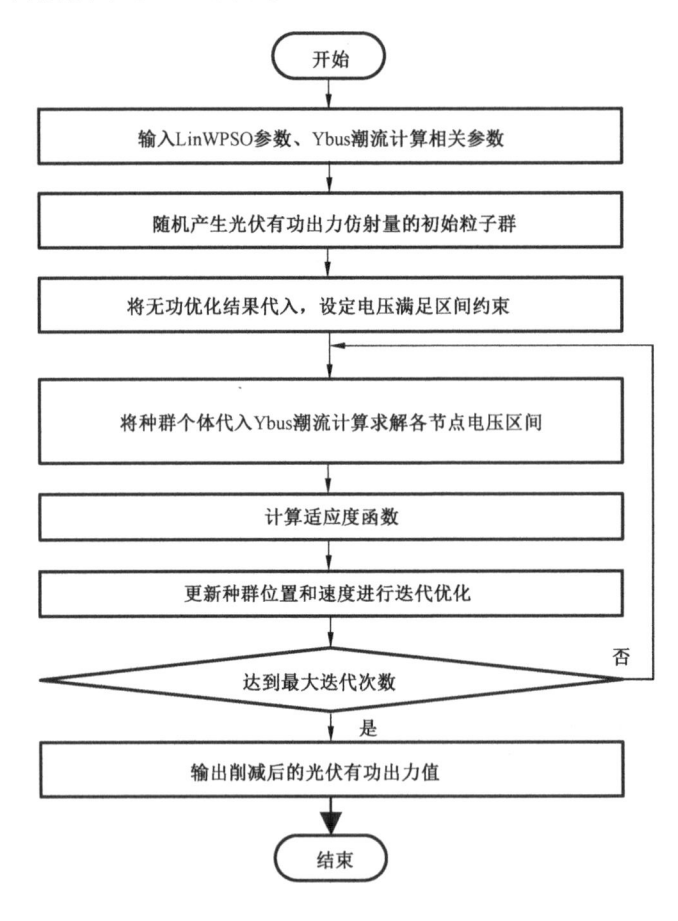

图 9-3 有功削减优化模型求解方法流程图

9.1.4 分布式光伏有功削减案例分析

选取 IEEE 33 节点系统为算例验证本章所提优化策略的有效性。系统拓扑结构如

图 9-4 所示,电压等级为 10 kV。在节点 0 和 1 之间接入一台有载调压变压器,变比范围为 0.95~1.05,共 9 挡,调节步长为 1.25%。在 7 节点和 12 节点分别接入光伏电源,考虑到馈线接入形式的光伏电源容量一般在 100 kW 到 1 MW 之间,本章设每个光伏电源的装机容量为 500 kW。在 17 节点和 32 节点分别接入 8 组无功补偿电容器,单组容量为 150 kvar。模型求解算法参数设置:时段数为 24,LinWPSO 的种群规模为 50,学习因子 $c_1=c_2=2.0$,维数 $D=5$。惯性权重 $\omega=0.8$,$\omega_{max}=0.9$,$\omega_{min}=0.4$,在 $[0.4,0.9]$ 之间代数线性递减,最大迭代次数。考虑到现代电网中新型敏感负荷对供电质量要求的提高,且由于 10 kV 电网直接连接用户端,结合相关标准的限值规定,算例中电压阈值取±5%。

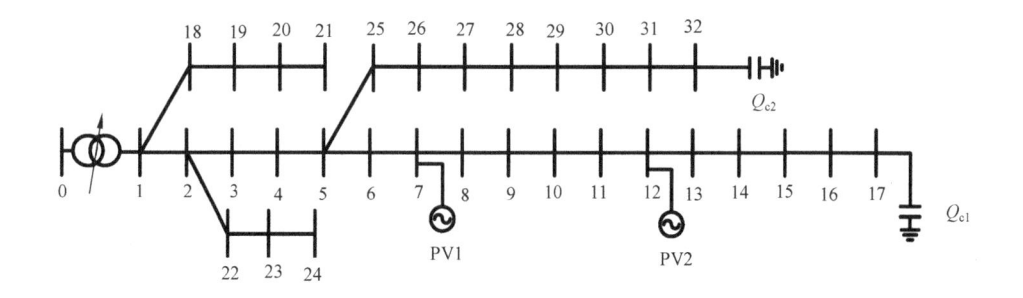

图 9-4　IEEE 33 节点系统结构图

本章选取一天的光伏电源出力和负荷进行分析。光伏电源和负荷的输出功率仿射模型由前节已知,由实际气象信息得到不同天气状况下的云层系数仿射量,如表 9-1 所示。

表 9-1　云层系数仿射量

天气状况	云层系数仿射量
晴	$\hat{j}=0.95+0.05\varepsilon_{ii}$
多云转晴	$\hat{j}=0.80+0.10\varepsilon_{ii}$
多云	$\hat{j}=0.60+0.10\varepsilon_{ii}$
阴转多云	$\hat{j}=0.40+0.10\varepsilon_{ii}$
阴	$\hat{j}=0.25+0.05\varepsilon_{ii}$
雨或雪	$\hat{j}=0.15+0.05\varepsilon_{ii}$

根据式(9-7)可求得各个时段光伏电源有功出力仿射量。

$$\hat{P}_{\mathrm{PV}t} = P_{\mathrm{STC}} \frac{\hat{G}_{\mathrm{T}t}}{G_{\mathrm{STC}}} [1 - 0.005(T_{\mathrm{a}} + C\hat{G}_{\mathrm{T}t} - 25)] \tag{9-7}$$

式中,P_{STC} 为标准测试条件下光伏系统的最大测试功率,取 408 kW;$\hat{G}_{\mathrm{T}t}$ 为 t 时段光照强度仿射量;G_{STC} 为标准测试条件下的光照强度,为 1 000 W/m²;T_{a} 为环境温度,单位为℃;C 一般取 0.03。

进行潮流计算时需要考虑负荷数据的不确定性。本章假设同一时段内的负荷出力不确定率基本一致,即 δ_t 相同,然后计算得到各个时段不同节点负荷的复仿射量。

9.1.5 分布式光伏有功削减优化结果分析

进行有功削减优化的目的是在电压合格的前提下保证光伏电源的最大化消纳。选取不满足要求的 11~14 时段无功优化结果,根据 DPV 参与的无功-有功削减协调优化模型进行光伏电源有功削减优化,所得优化结果如表 9-2 所示。

表9-2 光伏电源有功出力值

时段	初始值/kW	P_{PV1}/kW	PV1 有功消减值/kW	P_{PV2}/kW	PV2 有功消减值/kW
11~12	327	296	31	303	24
12~13	340	300	40	315	15
13~14	332	298	34	312	20

从表 9-2 可知,有功削减优化后得出的输出值相比于光伏电源初始中值削减了 20 kW 到 40 kW 不等,其中接入 7 节点的光伏 1 有功削减值比接入 12 节点的光伏 2 削减值要多,这说明光伏 1 对电压的影响程度要大于光伏 2。因此,在具体实施有功削减过程时可优先对光伏 1 进行操作。

9.2 分布式光伏接入配电网电压适应性分析

9.2.1 电压质量风险指标构建

光伏引起的电压质量问题主要有电压偏差、三相不平衡及谐波畸变和电压波动等,本章方法主要对电压偏差和三相不平衡进行描述,对于其他指标同样适用。

9.2.1.1 统计指标的定义

1. 5%越限电压最大值指标

对统计期所有统计值筛选最大值,取前 5%最大值数据,设这些数据分布于 M 个区间。首先得到数据落在区间 $i(i=1,2,\cdots,M)$ 的频率 p_i^{max},运用风险概念建立电压质量评判指标,将电压越限最严重的 5%样本概率与其越限严重程度相乘,得到 5%越限最大值指标 R_1 为

$$R_1 = \sum_{i=1}^{M} d_i \cdot p_i^{max} \tag{9-8}$$

式中,d_i 为 5%最大值统计数据落入区间 i 的区间值。

2. 95%越限电压期望值指标

将电压偏差数据从大到小排序,去掉受极端场景影响的前 5%最大统计值,对剩余 95% 数据进行分析。设这些数据分布于 N 个区间,可得到数据落在区间 $j(j=1,2,\cdots,N)$ 的频率 p_j^{exp},以出现的频率近似为概率值。用电压数据落在各区间的概率为权重,将 95%统计数据加权求和,得到表征节点电压 95%期望值的风险指标 R_2 为

$$R_2 = \sum_{j=1}^{N} d_j \cdot p_j^{\exp} \tag{9-9}$$

式中，d_j 为95%统计数据落入区间 j 的区间值。

3. 5%越限电压众数值指标

众数表征统计中出现频数最大的样本值。为反映配电网电压分布的大概率事件，采用电压数据的众数进行描述。具体为将各区间出现的概率值从大到小排序，选取概率值最大的前5%数据作为分析数据。设这些数据分布于 K 个区间，可得到数据落在区间 $k(k=1,2,\cdots,K)$ 的频率 p_k^{mod}。以出现的频率值近似为概率值，得到表征节点电压众数值风险指标 R_3 为

$$R_3 = \sum_{k=1}^{K} d_k \cdot p_k^{\mathrm{mod}} \tag{9-10}$$

式中，d_k 为5%众数统计落入区间 k 的区间值。

9.2.1.2 电压质量越限区间

1. 越限电压偏差

越限电压偏差的统计对象为电压偏差超过限值的样本值，定义越限电压偏差为

$$\varepsilon_r = \begin{cases} \dfrac{U_{\lim}^- - U_r}{U_N}, & U_r < U_{\lim}^- \\ 0, & U_{\lim}^- \leq U_r \leq U_{\lim}^+ \\ \dfrac{U_r - U_{\lim}^+}{U_N}, & U_r > U_{\lim}^+ \end{cases} \tag{9-11}$$

式中，U_r 为各节点的实际电压值样本；U_N 为额定电压；$U_{\lim}^+$ 和 $U_{\lim}^-$ 分别为规定的电压上下限值。

根据相关标准对不同电压等级电网的电压偏差允许值计算各相电压偏差越限值，将越限值对应到越限区间。对统计期所有电压偏差样本均对应到不同越限区间后，统计各越限区间的样本数，得到样本在各区间的概率。分别按偏差最大取5%样本、最小95%样本和概率最大值5%众数样本，样本所在的区间分布为 M、N 和 K，区间值分别为 d_i、d_j 和 d_k，得到电压偏差越限风险指标。

2. 越限电压的三相不平衡

利用对称分量法将节点电压有效值进行相序分解，得到节点电压的负序分量及零序分量，并统计电压不平衡超过标准限值的序分量样本。则负序和零序电压不平衡度分别定义为

$$\varepsilon_{r2} = \begin{cases} \dfrac{U_{r2} - U_{\lim 2}}{U_N}, & U_{r2} > U_{\lim 2} \\ 0, & U_{r2} \leq U_{\lim 2} \end{cases} \tag{9-12}$$

$$\varepsilon_{r0} = \begin{cases} \dfrac{U_{r0} - U_{\lim 0}}{U_N}, & U_{r0} > U_{\lim 0} \\ 0, & U_{r0} \leq U_{\lim 0} \end{cases} \tag{9-13}$$

式中，U_{r2} 和 U_{r0} 分别为节点电压的负序和零序分量的样本值；$U_{\lim 2}$ 和 $U_{\min 0}$ 分别为负序和零序电压的标准限值。

根据相关标准对不同电压等级的负序和零序电压允许值计算各相电压不平衡度越限值，并将越限值对应到越限区间。对统计期所有负序和零序电压样本对应到不同越限区间后，统计各越限区间的样本数得到样本在各区间的概率。分别对负序和零序按最大取 5% 样本、最小 95% 样本和概率最大值 5% 众数样本，设样本区间值分别为 d_{i2}、d_{j2}、d_{k2} 和 d_{i0}、d_{j0}、d_{k0}，得到电压不平衡的越限风险指标。

9.2.2 光伏接入配电网的分布特征

9.2.2.1 分布式光伏渗透率

因配电网自身的功率限制以及电能质量要求，可接入配电网的光伏总容量受到系统的约束。光伏装机容量在配电网中所占比重大小通常采用光伏渗透率来进行表征，定义如式

$$S_{\text{per}} = \dfrac{S_{\text{DPV}}}{S_L}\% \tag{9-14}$$

式中，S_{per} 为配电网光伏渗透率；S_L 为配电网总负荷；S_{DPV} 为配电网光伏总装机容量。

9.2.2.2 分布式光伏接入的均匀度

本章从分布式光伏的接入位置、分布状况及单节点渗透率等接入条件考虑，建立分布式光伏接入均匀度指标，如式(9-15)

$$J = \dfrac{D \times \sum\limits_{b=1}^{B}(Z_b \times S_{b,\text{per}})}{S_{\text{per}}} \tag{9-15}$$

式中，J 为配电网光伏接入均匀度指标；Z_b 为节点 b 距离电源点的电气距离；D 为各光伏接入点电气距离标准差；$S_{b,\text{per}}$ 为节点 b 的单节点光伏渗透率。

定义单节点光伏渗透率为接入单节点的光伏额定容量及该节点的额定负荷之比，如式(9-16)

$$S_{b,\text{per}} = \dfrac{S_{b,\text{DPV}}}{S_{b,L}}\% \tag{9-16}$$

式中，$S_{b,L}$ 为节点 b 所接额定负荷；$S_{b,\text{DPV}}$ 为节点 b 所接光伏总装机容量。

9.2.3 光伏接入配电网电压适应性分析

9.2.3.1 光伏无功支撑的全局优化调压策略

在各运行优化时段，以全网节点电压偏差之和最小为目标，光伏逆变器无功输出主动支撑调压任务，其无功输出为最优控制量。各时段的全局优化目标函数为

$$\min F = \min\left\{\sum_{b=1}^{B}|U_{b,t} - U_0|\right\}, t = 1, 2, \cdots, T \tag{9-17}$$

式中，$U_{b,t}$ 为时段 t 内节点 b 的电压区间中值；U_0 为节点电压期望值；T 为划分的时段数。

约束条件包括潮流平衡等式约束；不等式约束包括各时段内光伏逆变器无功输出限值、有载调压变压器分接头挡位上、下限值、各时段内无功补偿电容器最大投切组数。其中，逆变器运行约束为

$$\begin{cases} Q_{\text{PV},t,\min} = -\sqrt{S_N^2 - P_{\text{PV},t}^2} \\ Q_{\text{PV},t,\max} = \sqrt{S_N^2 - P_{\text{PV},t}^2} \\ Q_{\text{PV},t,\min} \leqslant Q_{\text{PV},t} \leqslant Q_{\text{PV},t,\max} \end{cases} \quad (9\text{-}18)$$

式中，S_N、$P_{\text{PV},t}$ 分别为分布式光伏逆变器的视在功率和在时段 t 内的有功出力；$Q_{\text{PV},t,\max}$、$Q_{\text{PV},t,\min}$ 分别为时段 t 内分布式光伏无功输出最大、最小限值。

9.2.3.2 光伏接入配电网的电压适应性分析

1. 电压偏差及不平衡的适应性

考虑光伏主动支撑调压任务，采用本章提出的电压质量风险评估指标来定量分析在不同光伏渗透率和接入均匀度接入下的配电网电压适应性。为使电压适应度评估结果更能反映电压电能质量的真实状态，在各指标的赋权过程中，不仅需要主观经验，同时也需考虑电压质量的客观实际。因此，本章采用组合赋权法来求取各电压指标权重，并采用 AHP-CRITIC 组合赋权法来避免 AHP 法较为强烈的主观性以及 CRITIC 法忽略指标间的重要程度差异问题。

按照建立的电压偏差风险指标，分别计算各相电压偏差风险指标，将三相系统各相的电压偏差风险指标进行加权求和，再与规定的标准限值作差得到电压综合指标来反映配电网对电压的适应性。由 5% 最大电压指标与标准限值作差得到 A、B、C 各相的最大电压偏差指标分别为 $E_{1,A}, E_{1,B}, E_{1,C}$。

$$\begin{cases} E_{1,A} = R_{1,A} - R_N \\ E_{1,B} = R_{1,B} - R_N \\ E_{1,C} = R_{1,C} - R_N \end{cases} \quad (9\text{-}19)$$

式中，R_N 为节点电压偏差的规定限值。

将电压的 95% 期望电压与 5% 众数进行组合加权求和形成各相的电压偏差综合平均指标 E_2。

$$\begin{cases} E_{2,A} = (W_1 R_{2,A} + W_2 R_{3,A}) - R_N \\ E_{2,B} = (W_1 R_{2,B} + W_2 R_{3,B}) - R_N \\ E_{2,C} = (W_1 R_{2,C} + W_2 R_{3,C}) - R_N \end{cases} \quad (9\text{-}20)$$

式中，W_1、W_2 分别为 95% 期望值和众数值电压偏差风险指标的综合权重。

同理，将 5% 最大电压不平衡风险指标与标准限值对比得到各相的最大电压不平衡指标分别为 $E_{3,2}, E_{3,0}$。

$$\begin{cases} E_{3,2} = R_{1,2} - R_M \\ E_{3,0} = R_{1,0} - R_M \end{cases} \quad (9\text{-}21)$$

式中，R_M 为节点电压不平衡度的规定限值。

分别将负序零序电压不平衡的 95% 期望值与 5% 众数值指标进行加权求和并归一化处理得到表征负序零序电压不平衡综合平均指标 E_4。

$$\begin{cases} E_{4,2} = (C_1 R_{2,2} + C_2 R_{3,2}) - R_M \\ E_{4,0} = (C_1 R_{2,0} + C_2 R_{3,0}) - R_M \end{cases} \tag{9-22}$$

式中，C_1、C_2 分别为 95% 期望值和众数值电压不平衡风险指标的综合权重。

由上式可知，各指标取值越小则电压质量越好，当 E 小于 0 时，表明配电网电压对光伏接入足以适应。当 E 大于 0 时，表明配电网电压质量难以适应光伏的接入。上述的综合权重通过 AHP-CRITIC 组合赋权法求得。

2. AHP-CRITIC 线性组合赋权

主观赋权采用层次分析法即 AHP 法求解，具体参照文献。对于电压偏差指标，求解得到 95% 期望值和 5% 众数值指标的主观权重分别为 w_1，w_2。CRITIC 法可传递各指标的数据信息与差别，其原理是根据判断指标所含信息量的大小来确定指标权重，CRITIC 赋权法的具体步骤参考文献[51]。采用 CRITIC 法得到 95% 期望值和 5% 众数值指标的客观权重为 w_{11}、w_{22}。不平衡指标的方法同电压偏差指标。

线性组合赋权法具有简单且灵活性强的优点，可根据实际需求对权值进行调整。因此，在得到主观权重和客观权重之后，采用线性组合赋权进行最终赋权。

$$\begin{cases} W_1 = \alpha_1 w_1 + (1 - \alpha_1) w_{11} \\ W_2 = \alpha_2 w_2 + (1 - \alpha_2) w_{22} \end{cases} \tag{9-23}$$

式中，W 为电压偏差风险指标的组合权重；α 为主观权重系数，反映了主观权重对组合权重的重要程度，α 值越大表示主观权重越重要。

对于电压不平衡指标，线性组合赋权得到的各指标最终权重分别为

$$\begin{cases} C_1 = \beta_1 c_1 + (1 - \beta_1) c_{11} \\ C_2 = \beta_2 c_2 + (1 - \beta_2) c_{22} \end{cases} \tag{9-24}$$

式中，C 为各电压不平衡风险指标的组合权重；β 为主观权重系数。

9.2.3.3 配电网电压适应性分析步骤

1. 基于历史天气数据构建分析场景

获取待分析地区近 Y 年的历史天气数据，采用 K-means 聚类算法对数据序列进行聚类以构建包含太阳辐照度、温度以及负荷的典型场景集合。

日场景集合建立步骤：

（1）确定所构建日场景集合中的典型场景数 y，将 Y 年的光照、温度及负荷历史数据按日划分为数据序列，并对数据序列进行分项处理；

（2）随机选取 y 个日场景数据序列作为初始中心序列；分别计算各数据序列与中心序列间的欧氏距离，并将与中心数据序列最相似的数据聚为一类，并更新迭代出新的中心数据序列；

（3）全部数据序列聚类为 y 个集合则迭代计算完成，将 y 个中心数据序列还原为原始

数据作为典型日场景数据。

2. 典型场景下电压适应度的随机模拟分析

以 1 h 为分析步长，运用光伏主动支撑调压策略，基于典型场景，采用随机模拟方法分析光伏不同接入形态下配电网的适应性。

典型场景电压适应度的随机模拟分析步骤：

（1）根据 y 个典型场景中光照、温度数据序列，计算得到各时段内的光伏有功出力值；进而求取各时段内的光伏逆变器无功输出限值；

（2）由各典型场景中负荷数据序列以及（1）中计算得到的各分布式光伏有功出力值，结合光伏的接入位置分布，计算各时段内的光伏渗透率和接入分布均匀度指标；

（3）通过粒子群优化算法结合潮流计算得到各光伏逆变器的最优无功输出量，并计算典型场景下的电压偏差指标及各相和各序的电压偏差指标；

（4）每个典型场景代表了若干原始场景，将各典型场景对应的电压偏差及不平衡指标乘以代表的原始场景数，映射得到原始场景中的各电压指标数据；

（5）由（4）得到的原始场景的电压指标数据，计算得到不同光伏渗透率和接入分布均匀度下的电压越限偏差和不平衡指标，进而评估配电网的电压适应性。

9.2.4 配电网电压适应性案例分析

9.2.4.1 典型场景集合构建

基于天津市 2011—2020 年的真实历史天气数据，通过 K-means 聚类得到的 55 个典型日场景所组成的集合，包括光照以及温度的数据序列，如图 9-5 所示。

图 9-5 中，典型场景的光照、温度曲线较为分散，包含了常见的各种天气情况。本章仅以 4 种典型场景为例来分析，其他场景下分析方法完全相同，所选场景集合如图 9-6 所示。

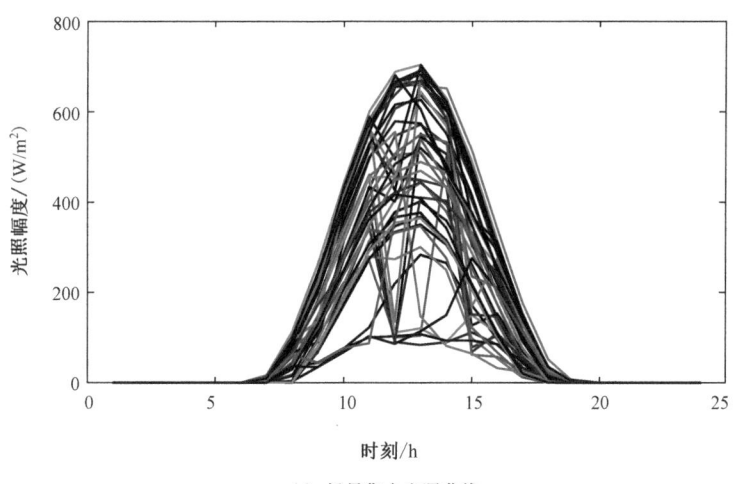

(a) 场景集合光照曲线

(b) 场景集合温度曲线

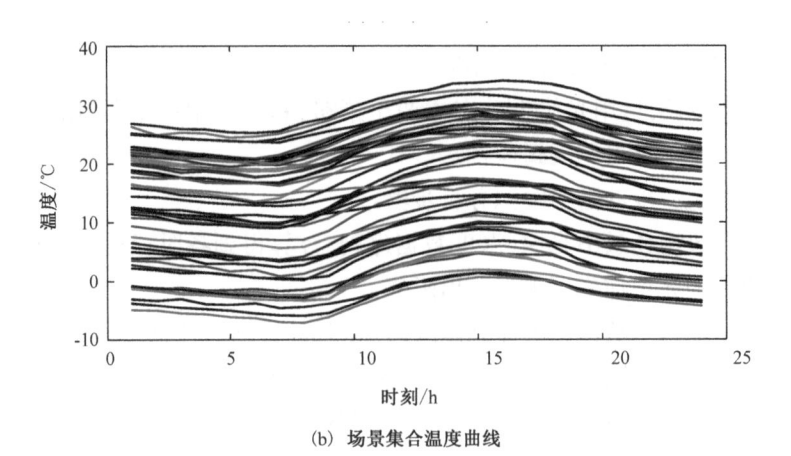

图 9-5 基于 *K*-means 聚类得到的日场景集合

(a) 场景集合光照曲线

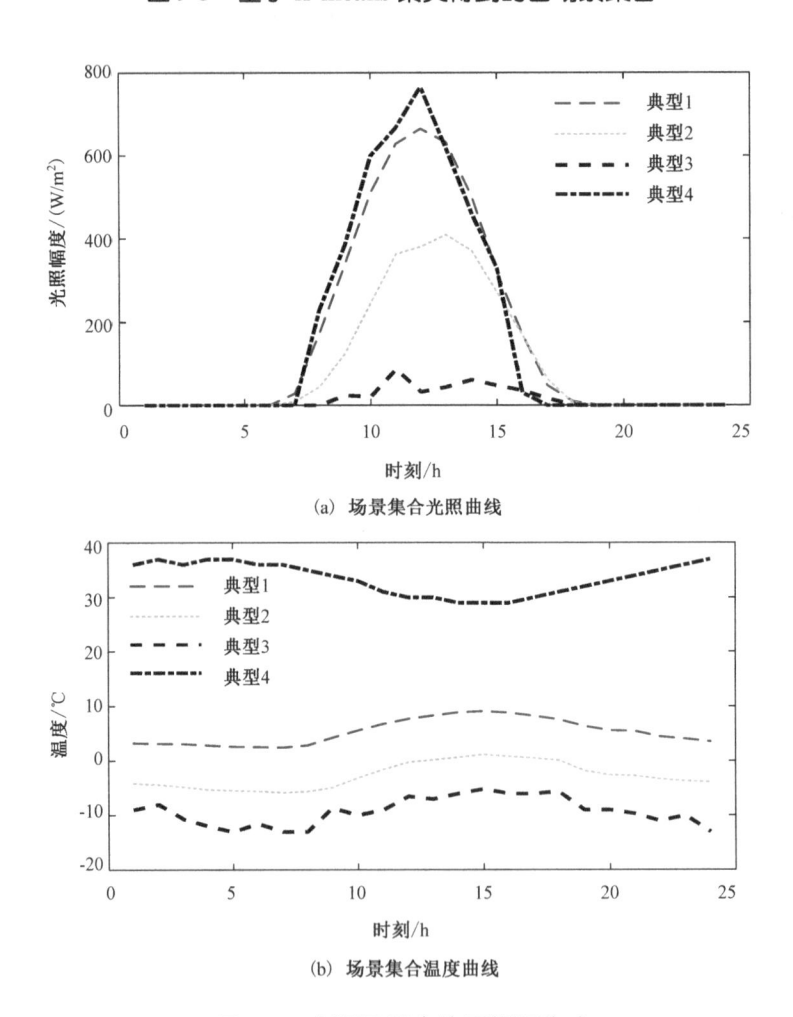

(b) 场景集合温度曲线

图 9-6 光照及温度的日场景集合

9.2.4.2 不同场景下光伏无功调压分析

以 IEEE-33 配电网模型为例,分布式光伏设置在节点 7、10、13、14、17、20、23 处接入三相光伏逆变器,节点 26、29、32 分别接入单相光伏逆变器,对光伏总并网容量进行平均分配,设置光伏接入均匀度为 7.36。各场景下光伏接入配电网且未采取调压措施时各节点电压分布分别如图 9-7 所示。粒子群优化算法的设定参数如图 9-7 和表 9-3 所示。

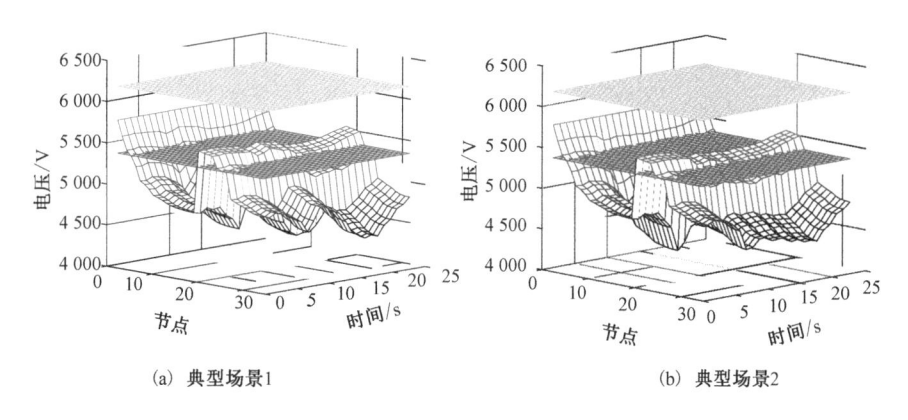

(a) 典型场景1　　(b) 典型场景2

图 9-7　场景集合下未调压时各节点电压

表 9-3　粒子群算法参数设置

参数	取值	参数	取值
种群规模	70	学习因子 c_2	2.0
最大迭代次数	100	最大惯性权重	0.9
学习因子 c_1	2.0	最大惯性权重	0.4

场景 1 下各时段光伏无功出力的全局优化结果及各日典型场景下配电网各节点电压分别如图 9-8 和图 9-9 所示。

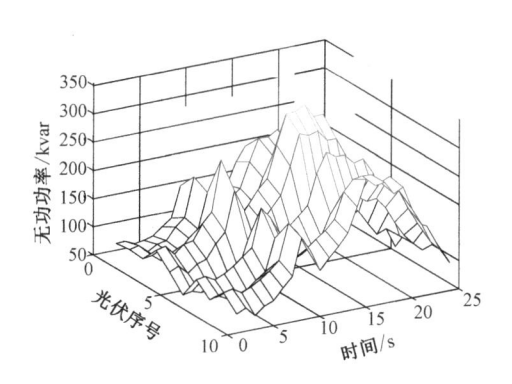

图 9-8　场景 1 下分布式光伏无功输出优化结果

(a) 典型场景1　　　　　　　　　　　　(b) 典型场景2

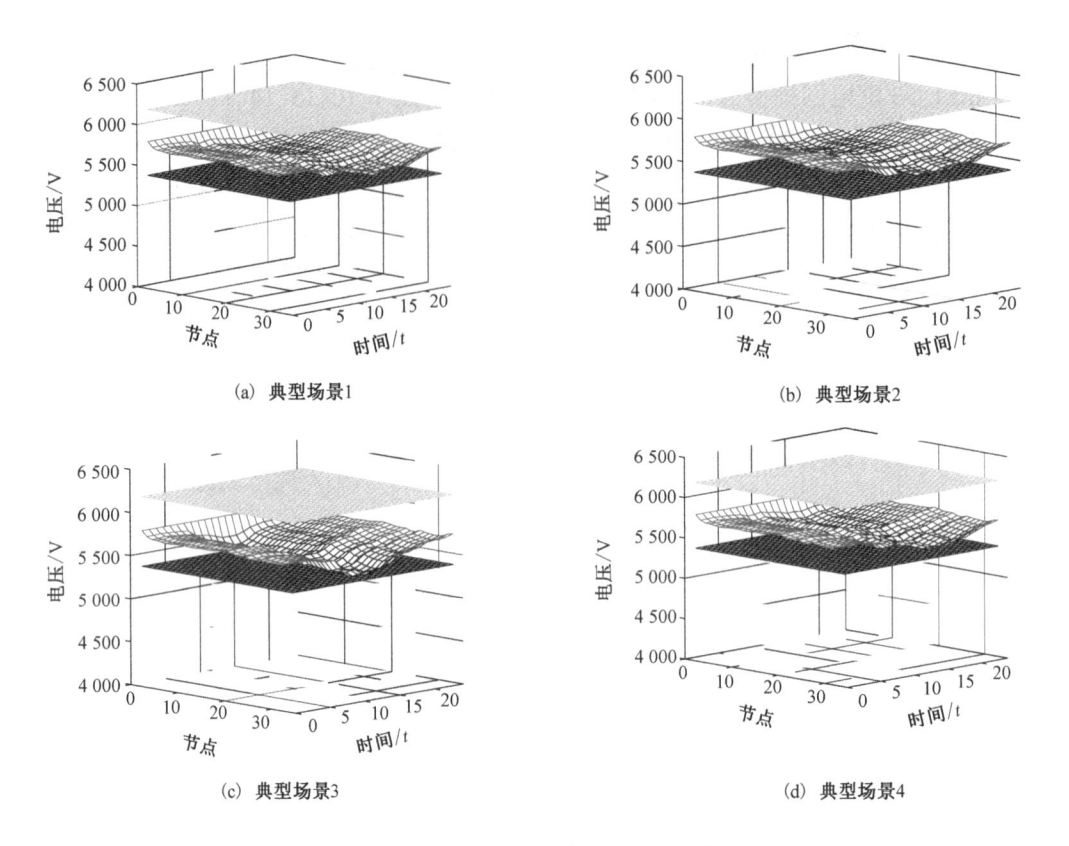

(c) 典型场景3　　　　　　　　　　　　(d) 典型场景4

图 9-9　光伏参与的多手段调压结果

根据对比，可知光伏主动支撑的全局调压效果显著，电压越限问题得到解决，且电压分布图形较为平坦。

9.2.4.3　不同光伏渗透率下的电压适应性分析

为探究不同光伏渗透率下配电网电压适应性，采用统计学分析方法。基于各时段内的光伏出力及负荷预测信息，优化分布式光伏用于调压的无功补偿量，得到统计时段内所有节点的电压数据。通过分别增大节点接入光伏容量来模拟光伏渗透率的提高，以一日内13:00为例，得到不同光伏渗透率下的各节点电压幅值如图 9-10 所示。

图 9-10 中，光伏渗透率为 0% 时，节点电压幅值维持在正常范围内。随着光伏渗透率的逐步提高，电压幅值显著提高，当渗透率为 70% 时，各节点电压基本在电压上限值附近波动，表明光伏接入对电压升高起到了一定的调节作用。而当渗透率达到 100% 时，大量节点电压越上限，说明光伏本身参与调压仍然会导致电压越限，因此需在一定程度上限制光伏渗透率。

以 10% 的渗透率为步长，分别对光伏在 10%~100% 渗透率下的电压偏差和不平衡指标进行模拟分析。对于电压综合平均指标，按照 AHP-CRITIC 组合赋权法对电压风险指标的 95% 期望值和 5% 众数值指标进行组合赋权。根据 AHP 法求得主观权重矩阵 $W_1 = [0.348 \quad 0.652]^T$。由 CRITIC 法求得客观权重矩阵 $W_2 = [0.411 \quad 0.589]^T$。本章将主观权重系数均设为 0.65，客观权重系数均为 0.35，则各指标的组合权重为 $W = [0.370$

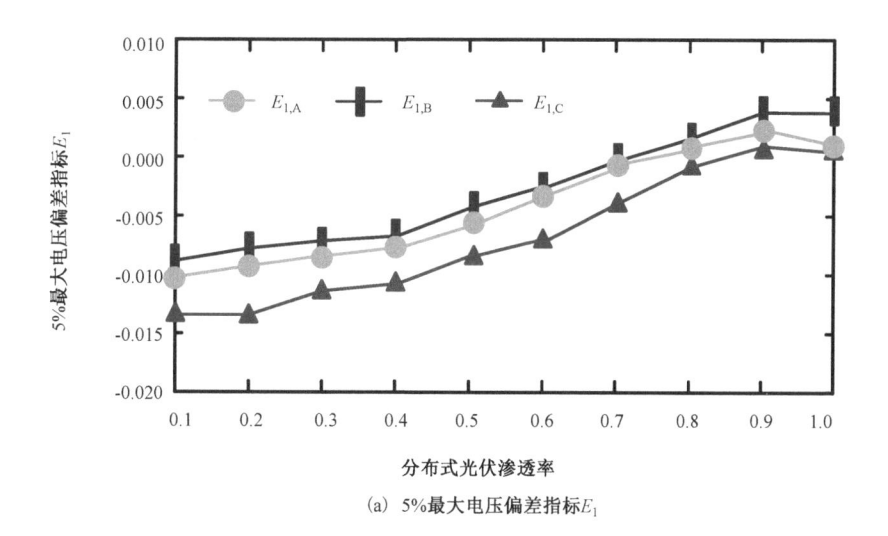

$0.630]^T$。计算得到的配电网不同光伏渗透率下电压偏差和不平衡指标分别如图 9-11 和图 9-12 所示。

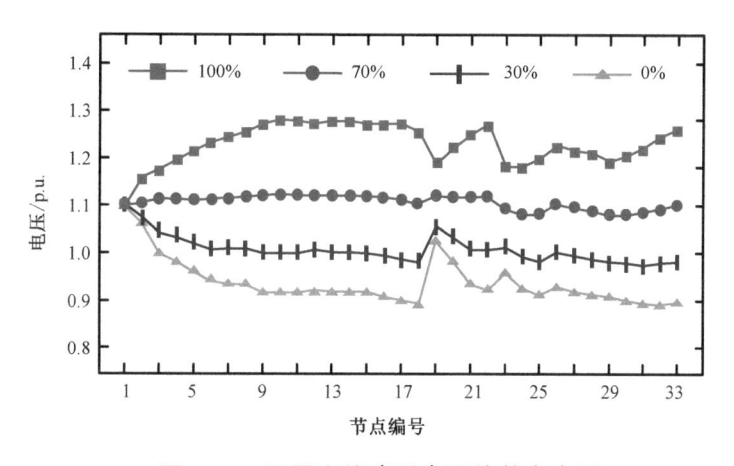

图 9-10 不同光伏渗透率下的节点电压

图 9-11 中,三相中 B 相的电压偏差指标较另两相大,说明光伏单相接入导致各相的电压偏差程度存在差异。随着光伏渗透率的逐步提高,5%最大电压偏差指标和综合平均指标均有明显的增大趋势,当渗透率达到 90%时,达到一个峰值。与规定的标准限值作比较,5%最大电压偏差指标在光伏渗透率达到 70%时大于 0,说明此时配电网电压偏差对光伏的接入已不具有适应性。电压偏差综合平均指标在光伏渗透率达到 90%时大于 0,对光伏接入的包容性更强。

(a) 5%最大电压偏差指标E_1

(b) 电压偏差综合平均指标E_2

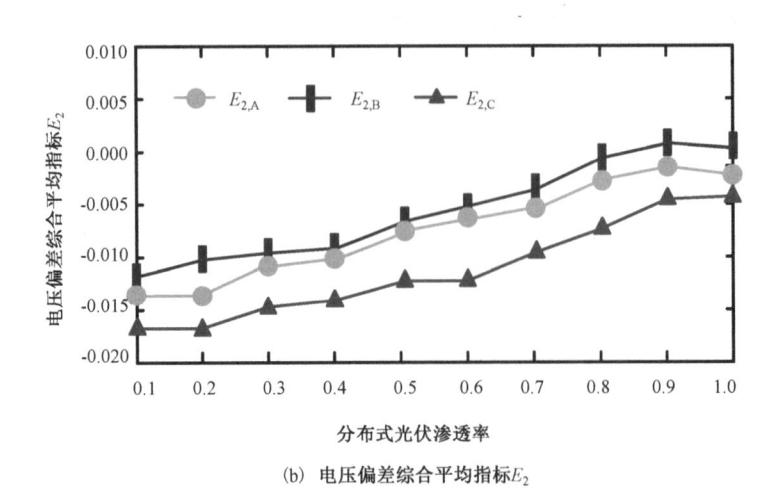

图 9-11　不同光伏渗透率下电压偏差指标

(a) 5%最大电压不平衡指标E_3

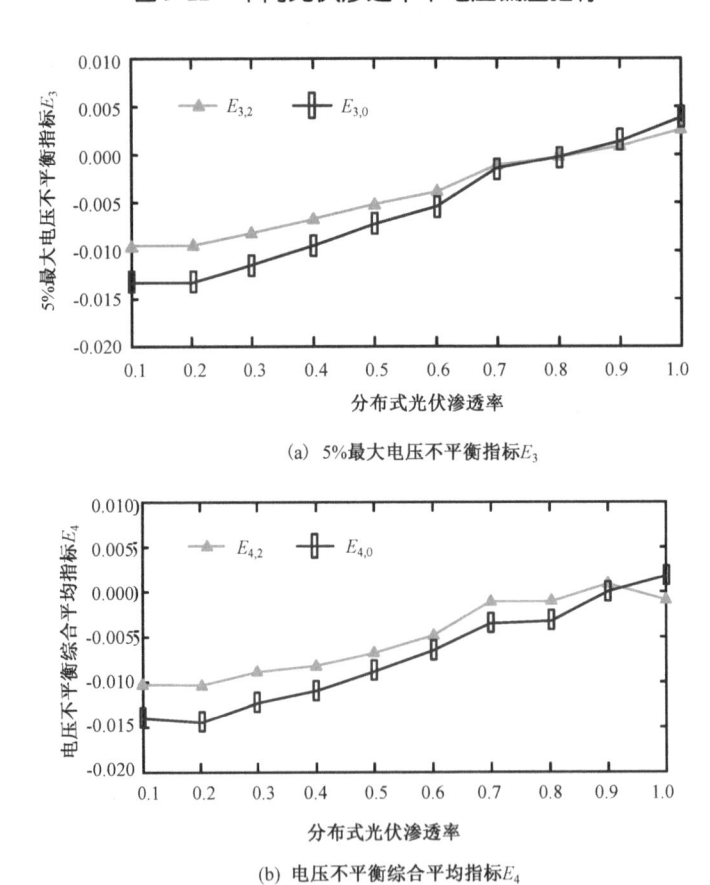

(b) 电压不平衡综合平均指标E_4

图 9-12　不同光伏渗透率下电压不平衡指标

由图 9-12 可知,随着分布式光伏渗透率的增加,配电网电压不平衡指标值逐渐增大。从电压最严重指标和平均指标角度来分析适应性角度,配电网电压不平衡指标对光伏接入渗透率的极限分别在 85% 和 100%。

9.2.4.4 不同光伏接入均匀度下的电压适应性分析

以光伏渗透率为 50% 为例,将不同容量、接入位置的分布式光伏电源分别接于 10 个节点处。分别对光伏在不同接入均匀度下的电压指标进行模拟分析,得到不同光伏接入均匀度下的配电网电压偏差和不平衡指标分别如图 9-13 和图 9-14 所示。

由图 9-13 和图 9-14 可知,随着光伏接入均匀度的增加,电压偏差和不平衡指标值逐渐减小,说明改变光伏接入均匀度能够改善配电网节点电压的整体分布。图 9-13(b)可得出,在光伏渗透率为 50% 时,在不同的光伏接入均匀度下,配电网电压偏差对光伏接入均能适应。从图 9-14 可知,负序不平衡较零序更为严重。当均匀度大于 4 时,配电网电压不平衡对光伏接入足以适应。

(a) 5%最大电压偏差指标 E_1

(b) 压偏差综合平均指标 E_2

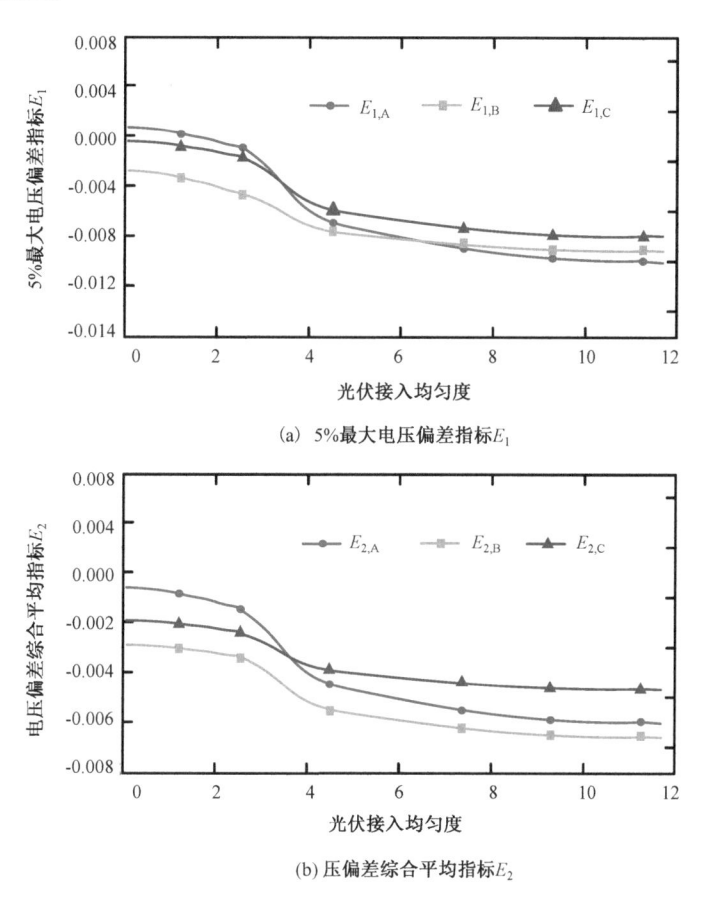

图 9-13 不同光伏接入均匀度下电压偏差指标

(a) 5%最大电压不平衡指标E_3

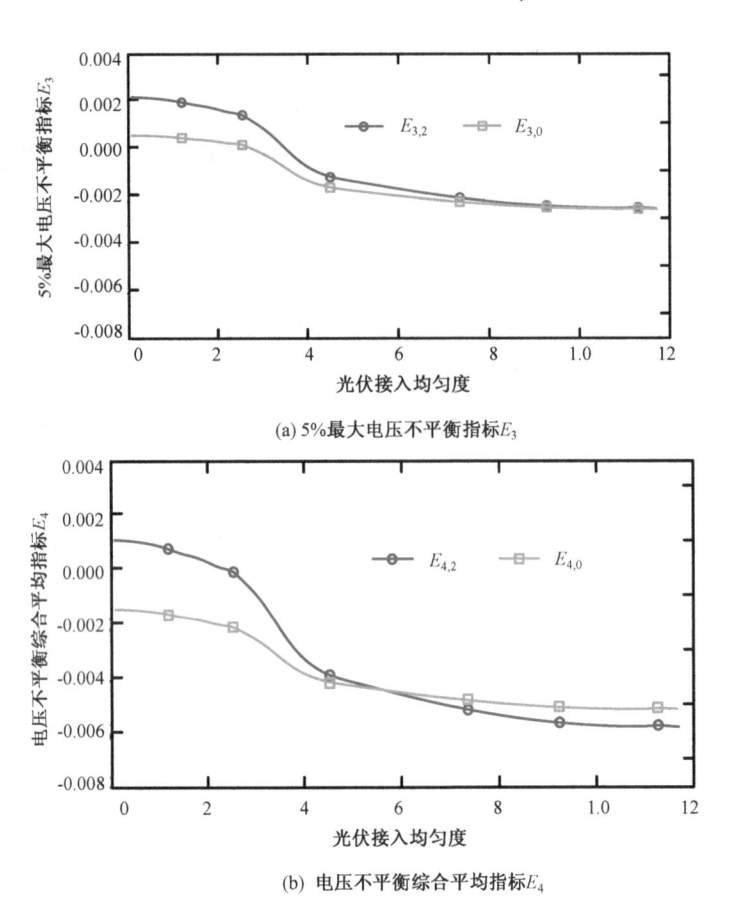

(b) 电压不平衡综合平均指标E_4

图 9-14　不同光伏接入均匀度下电压不平衡指标

第10章 电压波动抑制的构网、跟网型设备协同控制策略

10.1 光伏逆变器跟网协同控制策略

10.1.1 引言

分布式电源、电采暖等新型用电设备不断接入配电网,使得台区用电扰动变化具有很强不确定性,尤其是光伏出力短时间波动使得SCB等传统无功设备难以根据其变化作出快速响应,使得电压发生越限时不能及时得到控制。现代电力电子设备具有跟踪响应快、运行可控、功能多样、专/兼用混合等特点,从控制类型上可分为跟网控制和构网控制。跟网控制使得逆变器外特性表现为电流源,通常利用集中控制指令被动输出无功功率实现电压的调控;构网控制使得逆变器外特性表现为电压源,通常利用主动调控无功功率的手段以维持电压在一定水平运行。利用专用无功资源改善电网运行水平时,需要考虑不同资源之间的配合关系,而通过挖掘SCB、SVG等专用无功补偿设备性能优势减少投资成本具有重大意义。

考虑配电网无功补偿的时变特征,将传统设备和现代电力电子设备分为多种跟踪响应级别,提出计及光伏逆变器跟网辅助治理的无功资源多时间尺度协同控制策略。分析了电力电子逆变器跟网控制和构网控制无功功率参与无功补偿机理,并对传统无功补偿设备、跟网型和构网型无功补偿设备多时间尺度行为特征进行了分析,根据行为时变特征划分不同跟踪响应级别,构建跟踪响应级别与无功优化层次的对应关系。以全网电压偏差最小为目标,建立配电网构/跟网型设备多时间尺度无功优化模型。对不同节点设备总无功功率曲线进行分解,得到不同级别设备无功功率曲线,最终实现多级设备多时间尺度无功优化目的。以IEEE33节点配网系统为例对所提策略进行算例分析,验证本章多时间尺度无功优化策略合理性和有效性。

10.1.2 现代电力电子设备无功补偿机理分析

10.1.2.1 逆变器无功补偿对配电网电压影响分析

配电网线路存在阻抗,功率流过时消耗能量使配电网相邻节点电压出现电势降落,从而导致实际电压值与额定电压值之间存在差值,即电压偏差,而该指标是衡量配电网供电水平的必要指标之一。配电线路末端节点b和该节点的相邻节点a的电压关系可用式表示:

$$\dot{U}_a = \dot{U}_b + \Delta \dot{U} \approx \dot{U}_b + \frac{P_b R + Q_b X}{\dot{U}_b} \tag{10-1}$$

式中：$\dot{U}_a$ 为节点 a 电压；$\dot{U}_b$ 为线路末端节点 b 电压；$\Delta \dot{U}$ 为两节点间线路电压；P_b 和 Q_b 为末端节点 b 的有功功率和无功功率；R 和 X 分别是两节点间线路电阻和线路电抗。

由式(10-1)可知，负荷功率对配电网电压分布影响很大，随着辐射状配电网线路长度增加，越靠近该配电网末端，电压偏差越大。在未安装分布式电源之前，各节点电压从配电主变压器端到线路末端呈现梯形下降趋势，线路末端电压最先越下限。光伏出力可看成是"负"的有功功率，根据式(10-1)可知，在负荷功率不变情况下，光伏安装位置越靠近配电网线路末端对电压提升效果越明显，但光伏输出有功越大，越容易使节点电压越上限。然而并非所有的光伏都安装在配电网线路末端位置，在其他位置安装光伏后，由于该额外电源供电位置和功率大小的不确定性，配电网线路潮流变得更加复杂，电压分布也更加不确定。

逆变器是一种将直流电转变成交流电的转换装置，随着电力电子控制技术水平提高，逆变器能实现并网有功输出和无功输出的同时进行。根据式(10-1)可知，无功功率对线路电压偏差的影响也不容忽视。通常情况下，配电网负荷消耗无功功率，逆变器通过补偿无功功率即可对电压进行调节。

逆变器并网等效电路如图10-1所示，该图中电网电压幅值和相角分别为 U_g 和 0，逆变器交流侧母线电压幅值和相角分别为 U_{pinv} 和 δ，输出有功功率和无功功率分别为 P_{pinv} 和 Q_{pinv}，逆变器与电网间的电抗为 X_g，则逆变器交流侧输出功率和电网电压关系如式(10-2)所示。

$$\begin{cases} P_{\text{pinv}} = \dfrac{U_{\text{pinv}} U_g}{X_g} \sin \delta \\ Q_{\text{pinv}} = \dfrac{U_{\text{pinv}}^2}{X_g} - \dfrac{U_{\text{pinv}} U_g}{X_g} \cos \delta \end{cases} \quad (10\text{-}2)$$

根据式(10-2)可知，逆变器交流侧电路的控制变量主要包括有功功率、无功功率、母线电压幅值及其相角等，通过不同控制方式可以实现不同调压效果。

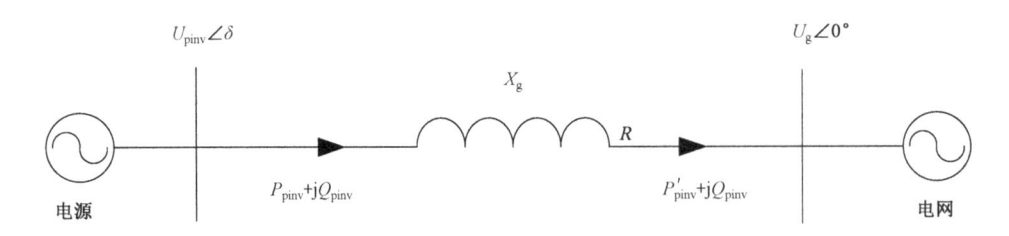

图 10-1 逆变器并网等效电路

当逆变器的并网有功功率小于额定容量时，可利用逆变器剩余容量输出或消耗无功参与配电网无功补偿。逆变器可用于无功补偿的剩余容量 Q_{invre} 与有功输出 P_{inv} 以及额定容量 S_{inv} 之间关系可用式(10-3)表示：

$$S_{\text{inv}}^2 = P_{\text{inv}}^2 + Q_{\text{invre}}^2 \quad (10\text{-}3)$$

逆变器无功补偿量 Q_{inv} 与逆变器剩余容量 Q_{invre} 关系如式(10-4)所示：

$$Q_{\text{inv}} \leq Q_{\text{invre}} \quad (10\text{-}4)$$

通过将逆变器作为兼用无功补偿设备可降低其他专用无功补偿资源的投资成本。值得注意的是电网运行必须满足无功功率平衡,所以无功设备应根据需要进行补偿,不能使配电网出现功率倒送的情况。

10.1.2.2 逆变器跟网和构网控制无功补偿机理分析

逆变器控制方式很多,但根据无功补偿的类型通常将逆变器分为电网跟踪型和电网构造型两类。前者指逆变器采用跟网型的控制方式并网,该逆变器也被称为跟网型逆变器,外特性表现为电流源;后者指逆变器采用构网型的控制方式并网,该逆变器也被称为构网型逆变器,外特性表现为电压源。

1. 跟网型逆变器无功补偿

跟网型逆变器控制结构主要涉及采样、锁相环、电流内环、功率外环以及 PWM 发生器。采样受高频信号影响,数据更新速度在毫秒级以下,提供的电压、电流、功率等数据可以被认为瞬时值。该逆变器控制方式大体上为锁相环快速获取交流侧交流电压幅值和相角;外环根据需要调节有功功率、无功功率等变量,将输出信息作为内环控制的给定信号;内环通过调节器控制输出电流,同时获得调制信号;PWM 发生器根据调制信号生成开关触发信号,从而使逆变器产生有功和无功功率。由于跟网型逆变器根据锁相环与电网运行同步,因此该逆变器接入电网必须是有源电网。

跟网型逆变器常常使用 dq0 坐标系中的 d 轴和 q 轴分量进行控制,而利用派克变换可将 abc 坐标系转换为 dq0 坐标系,其中电压和电流的派克变换可分别用式(10-5)和式(10-6)表示。

$$[u_a \ u_b \ u_c] = [u_d \ u_q \ u_0] \begin{bmatrix} \cos\theta & \cos(\theta - 2\pi/3) & \cos(\theta + 2\pi/3) \\ -\sin\theta & -\sin(\theta - 2\pi/3) & -\sin(\theta + 2\pi/3) \\ 1 & 1 & 1 \end{bmatrix} \quad (10-5)$$

式中,u_a、u_b、u_c 分别为 abc 三相电压瞬时值;u_d、u_q、u_0 分别为母线电压在派克变换后 d 轴、q 轴、0 轴的电压分量瞬时值;θ 为坐标变换角,也可作为锁相环跟踪得到的交流母线电压相角。

$$\begin{bmatrix} i_a \\ i_b \\ i_c \end{bmatrix} = \sqrt{\frac{2}{3}} \begin{bmatrix} \cos\theta & -\sin\theta & \sqrt{1/2} \\ \cos(\theta - 2\pi/3) & -\sin(\theta - 2\pi/3) & \sqrt{1/2} \\ \cos(\theta + 2\pi/3) & -\sin(\theta + 2\pi/3) & \sqrt{1/2} \end{bmatrix} \begin{bmatrix} i_d \\ i_q \\ i_0 \end{bmatrix} \quad (10-6)$$

式中,i_a、i_b、i_c 分别为 abc 三相电流瞬时值;i_d、i_q、i_0 分别为派克变换后 d 轴、q 轴、0 轴电流分量瞬时值。

联合式(10-5)、(10-6),逆变器瞬时有功功率 p 和无功功率 q 表达式如式(10-7)、(10-8)所示。

$$\begin{aligned} p &= u_a i_a + u_b i_b + u_c i_c \\ &= [u_a \ u_b \ u_c] \cdot [i_a \ i_b \ i_c]^T \\ &= u_d i_d + u_q i_q + u_0 i_0 \end{aligned} \quad (10-7)$$

$$q = \frac{1}{\sqrt{3}}[(u_b - u_c)i_a + (u_c - u_a)i_b + (u_a - u_b)i_c]$$

$$= \frac{1}{\sqrt{3}}[u_a \ u_b \ u_c] \cdot \begin{bmatrix} 0 & -1 & 1 \\ 1 & 0 & -1 \\ -1 & 1 & 0 \end{bmatrix} \cdot \begin{bmatrix} i_a \\ i_b \\ i_c \end{bmatrix}$$

$$= -\frac{2}{3}[u_d \ u_q \ u_0] \begin{bmatrix} \sin 2\theta & \cos 2\theta + 1/2 & 0 \\ -\cos 2\theta - 1/2 & -\sin 2\theta & 0 \\ 0 & 0 & 0 \end{bmatrix} \begin{bmatrix} i_d \\ i_q \\ i_0 \end{bmatrix}$$

$$= -\frac{2}{3}\left[u_d i_d \sin 2\theta + u_q i_d\left(-\cos 2\theta - \frac{1}{2}\right) + u_d i_q\left(\cos 2\theta + \frac{1}{2}\right) - u_q i_q \sin 2\theta\right] \quad (10\text{-}8)$$

由于逆变器输出三相平衡,以 a 相电压为基准,则 dq 轴分量瞬时值满足式(10-9)。

$$\begin{bmatrix} u_d \\ u_q \\ u_0 \end{bmatrix} = \sqrt{\frac{2}{3}} \begin{bmatrix} \cos\theta & \cos(\theta - 2\pi/3) & \cos(\theta + 2\pi/3) \\ -\sin\theta & -\sin(\theta - 2\pi/3) & -\sin(\theta + 2\pi/3) \\ \sqrt{1/2} & \sqrt{1/2} & \sqrt{1/2} \end{bmatrix} \begin{bmatrix} u_a \sin\theta \\ u_a \sin(\theta - 2\pi/3) \\ u_a \sin(\theta + 2\pi/3) \end{bmatrix} \quad (10\text{-}9)$$

假设锁相环的输出相位 θ 以 a 相电压相位为参考量,取 $\theta=0$,则

$$\begin{cases} u_d = 0 \\ u_q = \dfrac{-\sqrt{6}}{2} u_a \\ u_0 = 0 \end{cases} \quad (10\text{-}10)$$

根据式(10-10)以及 θ 取 0 可知,式(10-7)和式(10-8)可用式(10-11)表示。

$$\begin{cases} p = u_q i_q \\ q = u_q i_d \end{cases} \quad (10\text{-}11)$$

跟网型逆变器同步过程依赖锁相环测量电网相位信息。根据式(10-11)可知,在锁相环的功能作用下,跟网型逆变器有功功率和无功功率可根据 dq 轴分量独立控制。

大多数逆变器并网发电采用的控制类型是跟网型控制,其通过并网电流指令来控制功率输出从而达到调压的目的。短路比可以用来形容电网强弱,在强电网背景下,跟网型控制能最大化实现能源利用率,并且并网运行水平很好。但随着配电网光伏渗透率提高,跟网型逆变器占比逐渐增大,电网类型逐渐变为弱电网,增加了电网运行的不稳定性。同时含高渗透光伏的配电网电压波动大,而跟网型逆变器无功调压抗扰能力差,不能满足需要,这就需要加一些外特性表现为电压源的构网型逆变器增强电网运行稳定性。

2. 构网型逆变器无功补偿

构网型逆变器控制结构和跟网型逆变器大体相同,主要涉及采样、电压和电流双环、功率同步环以及 PWM 发生器。构网型逆变器通过采样环节获取并网点电压、电流等信息;功率同步环的有功环和无功环分别模拟同步发电机调频特性和一次调压特性,给定电压幅值和相角并将其作为电压环参考值;电压环通过调节器生成电流环调控的参考值,电流环则控制调制信号使 PWM 发生器生成器件触发信号。构网型控制的逆变器模拟同步发电机特性

对电网运行进行调控,典型控制方式是下垂控制或虚拟同步机控制,控制电压幅值和相角实现电网频率和电压调节。以下垂控制为例,逆变器控制输出的电压角速度 ω_0 和 U_0 电压幅值控制可用式(10-12)表示。

$$\begin{cases} \omega_0 = \omega_{\text{ref}} + k_{\text{r}}(P_{\text{ref}} - P) \\ U_0 = U_{\text{ref}} + k_{\text{q}}(Q_{\text{ref}} - Q) \end{cases} \tag{10-12}$$

式中,ω_{ref} 和 U_{ref} 分别为逆变器控制参考的电网频率和电压幅值;P_{ref} 和 Q_{ref} 分别为逆变器控制参考的有功功率和无功功率;P 和 Q 分别为逆变器实际输出的有功功率和无功功率;k_{r} 为控制有功功率调节电网频率的下垂系数;k_{q} 为控制无功功率调节电网电压的下垂系数。

构网型逆变器输出有功和无功功率将母线电压幅值及其相角调节到想要的结果,但由于光伏出力不稳定,导致有功输出不能跟随电网电压变化而进行调整,另外其剩余容量不确定,无功输出不稳定。常规逆变器采用构网型控制难以达到调频调压的效果,通常会在直流侧加入储能以控制有功功率输出,但会增加大量投资成本。与跟网型控制正好相反的是,构网型逆变器在强电网背景下运行不稳定,在弱电网背景下运行稳定。根据式(10-12)可知单独的无功也可模拟构网特性,且本章重点研究无功与电压关系,故在本章中考虑构网型逆变器作用时忽略了有功与频率的构网特性。

3. 跟网和构网型逆变器无功补偿主要区别

跟网和构网型逆变器无功补偿方式不同对电网影响不同,以下从几个方面进行对比。

在孤网和并网运行方面,跟网型逆变器必须由外部的刚性交流系统或构网型逆变器给定电压、频率参考值,无法在孤网中工作。构网型逆变器借助功率同步策略实现同步,不依赖外部电网相位信息,在孤网和并网模式下均能工作。

在电网波动运行方面,跟网型逆变器的锁相环与电网之间存在强耦合,严重影响了逆变器运行稳定性。尤其是在弱电网电压波动更大的背景下,跟网型逆变器根据调控指令输出固定无功有可能增大电压波动性。由于构网型逆变器检测电网电压来控制自身无功功率输出以保证电网稳定运行,且其调压过程响应快,在电压波动方面抑制能力更加优秀。

在电网短路故障运行方面,由于跟网型逆变器外特性为电流源,构网型逆变器外特性为电压源,所以当电网短路故障运行时,跟网型逆变器并网节点输出电压突变;构网型逆变器瞬时响应能力能够保持节点电压不变,但输出电流会大幅度上升。

在调控响应方面,跟网型和构网型逆变器都有很好的跟踪能力。不同的是跟网型逆变器通常根据调度指令发出一定的无功功率,而构网型逆变器则参考并网点电压控制无功功率以保证电压稳定。

10.1.3 无功资源时变特征对电网电压影响分析

10.1.3.1 无功资源时变特征分析

主动配电网电压无功补偿设备分为专用和兼用无功设备,而专用无功设备又可分为传统无功设备和现代电力电子无功设备。本章分别将SCB、SVG、光伏逆变器作为传统、现代电力电子以及兼用设备的典型代表,从设备跟踪响应能力角度进行分析并划分等级,为后续配电网电压无功优化配置提供约束条件。

1. 专用无功设备

(1) SCB 无功补偿能力分析

SCB 由多台电容器并联而成,单台电容器容量通常有 50 kvar、100 kvar、200 kvar 等多种,因此 SCB 根据投切台数输出固定无功功率。由于配电网台区负荷基本为感性负荷,而感性负荷增大降低了电网电压质量,所以 SCB 主要用于补偿感性负荷的无功功率,提高功率因数等。通常当电网电压较低时,尤其是欠压持续存在,则必须投入并联电容器,并将这电压提高到可接受的范围内;同样,在电网电压较高时,必须从系统切除所有 SCB。

SCB 成本低廉,操作简单,在具有多个分布式电源的辐射状配电网中,解决电压调节问题可能需要在多处安装 SCB。目前配电网污染呈现一种全网化、分散化的态势,如果电网仅以多处安装 SCB 的配置运行,则 SCB 投切很可能会过于频繁,这样会加速电容器损坏,也会出现供电振荡等。SCB 有着严格的投切要求,一天内大多数 SCB 投切次数为个位数,通常在小时级的时间尺度上进行慢速调控。

(2) SVG 无功补偿能力分析

SVG 是以大功率电压型逆变器为核心,通过电抗器并联于电网中,能够动态补偿大范围快速变化的瞬时无功功率,从而实现快速无功补偿的目的。

图 10-2 为 SVG 工作时的等效电路。该图中 $\dot{U}_g$ 和 $\dot{U}_{svg}$ 分别为电网电压和 SVG 输出电压,$\dot{U}_x$ 为电抗器电压,$\dot{I}_x$ 为 SVG 从电网吸收的电流。从图中可知,$\dot{U}_g = \dot{U}_{svg} + \dot{U}_x = \dot{U}_{svg} + j\omega L \dot{I}_x$,在保证 $\dot{U}_x$ 与 $\dot{U}_g$ 同一相位情况下,只需改变 $\dot{U}_{svg}$ 幅值即可控制自身从电网吸收超前或滞后 90°的电流,并且还能控制该电流大小。当 $\dot{U}_{svg}$ 大于 $\dot{U}_g$ 时,电流超前电压 90°,SVG 吸收容性无功功率;当 $\dot{U}_{svg}$ 小于 $\dot{U}_g$ 时,电流滞后电压 90°,SVG 吸收感性无功功率。因此,改变 SVG 交流侧输出电压 $\dot{U}_{svg}$ 的幅值及其相对于 $\dot{U}_g$ 的相位,就能够改变电抗器电压,从而控制 SVG 从电网吸收电流的相位和幅值,控制 SVG 吸收无功功率大小。

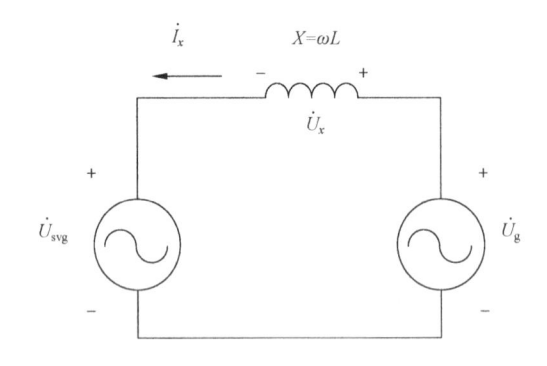

图 10-2 SVG 工作原理等效电路

SVG 在控制方式中将外闭环调节器输出的控制信号作为无功电流/功率的参考值,形成了直接控制和间接控制两类控制方式。在直接电流控制中,SVG 采用跟踪型 PWM 控制技术对无功电流/功率波形瞬时值进行反馈控制,外特性表现为电流/功率源,从而能够根据需要发出固定无功电流/功率;在间接电流控制中,SVG 能够控制自身产生的电压幅值和相位,外特性表现为电压源,从而能够在电网出现电压波动时快速改变无功功率输出从而维持电网电压稳定。直接控制和间接控制分别与跟网型控制和构网型控制的原理相同,因此将 SVG 分为跟网型和构网型控制两类。SVG 根据自身容量能够快速、柔性输出无功参与电网电压调节。

2. 兼用无功设备

光伏逆变器主要用来并网发电,但由于受辐照度影响,较长时间不会处于额定功率运行状态,而逆变器剩余容量能够用来无功补偿,这样直接降低了无功调节设备的投资成本。

在控制方式上,光伏逆变器可分为跟网型控制和构网型控制。跟网型逆变器通过控制并网电流来控制输出功率,其外特性表现为电流源,输出的有功和无功功率解耦,且能输出固定无功功率;构网型逆变器根据输出电压幅值和相位指令来输出有功和无功功率,从而为电网提供一定的频率和电压支撑,外特性表现为电压源,其中有功功率用来调频,无功功率用来调压。光伏逆变器采用电力电子器件,也能够快速跟踪电网电压变化进行柔性调节,但需要结合自身剩余容量进行调节。

3. 无功设备跟踪响应等级划分

根据专用和兼用无功设备的分析,从集中控制指令发布的时间角度对 SCB、SVG、光伏逆变器的无功指令控制类型和更新速度进行划分如表 10-1 所示。SCB 由于自身机械动作特性,调控指令周期的时间尺度为小时级,根据控制类型将其划分为跟网型控制,并将该设备可调控周期响应等级定义为慢速,对应配电网无功优化第一层,即设备的协同操作顺序最先考虑;SVG 和光伏逆变器特性相似,两者的跟网型控制主要跟随集中控制指令动作,调控指令周期和集中控制指令发布时间相同,故将其可调控周期响应等级定义为中速,对应配电网无功优化第一层和第二层;构网型设备可以在集中控制指令间隔期间自由控制无功功率输出,无功指令相当于实时调整,故将其可调控周期响应等级定义为快速,对应配电网无功优化第三层,其中配电网前两层无功优化不足情况下也可以将其容量用于前两层进行优化。通过多种无功设备在小时级别、集中控制指令时刻级别、实时级别的多时间尺度协同控制关系为后续建立及求解无功优化模型提供基础。

表 10-1 无功设备控制指令更新速度划分

无功补偿设备	控制类型	调控指令周期	可调控周期响应等级
SCB	跟网型控制	小时级别	慢速
SVG、光伏逆变器	跟网型控制	集中控制指令周期级别	中速
SVG、光伏逆变器	构网型控制	实时级别	快速

10.1.3.2 不同响应能力的无功设备对配电网电压影响分析

为了更好地分析不同响应能力的无功设备在不同情况下参与无功补偿效果,本章以响应等级为中速的跟网型控制和快速级别的构网型控制为例进行对比,其他速度对比原理相同。利用 6 节点辐射状配电网为例分析不同无功补偿响应级别对电网电压影响。SVG 接入配电网示意图如图 10-3 所示,其中节点 1 为平衡节点,节点 i 的有功和无功功率分别用 P_i 和 Q_i 表示,$i \in [2,6]$。本章选择在节点 5 处接入 SVG,分析 SVG 在以下扰动方式参与无功补偿的效果:①减小某节点负荷,其他节点负荷不变;②减小全网各节点负荷;③增加某节点负荷,其他节点负荷不变;④增加全网各节点负荷;⑤各节点负荷随机改变。

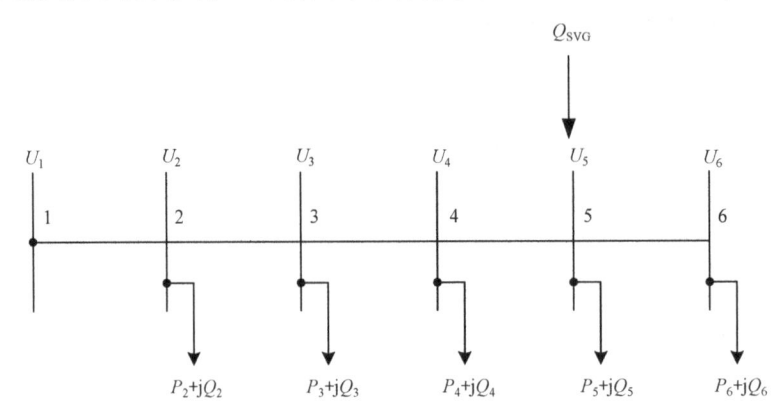

图 10-3　SVG 接入配电网示意图

扰动方式①和②均会使配电网末节点电压升高,在节点 5 处的逆变器采用跟网型控制输出固定无功功率会进一步升高末节点电压,而构网型控制则会保持节点 5 电压不变,即构网型控制相比跟网型控制输出无功功率更少。在这两种扰动方式下,若扰动前配电网末节点接近/已经越下限,则跟网型控制更有利于减小电压偏差;若扰动前配电网末节点接近/已经越上限,则构网型控制更有利于减小电压偏差。同理,扰动方式③和④均会使配电网末节点电压降低,构网型控制相比跟网型控制输出无功功率更多。若扰动前配电网末节点接近/已经越下限,则构网型控制更有利于减小电压偏差;若扰动前配电网末节点接近/已经越上限,则跟网型控制更有利于减小电压偏差。对于扰动方式⑤,配电网扰动后负荷分布复杂,根据不同的负荷分布结果,末节点均会出现越上限和越下限情况,逆变器采用跟网型和构网型控制也均会出现有利和不利于电压调节情况。不同扰动方式下逆变器参与无功优化效果如表 10-2 所示,其中考虑到场景⑤中负荷分布比较复杂,且①~④已能体现逆变器不同控制方式无功优化效果,故并未对场景⑤进行列表分析。表 10-2 中,"√"表示有利于减小电压偏差,"×"表示不利于减小电压偏差。

综上,不同时刻配电网负荷变化不确定,而负荷分布和逆变器控制方式对电网电压分布特征影响较大。本章在利用逆变器容量参与无功优化的同时遵循上述跟网和构网调压利弊的规律,使逆变器的无功补偿更加合理。

表10-2 不同扰动方式下逆变器参与调压效果

控制方式	扰动方式							
	节点电压接近越下限				节点电压接近越上限			
	①	②	③	④	①	②	③	④
跟网型	√	√	×	×	×	×	√	√
构网型	×	×	√	√	√	√	×	×

10.1.4 配电网构/跟网型设备多时间尺度无功优化建模

10.1.4.1 配电网不确定运行场景构建

本节采用基于马尔科夫链的随机建模方法获得各时段负荷和光伏的概率模型，从而构建配电网随机运行场景。

1. 负荷随机模型

利用层次聚类算法对配电网相似负荷曲线进行聚类划分，再对各类负荷用电行为进行状态划分，基于马尔科夫链建立不同时刻负荷用电行为联系，即负荷概率模型建立需要划分负荷用电行为状态、建立各状态概率密度函数以及建立各状态之间联系等三个重要步骤。对负荷用电状态划分，结合EM算法建立第 n_L 类负荷第 k 个状态的二维概率密度函数如式(10-13)所示。

$$f_{J,n_L,k}(s_L \mid \mu_{n_L,k}, \Sigma_{n_L,k}) = \frac{1}{\sqrt{2\pi}\Sigma_{n_L,k}^{0.5}} \exp\left[-\frac{(s_L - \mu_{n_L,k})^T(s_L - \mu_{n_L,k})}{2\Sigma_{n_L,k}}\right] \quad (10\text{-}13)$$

式中，s_L 为配电网节点包括有功和无功的负荷功率二维向量；$\mu_{n_L,k}$ 及 $\Sigma_{n_L,k}$ 分别为第 n_L 类负荷第 k 个状态下正态分布的均值及协方差。

确定负荷各状态之间联系，确定不同时刻负荷状态，利用该状态概率密度函数式(10-13)获得该时刻负荷功率。

2. 光伏出力随机模型

光伏有功出力和光照有关，首先划分云层状态，然后确定云层各状态之间联系，其次确定不同时刻云层状态，获得各云层状态下光照的Beta分布函数参数，最后光伏出力概率密度函数获得不同时刻光伏有功出力结果。

光伏无功输出量和调度中心发布指令直接相关，其阈值和逆变器剩余容量有关。逆变器剩余容量与光伏有功出力以及逆变器额定容量之间关系应满足式(10-13)。光伏无功输出量与光伏逆变器剩余容量应满足式(10-14)。

光伏逆变器剩余容量因光伏波动性和间歇性也具有很强的不确定性。为了充分发挥该设备的电能质量无功补偿能力，在并联电容器组等传统无功设备和光伏逆变器等辅助设备的安装位置和容量已知情况下，应该同时考虑不同运行场景下光伏逆变器剩余容量的分布情况。光伏逆变器剩余容量的分布情况可根据光伏出力概率模型间接获得，而光伏逆变器跟网型控制的无功输出量需要根据当前时刻配电网电压分布计算获得。

10.1.4.2 配电网无功优化模型构建

为了抑制多时间尺度的电压波动和越限,本章考虑具有时变特征的无功补偿资源特征,从调度中心发布指令的时间角度出发对配电网电压联合无功优化。在电压扰动随机建模基础上,以各节点电压偏差之和最小为目标,以光伏逆变器跟网型控制无功功率补偿量、SVG跟网型控制无功功率补偿量、电容器投切组数为控制变量建立配电网电压集中控制无功优化模型。

为了便于描述,本章将调度中心发布指令的时间定义为指令发布时刻,将调度中心发布相邻两次指令的时间段定义为两次指令间隔时间段。由于负荷和光伏具有波动性,仅考虑指令发布时刻很难长时间保持全网电压偏差最小,因此还需要考虑两次指令间隔期间配电网电压分布情况使该时间段全网电压偏差最小,即通过SVG构网型控制在两次指令间隔期间改变无功功率输出自主调压。依据配电网负荷和光伏用电随机模型可获得一天中负荷和光伏用电扰动场景,在该场景基础上建立各时刻的目标函数和约束条件。

1. 配电网各时刻的无功优化目标函数

以各时刻电压偏差之和最小为目标,建立目标函数为

$$\min F_t = \sum_{i=1}^{n} |U_{t,i} - U_0| \tag{10-14}$$

式中,t 为时刻,$t \in [1, T_m]$,其中 T_m 为一天划分的分析时刻数量;n 为系统节点的数量;$U_{t,i}$ 为 t 时刻节点 i 电压;U_0 为节点电压标称值。

2. 约束条件

任何时刻都必须满足功率平衡约束,以 t 时刻为例建立各节点之间功率平衡约束为

$$\begin{cases} P_{t,i} = U_{t,i} \sum_{j=1}^{n} U_{t,j} (G_{ij}\cos\theta_{t,ij} + B_{ij}\sin\theta_{t,ij}) \\ Q_{t,i} = U_{t,i} \sum_{j=1}^{n} U_{t,j} (G_{ij}\sin\theta_{t,ij} - B_{ij}\cos\theta_{t,ij}) \\ P_{t,i} = P_{L,t,i} - P_{PV,t,i} \\ Q_{t,i} = Q_{L,t,i} - Q_{PV,t,i} - Q_{C,t,i} - Q_{SVG,t,i} \end{cases} \tag{10-15}$$

式中,$P_{t,i}$ 和 $Q_{t,i}$ 分别为 t 时刻注入节点 i 的有功功率和无功功率,其中 $\sum_{i=1}^{n} Q_{t,i} > 0$,$\sum_{i=1}^{n} P_{t,i} > 0$;$P_{PV,t,i}$ 和 $Q_{PV,t,i}$ 分别为 t 时刻节点 i 处光伏逆变器输出的有功功率和无功功率;$P_{L,t,i}$ 和 $Q_{L,t,i}$ 分别为节点 i 负荷在 t 时刻内消耗的有功功率和无功功率;$Q_{C,t,i}$ 为 t 时刻内节点 i 处并联电容器组的投切容量;$Q_{SVG,t,i}$ 为 t 时刻节点 i 处SVG补偿的无功功率;$U_{t,i}$ 和 $U_{t,j}$ 分别为 t 时刻节点 i 和节点 j 的电压;G_{ij} 和 B_{ij} 分别为节点 i 和节点 j 之间的线路电导和电纳;$\theta_{t,ij}$ 为 t 时刻节点 i 和节点 j 的电压相角差。

控制变量约束条件为:

$$\begin{cases} -Q_{\text{PVmax},t,i} \leqslant Q_{\text{PV},t,i} \leqslant Q_{\text{PVmax},t,i} \\ 0 \leqslant N_{\text{C},t,i} \leqslant N_{\text{Cmax}} \\ Q_{\text{PVmax},t,i} = \sqrt{S_{\text{ins},i}^2 - P_{\text{PV},t,i}^2} \\ Q_{\text{C},t,i} = N_{\text{C},t,i} \cdot q_{\text{C}} \\ Q_{\text{SVG},t,i} = Q_{\text{SVGGFM},t,i} + Q_{\text{SVGGFL},t,i} \\ -Q_{\text{SVGmax},i} \leqslant Q_{\text{SVG},t,i} \leqslant Q_{\text{SVGmax},i} \end{cases} \quad (10\text{-}16)$$

式中，$Q_{\text{PVmax},t,i}$ 为 t 时刻节点 i 的光伏逆变器剩余容量；$N_{\text{C},t,i}$ 为 t 时刻节点 i 并联电容器投切组数；N_{Cmax} 为并联电容器组最大投切组数；q_{C} 为并联电容器单组投切容量；$S_{\text{ins},i}$ 为节点 i 的光伏安装容量；$Q_{\text{GFM},t,i}$ 和 $Q_{\text{GFL},t,i}$ 分别为 t 时刻节点 i 处跟网型和构网型逆变器输出的无功功率；Q_{SVGmax},i 为节点 i 的 SVG 安装容量。

节点电压约束为

$$U_{\text{Nmin}} \leqslant U_{t,i} \leqslant U_{\text{Nmax}} \quad (10\text{-}17)$$

式中，U_{Nmax} 和 U_{Nmin} 分别为节点电压上限和下限值。

10.1.4.3 配电网无功优化模型求解

线性递减权重粒子群优化算法(Linearly Decreasing Weight Particle Swarm Optimization, LinWPSO)在迭代初期采用较大惯性权重易于找到最优范围，在迭代后期线性减少惯性权重加快收敛速度找到最优值，收敛性能好、参数简单。因此，本章采用 LinWPSO 算法对所建数学模型进行优化求解。

LinWPSO 优化求解步骤如下：

步骤1：初始化配电网参数和 LinWPSO 算法参数。配电网包括线路参数、不同负荷用电行为状态下高斯分布参数、不同云层状态下贝塔分布参数、光伏接入额定容量和位置、晴天基准光照强度、负荷设备集群用电行为状态转移概率矩阵、云层状态转移概率。LinWPSO 算法参数包括种群规模 N_{zq}、惯性权重的最大值 $\omega_{\max}$ 和最小值 $\omega_{\min}$ 以及迭代的最大次数 T_{ddmax}。种群 $\boldsymbol{X}_{zq} = (\boldsymbol{X}_1, \boldsymbol{X}_2, \cdots, \boldsymbol{X}_{i_z}, \cdots, \boldsymbol{X}_{N_{zq}})$，每个粒子 $\boldsymbol{X}_{i_z}$ 代表一个 D_w 维向量，即 $\boldsymbol{X}_{i_z} = (x_{i_z,1}, x_{i_z,2}, \cdots, x_{i_z,j_w}, \cdots, x_{i_z,D_w})$，其中根据优化变量的数目确定粒子的维度。

步骤2：计算得到 t 时刻负荷有功和无功功率以及光伏有功功率。

步骤3：初始化各节点设备最大可调无功功率，并在一定范围内随机产生含有光伏逆变器无功功率、$Q_{\text{PV},t,i}$、SVG 无功功率以及电容器投切组数 $N_{\text{C},t,i}$ 的初始种群。需要注意的是，光伏逆变器无功功率和自身剩余容量有关，因此在得到自身剩余容量后再随机产生一定范围的无功功率。

步骤4：将步骤1~3中随机产生的功率数据进行叠加，再通过潮流计算获得各节点电压值。结合式(10-14)目标函数，选取各节点电压偏差之和作为适应度函数。

步骤5：对比粒子的适应度值，将各粒子迭代前后进行对比选出个体最佳值，将各个粒子的个体最佳值进行比较选取全局最佳值。根据公式(10-18)、(10-19)和(10-20)更新粒子的位置 X_{i_z}、速度 V_{i_z} 和惯性权重 ω_{gx}，其中 $V_{i_z} = (v_{i_z,1}, v_{i_z,2}, \cdots, v_{i_z,j_w}, \cdots, v_{i_z,D_w})$，再次潮流计算，得到各粒子适应度值。

$$X_{i_z}^{t_{dd}+1} = X_{i_z}^{t_{dd}} + V_{i_z}^{t_{dd}+1} \quad (10\text{-}18)$$

$$V_{i_z}^{t_{dd}+1} = \omega_{gd} \cdot V_{i_z}^{t_{dd}} + c_{x1}r_1[p_{i_z} - X_{i_z}^{t_{dd}}] + c_{x2}r_2[p_g - X_{i_z}^{t_{dd}}] \quad (10\text{-}19)$$

$$\omega = \omega_{max} - \frac{t_{dd} \cdot (\omega_{max} - \omega_{min})}{T_{ddmax}} \quad (10\text{-}20)$$

式中，c_{x1} 和 c_{x2} 均为学习因子；p_{i_z,j_w} 为个体极值；p_{g,j_w} 为全局极值；t_{dd} 为迭代次数。

步骤6：通过判断迭代次数是否达到最大值来输出最优变量值，否则返回步骤5。

LinWPSO 优化流程如图 10-4 所示。

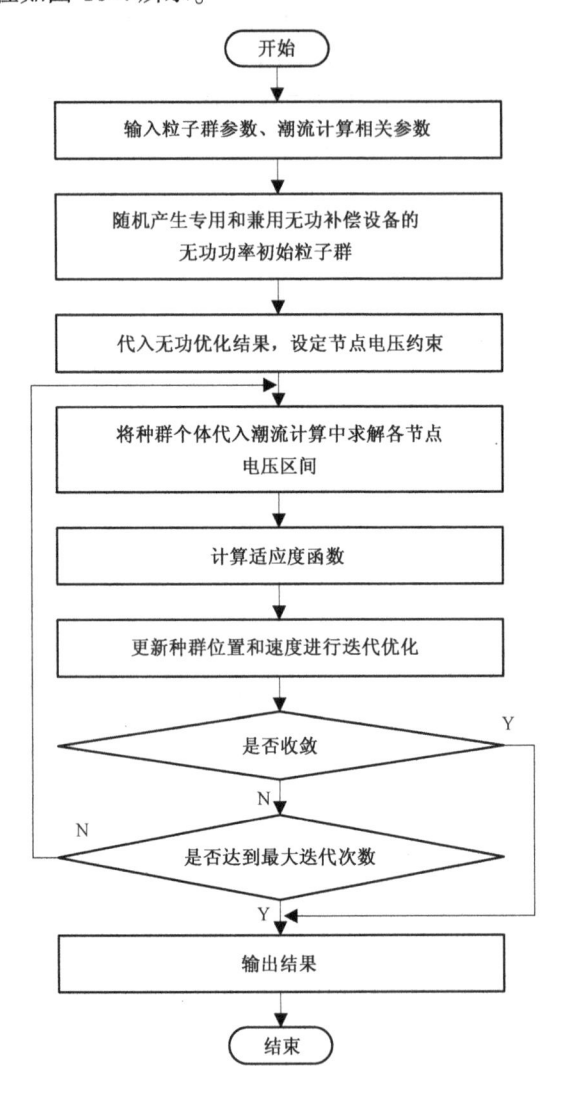

图 10-4 LinWPSO 优化流程图

10.1.5 配电网构/跟网无功设备多时间尺度优化策略求解

本章考虑的专用无功设备为并联电容器组和 SVG，兼用无功设备为光伏逆变器，通过考虑多设备分层协调无功优化方法计算设备在各层的调控量。根据无功设备响应能力可知，应优先考虑并联电容器组的慢速响应级别无功设备。但并联电容器组按组投切,且每组容量固定,所以还需考虑中速无功设备参与慢速级别的调控。总体思路是考虑中速和慢速无功设备参与小时级别无功优化,再考虑中速无功设备对集中控制指令时间段的电网运行进行无功优化,最后考虑快速无功设备参与更短时间内电压波动的调节。本策略中无功资源根据调控指令进行构网或跟网控制,且在优先满足跟网控制的前提下再对剩余的可用无功资源进行判断是否进行构网控制,即可用于构网控制的无功资源如 SVG 根据调度指令需要可将其容量全部用于跟网控制。

步骤1:采用粒子群算法计算小时级时间段最优无功运行量,获得小时级专用和兼用无功设备无功运行曲线,并将其作为第一层无功调控曲线。值得注意的是,若光伏安装节点和区域无功设备安装位置相同,则专用和兼用无功设备无功控制量为叠加后的总量;若两种位置不同,则会分别优化出专用和兼用无功设备无功控制曲线,对于每一层无功调控曲线原理相同。

步骤2:考虑设备中速响应能力,在第一层无功调控量基础上,对专用和兼用中速无功设备进一步无功优化,得到专用和兼用中速无功设备无功运行曲线,并将其作为第二层无功调控曲线。

步骤3:考虑设备快速响应能力,在第二层无功调控量基础上,选用构网无功设备对配电网运行进行无功优化,得到专用构网无功设备运行曲线,并将其作为第三层无功调控曲线。而在构网无功补偿的同时需要根据设备用电行为状态概率预测下一时刻可能出现的场景,并利用构网无功调压利弊的方式判断是否进行无功补偿。另外当节点出现电压自身2%浮动变化时则根据电压所处范围进行强制调节,对于输出或吸收无功则根据式(10-21)进行判断。

$$f(U_t) = \begin{cases} 1.02U_t, & 1.02\ U_t > U_0 \cup 1.02U_t < U_{N\max} \\ 0.98U_t, & 0.98\ U_t < U_0 \cup 0.98U_t > U_{N\min} \\ U_t, & 0.98U_t < U_0 < 1.02\ U_t \end{cases} \quad (10\text{-}21)$$

根据式(10-9)可知,当节点电压大于 $1.02U_t$ 时消耗无功功率,小于 $0.98U_t$ 时输出无功功率,直到快速响应设备无功消耗/输出到最大值来维持节点电压不变。

步骤4:以并联电容器的投切组数和跟网型控制设备的无功输出功率为控制变量对该时段进行优化计算,得到该时段并联电容器投切容量,最终得到第一层无功优化中专用和兼用无功设备无功运行曲线。

步骤5:对第一和第二层的中速无功设备无功运行曲线进行叠加,得到中速无功设备最终无功优化曲线。

10.1.6 案例分析

10.1.6.1 算例参数设置

为体现不同响应能力的专用和兼用无功补偿设备联合优化策略合理性与有效性,本章以 IEEE 33 节点配电网为例进行算例分析,配电网接入无功补偿设备示意图如图 10-5 所示。配电网主变压器容量为 6 MVA,光伏接入位置为节点容量和位置如表 10-3 所示。在配电网末端节点 17 和 32 处接入 SCB,其容量均为 500 kvar 且单组容量为 100 kvar。在配电网末端节点 17 接入 SVG,其容量为 200 kvar,其中每个模块为 50 kvar。

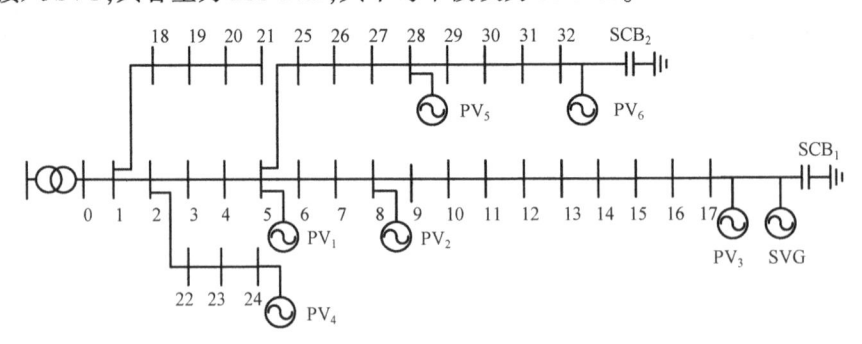

图 10-5 IEEE 33 节点配电网接入设备结构示意图

表 10-3 光伏配置信息

接入位置	5	8	17	24	28	32
额定容量/kvar	600	600	600	300	300	600

根据给定光伏和负荷初始状态,随机抽取配电网各负荷以及光伏的运行场景进行分析,运行场景中时间窗口设置为 5 min。忽略光伏安装位置和朝向对出力的影响,假设所有光伏出力均具有相同的时变特性。考虑到光伏受光照波动影响很大,光伏逆变器直流侧输入不稳定,在动态调整过程中功率的吸收和释放不能跟随电网功率变化,通常需要加储能装置维持直流电压稳定,因此本章忽略了光伏逆变器构网型控制手段,只考虑其跟网型控制手段,即中速响应无功补偿手段,而 SVG 则可以中速和快速响应无功补偿。模型求解算法参数设置见表 10-4 所示。通过与文献[19]对比进行算例分析体现本章策略有效性,其中文献[19]采用两阶段无功优化,第一阶段采用电容器组无功优化,第二阶段采用连续补偿装置无功优化,且仅考虑跟网控制。

表 10-4 LinWPSO 参数设置

时段	种群规模	迭代次数	维数	学习因子	权重范围
24	50	100	6	2	[0.4, 0.9]

10.1.6.2 构/跟网无功设备随机场景多时间尺度优化分析

随机抽取负荷和光伏运行场景获得系统日负荷曲线以及光伏出力变化曲线如图 10-6 和图 10-7 所示,其中图 10-7 中以节点 5 的光伏配置信息为例,其余节点的光伏出力则根据配置容量按比例做出相应调整即可。

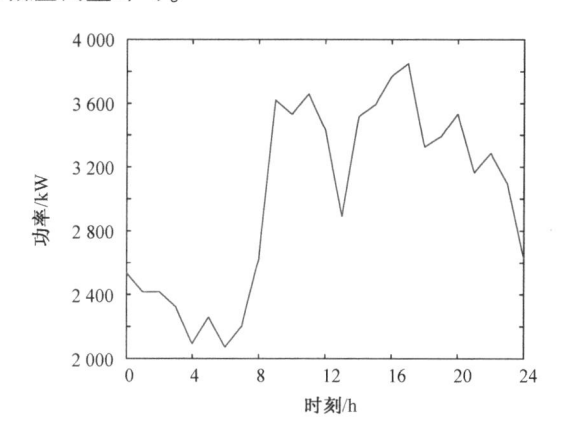

图 10-6 系统日负荷曲线

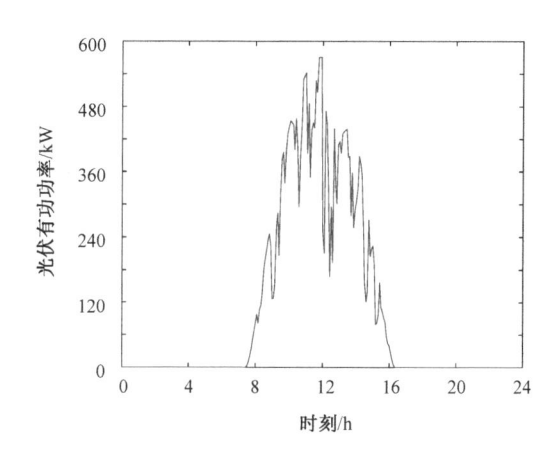

图 10-7 节点 5 光伏日出力曲线

以节点 17 的无功设备为例,根据目标函数及控制策略调节无功功率,不同响应级别设备第 10、21 个时段无功优化曲线如图 10-8 所示。

从图 10-8 中可以看出在总无功优化曲线范围内,首先使用并联电容器组进行慢速响应控制提供第一层无功优化,在此基础上采用中速响应级别设备输出固定无功功率进行第一和第二层无功优化。在第二层无功优化后,由于参考数据来自当前时刻,在采样间隔期间出现电压变化时无法随意更改输出,而此部分无功功率调控则来自快速响应级别的无功设备,即第三层无功优化。考虑负荷及光伏行为状态概率转移情况,快速响应无功设备会判断无功优化后对节点电压变化利弊进行判断,从而进行无功补偿。

(a) 第10时段无功优化曲线

(b) 第21时段无功优化曲线

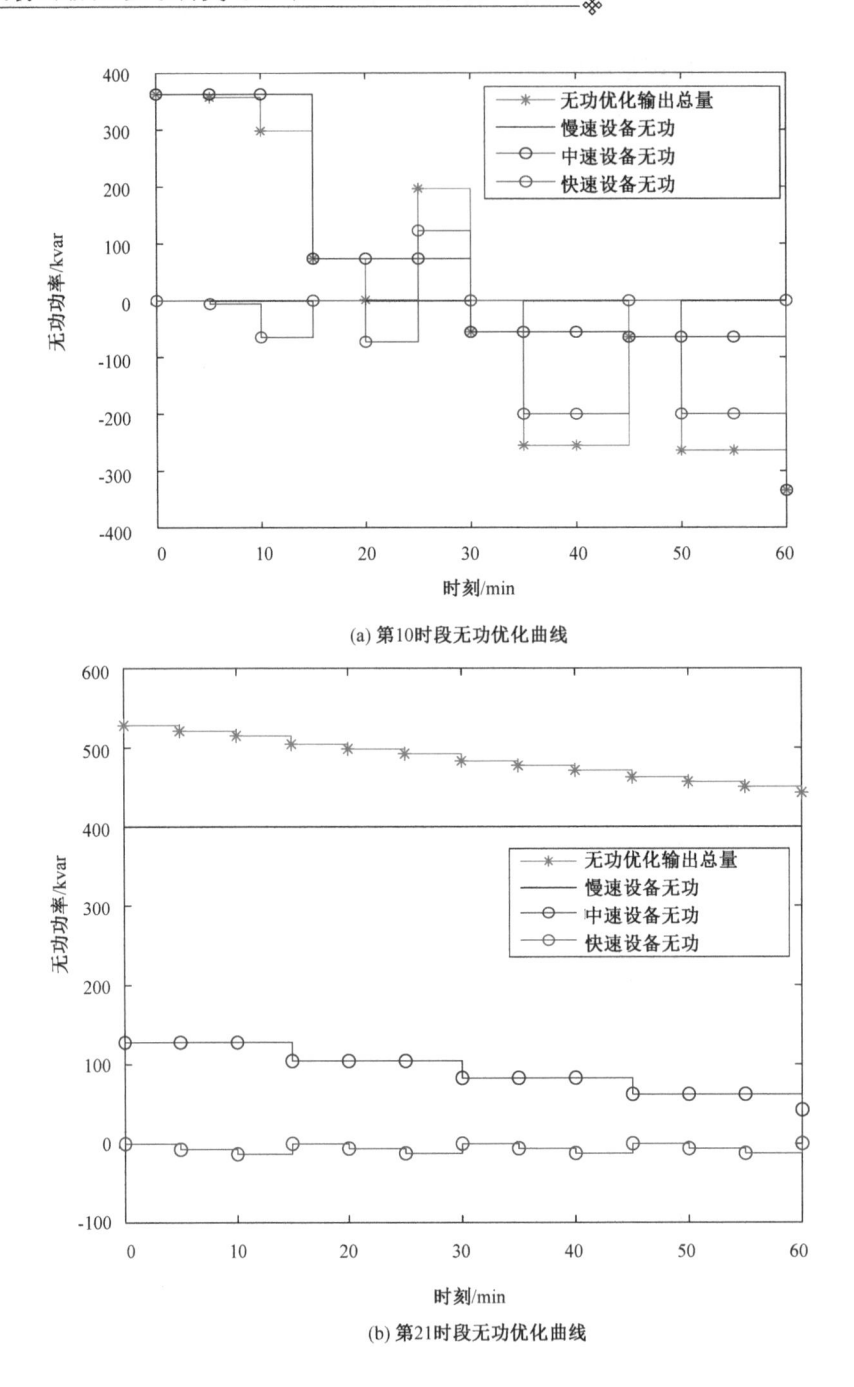

图 10-8 节点 17 的各补偿设备无功优化曲线

分别以受光伏影响的第 10 时段和不受光伏影响的第 21 时段为例,无功优化前后,配电网电压特征对比图分别如图 10-9 和图 10-10 所示,其中实线为该时段内电压区间最大值,虚线为该时段内电压区间最小值。

(a) 第10时段各个节点电压幅值区间

(b) 第10时段全网平均电压偏差对比

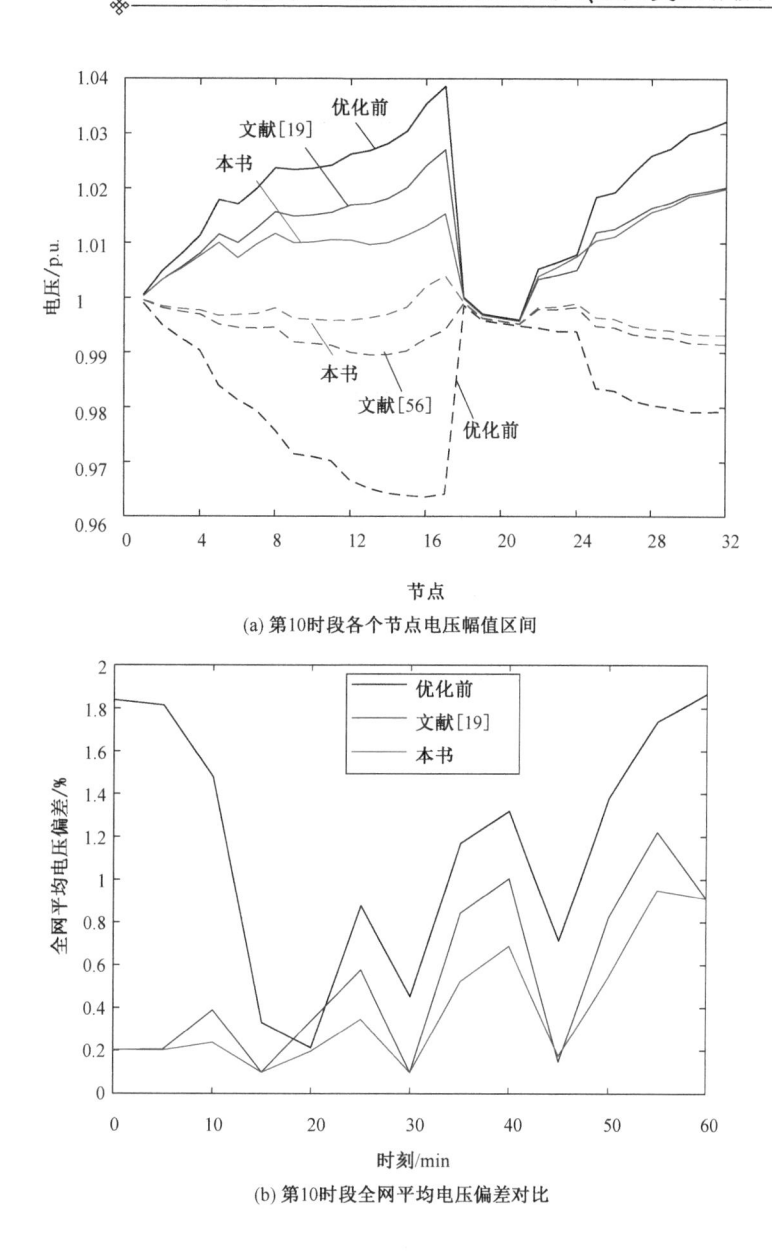

图 10-9　第 10 时段无功优化前后全网电压特征

从图 10-9（a）中可以看出,在第 10 时段节点 17 受光伏出力影响电压波动最大。无功优化前,该节点电压上限接近 1.04,下限接近 0.96,短时间内出现电压大幅度变化。在无功优化后,该节点电压偏差得到很好改善,本章各节点电压偏差更小,电压幅值变化范围大幅度降低。从图 10-9（b）中可以看出无功优化前,在该时段内全网平均电压偏差最高能达到 1.8%左右。无功优化后,全网电压偏差降低,而本章无功优化全网平均电压偏差更小。

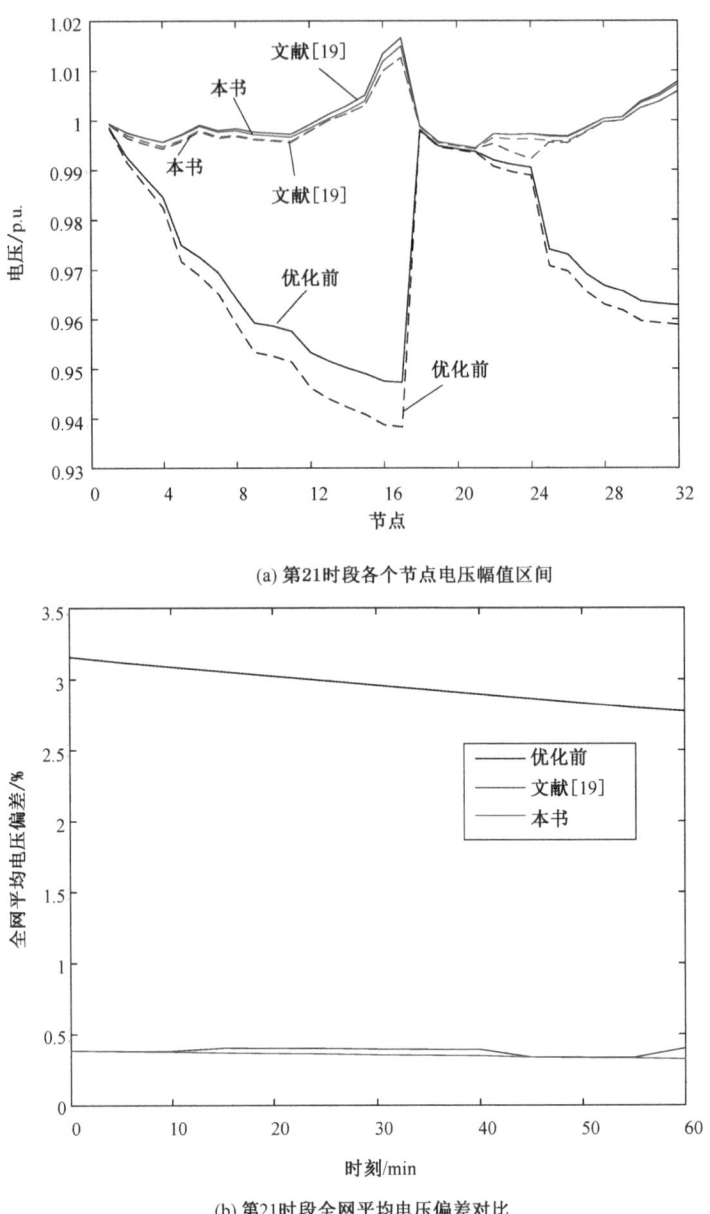

(a) 第21时段各个节点电压幅值区间

(b) 第21时段全网平均电压偏差对比

图 10-10　第 21 时段无功优化前后全网电压特征

从图 10-10（a）中可以看出，在第 21 时段节点 17 由于线路长、供电距离远的因素，电压偏差较大。无功优化前，该节点电压越下限，最大和最小电压偏差在 6% 和 5% 左右。无功优化后，该节点电压偏差得到很好改善。本章相比文献[19]无功优化电压偏差最大值更小，最小值相近。总体上本章方法略优于文献[19]无功优化。从图 10-10（b）中可看出无功优化前，该时段内全网平均电压偏差在 2.77% 到 3%。无功优化后，全网电压偏差明显降低，本章相比文献[19]无功优化全网平均电压偏差略小。

本章策略相比文献[19]方法在优化后能够在降低全网电压偏差的同时很好地降低该时

段节点电压幅值变化范围,尤其是受光伏出力影响的时间段优化效果更加明显,也更能体现出本章多设备联合优化策略的优势。

10.1.6.3 构/跟网无功设备极端场景多时间尺度优化分析

从随机场景中抽取两个极端场景验证所提方法有效性。第一个场景是一段时间内云层覆盖水平短时间内降低的场景,该场景涉及云层快速变化的情况,根据随机场景抽样获得一小时内云层覆盖水平短时间内降低的场景,即光伏出力出现大幅度增大场景,该场景光伏出力变化曲线如图 10-11 (a) 所示。第二个场景是一段时间内云层短时间内加厚的场景,根据随机场景抽样获得一小时内云层覆盖水平短时间内升高的场景,即光伏出力出现大幅度减小的场景,该场景光伏出力变化曲线如图 10-11 (b) 所示。这两种场景极大地影响了光伏出力结果,但该场景在实际中都是容易出现的。为了保证快速跟踪响应的无功补偿容量足够使用,本节将 SVG 接入容量改为 600 kvar。

(a) 云层覆盖水平短时间内降低光伏出力场景

(b) 云层覆盖水平短时间内增高光伏出力场景

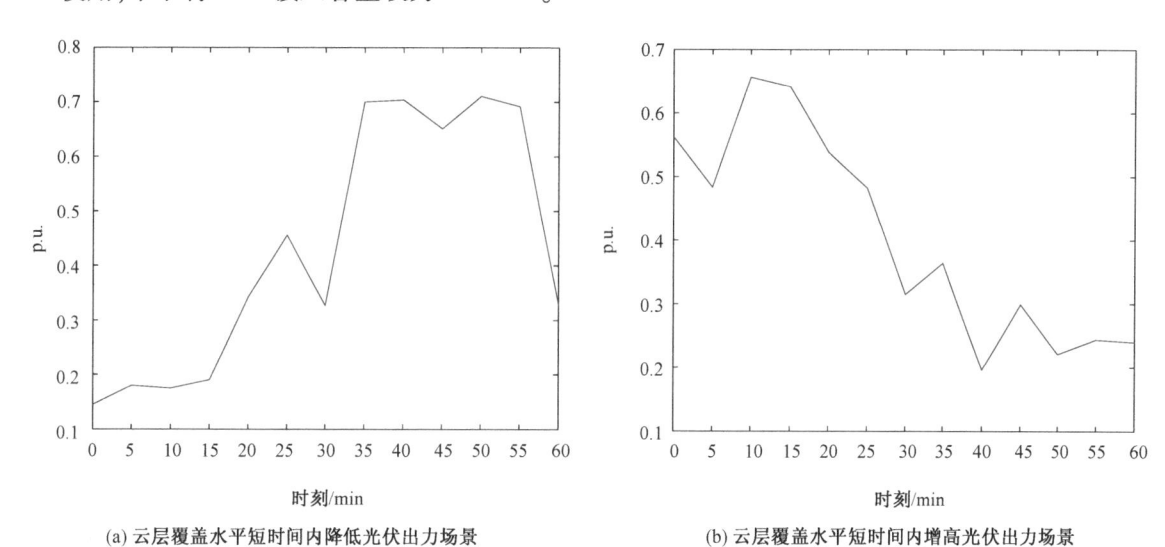

图 10-11 短时间内光伏出力极速变化运行场景

1. 光伏出力短时间升高运行场景分析

光伏出力短时间升高运行场景中,节点 17 多设备联合无功优化后该节点电压变化对比曲线如图 10-12 所示。节点 17 主支路接入有多个光伏,其电压对光伏出力变化最为敏感,当光伏出力短时间内升高时,节点 17 电压变化幅度较大。短时间内光伏出力增大,从图 10-12 (a) 中可以看出后,本章策略相比文献[19]优化方法在更短时间尺度对节点进行无功补偿,结合图 10-12 (b) 可以看出文献[19]方法调节周期慢,没有很好解决短时间内光伏出力增大对电压带来的波动问题。本章策略中各设备多时间尺度协调控制,能够及时稳定电压变化,有效改善了节点电压水平。

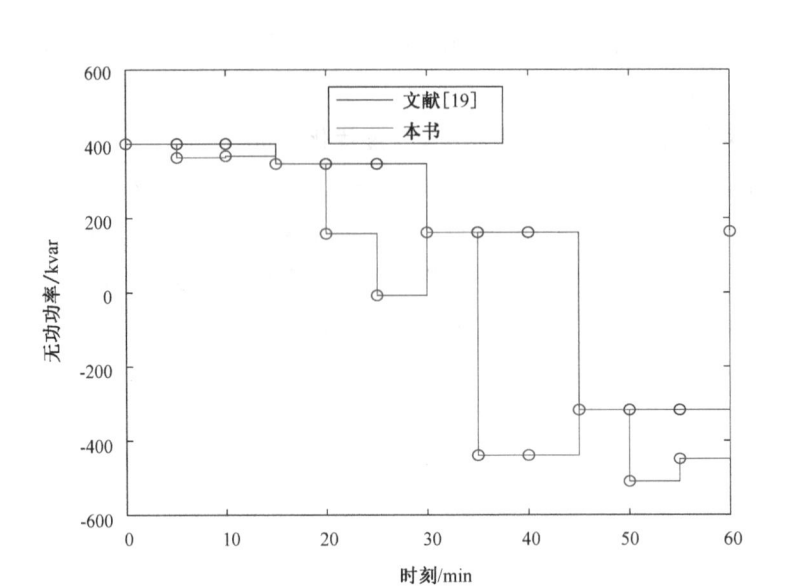

(a) 光伏出力短时间内增大无功优化功率变化曲线

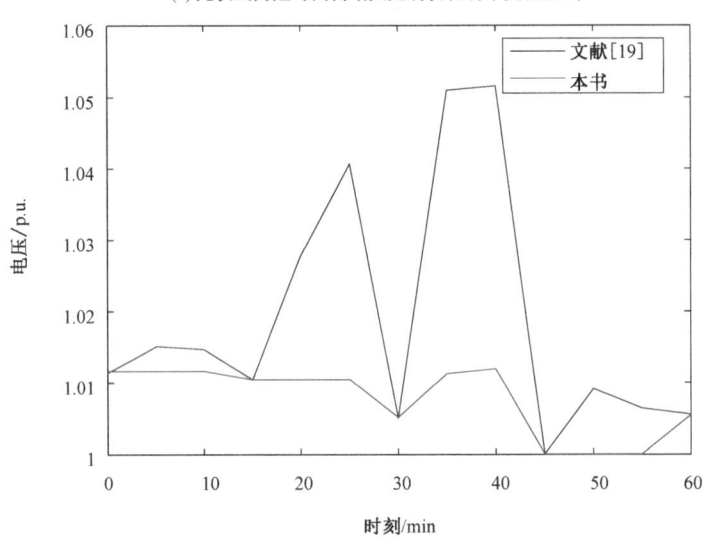

(b) 光伏出力短时间内增大无功优化电压变化曲线

图 10-12　光伏出力短时间内增大节点 17 电压和功率曲线

2. 光伏出力短时间降低运行场景分析

光伏出力短时间降低运行场景中，节点 17 多设备联合无功优化后该节点电压变化对比曲线如图 10-13 所示。结合图 10-11（b）中光伏出力的变化曲线，从图 10-13（a）中可以看出，随着光伏出力下降，节点 17 无功补偿设备输出功率大幅度变化，而本章策略能够更短时间做出功率调整。从图 10-13（b）中可以看出，该时间段内文献[19]无功优化使节点电压幅值变化较大，该方法能够起到一定的调压效果。本章策略使该节点电压偏差变化范围更小，能够更好地改善节点电压运行水平。

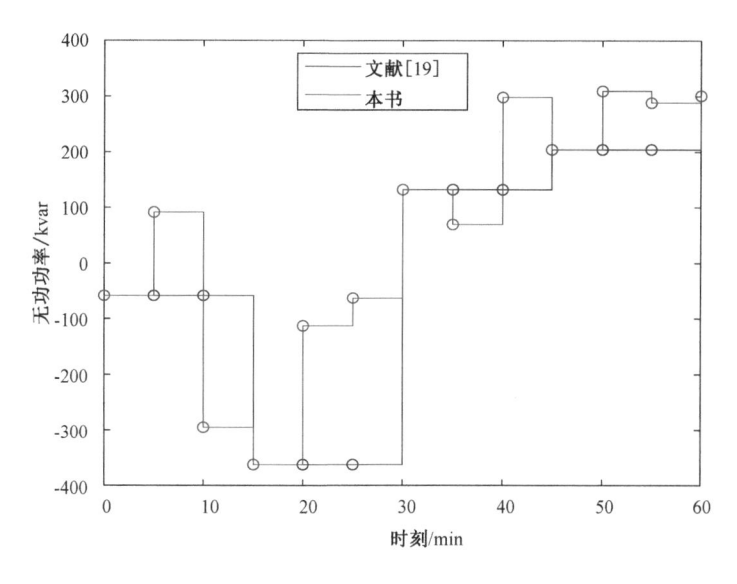

(a) 光伏出力短时间内降低无功优化功率变化曲线

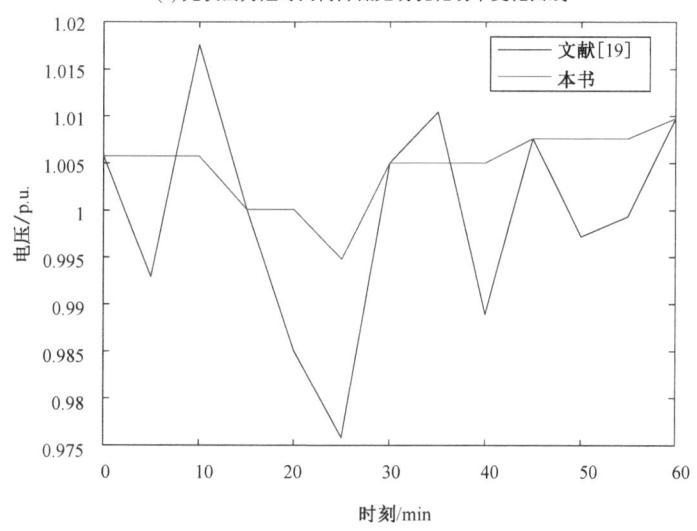

(b) 光伏出力短时间内降低无功优化电压变化曲线

图 10-13　光伏出力短时间内降低节点 17 电压和功率变化曲线

本节以节点 17 为例，分层控制多种响应能力的设备进行无功功率输出，在光伏出力突然升高和降低等极端运行场景中能及时控制节点电压幅值变化，减小电压波动，体现了本章策略的有效性。

10.2　计及 DPV 集群构/跟网辅助治理的协同控制策略

10.2.1　引言

目前，配电网通常采用电压和无功集中控制实现系统全局优化。针对含高渗透率 DPV 的配电网而言，尽管集中控制指令间隔时间较短，但由于光伏具有短时间强烈波动性和间歇性,间隔期间的功率波动仍然会对配电网节点电压造成很大影响。根据逆变器控制方式可知,光伏逆变器有跟网型和构网型两种控制方式,但其受光照影响输入功率不稳定,采用构网型控制不能满足电网功率快速变化的需要,通常需要在直流侧额外加入储能装置或耗能装置以稳定直流电压才使用构网型控制方式。常规连接状态下光伏逆变器采用跟网型控制,仅用于中速跟踪响应级别无功补偿。电力电子逆变器构网控制往往是采用有功调频、无功调压的控制模式,而在光伏出力不可控的情况下,贸然采用构网控制并网势必无法为电网提供相匹配的功率,容易导致电网频率不可控、电压不可控,造成更大的损失。通过改变光伏集群直流侧拓扑后,不改变光伏集群并网发电同时使部分逆变器利用自身剩余容量承担光伏集群其余逆变器发电能量,而不需并网发电的光伏逆变器类似于 SVG 工作原理,根据调控需要灵活改变自身控制方式实现中速或快速跟踪响应级别无功补偿的目的。在配置专用资源改善电网电压运行水平时,若进一步挖掘光伏逆变器的性能优势,构造分布式光伏集群的构网控制条件对配电网电压进行辅助治理,则对于降低专用资源的投资成本具有重要意义。

针对光伏逆变器构/跟网型控制特性,从 DPV 连接结构角度出发,提出了计及 DPV 集群构/跟网辅助治理的无功资源多时间尺度协同控制策略。提出灵活可变直流拓扑结构,构造自由状态逆变器使其根据需要灵活切换构网或跟网控制方式。建立两阶段无功优化模型,其中第一阶段以光伏集群构网可调无功输出最大为主目标、光伏集群运行性能最优为辅助目标,第二阶段以全网电压偏差最小为目标。提出防止逆变器功率越限和防止开关频繁切换策略以及分布式集群控制决策,结合第一阶段控制目标确定光伏集群自由状态逆变器数量,为第二阶段无功优化的设备控制类型提供选择基础。以 3 台光伏阵列模拟器和 3 台光伏逆变器搭建了小型光伏集群控制系统,验证所提策略对光伏集群切换控制和运行性能有效性。以 IEEE 33 节点配网为例对多时间尺度无功优化策略进行算例分析,结果表明所提策略利用 DPV 集群控制能够充分发挥光伏逆变器性能优势,有效抑制电压波动和改善全网电压偏差。

10.2.2 基于可变直流拓扑的 DPV 集群控制系统建模

10.2.2.1 DPV 直流汇集架构

光伏集群控制系统与电力系统电网连接,是电力系统的一部分,可为电力系统发出有功和无功两部分。光伏集群控制系统主要分为光伏阵列、逆变器、电网三部分。光伏阵列主要由光伏组件组成,光伏组件之间、光伏组件和逆变器之间等连接方式不同使得光伏集群控制系统有着不同体系结构。DPV 装机规模小,一般布置在用户附近的发电系统,如应用于商用建筑与居民住宅、城市负荷密集区、工业园区等场景,常用于中低压配电网。本章主要研究DPV 并网系统,下面对其部分体系结构进行分析。同时,根据逆变器剩余容量对配电网无功补偿方式的不同,提出灵活可变直流拓扑结构,任意改变逆变器输入端功率使部分逆变器分担全部功率,而其余逆变器可根据需要改变无功补偿控制方式。

组串式结构将多个光伏组件形成一串光伏串,再单串接入或多串并联接入一台逆变器并网发电,其中该结构是 DPV 发电的典型结构。组串式结构还可分为串型结构和多支路结构。两者区别是:通常情况下串型结构中光伏组串接入的逆变器中含有一个最大功率跟踪(Maximum Power Point Tracking,MPPT)控制,输出功率通常为几千瓦,常用于单相并网发电;多支路结构中多光伏组串并联接入的逆变器含有多个MPPT控制,输出功率通常为几千瓦到几十千瓦,可用于单相或三相并网发电。

通常情况下,n个光伏组件串联形成1个光伏组串,m串光伏组串并联形成1个光伏阵列连接到1台组串式光伏逆变器中,k个光伏阵列与k台逆变器连接并网发电形成DPV发电集群,而该集群典型结构示意图如图10-14所示。

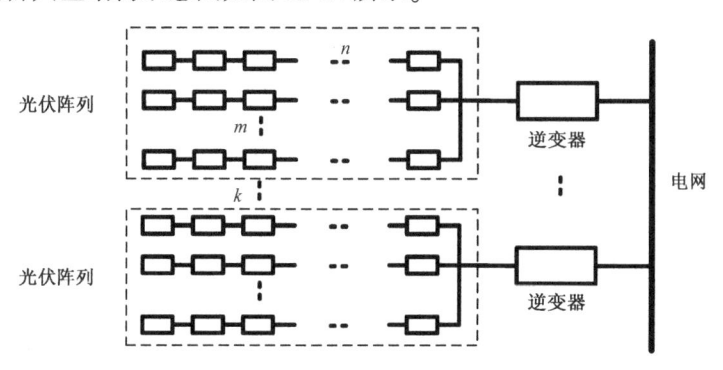

图10-14 DPV发电典型结构示意图

10.2.2.2 基于直流可变拓扑的DPV集群控制系统结构及功能

众所周知,光伏并网发电可发出有功和无功功率,通常情况下有功功率是光伏根据自然条件自主输出,而无功功率根据光伏逆变器控制输出并用于调节配电网节点电压。根据光伏逆变器控制方式可知,逆变器控制方式可分为构网型控制和跟网型控制。逆变器在运行时只能选用一种控制方式,跟网型控制使得逆变器能够正常并网发电同时输出固定无功功率参与调压;构网型控制使得逆变器根据电压指令自主改变无功功率参与调压,但不能正常并网发电。

在DPV发电中,常规组串式光伏发电系统由多块光伏电池板串联组成一路光伏组串,一串或多串光伏组串组成一个光伏阵列按固定连接方式接入一台逆变器。常规分布式光伏发电直流侧固定连接,逆变器通常采用跟网型控制并网发电。构网型逆变器输出有功主要用于调频,输出无功主要用于调压。然而光伏发电波动性和间歇性强,使得常规连接下光伏逆变器直流电压不稳,而且其剩余容量波动大、难以对无功输出有效控制,从而难以维持电网电压稳定,因此在常规连接下考虑光伏发电时通常不考虑逆变器的构网控制。基于此,本章考虑分布式光伏直流侧连接方式,提出了一种灵活可变的直流拓扑结构,通过在光伏组串间设置跨桥开关使光伏组串和逆变器能够自由连接。该拓扑在不改变光伏群整体有功出力同时有效控制逆变器的输入功率,使部分逆变器采用跟网型控制主要承担并网发电任务,而其余逆变器既能采用跟网型控制又可随时切换为构网型控制承担无功补偿任务。

1. 光伏集群控制系统结构

为了便于描述,根据图10-14中DPV发电的典型结构,本章将一个光伏阵列定义为常规连接方式下一台组串式光伏逆变器所连接的所有光伏组串。以X个光伏阵列与Y台逆变器组成的光伏集群控制系统为例进行分析,拓扑结构如图 10-15 所示。该系统主要包括光伏阵列、逆变器、开关矩阵,其中 X 个光伏阵列和 Y 台逆变器通过控制器灵活连接。逆变器侧放置了一个切换箱,用于连接光伏阵列和逆变器。光伏阵列和并网逆变器分别通过直流电缆插头连接到切换箱。切换箱和逆变器通过通信接口连接以传输数据。逆变器中含有电流和电压传感器,可根据逆变器对光伏阵列的电气测量信息进行数据计算,从而减少装备成本。由于对通信配置和计算的要求较低,逆变器可以胜任控制器控制该系统的运行。控制器根据设定的系统参数和实时数据,在不同时间获得该系统的控制决策。控制器定期发送开关连接状态的控制命令,控制各逆变器输入功率,以提高该系统的运行性能。

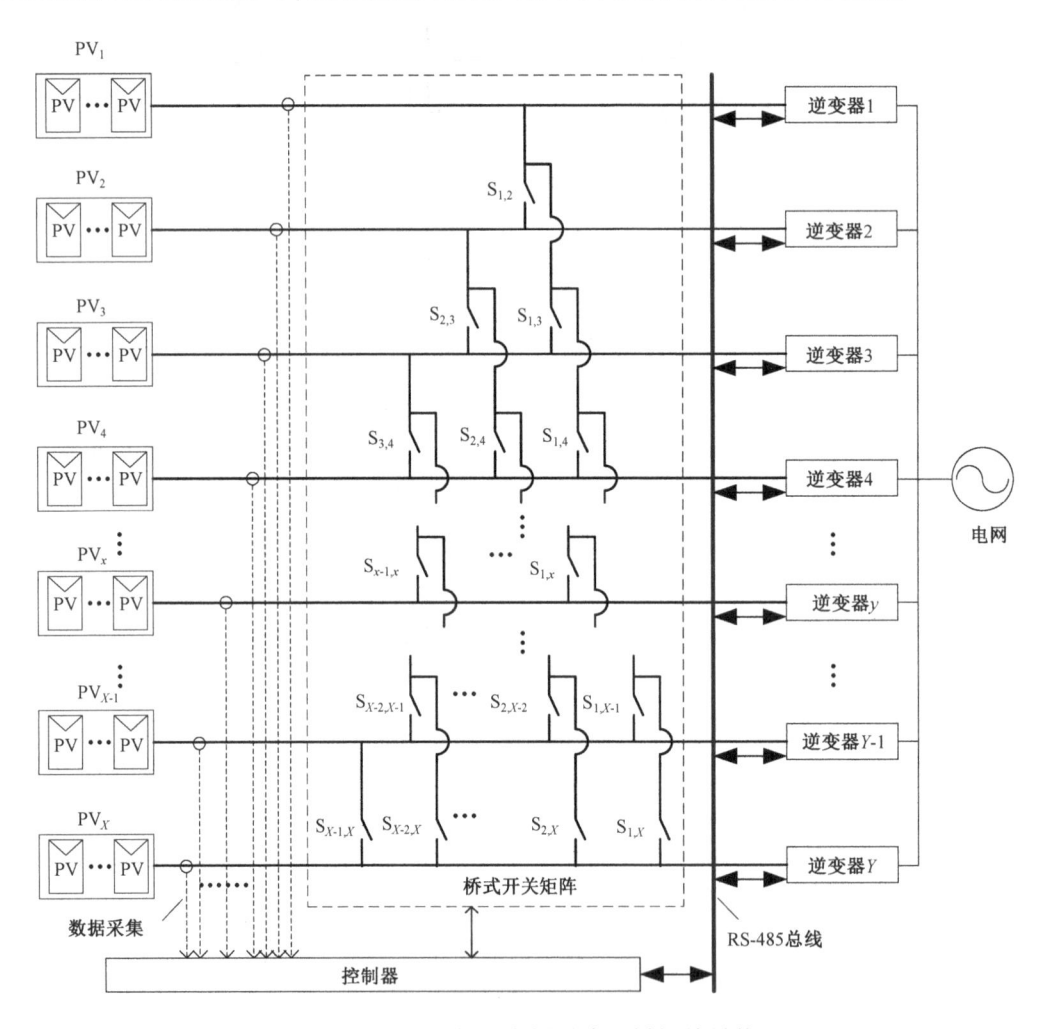

图 10-15　DPV 集群控制系统开关拓扑结构图

分布式光伏发电系统通常会有多台逆变器集中安放一处,可方便地将这些逆变器组成集群进行发电,利用切换箱进行切换控制。组串式逆变器 MPPT 允许输入的最大电流较小,且低电流开关装置费用较低,故改造装置费用低。根据现有技术,本方案在实际工程中几乎不增加系统复杂性和直流电缆用量,所涉及的 DPV 集群控制系统直流侧并联或交流侧并联在工程实际中均易实现。

通常取 X 为 3~5 较为合理,这是因为逆变器出力低于 20% 时其运行性能极大恶化,而此时 3~5 个光伏阵列切至 1 台逆变器工作仍能达到较好的运行性能,直到每个光伏阵列输出低于 4%;而光伏阵列输出低于 4% 的持续时间很短,可控制逆变器停机。另外,高于 5 个时需要增加的切换开关数量很多。

2. 光伏集群控制系统功能

在 DPV 集群中,光伏阵列与逆变器之间的任何连接以及逆变器的输入功率均受控制,而且光伏阵列的任意组合都可以连接到逆变器。在低辐照度条件下,跨桥开关控制 N 个光伏阵列并联到其中一台跟网型逆变器进行并网发电,而其他逆变器处于自由状态,可根据调度指令自由切换为跟网型和构网型控制。随着辐照度的增强,多个光伏阵列间进行重构并逐步启动更多自由状态的逆变器并网发电,其中并网发电的逆变器均需采用跟网型控制。当辐照度足够强时,直流开关全部回归到常规连接方式,逆变器全部采用跟网型控制并网发电。同理,辐照度从最强到最弱的过程中,光伏群控系统中控制器控制跨桥开关逐渐改变各逆变器输入功率,使有直流输入的逆变器数量从 Y 逐渐变为 1。值得注意的是,自由状态的逆变器仅为电网提供无功功率,可根据需要自由切换为构网或跟网控制,可进行多时间尺度无功补偿;而与光伏阵列连接并网发电的逆变器仅进行一种时间尺度的无功补偿,两者有所不同。

提出的拓扑结构增加了光伏阵列与逆变器之间的灵活性,可将不同的光伏阵列与任意逆变器相连接。在光伏板阴影遮挡、逆变器容量不一致等特殊场景下,所提可变直流拓扑能实现更灵活、更合适的匹配选择。

10.2.2.3 考虑光伏逆变器 MPPT 的可变直流结构拓展分析

考虑到光伏逆变器各路 MPPT 独立运行,对所提可变直流拓扑结构进行变形。在直流开关切换时可对逆变器各路 MPPT 所接光伏串进行自由切换,这样间接增加了光伏群控系统中逆变器处于自由状态的数量,从而增加了构网型逆变器可用剩余容量范围。

在逆变器配置容量相同的光伏群控系统中,逆变器具有的 MPPT 数量也与构网型逆变器可调无功功率范围有一定的关系。组串式逆变器中的每路 MPPT 所接光伏组串数量越少越能降低失配损失,而 MPPT 数量越多所需系统成本越高,且稳定性越差,整体损耗也越多。因此组串式逆变器的 MPPT 数量设计需合理,大多数 MPPT 所接光伏串为 1~2 串。

DPV 发电要求发电用电并存且尽可能地就地消纳,相比大型光伏电站输出功率较小,其单台逆变器额定输出功率大多在 30 kW 以下。结合光伏串直流电压、逆变器效率问题以及大多数光伏逆变器厂商提供的产品说明来看,组串式光伏逆变器的 MPPT 数量大多为 2~3 个。通常额定输出功率在 25 kW 及以下的组串式逆变器常有 2 路 MPPT,25 kW 以上的组串式逆变器有 3 路或 3 路以上 MPPT。以 3 个光伏阵列和 3 台逆变器组成的光伏群控系统为例,其中每台逆变器有 2 路 MPPT,对图 10-15 的直流开关结构进行拓展,其拓扑结构示意图如图 10-16 所示。

图 10-16 拓扑相比原有拓扑增加了复杂性,但也增加了自由状态逆变器可选择的条件,如通过开关控制可将某一逆变器输入功率分为两份分别转到其他两台逆变器中,从而增加

处于自由状态的逆变器台数。根据构网型和跟网型逆变器控制方式可知,常规连接方式下构网型光伏逆变器受光照波动影响直流输入不稳定,但通过对光伏集群直流侧拓扑更改,使光伏逆变器处于自由状态避免了直流输入不稳定的情况,同时可根据自身控制方式实现对配电网快速跟踪响应级别的无功补偿目的。

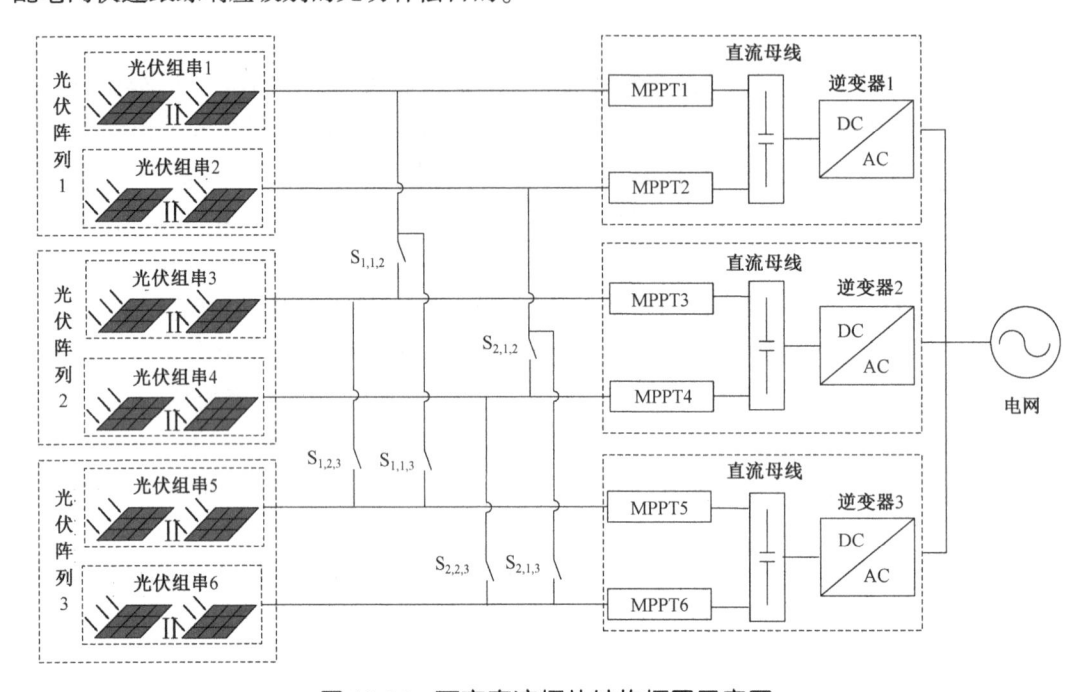

图 10-16 可变直流拓扑结构拓展示意图

10.2.3 考虑 DPV 集群控制的配电网两阶段无功优化建模

光伏群控系统的开关控制在满足配电网无功优化同时还应尽可能使自身运行性能最好。考虑到光伏群控系统通过开关控制使部分逆变器处于自由状态,该状态下的逆变器既可采用跟网型控制又可采用构网型控制。本章以 DPV 自由状态逆变器数量最大为目标建立第一阶段主控制模型;考虑开关动作次数和电流谐波畸变作为光伏群控系统运行性能指标,并以运行性能最优为目标建立第一阶段辅助控制模型。以全网电压偏差最小为目标,建立配电网无功优化第二阶段控制模型。在本章所提控制方法中,光伏群控系统自身具有一种超短时间尺度的开关控制指令,而调度指令的时间间隔为开关控制指令的整数倍。由于第二阶段优化建模比较重要且较为简单,故将其作为第一个小标题进行撰写。

10.2.3.1 配电网多设备无功优化第二阶段控制模型

考虑配电网负荷、光伏、无功调节设备等各时刻关联及限制条件,建立以全天电压偏差最小为目标函数的无功优化模型,目标函数如式(10-22)所示。

$$\min F_2 = \sum_{t=1}^{T_\mathrm{m}} \sum_{n_\mathrm{L}=1}^{N_\mathrm{L}} |U_{t,n_\mathrm{L}} - U_0| \qquad (10\text{-}22)$$

式中,t 为时刻,$t \in [1, T_\mathrm{m}]$,其中 T_m 为一天划分的分析时刻数量;N_L 为系统节点数量;U_{t,n_L} 为 t 时刻节点 n_L 电压;U_0 为节点电压标称值。

分布式光伏逆变器构网控制容量需要小于自由状态逆变器对应的功率。并联电容器无功补偿跟踪响应慢,且在一天内具有一定投切次数限制,其投切还需满足最短时间为1小时一次。无功优化的约束条件在满足第10.1.4节式(10-14)~(10-16)基础上,还需满足式(10-23)。

$$\begin{cases} Q_{PV,t,i} = Q_{PVGFM,t,i} + Q_{PVGFL,t,i} \\ -Q_{gwmax,t,n_L} \leq Q_{PVGFM,t,n_L} \leq Q_{gwmax,t,n_L} \\ \sum_{t=1}^{T_m} k_{C,t,n_L} \leq K_C \end{cases} \quad (10\text{-}23)$$

式中,$Q_{PVGFM,t,i}$和$Q_{PVGFL,t,i}$分别为t时刻节点i处光伏逆变器构网和跟网控制补偿的无功功率;Q_{gwmax,t,n_L}为t时刻节点n_L光伏逆变器可用于构网控制的最大容量,可根据下文(10-30)式求解;k_{C,t,n_L}为配电网t时刻n_L节点电容器投切次数,$k_{C,t,n_L} \in \{0,1\}$;K_C为并联电容器组最大允许投切次数。

10.2.3.2 考虑逆变器自由状态数量的第一阶段主控制模型

首先从逆变器中获得所测电压和电流数据,然后计算各光伏串电流和电压大小,再计算开关重构之后各逆变器输入功率,最后求出各逆变器输出功率及其剩余容量。

忽略各逆变器MPPT数量的差异,定义n_{MPPT}为各逆变器MPPT数量。将光伏组串按$1,2,\cdots,X_{zc}$的顺序编号排序,逆变器按$1,2,\cdots,Y_{inv}$的顺序编号排序,逆变器的MPPT按$1,2,\cdots,Y_{MPPT}$的顺序编号排序,$X_{zc} = Y_{MPPT}$,$Y_{inv} = n_{MPPT} \cdot Y_{MPPT}$。并光伏组串分为$m$个组群,每个组群与1台逆变器的1路MPPT相连,而未与光伏组串连接的逆变器则处于自由状态运行,可根据调度指令选择跟网型或构网型控制,其中各组群中光伏组串数量可不同。

本章考虑光伏组串的各组群与各逆变器匹配连接机制是各组群按MPPT的编号由小到大进行顺序连接,保证MPPT编号越大者优先处于闲置状态。

一般情况下,光伏组串配置相同,其输出特性基本一致。某一时刻从逆变器获取输入电压和电流,即可确定该组群中第z串光伏组串的电压和电流如式(10-24)所示。

$$\begin{cases} U_{d,m,j,z} = U_{d,m,j} \\ I_{d,m,j,z} = I_{d,m,j}/k_j \end{cases} \quad (10\text{-}24)$$

式中,$U_{d,m,j}$和$I_{d,m,j}$分别为开关重构前第j个组群所接MPPT的电压和电流;k_j为第j组光伏组串数量,$j \in m$。

考虑各组群光伏组串编号,光伏组串总个数X与各组群光伏组串数量关系如式(10-25)所示。

$$X = \sum_{j=1}^{m} k_j \quad (10\text{-}25)$$

再计算开关拟重构后第i组群所接MPPT电流、电压如式(10-26)所示,其中$i \in m$。

$$\begin{cases} I'_{\mathrm{d},m,i} \approx \sum_{z=1}^{k_i} I_{\mathrm{d},m,i,z} \\ U'_{\mathrm{d},m,i} \approx \dfrac{\sum_{z=1}^{k_i} U_{\mathrm{d},m,i,z} I_{\mathrm{d},m,i,z}}{I_{\mathrm{d},m,i}} \end{cases} \quad (10\text{-}26)$$

忽略各逆变器在不同时刻 DC/AC 转换效率的差异性,定义 η_{inv} 为逆变器输入和输出总的转换效率,得出光伏群控中第 y_{inv} 台逆变器输出功率 $P_{\mathrm{inv},y_{\mathrm{inv}}}$ 和可调剩余容量 $Q_{\mathrm{re},y_{\mathrm{inv}}}$ 如式(10-27)所示。

$$\begin{cases} P_{\mathrm{inv},y_{\mathrm{inv}}} = \sum_{i=(y_{\mathrm{inv}}-1)\cdot n_{\mathrm{mppt}}+1}^{y_{\mathrm{inv}}\cdot n_{\mathrm{mppt}}} (U'_{\mathrm{d},m,i} I'_{\mathrm{d},m,i} \cdot \eta_{\mathrm{inv}}), m > y_{\mathrm{inv}}\cdot n_{\mathrm{mppt}} \\ P_{\mathrm{inv},y_{\mathrm{inv}}} = \sum_{i=(y_{\mathrm{inv}}-1)\cdot n_{\mathrm{mppt}}+1}^{m} (U'_{\mathrm{d},m,i} I'_{\mathrm{d},m,i} \cdot \eta_{\mathrm{inv}}), (y_{\mathrm{inv}}1)\cdot n_{\mathrm{mppt}} < m \leqslant y_{\mathrm{inv}}\cdot n_{\mathrm{mppt}} \\ P_{\mathrm{inv},y_{\mathrm{inv}}} = 0, m \leqslant (y_{\mathrm{inv}}-1)\cdot n_{\mathrm{mppt}} \\ Q_{\mathrm{re},y_{\mathrm{inv}}} = \sqrt{S_{\mathrm{inv}}^2 - P_{\mathrm{inv},y_{\mathrm{inv}}}^2} \end{cases} \quad (10\text{-}27)$$

式中,S_{inv} 为逆变器视在功率。

根据本地控制信息可以获得 t 时刻 $P_{\mathrm{inv},y_{\mathrm{inv}}}=0$ 的逆变器数量,即自由状态逆变器数量,定义该数量为 $y_{\mathrm{zy},t}$,则光伏群控系统逆变器可采用构网型控制的无功功率为 $Q_{\mathrm{gw}} = y_{\mathrm{zy},t}\cdot S_{\mathrm{inv}}$。

建立以 DPV 集群自由状态逆变器数量最大为目标的函数,即构网无功可调最大控制目标函数如式(10-28)所示,可利用穷举法对开关矩阵组合方式进行对比得到最优结果。

$$\max F_{\mathrm{sc}} = Q_{\mathrm{gw}} \quad (10\text{-}28)$$

配电网某节点可能含有多套光伏群控系统,但为方便计算,本章假设各节点每套光伏群控系统规模一致,则每套光伏群控系统输出有功功率和逆变器剩余容量如式(10-29)所示。

$$\begin{cases} P_{\mathrm{gct}} = \sum_{y_{\mathrm{inv}}=1}^{Y_{\mathrm{inv}}} P_{\mathrm{inv},y_{\mathrm{inv}}} \\ Q_{\mathrm{gcre}} = \sqrt{S_{\mathrm{gcinv}}^2 - P_{\mathrm{gct}}^2} \end{cases} \quad (10\text{-}29)$$

配电网 t 时刻 n_L 节点的光伏有功出力和 DPV 群控系统有功出力关系以及该节点可用于构网控制的容量 Q_{gwmax,t,n_L} 如式(10-30)所示。

$$\begin{cases} P_{\mathrm{PV},t,n_L} = k_{\mathrm{gc},n_L} \cdot P_{\mathrm{gct},t,n_L} \\ Q_{\mathrm{gwmax},t,n_L} = y_{\mathrm{zy},t,n_L} \cdot S_{\mathrm{inv}} \end{cases} \quad (10\text{-}30)$$

式中,P_{PV,t,n_L} 为配电网 t 时刻 n_L 节点的光伏有功出力;k_{gc,n_L} 为节点 n_L 光伏群控系统数量;P_{gct,t,n_L} 为 t 时刻节点 n_L 光伏群控系统有功出力;y_{zy,t,n_L} 为 t 时刻节点 n_L 光伏群控系统中处于自由状态的逆变器数量。

联立式(10-28)~(10-30)可得到 t 时刻节点 n_L 光伏群控系统构网无功可调最大值,从而为配电网动态无功优化作基础。

10.2.3.3 考虑 DPV 集群运行性能的第一阶段辅助控制模型

光伏群控系统的开关控制在满足配电网无功优化同时还应尽可能使自身运行性能最好。本章考虑开关动作次数和电流谐波畸变指标作为光伏群控系统运行性能指标控制开关切换。

1. DPV 集群开关动作次数指标

光伏群控系统中不同数量的光伏组串和逆变器在不同连接方式下进行切换时,任意的开关控制会引起系统不必要的成本损失。因此,本文考虑减少开关操作的次数,以最大限度地降低系统成本损失。光伏群控系统开关控制中的每个开关连接更改都需要与之前的连接方式进行比较,以确定开关动作次数。本章以开关动作次数最少为目标对光伏群控系统进行控制,建立光伏群控系统切换目标为

$$\min F_{\mathrm{gc},1} = n_{\mathrm{sw}} \tag{10-31}$$

式中,n_{sw} 为开关动作数量。

2. DPV 集群控制系统谐波畸变指标

忽略电网背景谐波,光伏逆变器产生的谐波分为高次谐波和低次谐波。高次谐波主要由调制引起,低次谐波产生的主要原因是逆变器死区时间。本章考虑三相平衡且以 a 相为例从电流角度建立光伏群控系统电流谐波畸变指标。

(1) 逆变器滤波前输出谐波电压

为了便于计算,定义双极性 SPWM 控制全桥逆变器调制比如式所示。

$$M_{\mathrm{T},m,i} = \frac{\sqrt{2}U_{\mathrm{a},y_{\mathrm{inv}},1}}{U_{\mathrm{d},m,i}} \tag{10-32}$$

式中,$U_{\mathrm{a},y_{\mathrm{inv}},1}$ 为第 y_{inv} 台逆变器滤波前 a 相输出基波电压有效值。

逆变器调制过程中产生角频率为 $n_{\mathrm{c}}\omega_{\mathrm{c}} \pm k_{\mathrm{c}}\omega$ 的高次谐波电压有效值如式(10-31)所示。开关频率与基波频率比值奇偶不同,n_{c} 和 k_{c} 的取值不同,一般 n_{c} 为不等于 0 的偶数,k_{c} 为除了 3 的倍数的奇数,或 n_{c} 为奇数,k_{c} 为除了 3 的倍数的偶数。

$$U_{\mathrm{aH},y_{\mathrm{inv}},h_{\mathrm{H}}} = \frac{2\sqrt{2}U_{\mathrm{d},y_{\mathrm{inv}}}}{n_{\mathrm{c}}\pi} J_{k_{\mathrm{c}}}\left(\frac{n_{\mathrm{c}}\pi M_{\mathrm{T},y_{\mathrm{inv}}}}{2}\right) \tag{10-33}$$

式中,h_{H} 为高次谐波次数,$h_{\mathrm{H}} = (n_{\mathrm{c}}\omega_{\mathrm{c}} \pm k_{\mathrm{c}}\omega)/\omega$,其中 ω_{c} 为载波角频率,ω 为基波频率;$J_{k_{\mathrm{c}}}$ 为第一类 k_{c} 阶贝塞尔函数。

由于死区时间,调制参考电压中出现误差电压,这相当于在理想电压上施加额外的电压脉冲。假设每个脉冲的大小大致相等,则逆变桥输出谐波幅值可以通过平均误差电压的傅里叶分解来获得,如式(10-34)所示。

$$u_{\mathrm{invL},y_{\mathrm{inv}},h_{\mathrm{L}}} = \frac{8}{h_{\mathrm{L}}\pi}f_{\mathrm{c}}T_{\mathrm{d}}U_{\mathrm{dc}} \tag{10-34}$$

式中,f_{c} 为开关频率,本章取 50 Hz;h_{L} 为低次谐波次数,该值为奇数但不为 3 的倍数;T_{d} 是死区时间,U_{dc} 是逆变器直流母线平均电压。

式(10-33)和式(10-34)中可以看出高次和低次谐波次数取值可以相同,联立式(10-32)~(10-34)可得到逆变器滤波前输出谐波电压有效值。为方便表述,定义该有效值为

$U_{a,y_{inv},h}$,其中 h 为谐波次数。

(2) 逆变器输出谐波电流计算

建立交流侧电路模型求解滤波前后谐波电压与谐波电流之间的关系,如图 10-17 所示。为理解图 10-17 各支路电压与电流关系,本章给出交流侧电路相量图如图 10-18 所示。跟网型逆变器有功和无功输出可独立控制。本章将一台跟网型逆变器作为有功和无功两台独立设备的叠加进行解耦计算,即发出有功的独立设备并网与电网同相位。由于仅需考虑跟网型逆变器有功输出,所以第 y_{inv} 台逆变器滤波后输出电流 $\dot{I}_{g,y_{inv}}$ 和电网电压 $\dot{U}_g$ 同相位,以电网相位为基准,设初相位为 0,忽略交流侧电缆容抗和电网阻抗;L_1、L_2 均为滤波器电感,C 为滤波器电容;L_g 为交流侧电缆电感值;$\dot{U}_{a,y_{inv},1}$ 和 $\dot{I}_{a,y_{inv},1}$ 分别为该组逆变器滤波前基波输出电压和电流;$\dot{U}_{C,y_{inv},1}$ 和 $\dot{I}_{C,y_{inv},1}$ 分别为该组逆变器滤波电容两端电压和支路电流。

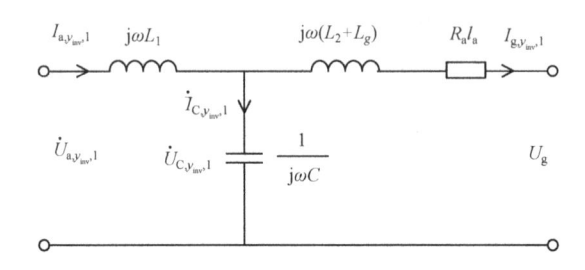

图 10-17 交流侧电路模型

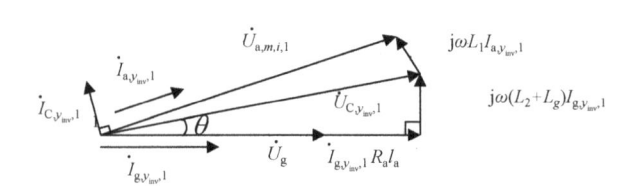

图 10-18 交流侧电压电流相量图

根据图 10-17 和图 10-18 中电压电流关系可知:

$$\begin{cases} \dot{U}_{C,y_{inv},1} = \dot{U}_g + \dot{I}_{g,y_{inv},1} R_a l_a + j\omega(L_2 + L_g)\dot{I}_{g,y_{inv},1} \\ \dot{U}_{C,y_{inv},1} = \dot{U}_{a,m,i,1} - j\omega L_1 \dot{I}_{a,y_{inv},1} \\ \dot{I}_{a,y_{inv},1} = \dot{I}_{C,m,i,1} + \dot{I}_{g,y_{inv},1} \\ \dot{I}_{C,y_{inv},1} = j\omega C \cdot \dot{U}_{C,y_{inv},1} \end{cases}$$

(10-35)

整理(10-35)取有效值可得出

$$U_{a,y_{inv},1}^2 = (1 - \omega^2 L_1 C)^2 (U_g + I_{g,y_{inv},1} R_a l_a)^2 + \omega^2 I_{g,y_{inv},1}^2 [(1 - \omega^2 L_1 C)(L_2 + L_g) + L_1]^2$$

(10-36)

忽略谐波分量分析逆变器稳态特性,可将式(10-36)电压和电流取逆变器输出电压和电流代入式(10-32)计算得出调制比为

$$M_{\mathrm{T},y_{\mathrm{inv}}} = \frac{\sqrt{2}}{U_{\mathrm{d},y_{\mathrm{inv}}}} \{\omega^2 I_{\mathrm{g},y_{\mathrm{inv}}}^2 [(1-\omega^2 L_1 C)(L_2 + L_{\mathrm{g}}) + L_1]^2 + (1-\omega^2 L_1 C)^2 (U_{\mathrm{g}} + I_{\mathrm{g},y_{\mathrm{inv}}} R_{\mathrm{a}} l_{\mathrm{a}})^2\}^{0.5} \tag{10-37}$$

忽略电网谐波影响,即 $U_{\mathrm{g},h} = 0$,结合式(10-34)得出逆变器滤波前输出谐波电压 $U_{\mathrm{a},m,i,h}$ 和滤波后输出谐波电流 $I_{\mathrm{g},m,i,h}$ 的关系如式(10-36)所示。

$$\frac{U_{\mathrm{a},y_{\mathrm{inv}},h}^2}{I_{\mathrm{g},y_{\mathrm{inv}},h}^2} = \omega_h^2 [(1-\omega_h^2 L_1 C)(L_2 + L_{\mathrm{g}}) + L_1]^2 + (1-\omega_h^2 L_1 C)^2 \cdot (R_{\mathrm{a}} l_{\mathrm{a}})^2 \tag{10-38}$$

式中,ω_h 为 h 次谐波角频率,$\omega_h = h \times \omega$,h>1。

电流基波有效值为

$$\begin{cases} I_{\mathrm{g},y_{\mathrm{inv}},1} = \sqrt{I_{\mathrm{g},y_{\mathrm{inv}}}^2 - \sum_{h=2}^{\infty}(I_{\mathrm{g},y_{\mathrm{inv}},h}^2)} \\ I_{\mathrm{g},y_{\mathrm{inv}}} = \frac{P_{\mathrm{inv},y_{\mathrm{inv}}}}{3U_{\mathrm{g}}} \end{cases} \tag{10-39}$$

将各逆变器产生的基波和谐波电流进行叠加计算,可得到光伏群控系统输出电流谐波畸变率 $F_{\mathrm{THD\,I}}$ 如式(10-40)和式(10-41)所示。

$$\min F_{\mathrm{THDI}} = \frac{\sqrt{\sum_{h=2}^{\infty}\left(\sum_{y_{\mathrm{inv}}=1}^{Y_{\mathrm{inv}}-y_{\mathrm{zy},t}} I_{\mathrm{g},y_{\mathrm{inv}},h}\right)^2}}{\sum_{y_{\mathrm{inv}}=1}^{Y_{\mathrm{inv}}-y_{\mathrm{zy},t}} I_{\mathrm{g},y_{\mathrm{inv}},1}} = \frac{\sqrt{\sum_{h=2}^{\infty}\left\{\sum_{i=1}^{Y_{\mathrm{inv}}-y_{\mathrm{zy},t}}\left[\frac{A_1+A_2}{\sqrt{A_3+A_4}}\right]\right\}^2}}{\sum_{y_{\mathrm{inv}}=1}^{Y_{\mathrm{inv}}-y_{\mathrm{zy},t}} \sqrt{I_{\mathrm{g},y_{\mathrm{inv}}}^2 - \sum_{h=2}^{\infty}\left(\frac{A_1+A_2}{\sqrt{A_3+A_4}}\right)^2}} \tag{10-40}$$

$$\begin{cases} A_1 = \frac{2\sqrt{2}U_{\mathrm{d},y_{\mathrm{inv}}}}{n_{\mathrm{c}}\pi} J_{k_{\mathrm{c}}}\left(\frac{n_{\mathrm{c}}\pi M_{\mathrm{T},y_{\mathrm{inv}}}}{2}\right) \\ A_2 = \frac{4\sqrt{2}}{h\pi} f_{\mathrm{c}} T_{\mathrm{d}} U_{\mathrm{d},y_{\mathrm{inv}}} \\ A_3 = \omega_h^2 [(1-\omega_h^2 L_1 C)(L_2 + L_{\mathrm{g}}) + L_1]^2 \\ A_4 = (1-\omega_h^2 L_1 C)^2 \cdot (R_{\mathrm{a}} l_{\mathrm{a}})^2 \end{cases} \tag{10-41}$$

3. 光伏群控系统综合运行指标

结合 DPV 集群开关动作次数和谐波畸变指标,建立综合运行指标函数如式(10-42)所示。

$$\min F_{\mathrm{xc}} = F_{\mathrm{gc},1} F_{\mathrm{THD\,I}} \tag{10-42}$$

10.2.4 考虑光伏出力随机波动的 DPV 集群控制策略

考虑光伏出力不确定性,本节分析了光伏系统切换后逆变器可能会出现功率越限的情况,对光伏系统切换的连接方式作出了限制。另外,频繁变化的天气可能会导致开关频繁切换。因此,对开关频繁切换的情况作出了系统控制决策。最后,提供了系统连接的最终方案。

10.2.4.1 基于线性回归的超短时间尺度光伏波动阈值分析

光伏发电具有波动性和随机性等特点,在开关切换间隔期间,逆变器输入量可能会超过本身允许值,而且光伏逆变器可调无功功率也可能会不满足调控指令要求。因此,本章有必要根据已有运行数据预测各逆变器输入功率变化趋势,给出其变化范围以增强系统可靠性,同时预测光伏逆变器无功可调范围。

本章利用最小二乘回归方法分析切换前 Tsw_before 时刻功率数据,预测本次切换到下一次切换时间段 Tsw_interval 功率数据。线性回归预测相比非线性回归计算简便;对于可用参数较少的情况下,光伏波动预测误差相对较小。因此,本章采用最小二乘法对光伏功率进行线性回归分析。利用拟合函数预测开关切换后 Tsw_interval 时间内功率变化情况,使系统在切换空档期不出现功率越限情况。最后根据功率数据波动大小和历史经验确定预测数据可变范围。值得注意的是,由于线性回归的单调性,仅需计算初始和末端预测时间的数据即可初步获得光伏逆变器功率范围。

最小二乘法原理是根据最小化误差的平方和来寻找数据最佳匹配函数。因此,一元线性最小二乘样本回归模型如式(10-43)所示。

$$\begin{cases} Y'_j = \beta_1 X'_j + \beta_0 + e_j \\ y' = \beta_1 x' + \beta_0 \end{cases} \quad (10\text{-}43)$$

式中,X'_j 为数据样本第 j 个自变量;Y'_j 为数据样本中对应 X'_j 的因变量;e_j 为第 j 个数据计算误差;β_0 和 β_1 分别为回归系数和偏移系数;x' 和 y' 分别为拟合函数的自变量和因变量。

一般利用平方损失函数 Q 最小计算式(10-43)中的系数,如式(10-44)所示。可利用函数 Q 对 β_0 和 β_1 求偏导等于 0 来确定系数大小,如式(10-45)所示。

$$\min Q = \min \sum_{j=1}^{n} e_j^2 \quad (10\text{-}44)$$

$$\begin{cases} \beta_0 = \dfrac{\sum_{j=1}^{n}(X'_j)^2 \sum_{j=1}^{n} Y'_j - \sum_{j=1}^{n} X'_j \sum_{j=1}^{n} X'_j Y_j}{n\sum_{j=1}^{n}(X'_j)^2 - \left(\sum_{j=1}^{n} X'_j\right)^2} \\ \beta_1 = \dfrac{n\sum_{j=1}^{n} X'_j Y_j - \sum_{j=1}^{n} X'_j \sum_{j=1}^{n} Y_j}{n\sum_{j=1}^{n}(X'_j)^2 - \left(\sum_{j=1}^{n} X'_j\right)^2} \end{cases} \quad (10\text{-}45)$$

根据最小二乘法对功率数据进行 1 次曲线拟合,并利用其变化趋势对切换间隔期间功率作出简单预测,为调度指令间隔期间光伏群控系统逆变器剩余容量波动范围和光伏群控系统开关控制策略作基础。

10.2.4.2 防越限和防频繁动作的开关控制

1. 基于最小二乘法预测的防功率越限控制

光伏群控系统切换时,逆变器输入量应满足其承受范围。另外,为防止出现光伏组串与被遮挡光伏组串并联导致失配损失严重的特殊问题,光伏串并联时电压差应满足一个约束范围。对于第 i 组逆变器所连接的光伏串来说,任意光伏串 a 和 b,其中 $a \in z$,$b \in z$,$U'_{d,m,i,a}$ 和 $U'_{d,m,i,b}$ 应满足式(10-46)。

$$\text{s.t} \begin{cases} U_{dmin} \leq U'_{d,m,i} \leq U_{dmax} \\ I'_{d,m,i} \leq I_{dmax} \\ 0 < U'_{d,m,i} I'_{d,m,i} \leq P_{max} \\ |U'_{d,m,i,a} - U'_{d,m,i,b}| \leq \Delta u \end{cases} \quad (10\text{-}46)$$

式中,U_{dmin} 和 U_{dmax} 分别为 MPPT 最小和最大工作电压;I_{dmax} 为逆变器每路 MPPT 规定的最大输入电流;P_{max} 为逆变器规定的最大输入功率阈值;Δu 为光伏串电压差阈值。

利用第 y_{inv} 台逆变器所连接的光伏组串数量 $k_{y_{inv}}$ 以及光伏功率波动情况计算得到切换时刻功率约束如式(10-47)所示。

$$\begin{cases} \max(P_{dq,y_{inv}}, P_{dh,y_{inv}}) + k_{y_{inv}} \cdot \Delta P_{y_{inv}} \leq P_{max} \\ (1+\varepsilon_0) \cdot \max(P_{dq,y_{inv}}, P_{dh,y_{inv}}) \leq P_{max} \\ P_{ymax,y_{inv}} \leq P_{max} \end{cases} \quad (10\text{-}47)$$

式中,$P_{dq,y_{inv}}$ 和 $P_{dh,y_{inv}}$ 分别为光伏群控系统切换点前 $T_{sw\_interval}$ 时刻第 y_{inv} 台逆变器输入功率线性拟合值和切换点后 $T_{sw\_interval}$ 时刻第 y_{inv} 台逆变器输入功率的预测值;$P_{ymax,y_{inv}}$ 为切换时刻前 T_{sw_before} 时间第 y_{inv} 台逆变器输入功率数据最大拟合值;$\Delta P_{y_{inv}}$ 为第 y_{inv} 台中光伏组串功率样本数据 $Y_{p,y_{inv}}$ 与功率拟合函数值 $y_{p,y_{inv}}$ 最大差值,$\Delta P_{y_{inv}} = \max(Y_{p,y_{inv}} - y_{p,y_{inv}})$;$\varepsilon_0$ 为拟合函数功率波动系数。

根据式(10-46)和式(10-47)限制开关连接方式,初步得到可接受的连接方式,结合式(10-28)和(10-42)目标可得到具体连接方式。

2. 基于投票理论的防频繁切换控制

由于天气复杂多变,群控系统切换的临界条件可能会频繁触发。为了解决该问题,本章提出基于投票理论的防开关频繁切换策略。

光伏组串的平均输出功率由立方曲线拟合。将三个典型值(如拟合采样点的最大值、最小值和中值)数据代入式(10-28)、式(10-42)、式(10-46)以及式(10-47)。分别得到三个时刻最优值的连接模式,这些连接模式称为"候选连接模式"。系统开关切换前 Tsw_before 时段内根据采样点拟合的数据称为"投票者"。结合式(10-46)和式(10-47)将拟合数据点代入与候选连接模式同样参数的目标函数中进行计算,确定该连接限制下投票者各自的最佳连接模式,并对该连接模式记为一票。最后,将票数最多的候选连接模式确定为最终连接模式。

10.2.4.3 DPV集群控制决策

光伏群控系统的控制器控制跨桥开关及逆变器状态可用0-1矩阵算法处理。将逆变器 n 的状态用符号 $S'_{n,n}$ 表示，PV_x 与逆变器 y 之间的跨桥开关连接状态用 $S_{x,y}$ 表示，其中 $x < y$。以3个光伏阵列与3台逆变器组成的发电单元为例，将 $S'_{n,n}$ 和 $S_{x,y}$ 组成上三角矩阵用0-1矩阵表示如式(10-48)所示。

$$\begin{bmatrix} S'_{1,1} & S_{1,2} & S_{1,3} \\ & S'_{2,2} & S_{2,3} \\ & & S'_{3,3} \end{bmatrix} = \begin{bmatrix} 0/1 & 0/1 & 0/1 \\ & 0/1 & 0/1 \\ & & 0/1 \end{bmatrix} \tag{10-48}$$

式中，0/1代表开关是否连接状态和逆变器是否处于自由状态的选择，其中0表示开关断开状态或逆变器处于自由状态，1表示开关连接状态或逆变器采用跟网型控制并网运行。

由式(10-48)可知，通过两次切换时0和1异或关系可方便求解式中开关动作数量。需要注意的是，式(10-48)中0和1并非是完全重构组合。通常情况下，DPV群控系统中光伏串和逆变器数量较少，也使得光伏与逆变器之间组合方式较少。考虑到开关控制变量为离散变量，采用穷举法对目标求解即可快速得到开关控制方式。

本策略对系统切换前 $T_{\text{sw\_before}}$ 时间内的各光伏串输出功率平均值进行3次曲线拟合。对拟合曲线进行采样，采样时间间隔和数据的实时采集时间间隔相同。利用拟合采样值替代数据采集值进行数据计算。本章策略采用保守的方法做出切换控制决策步骤如下：

步骤1：集群控制系统程序初始化，系统保持为常规连接。光伏系统获取光伏系统参数和逆变器历史输入、输出功率。

步骤2：集群控制系统获取实时数据。

步骤3：系统对实时数据进行初步判断，检测 n 次数据采集内得到的功率数据95%概率最大值是否超过阈值 $P_{\max}$，若超过则进行紧急操作处理，将该数值代入到式(10-28)、式(10-46)确定可行的连接方式，再利用式(10-42)进一步计算当前数据点最优连接方式。否则进行下一步。

步骤4：切换系统间隔 $T_{\text{sw\_interval}}$ 发送一次切换指令，期间系统保持上一次连接状态。在每个切换点处，切换点前 $T_{\text{sw\_before}}$ 分钟数据通过1次线性曲线和3次曲线被拟合。通过式(10-49)判断功率数据变化曲线是否是近似均匀变化状态。

$$\begin{cases} \dfrac{|k_{c,i} - k_{b,i}|}{\min(|k_{c,i}|, |k_{b,i}|)} \leqslant \Delta k \\ \sqrt{\dfrac{\min Q_i}{n}} \leqslant \Delta Q \cdot P_{\max} \end{cases} \tag{10-49}$$

式中，$k_{c,i}$ 为线性拟合曲线当前切换点斜率；$k_{b,i}$ 为前一个切换点线性拟合曲线斜率；Q_i 为线性拟合曲线平方损失函数；Δk 为斜率变化阈值，参考具有稳定天气变化下光伏功率曲线变化的范围选取，其中天气数据可从气象局或相关网站下载并处理，下同；ΔQ 为拟合函数平均误差阈值系数，参考略有波动天气下平均误差系数选取。

若满足式(10-49)，曲线近似均匀变化，则将线性拟合曲线末端时刻的拟合值代入式(10-28)、式(10-46)确定可行的连接方式，再利用式(10-42)进一步计算可行的不同连接方式下函数大小并进行排序,结合式(10-47)获取最优连接方式,切换系统连接状态。

若不满足式(10-49)或 T_{sw_before} 时间段内连接方式出现循环变换的情况,则执行防频繁切换操作并选取最佳连接方式。

步骤5:判断系统是否需要进行重构,若需要则切换动作,否则继续获取实时数据。系统控制流程如图10-19所示。

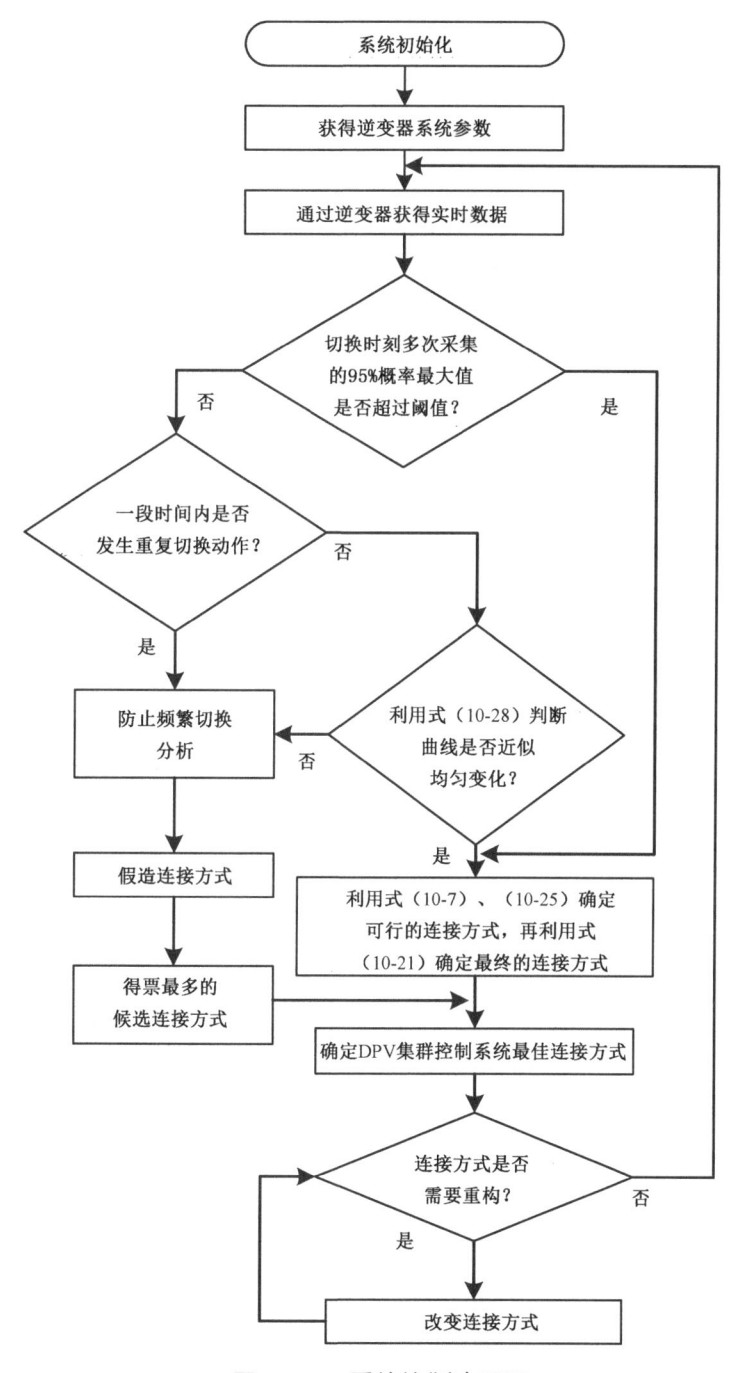

图 10-19 系统控制流程图

一般情况下, $T_{sw\_before} > T_{sw\_interval}$, 为了使系统在设备初始化后尽快作出决策, 在初始阶段需要对历史数据时间序列长度 T_{sw_before} 进行调整, 如式(10-50)所示。另外, 在系统运行时, 若触发紧急处理操作, 则系统会因避免频繁操作而在下一次控制指令时刻暂停一次对数据处理。

$$\begin{cases} T_{sw\_before} = T_{sw\_interval}, & t \leq T_{sw\_interval} \\ T_{sw\_before} = k_T T_{sw\_interval}, & k_T T_{sw\_interval} \leq t < T_{sw\_before}^* \\ T_{sw\_before} = T_{sw\_before}^*, & t \geq T_{sw\_before}^* \end{cases} \quad (10\text{-}50)$$

式中, t 为系统运行时间; $T_{sw\_before}^*$ 为系统稳定运行一段时间后数据分析的时间; k_T 为满足式(10-49)的最大整数。

10.2.5 含DPV集群控制的配电网多时间尺度无功优化策略

含DPV参与配电网动态无功优化问题中, 在满足无功补偿设备动作次数前提下实现多级设备联合无功优化是关键。根据无功优化曲线, 采用最优分割法先求解慢速跟踪响应设备的动作时刻和投切组数, 在已知光伏出力范围的基础上, 联合优化中速以及快速跟踪响应设备进行电压调控。具体求解步骤如下:

1. 基于用电设备随机模型的配电网初步无功优化

根据10.2.3节方法建立配电网多级设备无功优化模型, 考虑各时刻慢速设备可用无功调控量, 利用10.1.4节中粒子群方法对配电网无功优化模型进行小时级时间尺度优化求解, 得到无功设备小时级无功补偿量。

2. 并联电容器动态无功优化

以步骤1中得到的小时级无功优化曲线为初值, 在满足慢速设备投切次数约束下, 采用最优分割法对 m 个时刻优化曲线进行时间分段, 确定不同时间分段慢速设备最优动作时刻和最佳投切组数。

3. 构/跟网型无功资源进一步联合无功优化

利用DPV集群控制策略以及控制决策获得各时刻处于自由状态的逆变器数量, 同时得到各时刻构网型光伏逆变器的最大无功调控量。考虑各时刻多级设备可用无功调控量以及3.3.2节不同响应能力的无功设备调压利弊, 利用10.1.4节中粒子群方法对配电网无功优化模型进行求解, 得到各时刻中、快速无功补偿设备最佳无功输出功率。

10.2.6 算例分析

配电网多级设备无功补偿时, 光伏逆变器可以作为辅助设备参与无功补偿。光伏集群控制作内部构网型逆变器数量为配电网提供快速跟踪响应设备容量, 在10.2.6.1中搭建了小型的光伏集群并网系统, 通过开关切换验证控制策略的可行性与有效性, 同时验证光伏集群控制能够减少自身产生的谐波。通过光伏集群控制即可确定不同时刻光伏逆变器中速、快速跟踪响应无功补偿能量为配电网多级设备无功优化奠定基础。在10.2.6.2中忽略了并联电容器组投切限制以及光伏波动情况下光伏集群控制限制, 分析了典型天气场景下短时间内配电网多级设备联合无功优化结果。在10.2.6.3中考虑了多级设备的投切次数限制以及光伏集群逆变器自由状态数量控制方式,分析了配电网全天随机运行场景多级设备联合无功优化结果。

10.2.6.1 DPV 集群控制系统模型验证

1. DPV 集群控制参数设置

在本实验中,使用光伏阵列、逆变器和控制器来构建光伏群控系统验证控制策略有效性。通过谐波有效值和逆变器功率来分析系统的性能。实验设备包括 5 kW 太阳能电池阵列模拟器、KE-GU5KTL 光伏逆变器、空气开关、直流接触器、DSP 处理器、波形记录仪、传感器和三相电能质量分析仪。单台逆变器的额定功率为 5 kW,MPPT 数量为 1。逆变器类型为带 LC 滤波器的非隔离式单相全桥逆变器,输入电压范围为 135~550 VDC,输出电压为 220 VAC/50 Hz。其他各种系统参数如表 10-5 所示,实验图如图 10-20 所示。

表 10-5 DPV 集群控制系统参数表

符号	数值	符号	数值
K_{sel}	2×10^5	U_g	230 V
U_{dc}	400 V	f	50 Hz
Δu	20 V	L	9.3 mH
$U_{d\,max}$	450 V	C_{ac}	5 μF
$U_{d\,min}$	200 V	R_a	0.1 Ω
I_{max}	20 A	T_d	0.8 μs
P_{max}	5 050 W	C_{dc}	1 500 μF
$T^*_{sw\_before}$	15 min	f_c	10.5 kHz
$T_{sw\_interval}$	5 min	ε_0	0.05
Δk	1	ΔQ	0.01

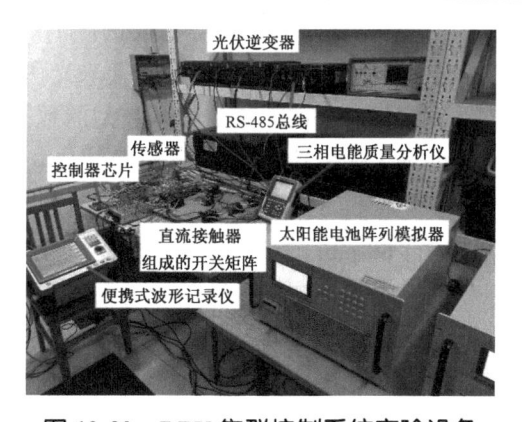

图 10-20 DPV 集群控制系统实验设备

在模拟器不同输出功率下,测量逆变器输出电流的谐波畸变率,其中多个太阳能电池阵列模拟器产生恒定的输出功率,直流电压设置为 400 V,系统的初始状态是常规连接状态。

值得注意的是,本实验直流电压设置为 400 V 是依据该逆变器接入光伏组串最大功率点时电压工作范围设定的近似值,而该电压并非是逆变器最高耐压水平。

图 10-21 清楚地表明,大多数逆变器在低功耗时波形质量较差。特别是,随着并网功率水平降低,在 20%并网功率水平下,波形质量会明显下降。图 10-21 还表明,所提策略的谐波模型数据近似等于测量数据。在图 10-21 中,所提策略的电流谐波畸变率为谐波电流与基波电流比值得出,基波电流由逆变器输出电流与电流谐波有效值的平方差再开方计算。所提策略的改善能力可以通过逆变器外部特性曲线的最大值和最小值之间的差异来反映。图 10-21 中曲线表明,与其他逆变器相比,实验中使用的逆变器对于所提策略并不占主导地位,证明光伏集群自身产生谐波畸变随着光伏功率变化而变化的问题确实存在。

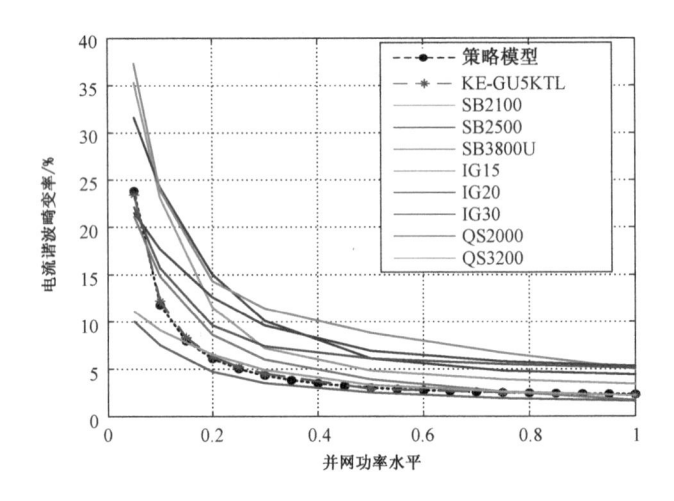

图 10-21　常规及策略模型逆变器输出谐波比较图

2. 光伏集群控制不确定性运行场景分析

本节通过与仅考虑运行目标和常规连接方式的对比来说明所提策略的有效性。搭建了 3 个光伏串和 3 个逆变器组成的光伏集群控制系统平台,进行 1 h 的实验运行和数据分析。从 DKASC 网站获得 1 h 的实时 PV 辐照度数据。将数据导入光伏串模拟器,模拟光伏串功率趋势。传感器每 5 s 收集一次数据。一次收集的相同类型的数据被平均并存储在存储单元中。如果逆变器超过 5 kW 的最大输出功率,逆变器将自动与电网断开连接。需要注意的是,所有控制方法均在常规连接模式下处于初始状态,每 5 min 判断一次连接方式。

在三种方案下,光伏系统运行 60 min 的结果如图 10-22 和图 10-23 所示,两图中显示了所提策略、仅考虑运行目标和常规连接等三种方案的运行情况。通过将所提策略与后两种方案进行比较,验证控制决策的有效性。

(1) 防止逆变器功率越限的场景

本节对提出的防止逆变器功率越限策略和对系统谐波改善的程度进行了分析,建立光伏波动情况下防止逆变器功率越限策略的 1 h 工作曲线如图 10-22 所示,其中 p.u. 表示群控系统中逆变器的总输出功率与逆变器总额定功率之比。

图 10-22(a)为仅考虑运行目标情况与常规连接的光伏集群运行曲线对比图。以常规连

接方式为参考,可以看出该图中出现了光伏随机波动情况。在 50 min 到 55 min 期间,与常规连接方法相比,仅考虑运行目标的控制方法使逆变器在短时间内超过了功率限值,出现了 0 功率输出。在图 10-22(b)中,在所提策略操作模式下开关提前动作,没有出现 0 功率输出。这验证了本文所提控制策略防止逆变器出现功率越限情况的有效性。图 10-22(c)为所提策略和常规连接的逆变器谐波电流曲线对比,与低功率运行的常规连接方式相比,谐波降低 60% 以上,进一步验证了 DPV 集群控制能够有效降低谐波电流。

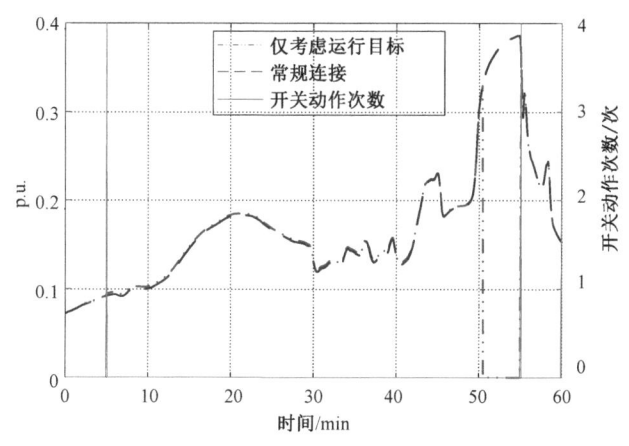

(a) 仅考虑运行目标的连接开关动作和光伏集群输出功率曲线

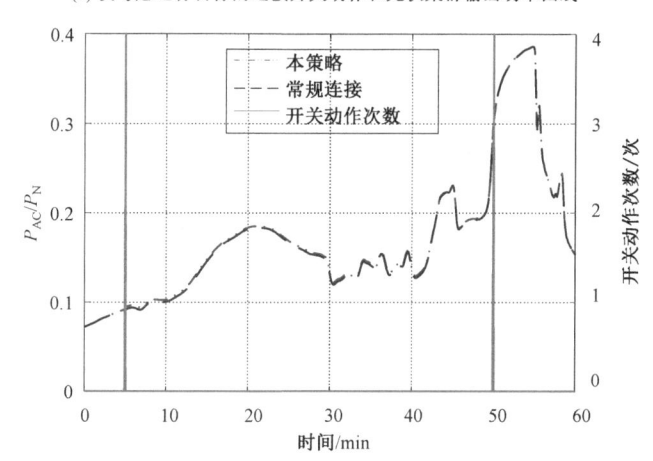

(b) 本策略的开关动作和光伏集群输出功率曲线

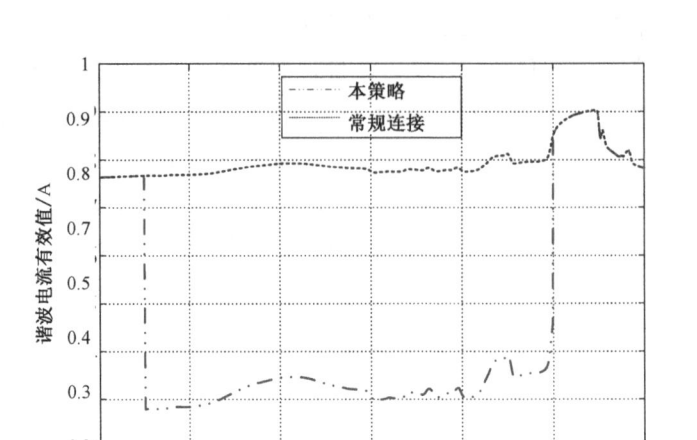

(c) 谐波电流变化曲线

图 10-22　某个小时内防止逆变器功率越限的工作曲线

(2) 防止频繁切换的场景

为验证集群控制有效降低开关频繁动作的有效性,对比了仅考虑目标运行、考虑防频繁切换控制、常规连接等三种控制方式的运行曲线如图 10-23 所示。从图 10-23(b)可以看出,所提出的策略将切换动作次数缩短了 1/3。此外,图 10-23(c)显示了谐波变化曲线。图 10-23(c)表明,在群控系统负载水平为 20%~40%的情况下,与常规连接相比,在光伏频繁波动下,谐波显著改善。

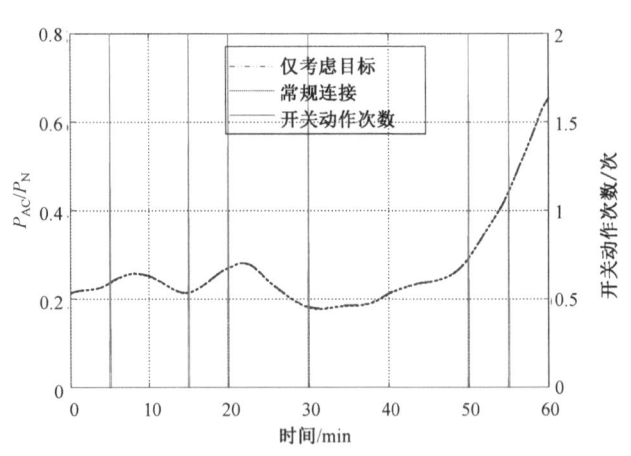

(a) 仅考虑运行目标的连接开关动作和光伏集群输出功率曲线

(b) 本策略的开关动作和光伏集群输出功率曲线

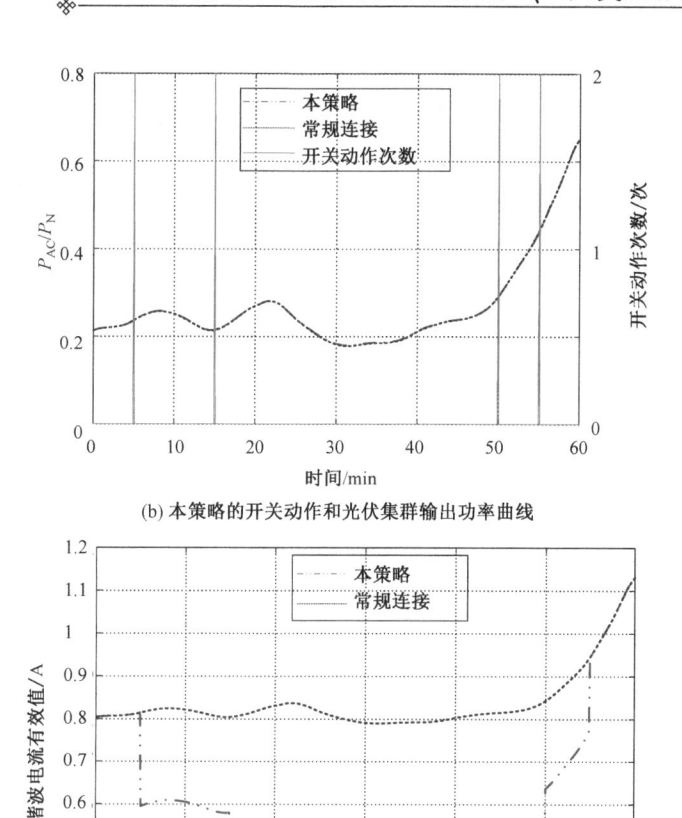

(c) 谐波电流变化曲线

图 10-23 防开关频繁切换策略的 1 h 工作曲线

在这两种场景中,本章将所提策略与仅考虑运行目标的策略以及常规连接方式下光伏集群输出功率和谐波曲线进行比较。其他文献仅考虑了运行目标,并没有考虑决策控制,这可能会影响系统的可靠性。图 10-22 表明当 PV 功率波动时,仅考虑运行目标很容易导致逆变器过载停止工作,而采用本策略后,DPV 集群控制系统正常运行,并没有出现逆变器过载情况。在低功率运行下谐波显著改善。图 10-23 表明,在光伏功率波动频繁的情况下,本策略和仅考虑运行目标的策略都可以提高系统性能。但是,后一种方法增加了开关动作的次数。光伏发电是不稳定且不可控的,相比其他文献的研究,本策略能够减少由 PV 功率波动引起的开关动作次数。

3. 考虑阴雨天运行场景

通过 DKASC 网站获得阴雨天数据用于实验模拟,其中从 8 点到 17 点的数据作为系统运行一天的结果。图 10-24(a) 显示了集群控制系统在阴雨天气下的负荷水平曲线。集群控制系统整体负载水平低,开关动作次数少且为 8 次。如图 10-24(b) 所示,整体谐波电平大大降低了60.59%。在考虑阴雨天运行场景中,光伏系统的运行性能在长时间的低照射条件下得到显著改善。与本节2中不确定性运行场景分析相比,本次运行场景使用一天9 h数据进一步验证了所提策略的可行性和有效性。

本节实验通过小容量DPV集群对策略进行了验证,采用小容量直流开关进行了操作。而对于配电网分布式光伏集群来说,单台逆变器直流侧电压在几百伏,容量往往在几十千瓦,此容量级别的开关在很多厂家已有成熟应用,实际工程操作容易实现。

本节对DPV集群控制的运用进行了分析,在不同光照水平下,DPV集群具有不同的开关连接方式,通过开关控制可确定集群中自由状态逆变器数量,这为DPV集群进行快速跟踪响应无功补偿奠定了基础。

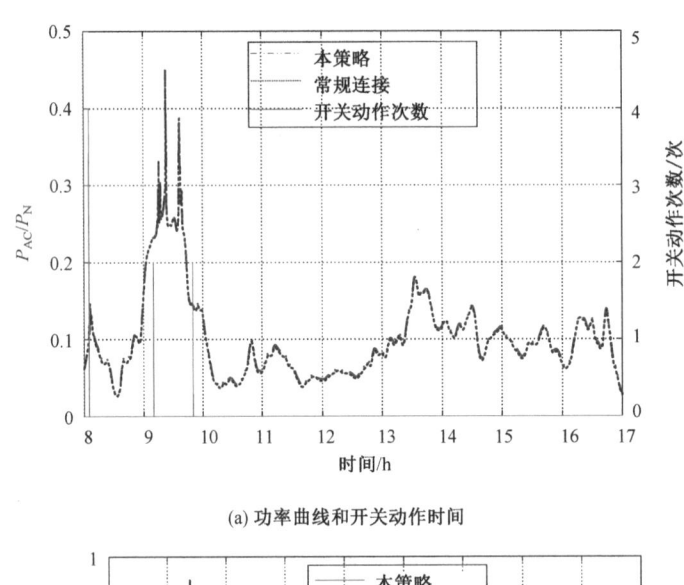

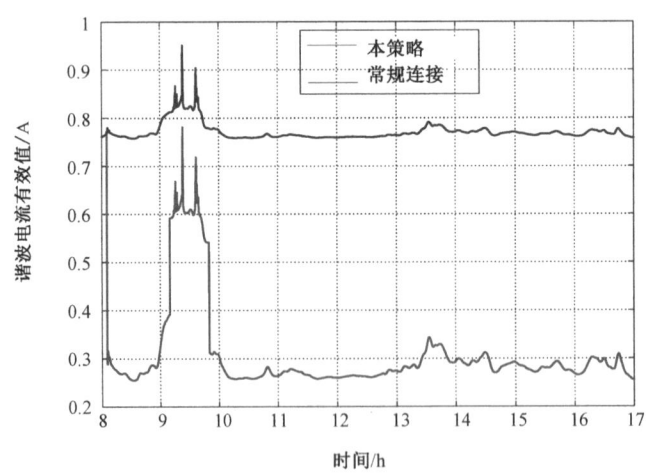

(a) 功率曲线和开关动作时间

(b) 谐波电流变化曲线

图10-24 雨天场景光伏集群控制系统工作曲线

10.2.6.2 构/跟网无功设备多时间尺度优化结果分析

本节通过随机抽取光伏在晴天和多云的运行场景,对配电网构/跟网型无功资源多时间尺度联合无功优化进行分析。

1. 配电网基础参数设置

本章以 IEEE 33 节点配电网为例进行算例分析,配电网线路参数、主变压器容量、专用无功补偿设备安装位置和容量、LinWPSO 无功优化参数、运行场景时间分析窗口等参数与 3.6 节参数相同。光伏配置信息如表 10-6 所示。4 个光伏阵列与 4 台逆变器组成一个集群,其中单台光伏逆变器额定输出功率为 36 kW,最大输出视在功率为 40 kVA。每台光伏逆变器具有 3 路 MPPT 控制,每路 MPPT 额定输入电压 600 V,最大输入电流为 30 A。并联电容器一天内投切次数阈值为 5 次。

表 10-6 光伏配置信息

接入位置	5	8	17	24	28	32
光伏逆变器数量	16	16	16	8	8	16

2. 晴天配电网运行场景无功优化分析

对光伏集群控制的自由状态逆变器数量进行算例分析,以单台逆变器额定容量的配置信息为例,随机抽取晴天场景光伏并网功率曲线如图 10-25 所示,其中纵坐标为以单台逆变器额定输出功率为基准值的标幺值。根据节点光伏出力曲线以及该节点光伏安装容量即可得到其剩余容量,通过光伏集群内部切换控制策略得到不同时刻可用于快速跟踪响应的光伏逆变器数量,进而得到快速跟踪响应最大可调无功容量。节点 32 具有并联电容器组和光伏集群,在本文策略下可形成三层无功优化方式,以节点 32 第 9 时刻到 11 时刻的 120 min 时段和第 21 时段为例对该节点设备输出功率和该节点电压进行分析。

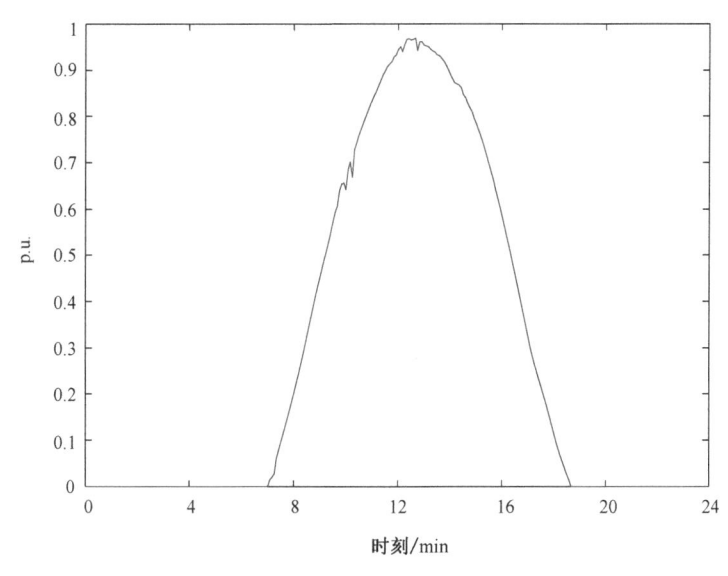

图 10-25 晴天场景光伏并网功率曲线

在 9 点到 11 点时间段内,节点 32 光伏逆变器处于自由状态的数量以及中、快速跟踪响应可调无功功率如图 10-26 所示。从该图中可以看出,在 9 点、9 点 15 分以及 10 点 30 分光伏逆变器处于自由状态的数量分别为 8、4、0,而相应的是用于快速补偿的无功功率随着逆变器自由状态数量成倍减少。图 10-26 的设备可调无功曲线表明了随着光伏出力增加,光伏集群剩余容量降低,可用于中速和快速无功优化的功率降低且与光伏出力成负相关,而当光伏出力达到一定值后可用于快速无功优化的功率降为 0。

在确定不同时刻各层无功设备可调无功功率基础上,对配电网无功优化,得到配电网各节点电压分布特征。各跟踪响应级别的无功补偿设备功率输出曲线以及该节点电压分别如图 10-27 和表 10-7 所示。

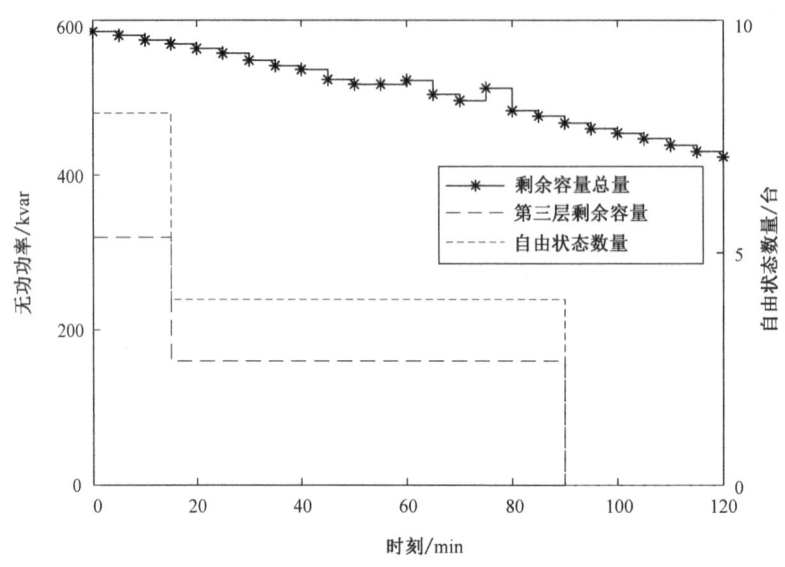

图 10-26　第 10 和 11 时段节点 32 光伏集群可调无功功率曲线

在第 10 和 11 时段内光伏出力大,从图 10-27(a)中可以看出,并联电容器组并没有参与无功补偿,即第一层无功优化功率输出为 0,而光伏集群内跟网型光伏逆变器参与第二层无功优化,构网型光伏逆变器参与第三层无功优化。由于节点 25 也含有光伏集群,在无功优化时可能会出现节点 32 快速设备无功调控量接近 0 的情况。但在该时间段的第 90 分钟后光伏集群逆变器自由状态数量为 0,逆变器全部用于第二层优化,并随着光伏出力增加,可调用的无功功率减少。图 10-27(b)为第 21 时段节点 32 各级无功设备的功率输出曲线,该时间段并联电容器组参与第一层无功优化,输出功率为 300 kvar。该时间段内光伏集群逆变器均处于自由状态,但由于第二层无功优化需要,部分逆变器参与第二层无功优化,其余部分光伏逆变器采用第三层无功优化。从图 10-27(b)中可以看出,虽然该时段出现了一次较大的功率波动,但由于光伏集群逆变器剩余容量较大,其辅助功能已能满足快速无功优化需求。

表 10-7 为无功优化前后节点 32 电压分布特征,从该表中可以看出第 10 和 11 时段内优化前节点电压容易越上限,最大达到了 17.78%,无功优化后该节点电压大幅度降低;第 21 时段无功优化前节点 32 电压也很高。在表 10-7 中文献[60]优化方法和本章策略电压偏差最大和最小值相同,但对于该时间段平均电压,本章策略在第 10 和 11 时段优化更明显,在第 21 时段本章策略平均电压偏差略优于文献[60]优化方法。结合光伏出力曲线,从表 10-7 中可以看出白天光伏出力波动大,更能凸显本策略的有效性。

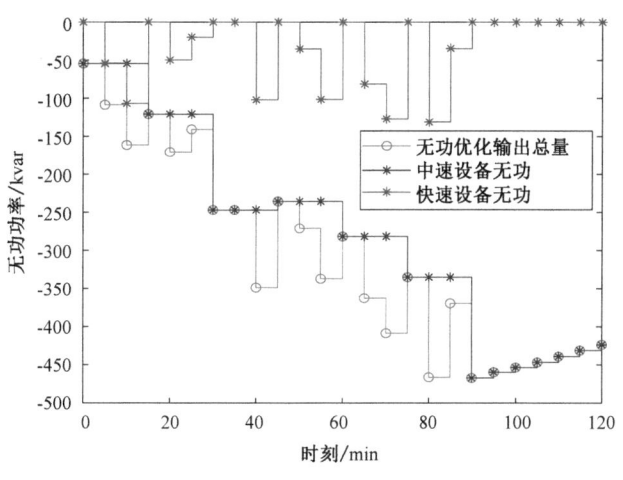

(a) 第10和11时段各补偿设备无功优化曲线

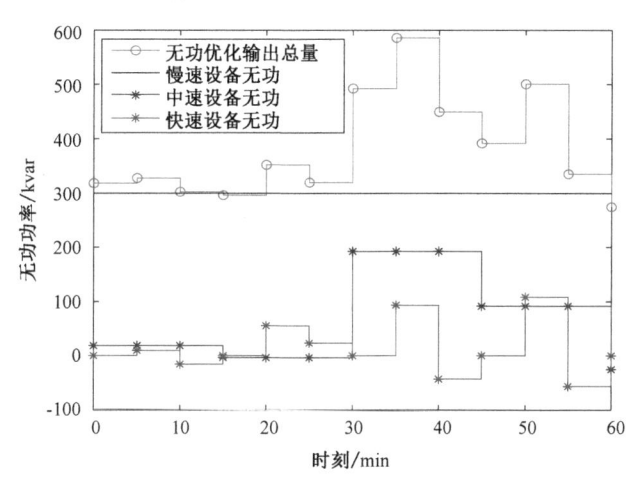

(b) 第21时段各补偿设备无功优化曲线

图 10-27 节点 32 各补偿设备无功优化曲线

表 10-7 无功优化前后节点 32 电压分布特征

时间段	优化策略	电压偏差最大值/%	电压偏差最小值/%	电压偏差平均值/%
10 和 11	优化前	17.78	8.37	13.6
	文献[60]	0.78	0.01	0.30
	本文策略	0.78	0.01	0.14
21	优化前	4.10	3.72	3.91
	文献[60]	0.74	0.19	0.47
	本文策略	0.74	0.19	0.44

3. 多云天气配电网运行场景无功优化分析

随机抽取多云天气下光伏出力运行场景如图 10-28 所示,其中纵坐标为以单台逆变器额定输出功率为基准值的标幺值。从该图中可以看出 12 点以前天气处于阴雨天,光伏出力几乎为 0,单个集群中可用于第三层无功优化的逆变器数量为 3 或 4 台,该时段光伏集群优化控制和夜间时段控制模式相同,在此不再赘述。

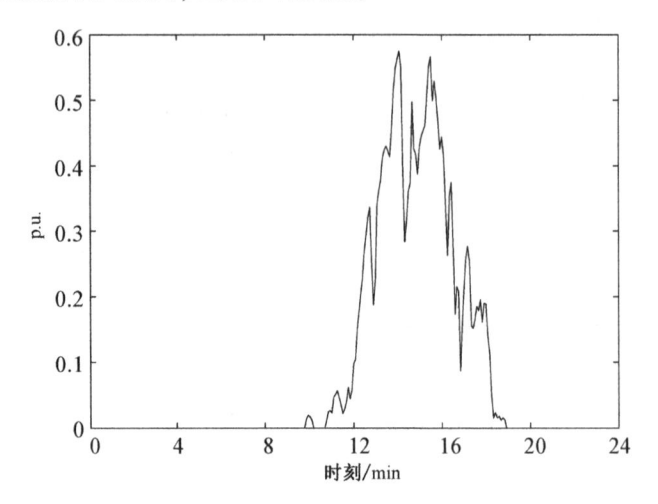

图 10-28 多云场景光伏出力曲线

从图 10-28 中可以看出 12 点之后光伏出力出现波动变化,直接影响了光伏集群第三层无功优化设备的数量。为验证策略有效性,以第 16 时段为例对节点 32 设备和电压进行分析。由于光伏出力波动性,触发了光伏集群防频繁切换控制条件,该时段有无防频繁切换的逆变器数量以及用于第三层无功优化的功率如图 10-29 所示,无功优化前后该节点电压变化曲线如图 10-29 所示。从图 10-29(a)中可以看出,在 35 分钟时刻光伏集群中逆变器数量初始时刻数量为 8,在 20 分钟时刻到 50 分钟时刻数量频繁变化,而在图 10-29(b)中可以看出本策略控制下 20 分钟至 55 分钟时间段内逆变器自由状态数量并没有发生变化。说明了对于光伏波动情况,本策略能够有效避免开关频繁动作,从而减少开关切换次数。

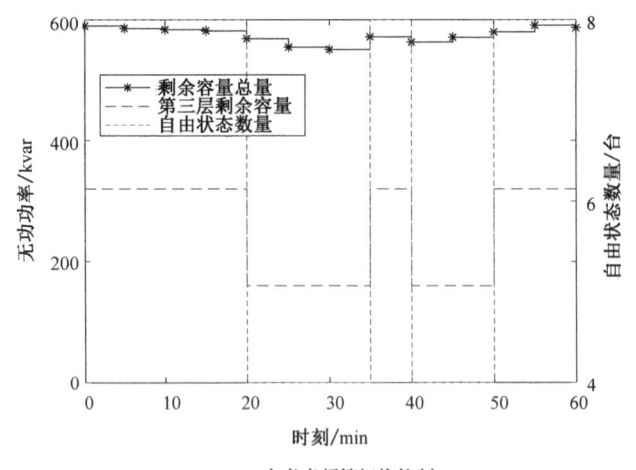

(a) 未考虑频繁切换控制

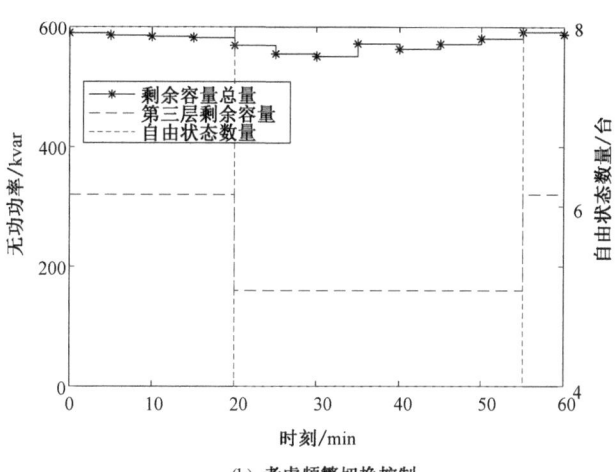

(b) 考虑频繁切换控制

图 10-29　频繁切换控制策略下节点 32 光伏集群多层调控剩余容量

从图 10-30(a)中可以看出节点 32 多级响应设备根据需要输出无功功率,该时间段内并联电容器组输出功率为 0。第 35 分钟时刻第三层无功优化的功率为 136 kvar,并没有超出自身最大可调无功功率,说明 35 分钟时刻频繁开关并没有起到作用,进一步证明了本策略对光伏集群开关频繁切换决策的合理性。在第 50 分钟时刻光伏逆变器第三层无功优化的剩余容量接近全部使用,说明了本策略对处于自由状态逆变器使用的合理性。从图 10-30(b)中可以看出本策略相比于文献[60]优化方法电压偏差更小,而该时间段内的文献[60]方法平均电压偏差为 0.32%,本策略为 0.03%,体现了构网型光伏逆变器的性能优势,进一步证明了本策略的有效性。

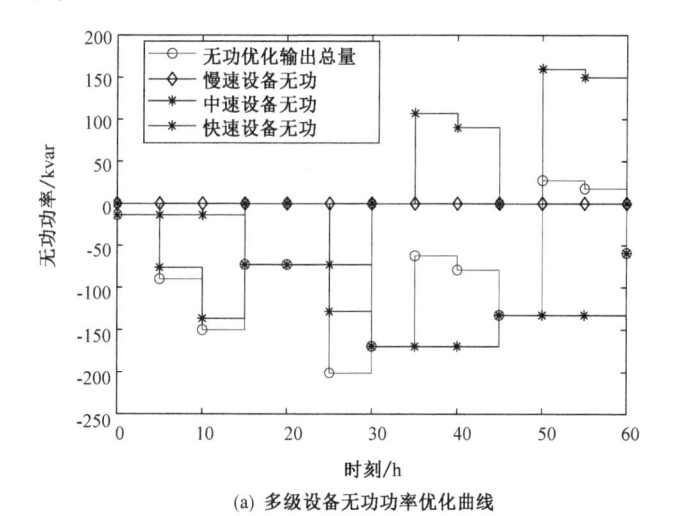

(a) 多级设备无功功率优化曲线

(b) 无功优化后节点电压曲线对比

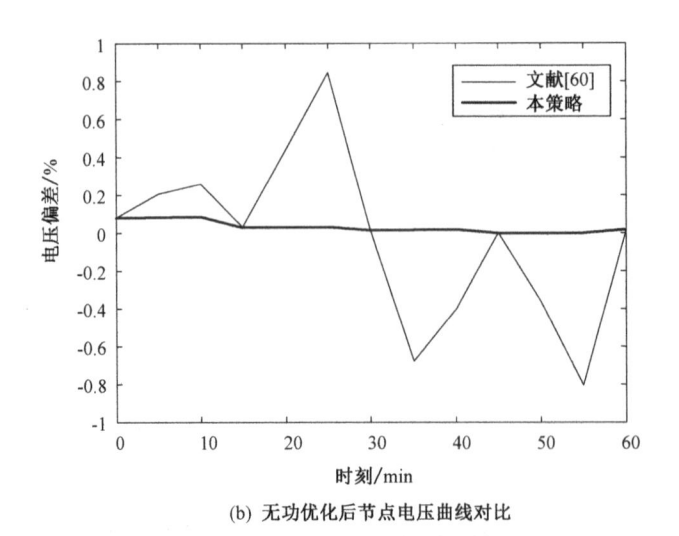

图 10-30　多云场景下节点 32 无功设备功率输出和节点电压偏差

4. 全天场景无功优化

以晴天为例分析全天场景无功优化结果,并以节点 32 为例分析各级设备全天平均无功输出和平均电压偏差如图 10-31 所示,其中图 10-31(a)为节点 32 各时刻无功优化后结果,时间窗口为 5 分钟,而图 10-31(b)为每个小时时间段的多级设备无功功率输出曲线。

从图 10-31(a)中可以看出本策略相比文献[60]方法在白天 8 点到 11 点和 15 点到 18 点之间优化效果明显,该时间段内光伏集群内部有处于自由状态的逆变器可随时进行第三层无功优化。图 10-31(b)中显示了在 11 时段即 10 点到 11 点光伏集群进行了第三层无功优化,在 12 时段到 15 时段即 11 点到 15 点第三层无功优化功率为 0,此时光伏出力较大,没有可进行第三层无功优化的设备,与文献[60]方法无功优化效果相同。从图 10-31(b)中可以看出节点 32 并联电容器组在前 8 个时段和后 5 个时段无功输出为 200 kvar,其余时段输出为 0。

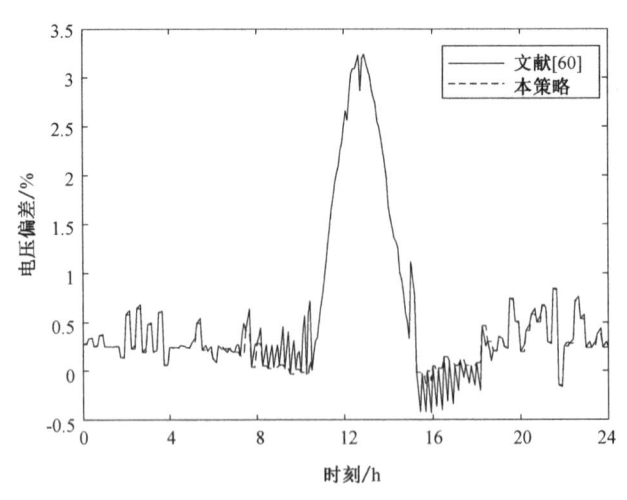

(a) 节点32各时刻电压的偏差曲线

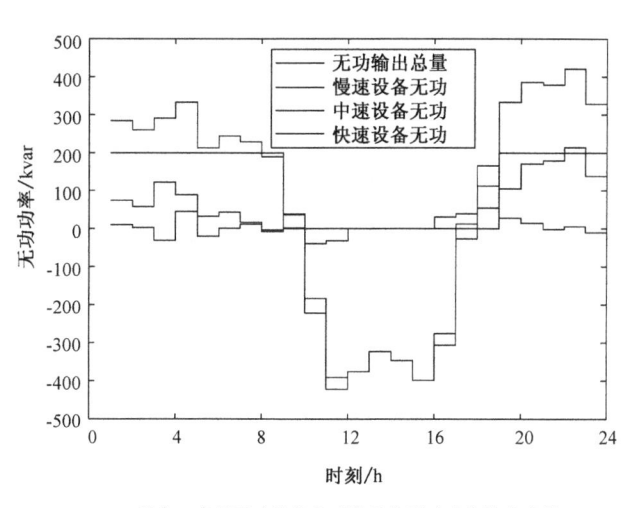

(b) 节点32多级无功设备各时段平均无功功率输出曲线

图 10-31　一天运行场景中节点 32 补偿设备功率输出和节点电压偏差

对全网节点电压偏差进行分析,得到每个时段全网平均电压偏差曲线如图 10-32 所示。从该图可以看出,在夜间时间段,本策略和文献[60]方法优化后全网电压偏差接近,这主要是因为夜间负荷变化速度较小,第三层无功优化起到的作用较小。而在上午时段光伏出力增长快且光伏接入节点电压容易越上限,本策略相对于文献[60]方法优化效果更好,也说明了光伏集群控制的第三层无功优化起到的效果较好。本策略中光伏集群控制切换出自由状态的逆变器辅助用于第三层无功优化,相比于仅使用该设备跟网无功优化的功能,更加降低了全网的电压偏差,也验证了本策略的有效性。

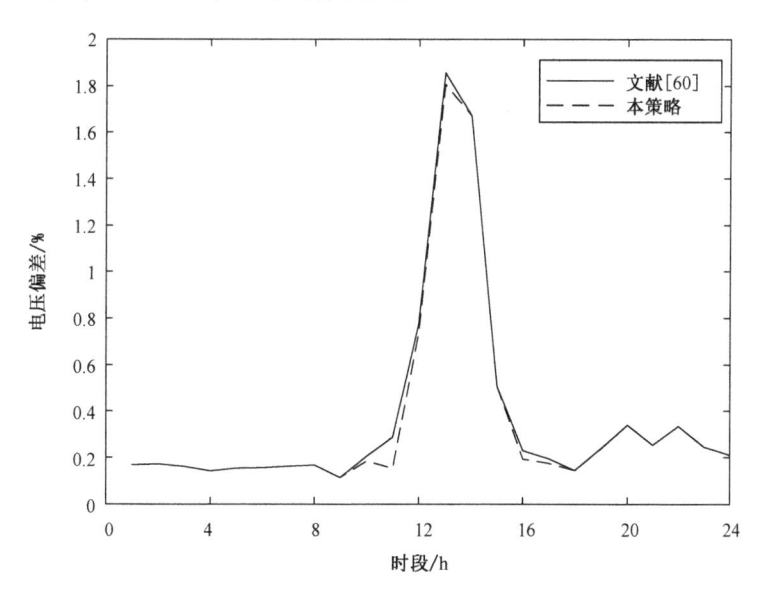

图 10-32　全网各时段平均电压偏差

10.2.7 小结

本节针对光伏逆变器构网型和跟网型控制特性,从 DPV 连接结构角度出发,提出了计及 DPV 集群构/跟网辅助治理的无功资源多时间尺度协同控制策略。利用一种光伏集群直流拓扑结构使 DPV 集群能够产生一定数量的自由状态逆变器,并能够根据需要灵活切换为构网和跟网无功优化。建立了两阶段无功优化模型,其中第一阶段以自由状态逆变器数量最大为主目标、光伏集群运行性能最优为辅助目标,第二阶段以全网电压偏差最小为目标。提出防止逆变器功率越限和防止开关频繁切换策略,构建 DPV 集群控制决策,结合第一阶段辅助目标确定开关连接状态以及自由状态逆变器数量,从而为第二阶段优化中逆变器构/跟网控制类型提供选择。以 3 台光伏阵列模拟器和 3 台光伏逆变器搭建了光伏集群控制系统,验证了所提策略能够改善光伏集群运行性能,也验证了考虑防止逆变器功率越限和防止开关频繁切换的必要性。以 IEEE 33 节点配网为例对所提无功优化策略进行算例分析,所提策略利用 DPV 集群控制能够充分挖掘 DPV 逆变器性能优势,在有效改善电压越限同时使全网电压偏差更小,从多时间尺度有效抑制了电压波动。本节考虑构网和跟网型兼用资源,建立了构网和跟网无功补偿量与无功设备适应匹配关系,为后续优化配置提供约束条件。

10.3 基于配电网分区的构/跟网型协同优化配置

10.3.1 引言

随着分布式电源、电采暖等现代新型元素大量涌入配电网导致电网潮流发生变化,配电网电压分布复杂。无功设备安装位置和容量直接影响设备的补偿效果,也直接影响到电力系统运行的经济性。传统电能质量无功设备响应缓慢无法处理突然变化的电能质量问题,而现代电力电子化无功设备响应迅速能够及时处理该问题,但此类设备价格昂贵。如何系统化配置主动配电网的无功资源,优化无功补偿设备安装位置和容量,兼顾无功补偿效果和经济性的配置目标是亟待解决的问题。

考虑无功设备成本和跟踪响应能力的差异性,本节提出一种基于配电网分区的构/跟网型无功资源协同优化配置策略。结合电压扰动随机建模方法构建配电网运行场景,考虑光伏出力时序性分析 DPV 集群自由状态逆变器数量为无功优化的设备类型提供选择基础。建立节点灵敏度指标,基于社团发现算法对配电网无功优化区域进行划分,并根据区域内平均灵敏度指标选取主导节点,为不同区域设备提供候选安装位置。利用机会约束处理配电网运行场景的不等式约束,建立主决策和辅助决策的无功优化配置模型,其中主决策以设备投资成本最小为目标,辅助决策以全网电网偏差最小为目标。以 IEEE 33 节点配网为例,将所提配置策略与不考虑光伏逆变器辅助控制、仅考虑光伏逆变器跟网型控制的无功优化配置进行对比,结果表明,所提策略能够进一步降低总投资费用,改善全网电压偏差水平,降低电压越限风险。

10.3.2 配电网运行场景不确定性因素分析及处理

制定配电网无功优化配置方案尤其涉及配电网长期运行,若配电网以一种或几种确定性运行方案配置无功设备很大程度不会满足其他运行状态的需求。因此需要充分考虑配电网运行场景的不确定性,根据无功补偿设备的调压能力满足全时段电压运行要求。配电网电压污染分布特征对无功设备容量的配置有着决定性作用,而配电网运行场景不确定性因素主要为负荷和光伏出力的不确定,可根据用电设备随机建模方法构建配电网各时刻的不确定性运行场景。光伏逆变器具有一定辅助能力能够降低专用设备投资成本,但其调压所用剩余容量和光伏出力结果有直接关系,因此在考虑各场景配电网电压分布特征的同时有必要考虑光伏逆变器构/跟网无功补偿可用容量随光伏出力变化的特征。

10.3.2.1 DPV 逆变器构网可调无功功率不确定性分析

在考虑光伏集群辅助构网无功优化时即第三层无功优化时需要考虑前后时间段内光伏出力波动性,这是由于光伏集群内部控制涉及时序性。光伏出力波动结果会影响集群内部控制判断结果,从而导致快速跟踪响应的光伏逆变器可用数量不同。

由于天气云层随时间变化的不确定性,光伏出力波动范围很大。数据采样点间隔时长越长,越难以预测该期间光伏出力随时间变化的特性曲线。因此本节考虑长时间和短时间采样点时间间隔分别对光伏波动范围进行分析。

对于光伏数据采样点时间间隔较长的情况如 1 h,则根据前后两个时刻点光伏出力状态反推云层覆盖水平,再根据云层覆盖水平的状态以及随时间变化的基准光照曲线对光伏出力波动可能的范围进行预测。定义 $\alpha_{\min,L_{\mathrm{Ir}}}$ 和 $\beta_{\min,L_{\mathrm{Ir}}}$ 为数据采样间隔期间覆盖水平最小的云层状态 L_{Ir} 对应的 Beta 分布参数,而不同时刻云层状态水平则基于马尔科夫链的转移概率进行计算。结合光伏波动系数 ε_0 计算 t 时刻光伏波动出力阈值 $P_{\mathrm{PVFMAX},t}$ 如式(10-51)所示。

$$P_{\mathrm{PVFMAX},t} = Beta(\alpha_{\min,L_{\mathrm{Ir}}},\beta_{\min,L_{\mathrm{Ir}}}) \cdot \frac{S_{\mathrm{Irref},t}P_{\mathrm{PV,N}}}{S_{\mathrm{Irref}}}(1+\varepsilon_0) \quad (10\text{-}51)$$

式中,$Beta(\cdot)$ 为 Beta 分布函数;$P_{\mathrm{PV,N}}$ 为光伏并网额定功率;$S_{\mathrm{Irref},t}$ 为 t 时刻基准光照;S_{Irref} 为标准光照强度,本书取 1 000 W/m²。

对于光伏数据采样点时间间隔较短的情况如 15 min,则根据第 10.2.4.1 中基于最小二乘法的线性回归预测进行波动范围预测,并根据 10.2.4.2 中防逆变器功率越限方法预测光伏波动最大阈值。最终得到数据采样点时间间隔期间光伏波动出力阈值 $P_{\mathrm{pvfmax},t,i}$ 如式(10-52)所示。

$$\begin{cases} P_{\mathrm{pvfmax},t,i} = \max(P_{\mathrm{pvfmax1},t,i}, P_{\mathrm{pvfmax2},t,i}) \\ P_{\mathrm{pvfmax1},t,i} = \max(P_{\mathrm{pvq},t,i}, P_{\mathrm{pvh},t+1,i}) + \Delta P_{\mathrm{PV},t,i} \\ P_{\mathrm{pvfmax2},t,i} = (1+\varepsilon_0) \cdot \max(P_{\mathrm{pvq},t,i}, P_{\mathrm{pvh},t,i}) \end{cases} \quad (10\text{-}52)$$

式中,$P_{\mathrm{pvq},t,i}$ 和 $P_{\mathrm{pvh},t+1,i}$ 分别为 t 时刻节点 i 光伏输入功率线性拟合值和 $t+1$ 时刻光伏功率的预测值;$\Delta P_{\mathrm{PV},t,i}$ 为 t 时刻节点 i 光伏有功功率样本数据 $Y_{\mathrm{pv},t,i}$ 与功率线型拟合函数值 $y_{\mathrm{pv},t,i}$ 的最大差值,$\Delta P_{\mathrm{PV},t,i} = \max(Y_{\mathrm{pv},t,i} - y_{\mathrm{pv},t,i})$;$\varepsilon_0$ 为拟合函数功率波动系数。

多数情况下光伏群控系统能为电网提供跟网型和构网型的逆变器控制参与无功优化,可以降低专用无功设备配置的投资成本。光伏逆变器剩余容量和光伏出力具有相同的不确定性,但是考虑采样间隔期光伏波动情况致使某些情况下光伏群控系统开关不能按逆变器最大自由状态数量进行切换,所以需要在考虑光伏出力的不确定基础上再考虑光伏波动性,从而确定构网型逆变器可调容量。基于可变拓扑的光伏群控系统中单台构网型逆变器剩余容量为该逆变器视在功率,因此可调容量应为逆变器处于自由状态的数量与自身最大视在功率乘积。

不同节点光伏群控规模不同致使构网型逆变器无功可调能力也不同,而考虑各种光伏群控规模复杂情况基本不会增加计算量,但会增加表述的复杂性。为了使表述更加清晰,假设所有安装光伏的节点逆变器容量相同,并以考虑逆变器 MPPT 的拓扑分析构网型逆变器无功可调量。定义光伏群控系统中逆变器数量为 n_{inv},单台逆变器额定输出有功功率和视在功率分别为 $P_{\text{N,inv}}$ 和 $S_{\text{N,inv}}$。给定 t 时刻光伏群控系统最大输出有功功率为 $P_{\text{pv,max}}$,则该系统中处于自由状态的逆变器最大数量 n_{frmax} 如式(10-53)所示。

$$\begin{cases} n_{\text{frmax}} = n_{\text{inv}} - \left\lfloor \dfrac{A}{n_{\text{IM}}} \right\rfloor \\ A = \left\lfloor \dfrac{P_{\text{pv,max}}}{P_{\text{N,inv}}/n_{\text{IM}}} \right\rfloor \end{cases} \quad (10\text{-}53)$$

式中,n_{IM} 为单台逆变器的 MPPT 数量;$\lfloor \cdot \rfloor$ 为向下取整函数。

数据采样时间间隔不同,对构网型逆变器无功可调量影响不同。对于光伏数据采样点时间间隔较长的情况,式(10-53)中的 $P_{\text{pv,max}}$ 可由式(10-51)求得;对于光伏数据采样点时间间隔较短的情况,式(10-53)中的 $P_{\text{pv,max}}$ 可由式(10-52)求得。根据逆变器最大自由状态数量,可推得光伏群控系统中构网型逆变器无功最大可调量为

$$Q_{\text{GFMmax}} = S_{\text{inv}} n_{\text{frmax}} \quad (10\text{-}54)$$

由于光伏群控系统中处于自由状态的逆变器既可以采用跟网型控制又可以采用构网型控制,因此式(10-54)给出了构网型逆变器可利用的最大无功功率。另外由于自由状态的逆变器数量是离散数据,且逆变器不能同时采用两种方式运行,因此制定配置方式时还需要考虑逆变器无功最大可调量的离散性。

10.3.2.2 机会约束条件构建

配电网运行场景具有不确定性,在对配电网的优化配置中很难考虑所有运行场景。因此需要考虑一种技术手段尽可能地满足所有运行场景的配置要求。求解配电网不确定运行场景的最优配置相当于对多个随机变量进行优化,只考虑确定性约束条件无法避免小概率事件对配置策略的影响,而机会约束能够根据设定置信度的方式处理该类优化问题。机会约束以概率手段将确定性约束处理为满足一定置信度的期望形式,能够允许约束条件在某种概率下不满足,从而以适度风险来获得更优解,使优化配置结果更具有可行性,这也说明该系统能够承担一定的违约风险。因此,本章采用机会约束规划处理模型中的随机变量,构建机会约束条件,将传统模型中的电压偏差等约束描述为概率形式的机会约束。

机会约束常用表达式如式(10-55)所示。

$$\begin{cases} \min \bar{f}_{n_{\mathrm{op}}}(x,\zeta) \\ \mathrm{s.t.}\ P_{\mathrm{r}}\{f_{n_{\mathrm{op}}}(x,\zeta) \leq \bar{f}_{n_{\mathrm{op}}}\} \geq \alpha \\ Pr\{h_{m_{\mathrm{op}}}(x,\zeta) \leq 0\} \geq \beta \end{cases} \quad (10\text{-}55)$$

式中，$P_{\mathrm{r}}\{\cdot\}$ 为事件 $\{\cdot\}$ 发生概率；$\bar{f}_{n_{\mathrm{op}}}(x,\zeta)$ 为第 n_{op} 个目标函数 $f_{n_{\mathrm{op}}}(x,\zeta)$ 在置信度 α 下的最小值；$h_{m_{\mathrm{op}}}(x,\zeta)$ 为第 m_{op} 个约束 $h_{m_{\mathrm{op}}}(x,\zeta)$ 在置信度 β 下的最小值；x 和 ζ 均为随机变量。

配电网运行场景具有不确定性，在对配电网优化配置中很难考虑所有运行场景进行优化配置。因此需要考虑一种技术手段尽可能地满足所有运行场景的配置要求。求解配电网不确定运行场景的最优配置相当于对多个随机变量进行优化，只考虑确定性约束条件无法避免小概率事件对配置策略的影响，而机会约束能够根据设定置信度的方式处理该类优化问题。机会约束以概率手段将确定性约束处理为满足一定置信度的期望形式，能够允许约束条件在某种概率下不满足，从而以适度风险来获得更优解，使优化配置结果更具有可行性，这也说明该系统能够承担一定的违约风险。因此，本文采用机会约束规划处理模型中的随机变量，构建机会约束条件，将传统模型中的电压偏差等约束描述为概率形式的机会约束。

10.3.3 考虑光伏逆变器无功补偿的配电网区域划分

高渗透 DPV 以及电力电子负荷接入配电网，使配电网电能质量污染呈现出一种全网化、分散化的分布态势，仅靠传统点对点无功补偿方式已经不能适用。该态势下并非所有节点电能质量污染都很严重，并且对配电网络中某一个节点电能质量进行无功补偿也会对其他节点产生影响，这使得配电网电能质量区域化特征较为显著。为了更好地体现无功补偿效果，无功补偿设备应紧邻污染源。因此，本章采用分区无功补偿思想对配电网区域进行划分，根据节点电压/无功灵敏度指标选择分区内无功设备候选安装位置。该方法从全网层面保障了配电网电能质量污染区域化无功补偿的经济性，也保障了无功设备候选安装位置有效性。

目前对于配电网无功区域划分的方法主要有按配电网地理位置特点划分和按节点电气关系划分等。前者方法简便，但未考虑当地电网运行水平，无法适应当地需求进行无功补偿。后者考虑了当地电网实际状况，能够根据不同节点无功补偿的灵敏度进行区域划分。相比于前者，后者更能适应当地电网运行状况进行无功补偿。本章利用后者即按节点电气关系的方式对配电网区域划分。

10.3.3.1 节点灵敏度指标构建

灵敏度指标能够反映电力系统中因变量对自变量变化的敏感程度。根据该指标能够获得自变量对因变量的控制能力，从而可以根据需要更有效地控制自变量。现有配电网电压无功分区主要根据灵敏度分析法对配电网区域划分，主要涉及节点电压/无功灵敏度和电气距离的计算。本章基于电压/无功灵敏度对配电网进行分区。

1. 电压/无功灵敏度

根据配电网节点功率、电压以及相角之间关系可知,有功功率与相角、无功功率与电压幅值紧密相关,因而在无功优化中,通常会忽略有功功率和电压幅值的耦合关系。因此,根据电压幅值与无功功率偏导关系来描述节点灵敏度,而关于该偏导计算可通过极坐标下牛顿法求解雅克比矩阵获得。

采用某一节点 i 处注入功率变化 ΔP_i 和 ΔQ_i 对另一节点 j 处电压幅值变化 ΔV_j 来表示节点 i 对节点 j 的灵敏度。假设配电网节点数为 n,PQ 节点数为 m,PV 节点数为 $n-m-1$,平衡节点数为 1,则该网络极坐标形式功率方程为

$$\begin{cases} \Delta P_i = P'_i - V_i \sum_{j=1}^{n} V_j (G_{ij} \cos \delta_{ij} + B_{ij} \sin \delta_{ij}) \\ \Delta Q_i = Q'_i - V_i \sum_{j=1}^{n} V_j (G_{ij} \sin \delta_{ij} - B_{ij} \cos \delta_{ij}) \end{cases} \tag{10-56}$$

式中,P'_i 和 Q'_i 分别为注入节点 i 的有功功率和无功功率;V_i 和 V_j 分别为节点 i 和节点 j 的电压;G_{ij} 和 B_{ij} 分别为节点 i 和节点 j 之间的线路电导和电纳;θ_{ij} 为节点 i 和节点 j 的电压相角差。

定义列向量 ΔV 为各节点电压幅值变化量,列向量 ΔP 和 ΔQ 分别为注入各节点有功功率和无功功率的变化量,则式(10-56)线性化后得修正方程式为

$$\begin{bmatrix} \Delta P \\ \Delta Q \end{bmatrix} = - \begin{bmatrix} \boldsymbol{H}_{(n-1)\times(n-1)} & \boldsymbol{N}_{(n-1)\times m} \\ \boldsymbol{M}_{m\times(n-1)} & \boldsymbol{L}_{m\times m} \end{bmatrix} \begin{bmatrix} \Delta \delta \\ \Delta V \end{bmatrix} = -\boldsymbol{J} \begin{bmatrix} \Delta \delta \\ \Delta V \end{bmatrix} \tag{10-57}$$

式中:$\Delta \delta$ 为各节点电压变化前后相角差;$\boldsymbol{H}$、$\boldsymbol{M}$、$\boldsymbol{N}$、$\boldsymbol{L}$ 均为雅克比矩阵的子矩阵。

根据式(10-57)对潮流无功迭代方程进行逆变换如式(10-58)所示。

$$\Delta V = \frac{\partial V}{\partial Q} \Delta Q \tag{10-58}$$

式中,$\partial V / \partial Q$ 反映了电压幅值对无功注入的灵敏度,为电压/无功灵敏度矩阵。

关于式(10-58)无功灵敏度矩阵元素的参数求解,可通过节点 i 无功功率对节点 j 电压幅值求偏导得到,即两节点电压/无功灵敏度为

$$S_{ij} = \frac{\partial V_i}{\partial Q_j} = \left(\frac{\partial Q_j}{\partial V_i} \right)^{-1} \tag{10-59}$$

2. 节点电压耦合度和电气距离

结合式(10-58)和(10-59),能够获得配电网任意两节点电压变化量关系如式(10-60)所示。

$$\Delta V_i = \left(\frac{\partial V_i}{\partial Q_j} \bigg/ \frac{\partial V_j}{\partial Q_j} \right) \cdot \Delta V_j = \alpha_{ij} \cdot \Delta V_j \tag{10-60}$$

式中,ΔV_i 和 ΔV_j 分别为节点 i 和 j 的电压变化量;α_{ij} 为节点间电压耦合度。

为保证两节点电气距离对称性,采用对数变换方法定义节点 i 和 j 的电气距离为

$$d_{ij} = -\lg | \alpha_{ij} \cdot \alpha_{ji} | \tag{10-61}$$

由式(10-61)可知,耦合度和电气距离呈负相关。节点间耦合度越大,电气距离越小,两

节点联系越紧密。

10.3.3.2 无功优化区域划分

相比前两者,第三者能够更好发挥分布式无功源节点对负荷节点的可控性。考虑到 DPV 参与无功优化,相当于直接在配电网光伏接入节点提前安装了容量随时间变化的无功补偿设备,而且该容量具有不确定性。另外,优先考虑光伏逆变器剩余容量参与无功优化能够降低配置投资成本,所以分区方法可以分为两个过程:第一个过程是优先划分目前配电网无功优化分区,主要有全网节点统一分区、优先负荷节点分区再电源节点分区、优先无功源节点分区再负荷分光伏逆变器无功控制区域;第二个过程是结合社团发现算法将配电网划分为节点电气距离较小的若干无功区域。

1. 分区原则

配电网分区过多会增加投入成本,也会增加复杂性,而分区过少会严重降低无功补偿效果。配电网在保证分区数目合理与有效的前提下,还需服从的原则主要有:①分区内强耦合和可控性。分区内各节点耦合度高,有且仅有一个特殊节点作为主导节点来反映分区内各节点电压变化程度。该节点也作为无功设备的候选安装位置来控制分区电能质量无功补偿程度,从而保障分区内电能质量达标。②各分区间弱耦合。某分区内节点电压发生变化时对其他分区节点电压影响很小。③逆变器平摊到各分区内。考虑无功设备成本和性能差异性,充分利用 DPV 逆变器参与无功优化功能,尽可能使每个区域都含有 DPV 逆变器。

2. 光伏逆变器无功控制分区

考虑光伏逆变器的无功控制区域时,逆变器对各节点的控制能力是每个无功分区实现有效控制的前提。因此,根据式(10-59)计算各光伏安装位置的逆变器对所有节点的电压控制程度,构建光伏安装位置的逆变器无功控制区域。

假设配电网中受控节点个数为 n_{sk},光伏逆变器控制节点个数为 g_{kz},则受控节点对控制节点的无功灵敏度矩阵 $\boldsymbol{N}_{GN,Q}$ 为

$$\boldsymbol{N}_{GN,Q} = \begin{bmatrix} S_{GN,1,1} & S_{GN,1,2} & \cdots & S_{GN,1,n_{sk}} \\ S_{GN,2,1} & S_{GN,2,2} & \cdots & S_{GN,2,n_{sk}} \\ \vdots & \vdots & & \vdots \\ S_{GN,g_{kz},1} & S_{GN,g_{kz},2} & \cdots & S_{GN,g_{kz},n_{sk}} \end{bmatrix} \quad (10\text{-}62)$$

根据式(10-62),将该矩阵各行元素从大到小依次排序,并根据灵敏度阈值将受控节点划分到不同光伏逆变器控制区域中。若某个受控节点同时满足多个控制节点的灵敏度阈值,则将其分到灵敏度排在前两位的控制节点所在区域中。该方法可能会使多个光伏逆变器控制区域出现交集,而交集内节点数越多越能说明逆变器控制区域的联系越强,而这时可以将两个区域进行合并。

定义两个光伏安装位置的逆变器控制节点集合分别为 O_r 和 O_k,则两集合控制节点重叠个数占集合 O_k 的比例为

$$J_{rk} = \frac{num(O_r \cap O_k)}{num(O_k)}, r,k = 1,\cdots,l \quad (10\text{-}63)$$

两个集合的相似度表示为

$$G_{rk} = J_{rk}J_{kr}, r, k = 1, \cdots, l \tag{10-64}$$

结合式(10-63)和式(10-64)对相似度较高的两个集合进行合并。配电网光伏逆变器无功控制区域确定方法具体如下：

步骤1：以各光伏逆变器安装位置为控制中心，将无功灵敏度矩阵各行元素从大到小排序，并根据灵敏度阈值将受控节点划分到不同光伏逆变器控制区域中。

步骤2：将同时满足多个控制节点灵敏度阈值的受控节点分到灵敏度排在前两位的控制节点所在区域中。

步骤3：按式(10-63)计算两区域共同控制节点的比例，并按式(10-64)计算区域间相似度，根据相似度对光伏逆变器无功控制区域进行合并。

通过上述操作，获得了考虑区域相似度的光伏逆变器无功控制区域。对于灵敏度小于阈值的受控节点，则根据安装专用无功设备对配电网区域进一步划分。另外，光伏逆变器主要用来并网发电，兼用无功输出，其可用无功容量有限，通常无法保证该控制区域整体电压水平，在配置专用无功设备时仍需要对这些控制区域进行无功补偿。因此，在确定光伏逆变器无功控制区域基础上，确定待安装无功设备 SCB 和 SVG，从而从全网进行无功补偿。

3. 基于社团发现算法分区

社团结构是配电网中一些节点联系相对紧密而形成的"团"，该团具有团内节点关系紧密团间稀疏的特点。通常使用模块度 Q_{mod} 来描述社团结构的评价指标，而 Q_{mod} 越接近 1 说明社团划分效果越好。因此，通过计算所有情况下模块度最大值来确定分区的优化程度。由于 Q_{mod} 计算简单，物理意义明确，故依据 Q_{mod} 对配电网分区易于实施。

社团发现算法不需要提前设定分区数目就可生成最佳分区结果，并生成具有层次性的社区结构。Louvain 算法是一种广泛应用的社团发现算法，原理较为简单。Louvain 将每个节点划分为初始社团，随机选择两相邻节点合并为新的社团，通过计算合并前后 Q_{mod} 变化，结合模块度增量最大值原则进行迭代、社团凝聚，从而具有层次性的社区结构。该算法以模块度为优化目标，快速寻找具有高模块度的最佳分区，在一定程度上避免了模块度函数作为优化目标带来的分辨率问题。

基于电气距离计算模块度中各节点间的权重值和模块度如式(10-65)所示。

$$\begin{cases} Q_{mod} = \dfrac{1}{2m} \sum_{i,j} \left[A_{ij} - \dfrac{k_i k_j}{2m} \right] \delta(c_i, c_j) \\ A_{ij} = 1 - \dfrac{d_{ij}}{\max\limits_{i,j \in n} \{d_{ij}\}} \end{cases} \tag{10-65}$$

式中，A_{ij} 为节点 i 和 j 之间的权重；m 为配电网中相连节点间线路权重的和，$m = 0.5 \times \sum_{i,j} A_{ij}$；$k_i$ 为与节点 i 相连线路权重的和 $k_i = \sum_j A_{ij}$；c_i 和 c_j 为节点 i 和 j 所在社团的编号，当 $c_i = c_j$，则 $\delta(c_i, c_j) = 1$，反之 $\delta(c_i, c_j) = 0$；d_{ij} 为节点 i 和节点 j 之间的电气距离。

基于节点电压耦合度，采用 Louvain 分区算法对配电网区域划分具体步骤如下：

步骤1：将不同安装位置的逆变器无功控制区域划分网络初始社团，同时将社团外其他节点均视为一个社团,从而形成新的网络结构。

步骤2:根据新的网络结构,利用式(10-60)计算节点i与j的电压耦合度;

步骤3:利用式(10-65)计算新网络结构下节点间电气距离和相连节点线路的权重以及初始模块度$Q_{\text{mod}}^{(0)}$;

步骤4:任意选取新网络结构下节点i和节点j组合成新社团,再次求解合并后的模块度Q_{mod};

步骤5:计算模块度增量值$\Delta Q_{\text{mod}} = Q_{\text{mod}} - Q_{\text{mod}}^{(0)}$,记录节点$i$和其他节点组合时的$\Delta Q_{\text{mod}}$,若$\max \Delta Q_{\text{mod}} > 0$,则将节点$i$分配到最大值所对应节点的社团,否则保持不变;

步骤6:将已划分的社团合并为一个新节点,此时系统再次构成一个新网络,重复步骤2,直到所有节点形成一个社团;

步骤7:将模块度Q_{mod}最大值获得的结果作为最优分区。

10.3.3.3 主导节点选择

由于各区域内节点有强耦合性,必定存在某一主导无功补偿节点。同一区域仅有一个主导节点,且该节点进行无功补偿时,所在区域内其他节点电压偏差也能得到较大改善。因此,无功设备应安装在主导节点从而对各区域无功补偿起最大作用,本节根据节点灵敏度模型给出主导节点选取方法。

根据节点灵敏度指标分别计算区域内节点i与所在区域内其他节点的平均灵敏度,将平均灵敏度最大值对应的节点作为该区域主导节点,具体如式(10-66)所示。

$$\begin{cases} \bar{S}_{i,l} = \dfrac{1}{N_{i,l}} \sum_j S_{ij,l} \\ \varGamma_l = \max_i \{\bar{S}_{i,l}\} \end{cases} \quad (10\text{-}66)$$

式中,$N_{i,l}$为区域l内与节点i相连节点的数量;$\varGamma_l$为区域l内无功平均灵敏度最大值。

无功优化分区及无功补偿设备安装节点选择流程如图10-33所示。

配电网的分区结果随电网运行场景的变化而变化,各场景下所有区域的主导节点均对应一种配置方案。研究分布式无功资源协同优化配置策略时,应该综合考虑不同运行场景下区域选取的主导节点情况。因此,综合考虑各个分区结果,将主导节点编号从大到小进行排列,统计各节点所占主导节点比例,并将低于一定概率值的节点编号舍去,选取其余节点编号作为主导节点集合。将该集合中的节点编号作为SCB和SVG的候选安装位置,以保证配电网区域化无功优化的同时提高策略的适应性。

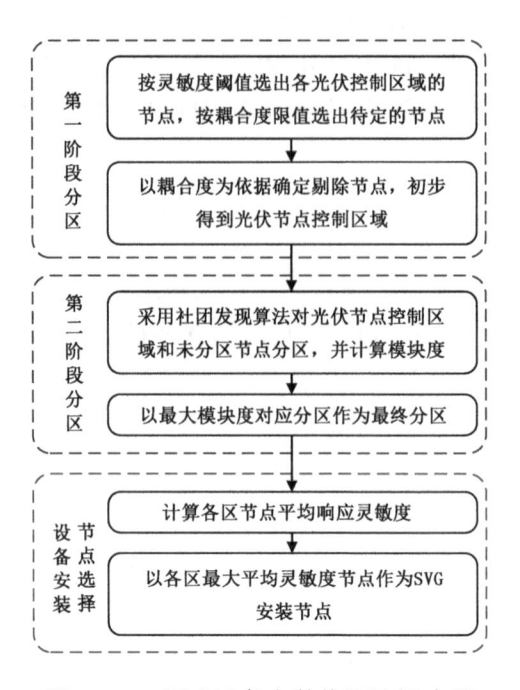

图 10-33 无功设备安装位置选择流程

10.3.4 构/跟网无功资源多时间尺度优化配置模型及求解

10.3.4.1 考虑主/辅决策的无功资源优化配置建模

本节考虑无功设备投资成本小,配电网电压运行水平最优的方案,建立以 SCB 和 SVG 总投资费用最小为主决策优化目标,以全网电压偏差之和最小为辅助目标的优化模型。

1. 目标函数

（1）辅助决策目标

将配电网负荷和光伏一天运行变化作为一种全天运行场景,以全天运行场景电压偏差之和最小为辅助决策目标建立目标函数 F_2,如式(10-67)所示。

$$\min F_2 = \sum_{t=1}^{T_m} \sum_{i=1}^{N_L} |U_{t,i} - U_0| \qquad (10\text{-}67)$$

式中,t 为时刻,$t \in [1, T_m]$,其中 T_m 为一天的分析时刻数量;N_L 为系统节点的数量;$U_{t,i}$ 为 t 时刻节点 i 的电压;U_0 为节点电压标称值。

（2）主决策目标

对不同无功分区的 SCB 和 SVG 进行配置时,辅助决策对不确定性运行场景集优化得出不同场景下无功设备期望容量,而主决策根据期望容量优化出最终配置方案。本节从固定投资和运维角度出发建立无功设备总投资费用目标函数如式(10-68)所示。

$$\min C = C_{fi} + C_{om} \qquad (10\text{-}68)$$

式中,C 为总投资费用;C_{fi} 和 C_{om} 分别为无功设备的固定投资成本和运维成本。

按等年产值法计算式(10-68)中固定投资成本 C_{fi},即 SCB 和 SVG 以及光伏群控系统固定投资成本如式(10-69)所示。

$$\begin{cases} C_{\mathrm{fi}} = C_{\mathrm{SCBfi}} + C_{\mathrm{SVGfi}} + C_{\mathrm{PVfi}} \\ \quad = R_{\mathrm{SCBfi}} \sum_{i=1}^{n} (S_{\mathrm{SCB},i} c_{\mathrm{SCB}}) + R_{\mathrm{SVGfi}} \sum_{i=1}^{n} (S_{\mathrm{SVG},i} c_{\mathrm{SVG}}) + R_{\mathrm{PVfi}} \sum_{i=1}^{n} (S_{\mathrm{PVfi},i} c_{\mathrm{PVfi}}) \\ R = \dfrac{r(1+r)^{L_{\mathrm{f}}}}{(1+r)^{L_{\mathrm{f}}} - 1} \end{cases} \quad (10\text{-}69)$$

式中，C_{SCBfi}、C_{SVGfi} 以及 C_{PVfi} 分别为 SCB、SVG 以及光伏群控系统的固定投资成本；$S_{\mathrm{SCB},i}$、$S_{\mathrm{SVG},i}$ 以及 $S_{\mathrm{PVfi},i}$ 分别为节点 i 处 SCB 配置容量、SVG 配置容量以及光伏群控系统总容量；c_{SCB}、c_{SVG} 以及 c_{PVfi} 分别为 SCB、SVG 以及光伏群控系统的单位容量成本；R_{SCBfi}、R_{SVGfi} 以及 R_{PVfi} 分别为 SCB、SVG 以及光伏群控系统的等年值系数，其中三者表达式可以 R 表示；r 为安装设备或系统的贴现率；L_{f} 为安装设备或系统的使用寿命。

按固定投资成本百分比计算 SCB 和 SVG 的运维成本如式(10-70)所示。

$$\begin{aligned} C_{\mathrm{om}} &= C_{\mathrm{SCBom}} + C_{\mathrm{SVGom}} + C_{\mathrm{PVom}} \\ &= \gamma_{\mathrm{SCB}} C_{\mathrm{SCBfi}} + \gamma_{\mathrm{SVG}} C_{\mathrm{SVGfi}} + \gamma_{\mathrm{PV}} C_{\mathrm{PVfi}} \end{aligned} \quad (10\text{-}70)$$

式中，γ_{SCB}、γ_{SVG} 以及 γ_{PV} 分别为 SCB、SVG 以及光伏群控系统运维成本占投资的比例系数。

2. 约束条件

任何时刻包括数据采样时刻及采样间隔时间段内系统约束条件都需满足等式和不等式约束。以 t 时刻为例，建立等式约束和不等式约束如式(10-71)~(10-75)所示。

SCB 和 SVG 联合优化配置模型都应满足系统功率平衡约束，如式(10-71)所示。

$$\begin{cases} P_{t,i} = U_{t,i} \sum_{j=1}^{n} U_{t,j} (G_{ij}\cos\theta_{t,ij} + B_{ij}\sin\theta_{t,ij}) \\ Q_{t,i} = U_{t,i} \sum_{j=1}^{n} U_{t,j} (G_{ij}\sin\theta_{t,ij} - B_{ij}\cos\theta_{t,ij}) \\ P_{t,i} = P_{\mathrm{L},t,i} - P_{\mathrm{PV},t,i} \\ Q_{t,i} = Q_{\mathrm{L},t,i} - Q_{\mathrm{PV},t,i} - Q_{\mathrm{SCB},t,i} - Q_{\mathrm{SVG},t,i} \\ P_r\left\{ \sum_{i=1}^{n} Q_{t,i} > 0 \right\} \geqslant \alpha_{\mathrm{ph}} \end{cases} \quad (10\text{-}71)$$

式中，$P_{t,i}$ 和 $Q_{t,i}$ 分别为 t 时刻注入节点 i 的有功功率和无功功率，$\sum_{i=1}^{n} P_{t,i} > 0$；$P_{\mathrm{PV},t,i}$ 和 $Q_{\mathrm{PV},t,i}$ 分别为 t 时刻节点 i 处 DPV 逆变器输出的有功功率和无功功率；$P_{\mathrm{L},t,i}$ 和 $Q_{\mathrm{L},t,i}$ 分别为 t 时刻节点 i 负荷消耗的有功功率和无功功率；$Q_{\mathrm{PV},t,i}$、$Q_{\mathrm{SCB},t,i}$、$Q_{\mathrm{SVG},t,i}$ 分别为 t 时刻节点 i 处 DPV 逆变器、SCB、SVG 的无功补偿容量；$U_{t,i}$ 和 $U_{t,j}$ 分别为 t 时刻节点 i 和节点 j 的电压有效值；G_{ij} 和 B_{ij} 分别为节点 i 和节点 j 之间的线路电导和电纳；$\theta_{t,ij}$ 为 t 时刻节点 i 和节点 j 的电压相角差；α_{ph} 为功率平衡的置信度。

考虑光伏波动出力阈值对式(10-71)进行计算时，根据数据采样时间间隔长短不同 $P_{\mathrm{PV},t,i}$ 分别取 $P_{\mathrm{PVMAX},t}$ 或 $P_{\mathrm{pvmax},t,i}$。

考虑到并联电容器无功补偿跟踪响应慢,且在一天内具有一定投切次数限制。并联电容器组的投切还需满足最短时间为1小时一次,并联电容器无功补偿约束为

$$\begin{cases} 0 \leqslant N_{\mathrm{C},t,i} \leqslant N_{\mathrm{Cmax}} \\ Q_{\mathrm{SCB},t,i} = N_{\mathrm{C},t,i} \cdot q_{\mathrm{C}} \\ P_{\mathrm{r}}\{\sum_{t=1}^{T_{\mathrm{m}}} k_{\mathrm{C},t,i} \leqslant K_{\mathrm{C}}\} > \alpha_{\mathrm{SCB}} \end{cases} \quad (10\text{-}72)$$

式中,$N_{\mathrm{C},t,i}$ 为 t 时刻节点 i 并联电容器投切组数;N_{Cmax} 为并联电容器组最大投切组数;q_{C} 为并联电容器单组投切容量;$k_{\mathrm{C},t,n_{\mathrm{L}}}$ 为配电网 t 时刻 n_{L} 节点电容器投切次数,$k_{\mathrm{C},t,n_{\mathrm{L}}} \in \{0,1\}$;$K_{\mathrm{C}}$ 为并联电容器组最大允许投切次数;α_{SCB} 为该节点满足一天 SCB 投切总次数的置信度。

光伏逆变器无功补偿约束为

$$\begin{cases} -Q_{\mathrm{PVmax},t,i} \leqslant Q_{\mathrm{PV},t,i} \leqslant Q_{\mathrm{PVmax},t,i} \\ n_{\mathrm{GFM},t,i} \leqslant n_{\mathrm{frmax},t,i} \\ Q_{\mathrm{GFM},t,i} \leqslant n_{\mathrm{GFM},t,i} S_{\mathrm{inv},i} \\ Q_{\mathrm{PVmax},t,i} = \sqrt{S_{\mathrm{ins},i}^2 - P_{\mathrm{PV},t,i}^2} \\ Q_{\mathrm{PV},t,i} = Q_{\mathrm{GFL},t,i} + Q_{\mathrm{GFM},t,i} \end{cases} \quad (10\text{-}73)$$

式中,$Q_{\mathrm{PVmax},t,i}$ 为 t 时刻节点 i 的光伏逆变器剩余容量;$S_{\mathrm{ins},i}$ 为节点 i 的光伏安装容量,$S_{\mathrm{inv},i}$ 为节点 i 单台逆变器容量;$Q_{\mathrm{GFM},t,i}$ 和 $Q_{\mathrm{GFL},t,i}$ 分别为 t 时刻节点 i 处跟网型和构网型逆变器输出的无功功率;$n_{\mathrm{GFM},t,i}$ 和 $n_{\mathrm{frmax},t,i}$ 分别为 t 时刻节点 i 处所有光伏群控系统中逆变器采用构网型控制的数量和系统中处于自由状态的逆变器最大数量,$n_{\mathrm{frmax},t,i}$ 可根据式(10-53)计算。

考虑配电网污染不确定性,采用机会约束规划以概率的形式加以描述,允许节点电压在一定置信度下越限,建立节点电压机会约束为

$$P_{\mathrm{r}}\{U_{\mathrm{Nmin}} \leqslant U_{t,i} \leqslant U_{\mathrm{Nmax}}\} > \alpha_{\mathrm{con}} \quad (10\text{-}74)$$

式中,U_{Nmax} 和 U_{Nmin} 分别为节点电压上限值和下限值;α_{con} 为满足 t 时刻电压不越限的置信度。

建立设备安装容量约束为

$$\begin{cases} Q_{\mathrm{SCB},t,i} \leqslant I_{\mathrm{SCBC},i} \leqslant \rho_{\mathrm{SCBC},i} I_{\mathrm{maxSCBC},i} \\ Q_{\mathrm{SVG},t,i} \leqslant I_{\mathrm{SVGC},i} \leqslant \rho_{\mathrm{SVGC},i} I_{\mathrm{maxSVGC},i} \end{cases} \quad (10\text{-}75)$$

式中,$I_{\mathrm{SCBC},i}$ 和 $I_{\mathrm{SVGC},i}$ 分别为 t 时刻节点 i 处 SCB 和 SVG 的安装容量;$\rho_{\mathrm{SCBC},i}$ 和 $\rho_{\mathrm{SVGC},i}$ 分别为 SCB 和 SVG 的容量安全系数;$I_{\mathrm{maxSCBC},i}$ 和 $I_{\mathrm{maxSVGC},i}$ 分别为节点 i 处 SCB 和 SVG 最大允许接入容量。

10.3.4.2 主/辅助决策无功资源优化配置模型求解

本节考虑 DPV 安装位置和容量已知,再通过配电网参数以及污染分布特征,可确定配电网分区结果,根据分区主导节点可知专用无功设备的安装位置。在上述信息已知情况下,

本节首先通过主决策随机给出各分区无功设备容量,将配置方案传递到辅助决策优化中。其次辅助决策优化出无功设备最优运行期望配置容量,并将其传递到主决策优化中。接着主决策根据期望配置容量选择设备配置方案,计算配置投资成本,将配置方案传递到辅助决策中优化运行。最后通过不断修正主决策配置方案得到最终配置优化结果。本节辅助决策目标的求解结果为满足运行场景电压偏差最小的各无功分区各设备的无功补偿容量,其中包括各无功分区主导节点 SCB 和 SVG 期望运行容量;主决策目标求解结果为各无功设备的最小投资成本,其中包括 SCB 和 SVG 设备安装容量。

考虑到各无功设备成本和性能的差异性,结合主决策和辅助决策目标,配置设备时应优先考虑低成本设备,在预想运行场景中应优先考虑响应速度慢的设备进行无功优化。本节采用粒子群算法对优化配置模型进行求解,具体步骤如下:

步骤 1:根据各无功区域,给定主决策初始值,即随机给出各区域 SCB 和 SVG 的配置容量,并将该方案传递到辅助决策优化中。

步骤 2:考虑多设备多时间尺度无功优化方法计算各层设备调控量。根据无功设备响应能力可知,应优先考虑并联电容器组小时级别的慢速调控,对带有时间标记的电网运行场景进行无功优化。采用改进粒子群算法计算该时间尺度最优无功运行量,获得各区域小时级别专用和兼用无功设备无功运行曲线,并将其作为第一层无功调控曲线。值得注意的是,若光伏安装节点和区域主导节点位置相同,则专用和兼用无功设备无功控制量为叠加后的总量,并且兼用设备无功优化优先级更高以降低专用设备投资成本;若两种设备位置不同,则会分别优化出专用和兼用设备无功控制曲线,对于每一层无功优化曲线原理相同。

步骤 3:考虑并联电容器组一天中的投切次数限制,以并联电容器投切组数和跟网型控制设备无功输出功率为控制变量对各时刻进行优化计算,采用最优分割法对第一层专用无功设备优化结果进行时间划分,得到各区域并联电容器的动作时刻及其投切容量,最终得到并联电容器组的期望配置容量以及第一层无功优化中 SVG 跟网型无功优化曲线。

步骤 4:考虑设备中速响应能力,在第一层无功调控量基础上,对集中控制指令如 15 min 或 1 h 的时标场景进行跟网型无功优化,得到各区域专用和兼用跟网型设备无功运行曲线,并将其作为第二层无功调控曲线。

步骤 5:考虑设备快速响应能力,在第二层无功调控量基础上,选用构网型无功设备对配电网带有时间标记的运行场景进行无功优化,得到各区域专用和兼用构网型设备无功运行曲线,并将其作为第三层无功调控曲线。

步骤 6:对第一和第二层的 SVG 跟网型控制无功运行曲线进行叠加,得到跟网型 SVG 期望配置容量。

步骤 7:根据第三层无功调控曲线,确定构网型 SVG 期望配置容量,结合步骤 6 中跟网型 SVG 配置信息,最终确定 SVG 期望配置容量。

步骤 8:根据大数定律利用电压越限等机会约束条件成立的频率估计置信度,将专用无功设备期望配置容量与置信度传递到主决策优化中进行配置方案的修正,并将修正方案传递到辅助决策优化中。

步骤9:重复步骤2到步骤8直到达到置信度收敛条件,从而得出最优无功设备配置方案。

10.3.5 算例分析

为验证本策略的有效性,根据无功优化模型以 IEEE 33 节点为例对专用无功设备进行配置。配电网线路参数、主变压器容量、LinWPSO 无功优化参数、各节点的光伏集群参数、电容器投切次数等与 10.2.6.2 中参数设置相同。以第 2 章配电网电压扰动建模方法构建配电网运行场景研究 SCB 和 SVG 最佳接入位置和容量。考虑到光伏集群控制系统主要成本是控制开关,将光伏集群控制系统安装成本定为 8 元/kW。SCB 每组容量为 100 kvar,设备容量裕度安全系数为 1,成本为 50 元/kvar。SVG 单台设备最小安装容量为 50 kvar,设备容量裕度安全系数为 1.1,成本为 200 元/kvar。SCB、SVG 以及光伏集群控制系统的使用寿命分别为 10 年、15 年以及 20 年,贴现率均为 6%,运行维护费用为固定投资成本的 5%。各节点电压偏差限值设为 5%,所有置信度设置均为 0.95。

10.3.5.1 配电网区域划分及主导节点选择分析

根据 10.3.2 节中节点灵敏度指标以及分区原则等,采用社团发现算法对配电网区域划分。采用社团发现算法对配电网某运行场景进行区域划分时模块度与社团数量的关系如图 10-34 所示,其中每个社团对应一个区域。从该图中可以看出随着社团数量增多模块度逐渐增大,到一定程度后开始减小,而当社团数量数目为 5 时,模块度最大,因此选用 5 个区域作为该场景下配电网区域划分结果。以 5 个区域为例,该运行场景下对应的配电网区域划分结果如图 10-35 所示。从该图可以看出配电网被分为①~⑤共 5 个区域,除①区域外其他区域均含有光伏,且部分区域内含有两个光伏接入位置。根据节点灵敏度计算结合分区原则确定各区域主导节点。配电网不同运行场景对应不同的分区情况,但由于线路参数固有属性占有一定比重,在计算时多数场景分区结果类似,结合分区原则最终选取 5 个社团作为区域划分结果。根据灵敏度选取每个区域内的主导节点,统计每个节点编号所占主导节点的比例,舍弃低于 2%概率的节点编号,得到主导节点集合为{8,11,15,17,19,21,24,25,32}。将该集合中节点编号作为 SCB 和 SVG 候选安装位置,为后续分析配电网多级设备联合无功优化配置策略奠定基础。

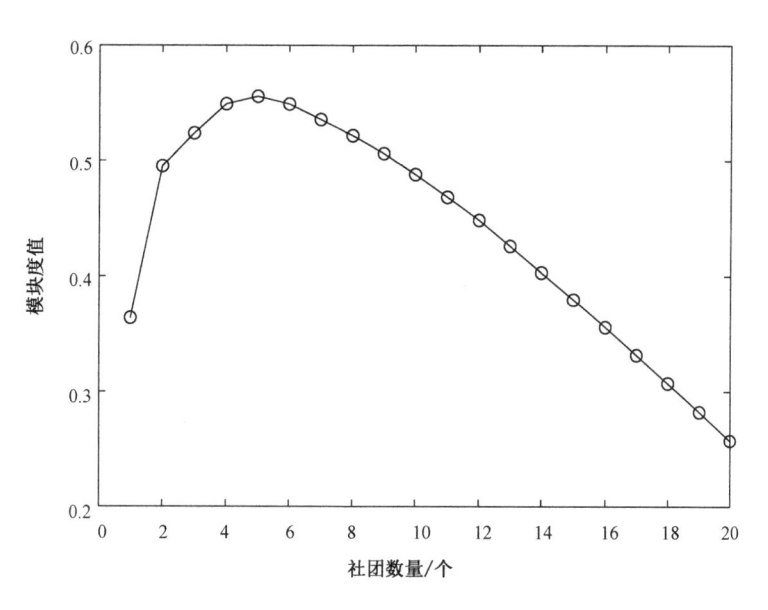

图 10-34　模块度与社团数量关系

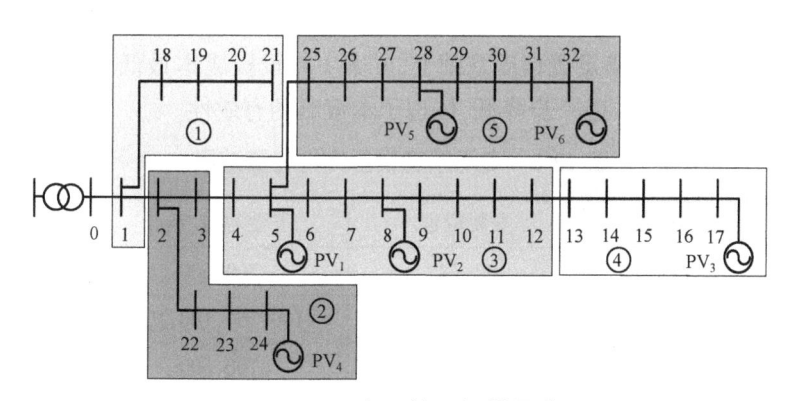

图 10-35　配电网某运行场景分区

10.3.5.2　多时间尺度补偿的构/跟网无功资源优化配置结果分析

1. 优化配置结果对比分析

根据主导节点集合选取专用无功设备安装位置,对无功优化配置模型进行求解。通过不断增加投资成本,增加候选安装位置设备配置容量,统计越限场景数并计算置信度,直到满足置信度要求停止计算,投资费用与置信度的关系如图 10-36 所示。从该图中可以看出,随着置信度提高,投资成本大幅度上升,在达到一定置信度时曲线突然增加较快。这主要是由于在配置时 SCB 相比 SVG 投资成本低,处于优先考虑,而在达到一定数量后不能满足置信度需求,逐渐增加 SVG 配置时提高单位置信需要更大的投资成本。

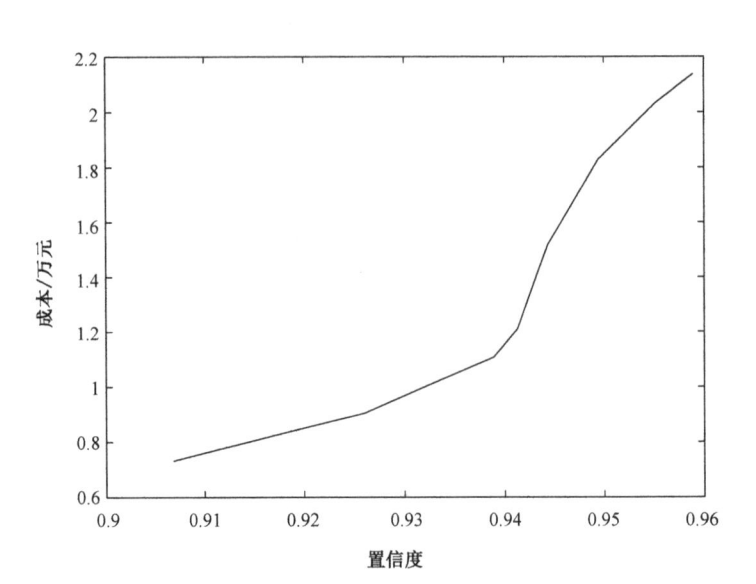

图 10-36 投资费用与置信度关系

专用设备离散变量优化配置结果如表 10-8 所示,其中方案 1 为本节所提策略,方案 2 为不考虑光伏集群控制的优化配置结果,方案 3 为仅考虑专用设备参与无功优化的优化配置结果。表 10-8 中可看出在满足置信度基础上,方案 1 年投资成本最低,考虑光伏逆变器构/跟网辅助功能使年投资成本进一步降低,体现了本策略的有效性。

表 10-8 专用无功设备优化配置结果

方案	无功设备	安装位置	安装容量/kvar	年投资成本/万元
方案 1	SCB	21,24	700,600	2.03
	SVG	8,17,21,32	100,150,100,100	
方案 2	SCB	21,24	700,600	2.55
	SVG	8,17,21,32	150,300,100,200	
方案 3	SCB	17,21,24,32	400,700,700,300	4.96
	SVG	8,17,21,24,32	200,700,100,100,500	

2. 全天运行场景分析

根据配置结果选取某一典型运行场景对不同节点无功优化曲线进行分析,其中典型运行场景主配变负载曲线如图 10-37 所示,其中负载率为配电网总负荷与变压器容量比值。随机光伏出力曲线则选用图 10-7 进行分析,其中由于不同节点光伏配置信息不同,节点光伏出力则按配置容量进行相应比例变化。

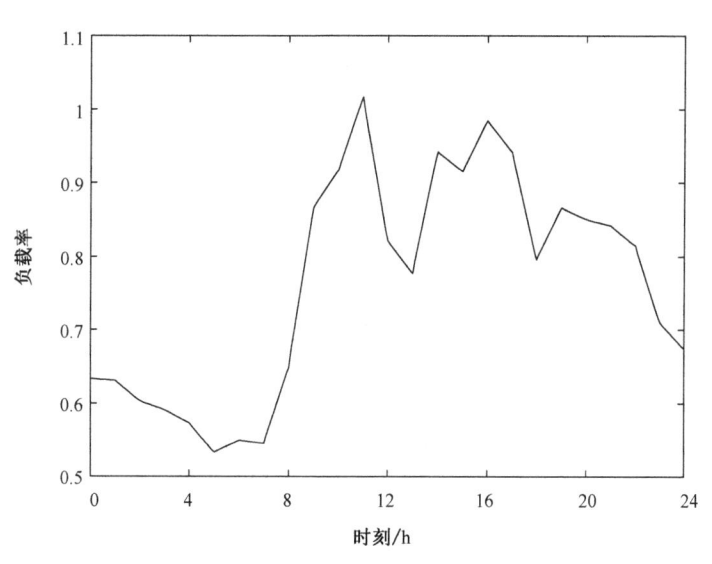

图 10-37 典型运行场景主变压器功率曲线

本节根据对各时段全网平均电压、无功设备平均功率等信息进行分析,并在相同配置信息下以前文定义的三种方案进行对比。实时补偿方案后全网各时段平均电压偏差曲线如图10-38 所示,从该图中可以看出方案3全网电压偏差波动较大,这主要是因为受光伏出力波动影响较大且参与优化的无功可调量不足导致全网电压运行水平最差;方案2没有考虑光伏集群控制,相比于方案1有了较大改善;方案1充分挖掘了各设备性能优势,相比其他方案在各时段的全网平均电压偏差更小,进一步体现了本策略的有效性。

将第一和第二层无功优化作为跟网设备优化结果,第三层无功优化作为构网设备优化结果,根据对运行场景无功优化得到全网各时段跟网和构网无功设备优化贡献比如图10-39所示。从图10-39中可以看出构网设备与跟网设备贡献占比大约为1∶9,一方面说明了现在电力电子设备在跟网无功优化基础上仍然具有构网优化潜能优势,能使得电网电压运行水平更优;另一方面说明了为了达到最优配置的置信水平,构网设备配置容量可能较少,且构网设备剩余容量可用于跟网无功优化,在一些时间段有可能参与跟网无功优化。结合图10-38中三种方案的各时段电网平均电压偏差可知,在不增加设备情况下,本策略充分挖掘了无功设备功能优势,使得全网电压运行水平更好,进一步体现了本策略的有效性。

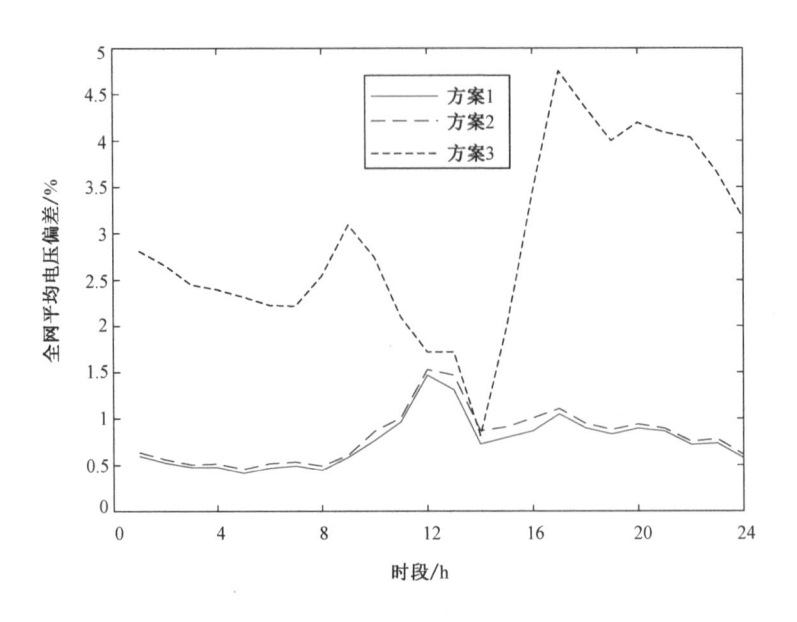

图 10-38　全网各时段平均电压偏差曲线

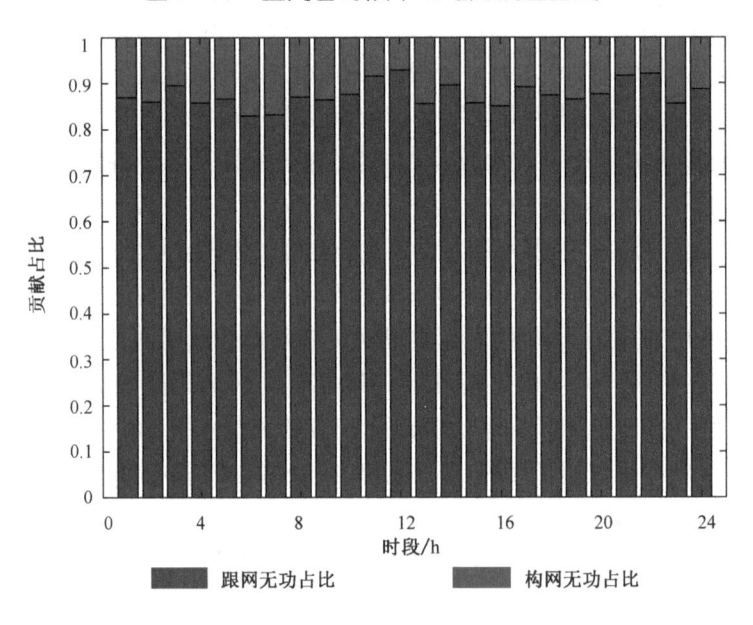

图 10-39　全网各时段跟网和构网设备无功输出贡献占比

3. 优化配置后电压越限风险评估

在实施配置方案后对各时段全网电压越限风险进行评估,全网电压越限风险曲线如图 10-40 所示。

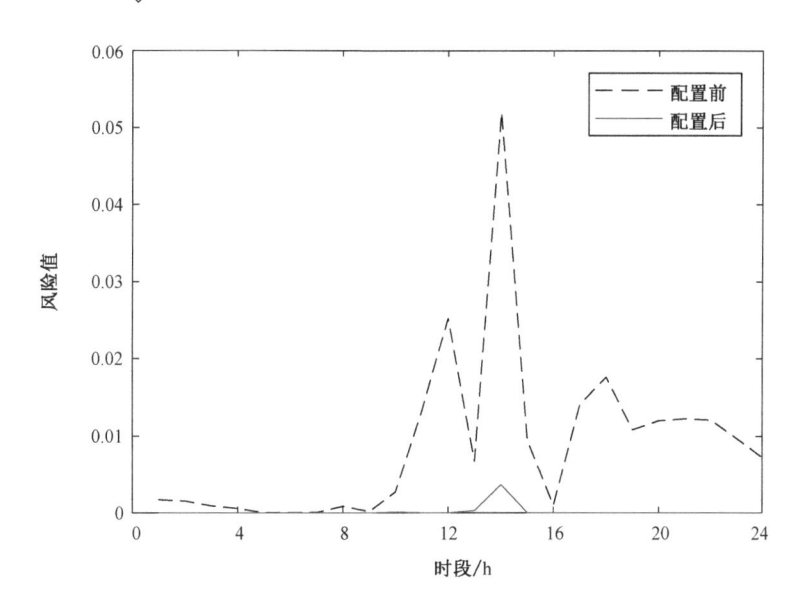

图 10-40　全网电压越限风险

从图 10-40 中可以看出在无功优化配置前全网电压越限风险较大,尤其是中午和晚上时间段越限风险更为严重。在无功优化配置后整体电压越限风险值均很低,系统电压运行水平有了很大改善,部分时段如 10、11、13、14、17 等时段仍有越限风险,但除了 14 时段风险达到 0.003 7 外,其他几个时段电压风险值几乎可以忽略不计。该结果也说明了本节所用机会约束会以一定概率出现电压越限,系统需要承担一定的违约风险。进一步说明了优化配置问题能够以适度风险获得更小的配置成本,验证了本文策略的可行性和有效性。

10.3.6　小结

本章考虑无功设备成本和跟踪响应能力的差异性,提出基于配电网分区的构/跟网型无功资源协同优化配置策略。利用电压扰动随机建模方法构建了配电网运行场景,考虑配电网光伏出力时序性分析了 DPV 集群在不同运行场景中逆变器的自由状态数量。建立了节点灵敏度指标、节点耦合度以及电气距离,基于社团发现算法对配电网无功优化区域进行划分。根据区域之间平均灵敏度指标,选取主导节点,为不同区域设备提供候选安装位置。利用机会约束条件处理配电网运行场景优化配置的不确定性,建立主决策和辅助决策的联合无功优化配置模型,其中主决策以设备投资成本最小为目标,辅助决策以全网电网偏差最小为目标。主决策为辅助决策提供设备容量,辅助决策利用机会约束在运行最优的同时统计置信度。利用粒子群方法进行求解,最终实现专用无功资源的最优配置。以 IEEE 33 节点配网为例,将所提策略与不考虑光伏逆变器辅助控制、仅考虑光伏逆变器跟网型控制的无功优化配置策略进行对比,结果表明,所提策略能够进一步降低总投资费用,改善全网电压偏差水平。根据优化配置前后风险评估对比,配置后各时段电压越限风险大幅度降低。

第 11 章 电压检测型 APF 谐波分布式治理

11.1 分散谐波源的台区群体发射水平建模

本章研究基于非侵入式负荷监测(Non-intrusive Load Monitoring,NILM)数据构建台区用电设备运行状态马尔科夫链(Markov Chain,MC)时间序列的谐波等效建模方法。首先研究建立了分散谐波源设备的分类策略以及典型谐波源的谐波 Norton 等效模型。然后利用 MC 模拟用电设备投切状态,依据 NILM 技术获取的用户不同设备在任意时刻启停状态的辨识数据,建立各类负荷各时段接入数量动态变化的时序特性模型,将设备启停时序模型代入谐波的 Norton 等效电路,从而得到台区谐波设备群体向上级电网节点的谐波发射行为模型。

11.1.1 台区电力电子化谐波源的聚类与等效处理

不同电气设备的谐波特性有较大差异,即使同一功能的设备由于电路参数的不同也会呈现出不同的谐波特性。台区典型分散谐波源负荷设备包括经电力电子接口供电的家用或商用电器,如电视机、电冰箱、空调、计算机等。对一个给定的谐波源设备,求取电路等效参数、导通角以及截止角的计算复杂、计算量大,可根据谐波特征指标对设备进行聚类划分。首先将设备按功能划分,再对同功能不同品牌型号设备进行聚类,如图 11-1 所示。

通过采集设备的电流波形数据进行 FFT 分析得到谐波特征聚类指标,对谐波特性相近的设备建立相同参数的谐波 Norton 模型,即可体现某一类型设备的谐波特性,又不必求取每一个体设备的谐波源模型参数。

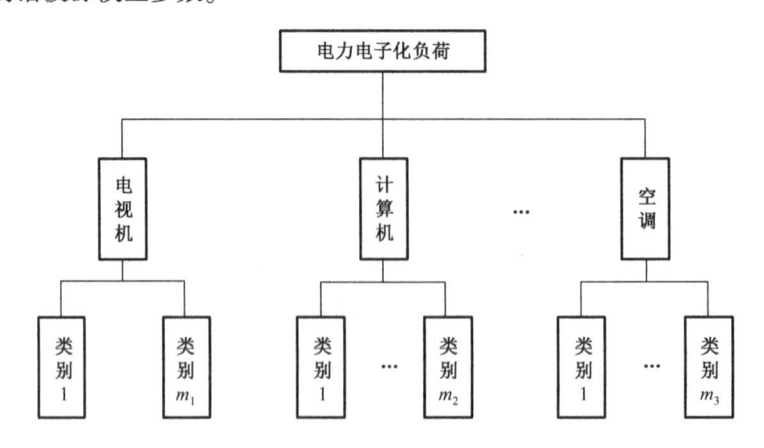

图 11-1 电力电子化负荷聚类划分示意图

11.1.1.1 谐波设备的分类特征构建

设通过试验测量等手段已获得常用谐波源设备产生的畸变波形频谱特性,根据特征谐波的次数和畸变波形参量对不同谐波源设备进行分类。结合电力电子设备谐波特征,选择以下特征指标进行分类。

1. 电流总谐波畸变率 THD_i

电流总谐波畸变率 THD_i 是总谐波电流有效值 I_h 与基波电流有效值 I_1 之比。

$$THD_i = \frac{\sqrt{\sum_{h=2}^{H}(I_h)^2}}{I_1} \times 100\% \tag{11-1}$$

式中,I_1 为基波电流有效值;I_h 为第 h 次谐波电流有效值,$h = 2,3,\cdots,H$。

2. 波形因数 I_{WF}

波形因数主要受谐波幅值大小及次数的影响。

$$I_{WF} = \sqrt{\sum_{h=1}^{H} h^2 \frac{I_h^2}{I_1^2}} \tag{11-2}$$

式中,I_{WF} 为电流波形因数。

3. 波峰系数 I_{CF}

波峰系数定义为电流畸变波形的峰值与电流的基波峰值比值,体现畸变波形顶部特征。

$$I_{CF} = \frac{I_{\max}}{I_{1\max}} \tag{11-3}$$

式中,I_{CF} 为电流波峰系数;$I_{\max}$ 为电流的峰值;$I_{1\max}$ 为电流的基波峰值。

11.1.1.2 负荷设备谐波特性的聚类方法

马氏距离是数据样本分布的一种距离表示方式,将特征量按照主成分进行旋转,使维度间相互独立,然后对样本进行标准化。两点之间的马氏距离与原始数据的测量单位无关,不受量纲的影响。本节依据马氏距离对谐波设备进行聚类。

两个向量之间的马氏距离可用式(11-4)来计算。

$$d(\boldsymbol{x},\boldsymbol{y}) = \sqrt{(\boldsymbol{x}-\boldsymbol{y})^{\mathrm{T}}\boldsymbol{S}^{-1}(\boldsymbol{x}-\boldsymbol{y})} \tag{11-4}$$

式中,$\boldsymbol{S}$ 为协方差矩阵,协方差矩阵中每个元素代表样本不同维度之间的协方差。

令 $\boldsymbol{x} = (x_1,x_2,\cdots,x_n)$,$\boldsymbol{y} = (y_1,y_2,\cdots,y_n)$,二者的均值 $\boldsymbol{U} = [u_1,u_2,\cdots,u_n]$,则协方差矩阵元素 S_{ij} 如式(11-5)所示。

$$S_{ij} = \frac{(x_i - u_i)(x_j - u_j) + (y_i - u_i)(y_j - u_j)}{2} \tag{11-5}$$

以上述3种谐波特征指标作为聚类划分的特征量,按式(11-4)、式(11-5)计算同种设备下各个不同品牌型号负荷两两之间的马氏距离值,从而形成距离矩阵 $\boldsymbol{L}$ 如式(11-6)所示。

$$L = \begin{bmatrix} d_{11} & d_{12} & \cdots & d_{1n} \\ d_{21} & d_{22} & \cdots & d_{2n} \\ \vdots & \vdots & & \vdots \\ d_{n1} & d_{n2} & \cdots & d_{nn} \end{bmatrix} \quad (11\text{-}6)$$

常用的聚类算法有 K-means 算法和 K-medoids 算法,K-medoids 的优点是聚类中心一定是某个样本值,因此在本章问题中能够指明各类别中心的具体设备。以马氏距离为相似性度量的特征量,应用 k-medoids 算法的聚类步骤如下:

(1) 在 n 个待分类谐波设备对象中,随机选取 K 个负荷作为初始中心设备 γ_k。

(2) 计算待分类设备与 K 个中心设备的马氏距离大小,依据距离最小原则将各待分类设备和与其距离最小的中心设备划分为一类,形成 K 个聚类。

(3) 在各个类中,每增加一个设备时,更新类中与其他设备距离之和最小的设备为新的聚类中心 γ_k^m。

(4) 重复步骤(2)和(3)的划分过程,直到所有待分类设备都划分至最合适的类中。

(5) 根据式(11-7)计算设备聚类适应性指标 DB。适应性指标反映两个类内部和外部之间相似程度的差异性。依次改变 K,K 取值从 2 开始,取值范围一般在 $[2,\sqrt{n}]$,以此选择最优的聚类数目 K。

$$DB(K) = \frac{1}{K} \sum_{m=1}^{K} \sum_{\substack{n=1 \\ n \neq m}}^{K} \left(\frac{w_{m,m} + w_{m,n}}{C_{m,n}} \right) \quad (11\text{-}7)$$

式中,K 为聚类数目;$w_{m,m}$ 表示类 m 中的所有设备到其中心设备的平均距离;$w_{m,n}$ 表示类 m 中所有设备到类 n 中心设备之间的平均距离;$C_{m,n}$ 表示类 m 中心设备和类 n 中心设备之间的距离;DB 越小表示类与类之间的相似度越低,从而对应更佳的聚类结果。

比较不同聚类数目 K 时的 DB 指标,取 DB 指标最小的聚类为最终聚类结果,给出最终聚类结果和各分类的中心设备类型 γ_k^m。

分类流程图如图 11-2 所示。

11.1.1.3 聚类中心设备的谐波 Norton 模型

在建立了台区谐波设备的分类后,仅需建立聚类中心设备的谐波模型,并以此代表该类型的谐波模型。由于谐波源设备种类繁多,谐波发射机理和发射特性各异,本章采用 Norton 电路的统一形式表征谐波等效模型,并通过试验手段获得等效参数。另外,光伏发电是台区典型分布式电源设备,光伏逆变器工作原理一致,其谐波模型可通过机理分析建立。

1. 谐波源用电设备的谐波 Norton 模型

谐波源用电设备各次谐波电流对外电路而言可等效为一个 Norton 电路,如图 11-3 所示。谐波 Norton 模型参数可通过波动试验法求取。设典型谐波源负荷设备种类数为 N,构造两次不同的电压条件,当两次电压条件间的差异能足够引起谐波电流发生变化时,可通过式(11-8)、(11-9)计算得到第 $n(n \in \mathbf{N})$ 类谐波源设备的谐波阻抗和谐波电流源参数。其中 2 次不同电压条件的基波电压相角需一致。

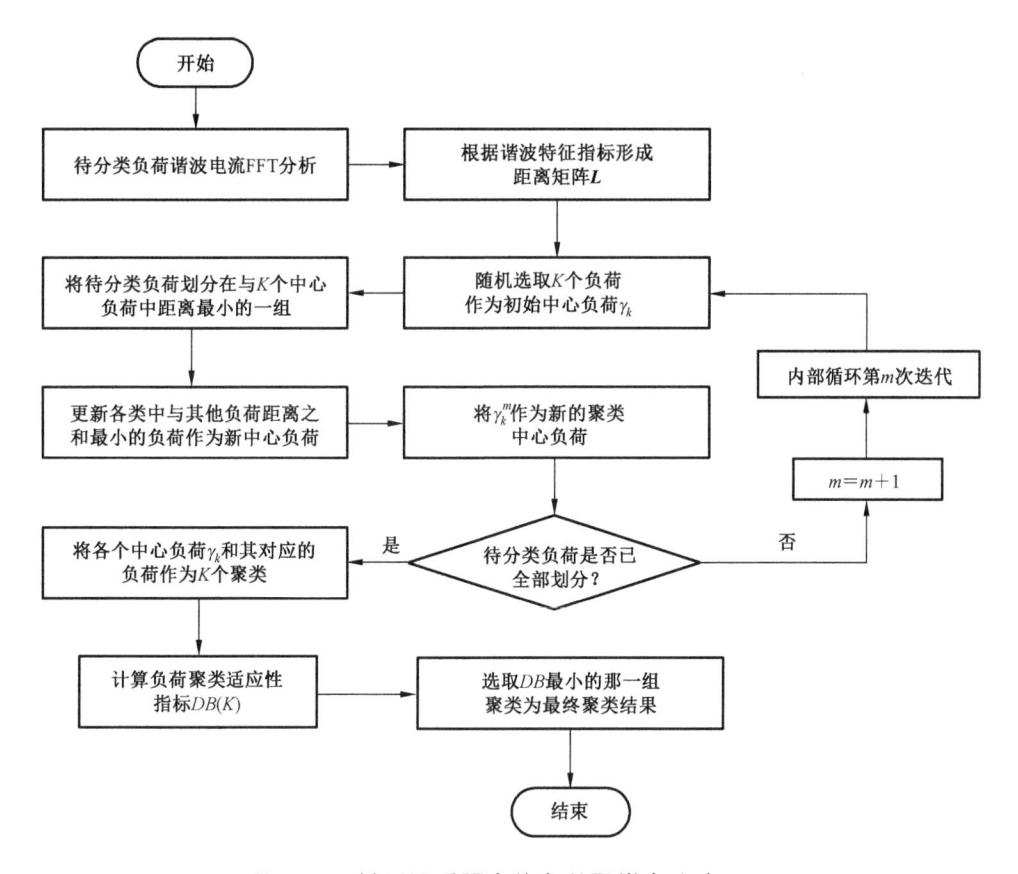

图 11-2　基于马氏距离的负荷聚类方法流程图

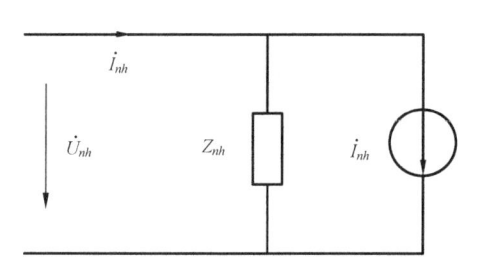

图 11-3　电力电子设备谐波诺顿模型

$$Z_{nh} = \frac{\dot{U}_{nh}^{(2)} - \dot{U}_{nh}^{(1)}}{\dot{I}_{nh}^{(2)} - \dot{I}_{nh}^{(1)}} \tag{11-8}$$

$$\dot{I}_{nh} = \dot{I}_{nh}^{(1)} - \frac{\dot{U}_{nh}^{(1)}}{Z_{nh}} = \dot{I}_{nh}^{(2)} - \frac{\dot{U}_{nh}^{(2)}}{Z_{nh}} \tag{11-9}$$

式中，$\dot{U}_{nh}^{(2)}$ 和 $\dot{I}_{nh}^{(2)}$ 为后一次测量值；$\dot{U}_{nh}^{(1)}$ 和 $\dot{I}_{nh}^{(1)}$ 为前一次测量值；Z_{nh} 和 $\dot{I}_{nh}$ 分别为第 n 类设备的谐波阻抗和谐波电流源电流值。

2. 分布式光伏逆变器的谐波模型

光伏逆变器内部构造相近，谐波含量受运行状态和内部参数影响大，宜采用机理模型。

太阳辐照度 S_r 和光伏板温度 T_r 对光伏输出特性影响大,是谐波模型的主要变量。光伏组件实际辐照度和温度与标定测量的转换公式如式(11-10)。

$$U_m^* = U_m [1 + \beta(T_r - 25)] \ln\left[1 + \alpha\left(\frac{S_r}{1000} - 1\right)\right] \quad (11\text{-}10)$$

式中,系数 $\beta = 0.5$, $\alpha = 0.00288$。

由此,可得到逆变器直流侧电压 U_{dc} 为

$$U_{dc} = N_s U_m^* \quad (11\text{-}11)$$

式中, N_s 为光伏组件串并联数量。

逆变器开关调制产生的高次谐波可由 LCL 滤除,一般只需考虑死区引起的低次谐波,其电压表达式如式(11-12)。

$$\dot{U}_h = \frac{4}{h\pi} f_c T_d U_{dc} \sin[h(\omega t - \varphi)] \quad (11\text{-}12)$$

式中, f_c 为载波频率; T_d 为死区时间; U_{dc} 为逆变器直流电压; h 为谐波次数,且 $h = 3,5,7,\cdots$; φ 为调制波初相角。

逆变器向 LCL 注入的谐波电压 $\dot{U}_h$ 与 LCL 滤波后的谐波电流 $\dot{I}_{PVh}$ 关系可由式(11-13)确定。

$$\dot{I}_{PVh} = \frac{Z_C \dot{U}_h}{Z_{L1}(Z_C + Z_{L2}) + Z_C Z_{L2}} \quad (11\text{-}13)$$

式中, Z_{L1}、Z_{L2}、Z_C 为 LCL 滤波器参数。

联立式(11-11)~(11-13)可得分布式光伏谐波模型。

11.1.2 基于非侵入式监测的用电行为马尔科夫建模

NILM 可以获得设备启停的大量实际数据,这些数据反映了用户设备启停随机过程的潜在行为规律。以 NILM 监测数据为驱动,建立谐波源设备启停状态的 MC 随机模型,用 MC 模型反映各时刻台区各类谐波源设备的启停状态,可形成反映所有谐波源设备群体随机状态的行为模型。因此,在建立了各类型设备谐波模型的基础上,根据设备群体的开启随机行为可获得群体谐波发射行为模型。

11.1.2.1 设备启停状态的 NILM 监测与表征

NILM 分解过程主要包含事件探测、特征提取和负荷辨识等环节,典型实现结构如图 11-4 所示。

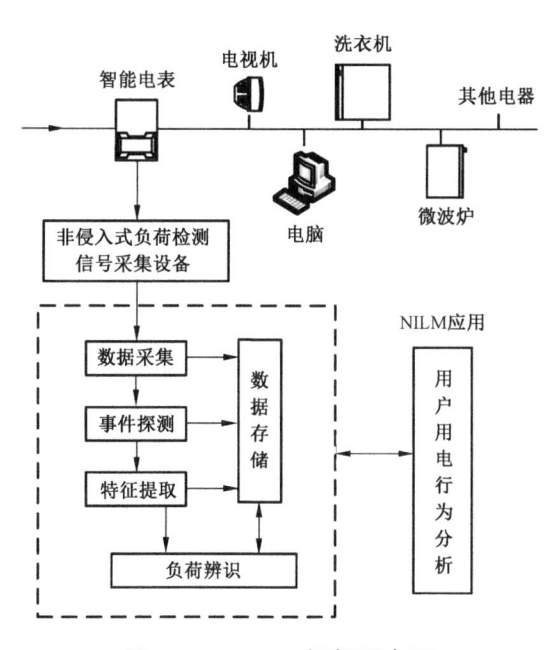

图 11-4　NILM 框架示意图

通过 NILM 对用电数据进行分解,可得到主要用电设备在全天任意时刻的启停状态。图 11-5 为用户 NILM 分解结果,其中粗线表示设备处于运行状态,细线表示设备处于停机状态。

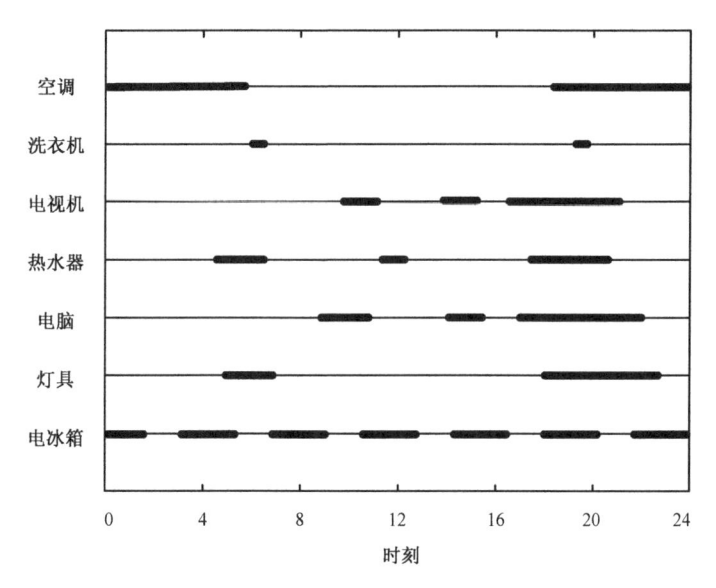

图 11-5　居民用户 NILM 分解结果示意图

考虑到不同设备工作周期的持续时间差异,以 15 min 为时间间隔记录各类谐波源用电设备的启停状态,得到设备启停状态矩阵 S 如式(11-14)。

$$S = \begin{bmatrix} s_1^1 & s_1^2 & \cdots & s_1^t & \cdots & s_1^T \\ s_2^1 & s_2^2 & \cdots & s_2^t & \cdots & s_2^T \\ \vdots & \vdots & \vdots & \vdots & \vdots & \vdots \\ s_n^1 & s_n^2 & \cdots & s_n^t & \cdots & s_n^T \\ \vdots & \vdots & \vdots & \vdots & \vdots & \vdots \\ s_N^1 & s_N^2 & \cdots & s_N^t & \cdots & s_N^T \end{bmatrix} \quad (11\text{-}14)$$

式中，$s_n^t \in \{0,1\}$ 表示第 n 类谐波源设备在 t 记录时刻的启停状态；N 为谐波源设备种类数；T 为记录次数。

除具有开关状态的用电设备外，变频洗衣机、变频冰箱和空调等变频设备在运行过程中存在功率连续变化的特性，但其谐波含量几乎不受功率变化的影响，功率变化过程中谐波含量几乎不变。因此，具有连续多运行状态的非线性负荷仍可按启/停两状态处理。

11.1.2.2 用户集群设备启停行为的 MC 建模

MC 是基于有限的历史数据模拟时间序列按照条件概率相互依赖的随机过程。用电设备的启停状态是随机事件，本章以各类用电设备各时刻开启数量作为状态量，采用马尔科夫过程对开启数量的概率进行建模。由于用户用电行为在一天内具有时段差异性，某些设备在某些时段使用频繁，而在另一些时段使用率极低。考虑到 NILM 存在辨识误差，尤其在设备启停数量大、变化剧烈的时段，误辨识数量也会增大。为防止马尔科夫模型中概率转移矩阵传递中误差的累积影响，本章将一天分成若干时段，分别建立不同时段的马尔科夫模型，然后通过时段间状态量初值和终值的衔接形成全天的模型。设某类设备总数量为 M，则任意时段 d 内同时开启的设备数量取值范围为 $[0,M]$，各类设备开启数量的总状态数为 $N+1$。设某类设备开启的初始状态概率分布为

$$X_d^0 = [P_0^{(0)}, P_1^{(0)}, P_2^{(0)}, P_i^{(0)}, \cdots, P_M^{(0)}] \quad (11\text{-}15)$$

式中，$P_i^{(0)}$ 表示 d 时段第 0 时刻对应状态量为 i 的概率。相邻前后时刻间状态量变化用状态转移表征。取 15 min 为状态转移时间步长，则状态转移事件"从 t 时刻开启的设备数量 i 转移到 $t+1$ 时刻开启的设备数量 j"的状态转移条件概率值 P_{ij}，可以通过 NILM 监测的历史数据中统计 t 到 $t+1$ 时段从状态 i 的所有状态转移中转移至状态 j 的时间发生次数所占比值来求得。也就是用有限数量的历史统计数据来近似逼近其概率值，计算方法如式（11-16）所示。

$$P_{ij} = \frac{n_{ij}}{\sum_{j=1}^{J} n_{ij}} \quad (11\text{-}16)$$

式中，n_{ij} 为 d 时段对应的 NILM 监测历史数据中 t 到 $t+1$ 时段从状态 i 转移到状态 j 的次数；J 为状态转移的总数。则 d 时段内设备的开启台数在所有情况下转移概率 P_{ij} 构成的状态转移概率矩阵 P_d 如式(11-17)所示

$$\boldsymbol{P}_d = \begin{bmatrix} P_{00} & P_{01} & \cdots & P_{0M} \\ P_{10} & P_{11} & \cdots & P_{1M} \\ \vdots & \vdots & & \vdots \\ P_{M0} & P_{M1} & \cdots & P_{MM} \end{bmatrix} \tag{11-17}$$

状态转移矩阵 $\boldsymbol{P}_d$ 为 $(M+1) \times (M+1)$，其元素为马尔可夫链的单步转移概率，各行元素之和为 1。

由全概率公式，若已知时刻设备开启数量的状态分布，则可得 $t+1$ 的概率分布为

$$P(Y_{t+1} = i) = P(Y_{t+1} = i | Y_t = 0) \times P(Y_t = 0) + \\ P(Y_{t+1} = i | Y_t = 1) \times P(Y_t = 1) + \\ \cdots + \\ P(Y_{t+1} = i | Y_t = M) \times P(Y_t = M) \tag{11-18}$$

则时段 d 内由 t 时刻设备开启状态概率分布及单步状态转移矩阵 $\boldsymbol{P}_d$，可得 $t+1$ 时刻设备开启状态的概率分布

$$\boldsymbol{X}_d^{t+1} = \boldsymbol{X}_d^t \cdot \boldsymbol{P}_d \tag{11-19}$$

同时，由 K-步转移概率的性质可知，K-步转移矩阵是其之前所有转移矩阵之积。

$$\boldsymbol{X}_d^{t+K} = \boldsymbol{X}_d^t \cdot \boldsymbol{P}_d^K \cdot \boldsymbol{P}_d^{K-1} \cdots \boldsymbol{P}_d^2 \cdot \boldsymbol{P}_d^1 \tag{11-20}$$

式中，$\boldsymbol{P}_d^K$ 为转移第 K 步对应的状态转移矩阵。

因此，利用某时段零时刻负荷开启数量的状态分布 $\boldsymbol{X}_d^0$ 以及各时段负荷状态转移矩阵，最终可建立任意时段、任意时刻的设备状态概率分布。

由各时刻的状态概率分布值 $\boldsymbol{X}_d$ 求期望可得到第 n 类设备各时刻的开启数量为

$$m_{nt} = \sum_{i=0}^{M} i_n \cdot P_i^{nt} \tag{11-21}$$

式中，M 为第 n 类设备总数量；i_n 为 t 时刻第 n 类设备开启数量；P_i^{nt} 为 t 时刻第 n 类设备开启数量为 i 的概率。

11.1.2.3 群体谐波发射水平的估计

按上述方法得到台区各类用电设备各时刻开启数量期望值，进而得到各时刻用电设备的谐波电流发射量，最终得到该类设备群体的谐波电流发射水平。

在得到单一类型设备的群体谐波电流发射水平后，通过叠加不同类型设备的群体谐波电流，再叠加对应时刻光伏电源的谐波电流，最终得到整个台区所有谐波源负荷群体的谐波电流发射总量。集群的 h 次谐波电流为

$$\dot{I}_h(t) = \dot{I}_{1h} \cdot m_{1t} + \dot{I}_{2h} \cdot m_{2t} + \cdots + \dot{I}_{nh} \cdot m_{nt} + \cdots + \\ \dot{I}_{Nt} \cdot m_{Nt} + \dot{I}_{PVh} \cdot m_{PVt} \tag{11-22}$$

式中，$\dot{I}_{nh}$ 为 t 时刻单一类型 n 设备的谐波电流发射量；m_{nt} 为 t 时刻第 n 类设备的开启台数；m_{PVt} 为 t 时刻光伏电源的开启台数。

谐波源及系统侧的 h 次谐波等值电路如图 11-6 所示。电源侧由系统等效谐波阻抗表

示,谐波源均由谐波 Norton 等值电路表示。

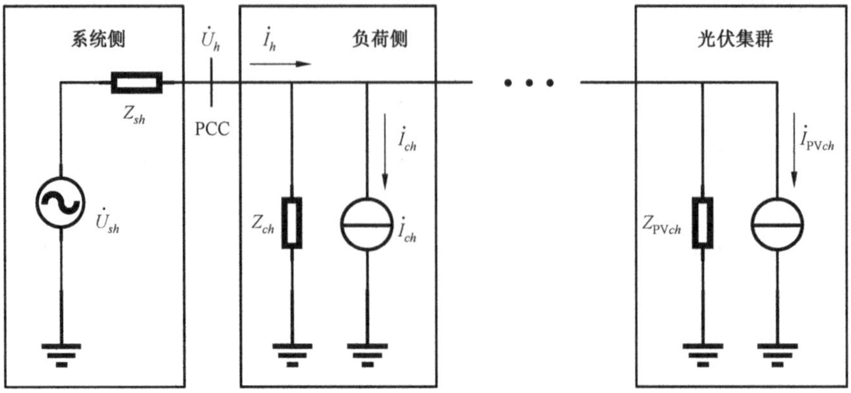

图 11-6 谐波源及系统侧谐波等值电路

图中,Z_{ch} 为单一种类负荷设备群体的等效谐波阻抗;$\dot{I}_{ch}$ 为该类负荷设备群体的等效注入谐波电流;Z_{PVch} 为光伏集群的等效谐波阻抗;$\dot{I}_{PVch}$ 为光伏集群的等效注入谐波电流。

以上基于 NILM 监测数据可建立台区谐波集群运行行为模型。基于典型台区的运行行为模型,并考虑到其他外部因素对台区设备运行行为的影响,对模型进行适当修正,可建立节点谐波发射的预测模型,作为优化治理的依据。

11.1.3 台区谐波发射水平动态评估流程

上述方法以 NILM 对设备启停的辨识数据为驱动,建立状态转移概率及初始时刻的状态概率分布,并通过 MC 模拟得到不同时段上各时刻设备开启数量的概率分布。根据开启数量的概率分布求期望从而得到各时刻不同类型谐波源设备开启数量的状态量。将设备开启数量代入相应类型的谐波模型,得到负荷设备谐波总发射水平;再将台区光伏的谐波发射加以考虑,可得到整个台区各时刻的谐波发射。台区群体谐波发射水平评估方法的步骤为:

步骤(1):单一谐波源设备 Norton 模型参数求取。通过波动试验法构造 2 次不同的电压条件,计算得到各种类单一谐波负荷设备的谐波电流源参数。

步骤(2):非侵入式用电数据监测分解。根据各用户智能电表监测的用电数据,采用 NILM 技术对其进行非侵入式负荷分解,获得负荷的启停状态矩阵 S。

步骤(3):负荷同时开启数的 MC 转移模型。根据步骤(1)的分解结果,按照不同月份 λ,不同时段 d 建立相应 MC 状态转移概率矩阵 P_d,模拟每种负荷接入电网数量的变化过程。

步骤(4):根据某时段设备投入数量和不同种类设备的谐波 Norton 模型,得到该时段台区总谐波发射水平;逐时段进行分析可形成谐波发射估计曲线。

步骤(5):叠加分布式光伏电源谐波污染。通过当地气象局的太阳辐照度 S_r、光伏板温度 T_r,按照所建立分布式光伏电源谐波模型,估算分布式光伏逆变器发射的谐波污染,最后与负荷谐波发射量相叠加得到地区总谐波发射水平估计曲线。

评估的流程图如图 11-7 所示。

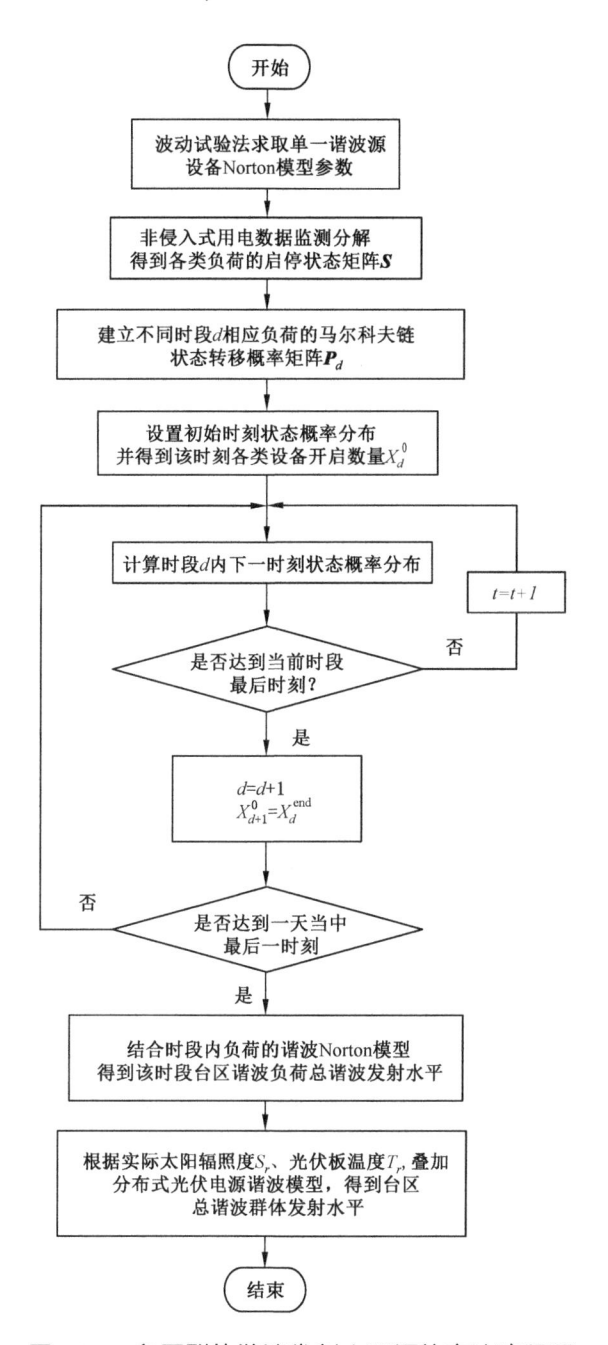

第 11 章 电压检测型 APF 谐波分布式治理

图 11-7 台区群体谐波发射水平评估方法流程图

11.1.4 应用案例分析

以 8:00—14:00 时段计算机负荷为例进行分析。对每台计算机设定开机时刻和开机时长,并以设定值为中心建立正态分布的随机数。进行多次随机模拟,得出对应的状态转移概率矩阵为

$$\boldsymbol{P}_d = \begin{bmatrix} 0.41 & 0.34 & 0.15 & 0.10 & 0 & 0 & 0 & 0 & 0 & 0 \\ 0.32 & 0.52 & 0.16 & 0 & 0 & 0 & 0 & 0 & 0 & 0 \\ 0.15 & 0.31 & 0.36 & 0.13 & 0.05 & 0 & 0 & 0 & 0 & 0 \\ 0 & 0.14 & 0.16 & 0.31 & 0.28 & 0 & 0.11 & 0 & 0 & 0 \\ 0 & 0 & 0.22 & 0.30 & 0.34 & 0.06 & 0.08 & 0 & 0 & 0 \\ 0 & 0 & 0.09 & 0.20 & 0.26 & 0.33 & 0.12 & 0 & 0 & 0 \\ 0 & 0 & 0.03 & 0.08 & 0.15 & 0.50 & 0.24 & 0 & 0 & 0 \\ 0 & 0 & 0 & 0.10 & 0.22 & 0.36 & 0.11 & 0.21 & 0 & 0 \\ 0 & 0 & 0 & 0.02 & 0.15 & 0.32 & 0.22 & 0.17 & 0.12 & 0 \\ 0 & 0 & 0 & 0 & 0.11 & 0.17 & 0.20 & 0.19 & 0.27 & 0.06 \end{bmatrix} \quad (11\text{-}23)$$

可以看出,矩阵非零元素主要集中在主对角线附近,且主对角元素明显大于同行其他元素。因此认为,从一个状态转移到与原状态相同或邻近状态的概率要远远大于其他状态。该时段内计算机负荷总开启台数模拟结果如图 11-8 所示。

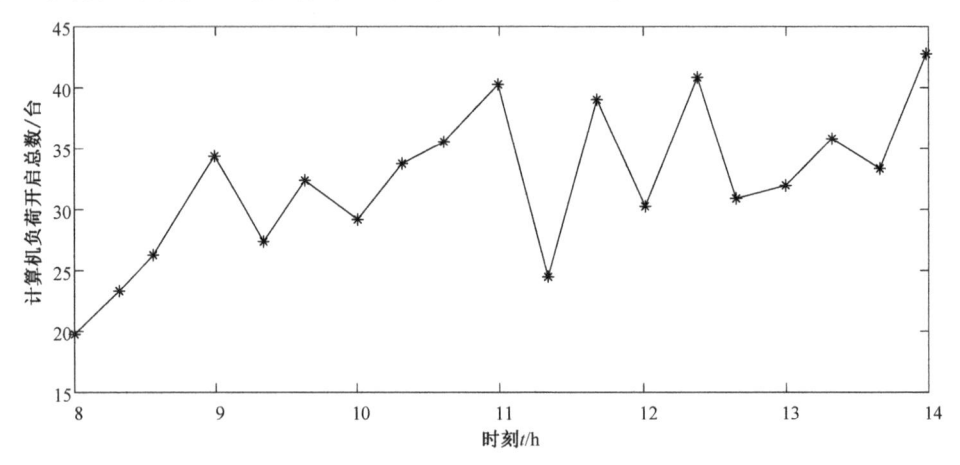

图 11-8 时段内计算机负荷开启总台数变化

以台式计算机负荷设备为例,其总的谐波电流在上述时段内的发射水平估计结果如图 11-9 所示。

由图可知,在时段内总谐波电流发射量随机波动,3 次谐波电流相对于 5 次谐波幅值较大,两者整体的变化趋势随计算机设备开启数量成正相关;在上午 10:00—11:00 之间谐波电流幅值较大,符合居民用户的用电行为习惯。

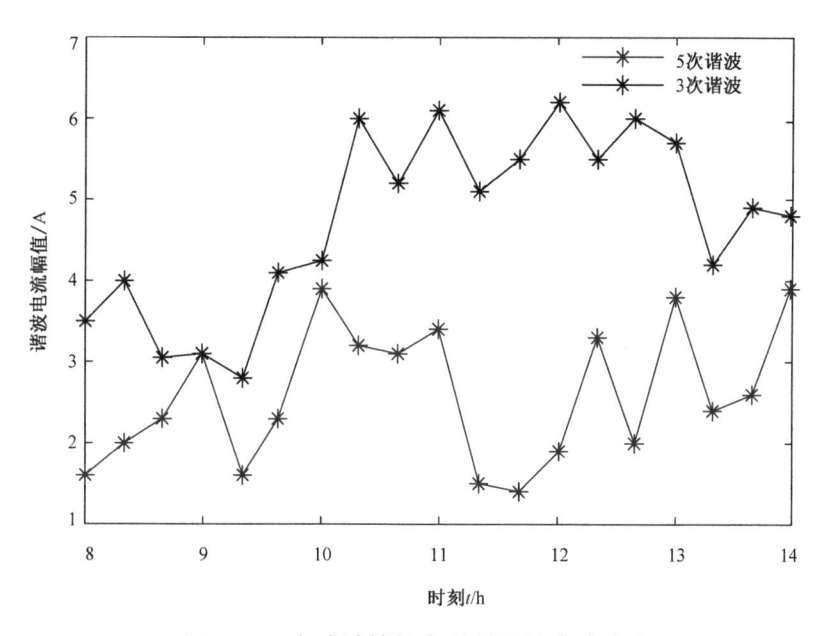

图 11-9 台式计算机负荷总谐波电流变化

将本章方法与现有的"自下向上"的谐波评估方法作比较。现有方法中采用蒙特卡洛法模拟负荷开通的时刻与持续运行时间,通过概率量化居民活动来决定负荷的开启与否。在本章同样的实验背景条件下,按照现有方法所提供的方法对计算机负荷设备谐波电流进行估计,估计结果如图 11-10 所示。

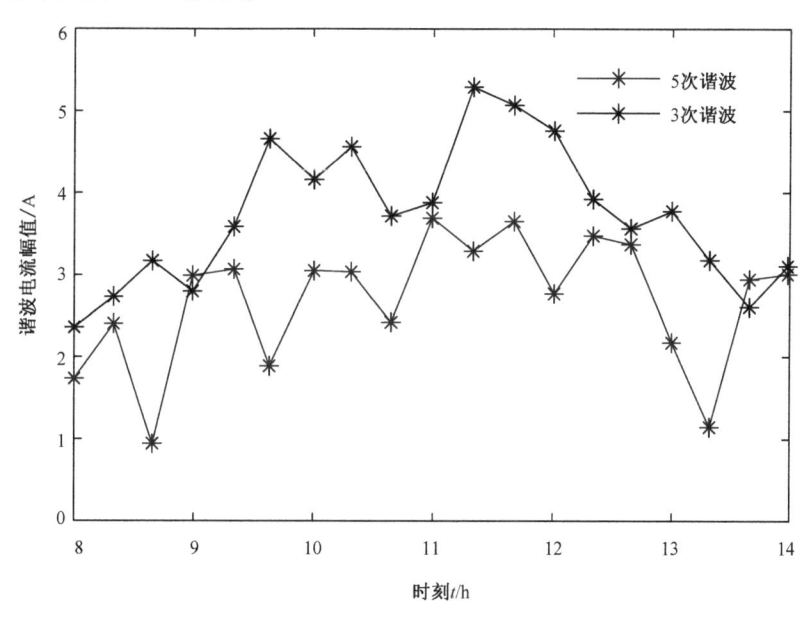

图 11-10 蒙特卡洛法对计算机负荷谐波电流预测结果

两种方法评估结果的均值和标准差如表 11-1 所示。从结果来看,两种方法整体结果较为接近。而基于蒙特卡洛法模拟的估计方法则需要居民用电行为时间概率的统计数据,评估计算过程较为烦琐。

表 11-1 两种方法评估结果的均值和标准差

谐波次数		MC 法	蒙特卡洛法
3 次	均值/A	5.25	4.64
	标准差	5.95	3.24
5 次	均值/A	3.34	3.53
	标准差	2.87	2.97

11.2 VDAPF 分布式治理系统及其本地运行特性研究

11.2.1 引言

本节针对现代配电网电力电子化导致微谐波源高密度接入问题，提出一种基于 VDAPF 的电网侧分布式谐波全局优化治理策略。建立全局优化与本地控制相结合的多时间尺度谐波协同治理方案。在本地控制中，控制参数的设置需要对 VDAPF 划定一定的控制范围。因而，为适应本地控制的要求，采用以 VDAPF 为控制节点的分区治理策略。同时，分区治理策略为谐波源密集化、全网化导致的谐波难以治理的问题，提供了有利的解决方案。

根据电网分区治理需要，建立了以 VDAPF 接入点为参考，基于被控节点谐波电压对控制节点谐波电导的治理灵敏度分区算法；建立了反映治理强度与谐波电压关系的 VDAPF 本地运行控制特性；结合分区谐波灵敏度分析，提出了基于分区灵敏度的 VDAPF 本地运行控制特性参数选取方法，实现本地在线治理，可有效适应时变污染。

11.2.2 VDAPF 的实现原理

VDAPF 的基本结构如图 11-11 所示，主要由逆变器、谐波电压检测、指令电流计算、电流跟踪控制等环节组成。

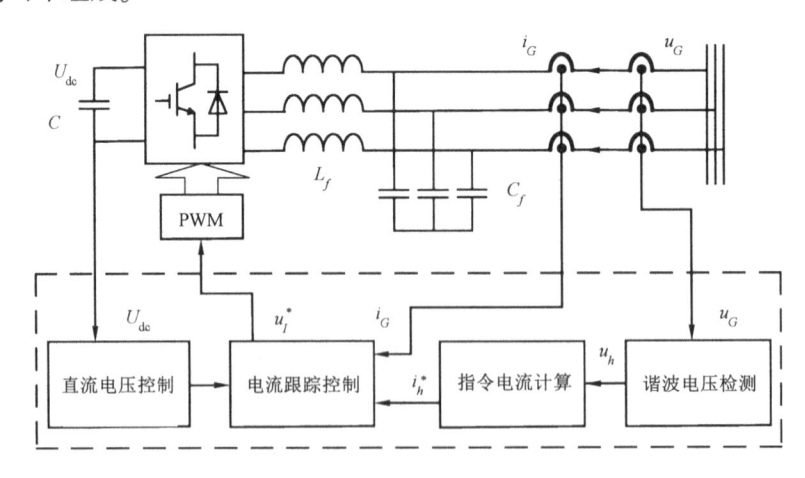

图 11-11 VDAPF 实现的基本原理

图 11-11 中，C 为逆变器直流电源侧的电容；U_{dc} 为逆变器直流电源侧的电压；L_f 为逆变器输出侧的滤波电路对应的电感；C_f 为逆变器输出侧的滤波电路对应的电容；u_I、i_I 分别为

逆变器输出电压和电流；i_h^* 为指令电流；u_I^* 为逆变器脉宽控制电压参考值。VDAPF 通过引入控制增益 k_v 将检测的谐波电压 u_h 转化为电流指令 i_h^*，再由电流控制环按 PI 控制生成 PWM 电压参考值，信号关系如图 11-12 所示。

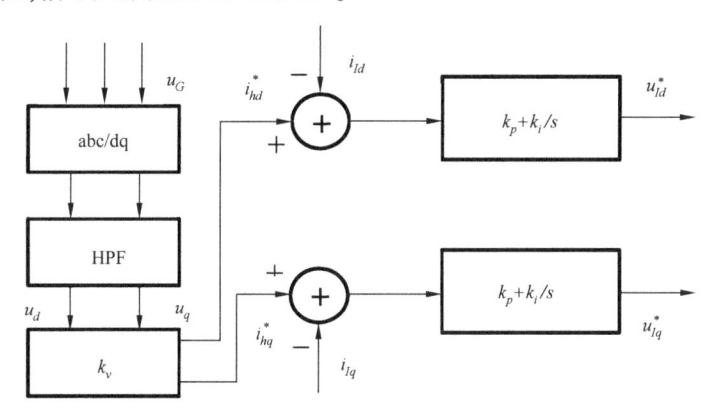

图 11-12　指令电流生成及电流控制环构成

由以上分析可知，VDAPF 的核心思想是通过引入控制增益 k_v 将谐波电压 u_h 转化为指令电流 i_h^*，增益 k_v 具有电导量纲。因而，VDAPF 的外特性相当于在电网和地之间提供了一个虚拟谐波电导通路，该通路的存在使谐波电流有效释放，从而使接入点及其附近一定区域内的电压畸变得到治理。虚拟谐波电导越大，治理效果越明显。显然，VDAPF 实现方式更适用于电网侧谐波治理，单个 VDAPF 可控制一定区域谐波电压水平；多个 VDAPF 可构成分布式治理系统，对整个电网实施全局治理。

11.2.2.1　VDAPF 的本地运行调节特性

VDAPF 通过生成虚拟谐波电导来提供谐波释放通路，从而改善附近区域的谐波电压。本章通过全局优化确定 VDAPF 的虚拟电导值，得出长时间尺度最优工作点。同时，VDAPF 本地控制器实时响应随机谐波扰动，调整治理量消除随机扰动带来的电压畸变。

根据 VDAPF 的运行机理，本章以虚拟谐波电导与谐波电压的关系建立本地运行特性。对于 h 次谐波，设计 VDAPF 本地控制运行特性为上扬特性，如图 11-13 所示。

其倾斜度反映了调节单位谐波电压所对应的谐波电导增量。VDAPF 的等效谐波电导表征了其对谐波的治理强度。当监测点电压发生扰动而增大时，谐波电导值沿调节特性向上移动，通过增大电导值来释放掉更多的谐波电流，从而抑制区域内节点电压扰动。

VDAPF 基于谐波电导-谐波电压的上扬特性为

$$G_i^* = G_0 - b_i(U_{h,i,0} - U_{h,i}) \tag{11-24}$$

式中，G_i^* 为 VDAPF$_i$ 的指令谐波电导；G_0 为谐波电导基准值；b_i 为电导调节度；$U_{h,i,0}$ 为 VDAPF$_i$ 所在节点允许的最大谐波电压值；$U_{h,i}$ 为 VDAPF$_i$ 所在节点的实际谐波电压值。

本地控制应满足对谐波的动态治理，对于 VDAPF 的谐波电导调节度控制参数的设置，应考虑各分区内部被控节点谐波电压与控制节点电导间的耦合性存在差异。

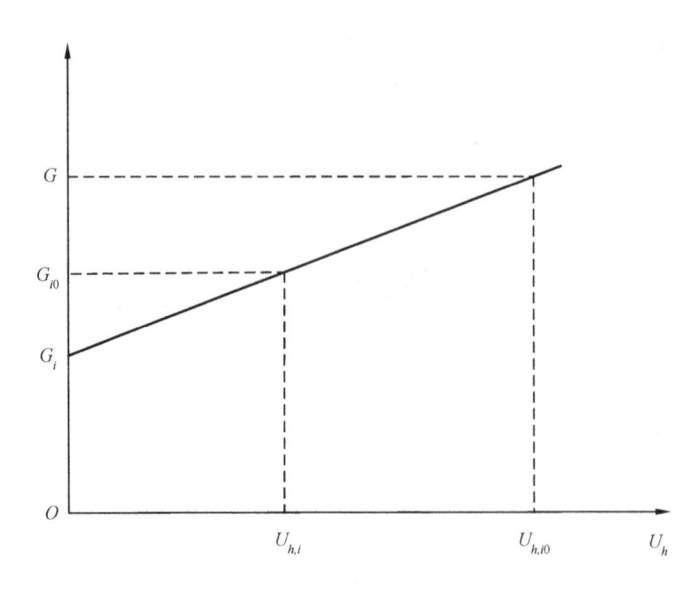

图 11-13　G-U 上扬调节特性

11.2.2.2　VDAPF 本地运行特性参数的设置

VDAPF 的各次谐波电导基准值在长时间尺度下由中央控制器统一调控,而长时间尺度的谐波预测不可避免地存在一定误差,加之谐波的实时波动从而导致长时间尺度的各次谐波电导基准值不能有效抑制谐波。因此,需要本地控制来自动实时调整 VDAPF 各次谐波电导值,以达到调整治理强度的目的。

本章选取电导调节度 b_i 为 VDAPF 本地运行特性参数,在短时间尺度下不断更新优化电导调节度 b_i 以适应谐波的实时波动。

实际网络中,污染源注入的谐波电流实时随机波动,经网络传播导致其他节点产生电压扰动。为实现对控制区域内节点电压的鲁棒控制,通过调节 VDAPF 本地控制器的当前运行工作点以改变治理强度,可满足在扰动下对谐波的不确定性治理需求。

控制节点电压畸变随谐波污染时变而波动,如图 11-14 中波动的曲线所示。图中两虚线为控制节点电压总畸变波动范围的上下边界,实际的畸变水平存在接近限值以及远离限值两种极端情形。

由于控制节点的电压畸变可代表整个控制区域的电压水平,如图 11-14(a)所示,当控制节点的谐波电压接近规定的限值时,在施加谐波扰动后,控制区域内节点极易发生电压越限。而当控制节点的谐波电压相对限值较小时,如图 11-14(b)所示,一定范围的谐波电压扰动并不会使区域节点发生电压越限。因此,可根据 VDAPF 节点电压总畸变率的最大波动范围,得到允许的电压畸变增量,将其按各次谐波电压基准值成比例分配给控制器的各次控制参数,进而得到相对于基准值的各次谐波电压最大增量 $\Delta U_{h\max}$,从而可对各次谐波电导调节度进行单独设置,实现对各次谐波电导的调节;其中,对于同时被多个区域控制的被控节点,则按照控制节点与被控节点之间灵敏度的大小成比例分配被控节点允许的电压畸变增量。

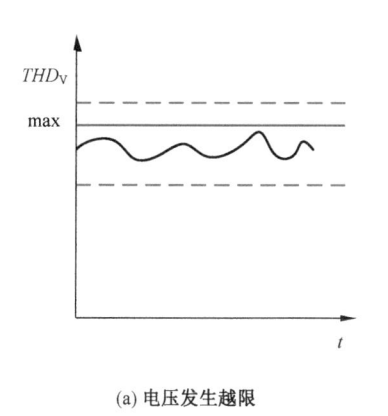

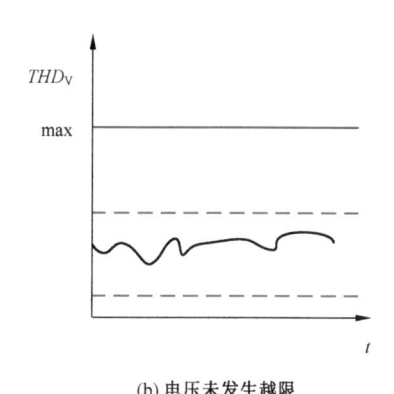

(a) 电压发生越限　　　　　　　　(b) 电压未发生越限

图 11-14　VDAPF 节点 THD 值接近限值及远离限值

本章对 VDAPF 各次谐波电导调节度分别进行设置。设控制区域内谐波源节点注入的谐波电流扰动量为 ΔI_h，且 ΔI_h 通常为一给定量，由谐波数据预测可得，一般用占谐波发射水平预测值的百分数来表示。设节点 c_i 为控制节点，则由式所示的区域谐波网络传播方程可得区域内各节点的谐波电压值扰动量 $\Delta U_{h,i}$。

$$[\Delta U_{h,1},\cdots,\Delta U_{h,i},\cdots,\Delta U_{h,t}]^{\mathrm{T}} = \begin{bmatrix} Y_{11} & \cdots & Y_{1i} & \cdots & Y_{1(t+1)} \\ \vdots & \ddots & \vdots & & \vdots \\ Y_{i1} & \cdots & \Delta G_{h,ci}+Y_{ii} & & Y_{i(t+1)} \\ \vdots & & & \ddots & \\ Y_{(t+1)1} & \cdots & Y_{(t+1)i} & \cdots & Y_{(t+1)(t+1)} \end{bmatrix}^{-1} \begin{bmatrix} \Delta I_{h,1} \\ \vdots \\ \Delta I_{h,i} \\ \vdots \\ \Delta I_{h,t} \end{bmatrix} \quad (11\text{-}25)$$

$$\Delta U_h \leq \Delta U_{h\max} \quad (11\text{-}26)$$

本章考虑谐波电流扰动量的最严重情况，即各节点 ΔI_h 均取其波动范围的最大边界值。以 (11-26) 式为约束条件，求得最小谐波电导调节量 $\Delta G_{h,ci}$。根据最小谐波电导调节量 $\Delta G_{h,ci}$，可得到此时本地运行特性中 h 次谐波电导调节度的最小值 $b_{ci\min}$ 为

$$b_{ci\min} = \frac{\Delta G_{h,ci}}{U'_{h,ci} - U_{h,ci}} \quad (11\text{-}27)$$

式中，$b_{ci\min}$ 为将区域所有节点谐波电压治理到限值时的控制节点 ci 的谐波电导调节度；$U'_{h,ci}$ 为受扰动后控制节点的谐波电压值；$U_{h,ci}$ 为扰动前控制节点的谐波电压值。

通过依据最大波动情况设置调节度，保证了污染源的谐波电流扰动量在其波动范围内任意取值时，VDAPF 均能保证区域内节点谐波电压不越限。且随着短期谐波预测数据的更新，本地控制随污染的时变动态调整其运行特性参数。

11.2.3　电力电子化配电网分布式谐波治理系统

11.2.3.1　配电网分散谐波的治理方案对比

对于配电网谐波的治理方式主要分为分散式治理模式、集中式治理模式及分布式治理模式。

1. 分散式治理

分散式治理模式一般理解为点对点治理模式,对于分散式的谐波源分布来说,通过在配网中分散配置 APF,实现对几个重要负荷或谐波污染较严重的节点负荷的针对治理。主要侧重于谐波源负荷谐波电流的本地治理。在通信连接方面,分散式治理模式下,各 APF 之间不存在通信连接,也无需中央控制器,各 APF 仅根据所接入节点某条馈线检测到的谐波电流,并以此电流作为谐波补偿电流的指令值,经过一定的控制算法控制逆变器输出幅值相等、相位相反的谐波补偿电流。配电网分散谐波分散式治理模式示意图如图 11-15 所示。

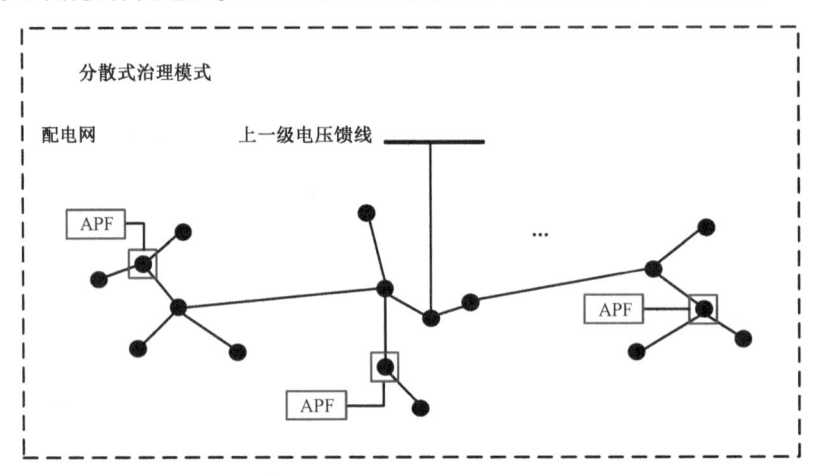

图 11-15　配电网分散谐波分散式治理模式示意图

2. 集中式治理

集中式治理模式针对不同电网等级的馈线,治理高一等级节点的谐波电流,可使得从此节点往后较低等级线路分支谐波电流较小。尤其适用于各馈线谐波污染情况较轻的状况。对一些微小谐波源进行统一集中治理,节省了治理成本。对一定治理区域,只需一个集中控制器即可。因此,集中式治理模式较为简单,对于谐波源较为集中的情况较为适用。配电网分散谐波集中式治理模式示意图如图 11-16 所示。

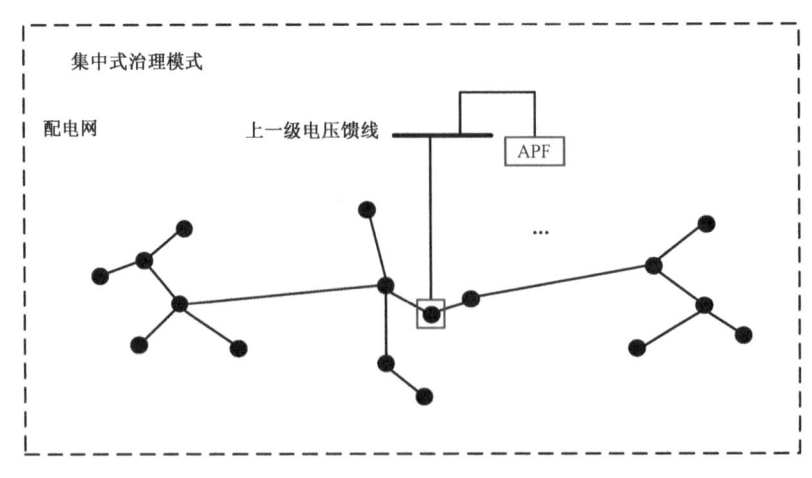

图 11-16　配电网分散谐波集中式治理模式示意图

3. 分布式治理

分布式治理模式通过在配网中分布式地配置 APF,每个 APF 都具有一定的治理范围,各 APF 之间通过协作式协同运行以实现对全网谐波的控制。同时,各 APF 之间可以通过统一的中央控制器对其进行统一调控,构成集中控制-分布式治理。相较于分散式治理和集中式治理,分布式治理的管控范围在地域上更为广泛,更适用于电力电子化配电网谐波分布分散化、全网化的谐波治理问题。配电网分散谐波分布式治理模式示意图如图 11-17 所示。

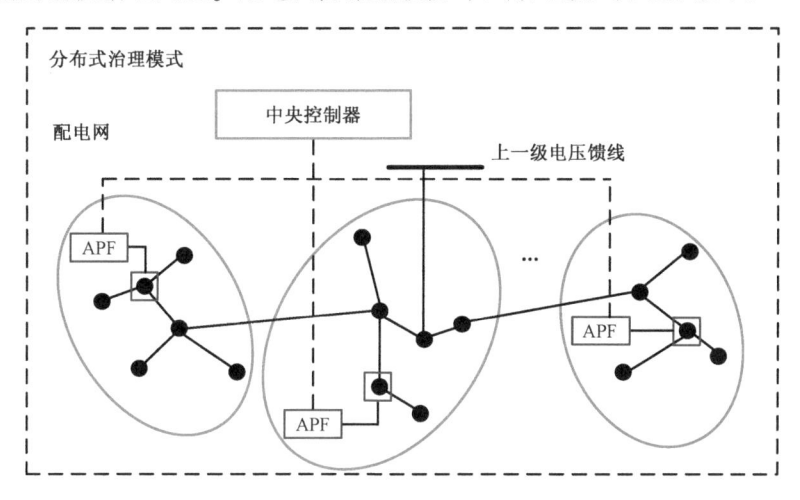

图 11-17 配电网分散谐波分布式治理模式示意图

11.2.3.2 分布式谐波治理系统框架

现代配电网相比传统配电网加入了很多电力电子化的变流器、转换器、变压器等设备,而这些设备在电网中大规模渗透,使得电网呈现一种电力电子化趋势。多种类电力电子负荷的广泛接入,导致配电全网中节点的电压畸变率普遍偏高甚至不达标。电力电子化配电网中单个电力电子设备的谐波发射量较为有限,可视为微谐波源;但大量微谐波源的叠加却不容忽视。因而现代配电网谐波污染呈现出一种高密度、分散化、全网化的特点。

传统电网的谐波源数量有限,往往集中于几个特殊用户,通常采取谁污染谁治理的原则即可控制全网的谐波水平,本章称为用户侧点对点治理模式。应用电流检测型 APF 对污染源的谐波电流直接进行补偿是点对点治理模式的典型方案。但由于现代配电网的电力电子化趋势,谐波源数量多、单体容量不大且分布分散,对每个谐波源实施用户侧点对点治理不再可行。因此,本章提出基于电压检测型 APF 的电网侧分布式治理模式。电压检测型 APF 的基本思路是检测接入点谐波电压并控制 APF 产生一定的谐波电流,使之从端口特性上相当于一个谐波电导。对电网提供的谐波电导通路可有效释放电网的谐波电流,校正接入点及临近区域的电压波形。在电网中分布式配置多个电压检测型 APF 可形成分布式治理系统,各 APF 在谐波治理效果上相互支撑,从而达到对整个电网实施网侧全局治理的目的。可见,电流检测型 APF 的治理目标是对特定线路的谐波电流进行补偿;而电压检测型 APF 的治理目标是校正电压波形,对不特定来源的谐波电流进行释放从而削弱接入点的谐波电压。在电网侧分布式治理模式中,若采用电流检测型 APF 作为治理设备,则需指定一条被治理线路来提供谐波检测电流,由于谐波源数量多且分散,APF 的参考支路无法选取,治理目标也不适用。

电流检测型 APF 主要适用于点对点治理,通过检测谐波源负荷馈线的谐波电流并控制 APF 注入等幅反相的谐波电流,可实现谐波电流的精准抵消。电压检测型 APF 无需指定某一具体谐波源,其外特性相当于在电网和地之间提供了一个虚拟谐波电导通路,使谐波电流有效释放,从而使接入点及其附近区域的电压畸变得到治理,主要适用于对电网侧分布式治理。

本章提出的治理方案集成于配电网能量管理系统、监控采集系统等功能子系统,共享数据平台,共同构成电力电子化配电网运行监控管理系统,拓扑关系示意如图 11-18 所示。

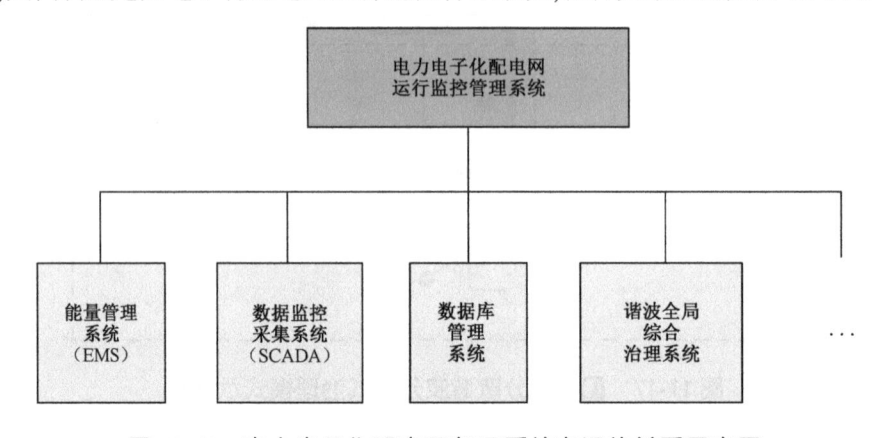

图 11-18 电力电子化配电网各子系统之间的关系示意图

使用一种电力电子化配电网谐波全局优化治理方法对配电全网节点进行综合优化治理,使全网谐波电压畸变指标水平达到综合最优。优化目标决定配电网中分布式配置 VDAPF 在各时段产生的最优治理量,使电力电子化配电全网节点谐波电压畸变指标总体上达到最优。考虑到配电网谐波电流注入的实时波动性,采用基于模型预测控制理论来解决配电网谐波电压波动问题,保证优化结果的可靠性。

电力电子化配电网分布式 VDAPF 全局优化治理方案如图 11-19 所示。

其中电网中各个节点均存在一定的电力电子负荷及逆变类分布式电源等非线性设备,且这些非线性设备输出谐波电流的幅值存在差异。每个节点的非线性设备在图中统一用 NL 表示。提出的分布式控制方案也示意于图 11-19,由监控主站和分布式本地控制器两层组成。监控主站端根据获得的数据进行长时间尺度谐波治理,考虑全局角度协调优化 APF 参数和运行状态,其中获取数据的方式是通过配电量测终端采集配电网各节点谐波信息后上传的方式进行。依据谐波注入的短期预测和分析评估,对各 APF 虚拟谐波电导进行优化,从而在长时间尺度上确定了分布式治理系统的最优运行点。同时,以分布式 APF 为中心对电网进行治理分区并确定 APF 本地控制参数。分析计算结果由主站发送至 VDAPF 本地控制器。考虑短时间尺度使本地控制器对谐波进行在线治理,并按照监控主站提供的信息参量对谐波治理,结合本地控制规律自动响应分区内的谐波随机扰动,从而使分区内各节点谐波电压回归正常水平。

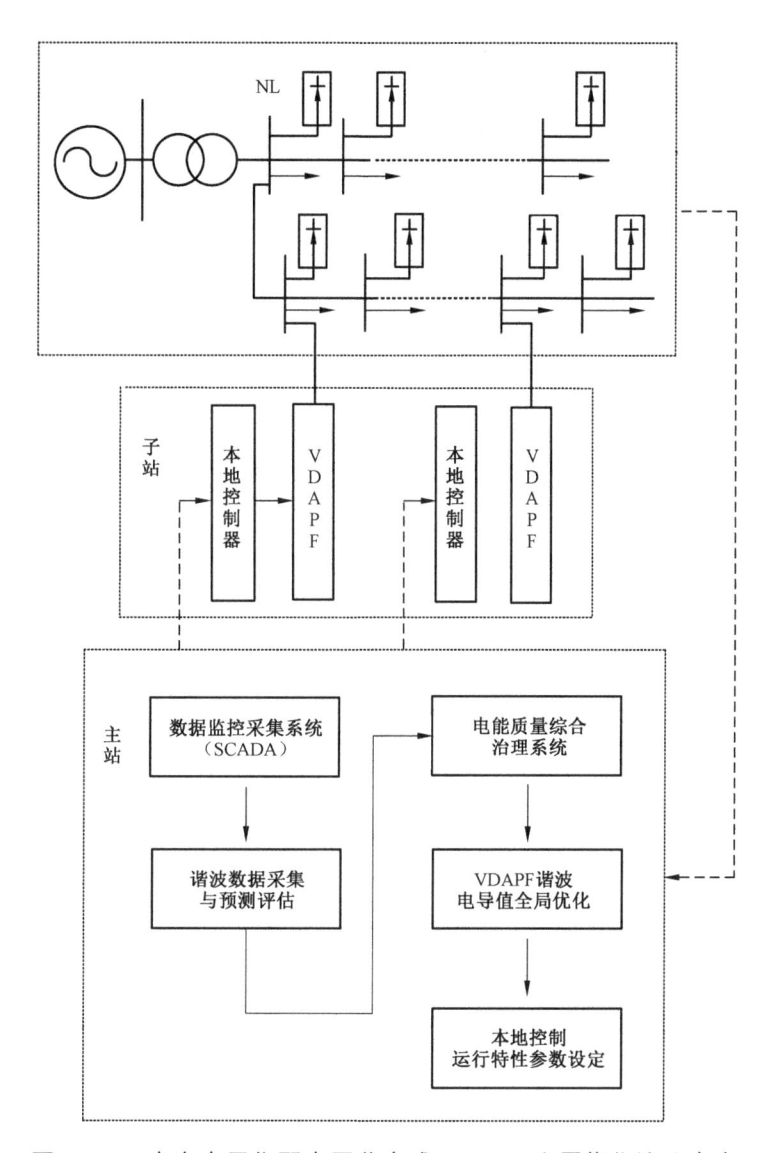

图 11-19　电力电子化配电网分布式 VDAPF 全局优化治理方案

11.2.3.3　基于 VDAPF 的多时间尺度谐波治理方案

本章基于 VDAPF 节点治理灵敏度分析的治理分区算法,采用"全局协同""分区自治"的治理方法。考虑多时间尺度的谐波协同优化治理方法。长时间尺度全局优化以配电网全节点的电压畸变整体最优为目标,建立电力电子化配电网全局优化目标函数及约束条件,采用粒子群的智能优化算法来求解全局优化模型,得到长时间尺度下的 VDAPF 最优运行点。基于模型预测控制原理,对 VDAPF 本地控制运行特性参数进行短时间尺度的在线滚动优化,引入反馈校正环节,修正谐波预测误差带来的治理偏差,使得全网节点谐波电压始终保持在合格水平。

首先,长时间尺度优化从全网角度出发,以 15 min 为时间尺度,以全网所有节点谐波电压畸变整体最优为目标进行全局优化。以分布式并联在系统节点上的 VDAPF 各次谐波电导值为优化变量,协调优化各 VDAPF 各次谐波电导值。

同时,从区域自治角度出发,以 5 min 为短时间尺度,各区域在内部谐波电流注入发生最大扰动情况下,以区域内观测节点的谐波电压畸变率均不越限为约束,对本地控制器的参数进行短时间尺度的滚动优化。基于模型预测控制(Model Predictive Control,MPC)方法引入反馈校正环节,对由于谐波电流注入预测误差导致的治理偏差进行反馈校正,使得预测值与实际值的偏差尽可能小,从而做出最有效的决策。

通过长时间尺度的全局优化与短时间尺度分布式的本地控制在线滚动优化相结合,不断对谐波治理参量进行修正,最终实现对配网全节点的协调优化治理。

基于模型预测控制的多时间尺度优化治理架构如图 11-20 所示。

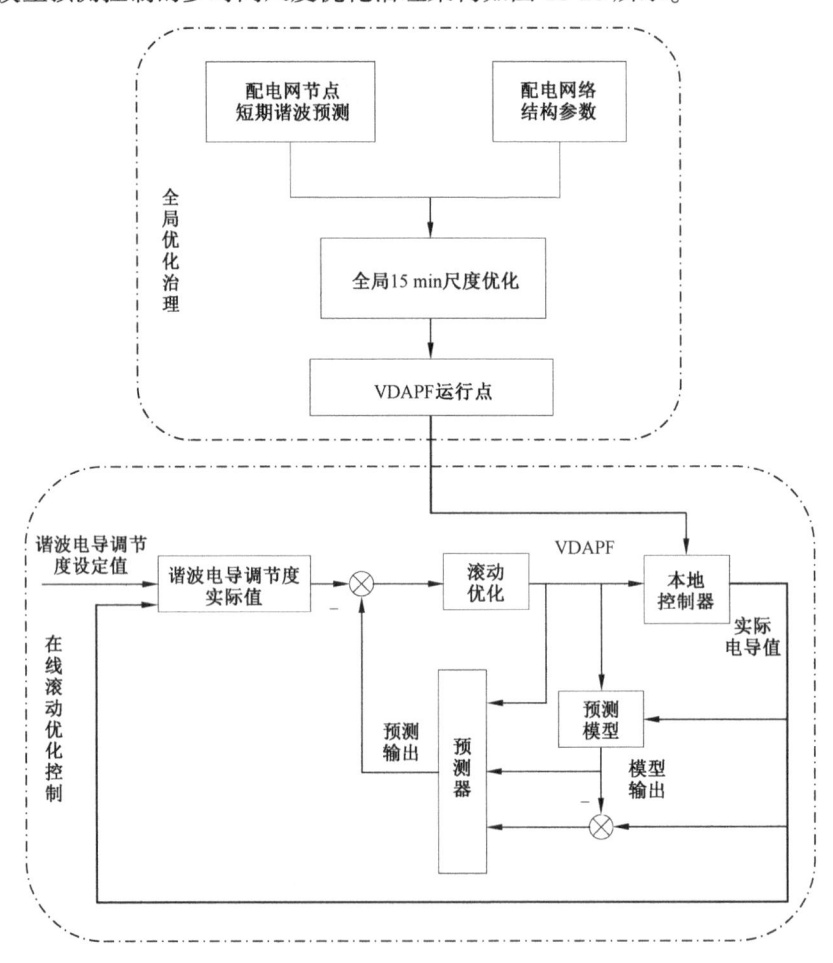

图 11-20 基于模型预测控制的多时间尺度优化治理架构

11.2.3.4 谐波治理灵敏度分析的分区方法

本章采用全局优化与本地控制相结合的策略实现对谐波的治理。其中,在本地控制中,控制参数即电导调节度 b_i 的设置需要对 VDAPF 划定一定的控制范围。因而,本章的分区治理是为适应本地控制的要求。同时,配电网中谐波源的分布较为分散,且具有密集化、全网化的特征,对分散化谐波实施分区治理是解决该问题的有利方案。

现代配电网节点数量众多、网络结构也日益复杂，随着系统中非线性电力电子化负荷的日益增长，对配电网中所有谐波源进行分散治理以保证配电网不同用电质量需求也是不现实的，这会增大系统治理成本。可对配电网采用分区的谐波治理方法，根据谐波治理灵敏度将配电网划分为多个控制区域。针对各个区域，分别优化各区域控制范围内的 APF 运行参数，保证区域内谐波电压畸变水平，有利于电力负荷对电压质量的多样化需求。

谐波电压分区治理本质上属于配电网节点分类问题。目前，针对配电网电能质量的分区治理方法，现有研究较多的是针对系统电压偏差区域治理的分区方法。

目前的分区主要针对无功电压的分区，对谐波治理分区的研究较少。主要分区有如下几种方法。

1. 按行政区域及地理位置分区

对于具体某一电力企业进行电能质量治理分区，依据具体地区的行政所属区域或者具体地区所处的地理方位划分是较为简便的分区方法。然而这种简便的分区方法没有充分兼顾配电网不同母线之间的电路上的耦合特性，尤其是当存在某些固有的对于某一具体地区进行分区治理先验知识时，按照这种经验进行的区域划分通常难以适应配电网对电能质量的需求。另外，对于配电网络的区域划分问题，其实质上为组合优化并找到全局最优解的优化问题。对于这些优化问题的求解，相应的一些智能优化算法也有很多，如粒子群算法、遗传算法、神经网络、模拟退火算法、免疫算法、禁忌搜索法、进化算法等。

2. 基于复杂网络理论分区

从网络结构上看，配电网为连接较为复杂的系统。在随后的研究中有学者提出了在电力系统的电能质量分区优化治理中采用复杂网络理论。其中，比较经典的方法是采用图论的电能质量治理的区域划分优化方法。通过一些基础的图论基本规则，把配电网看作是基本图。优化变量在图中具体展现为一个点的形式，并且多个优化变量之间的相连接关系在图中具体展现为顶点之间的边的形式，并且表示各优化变量之间的边的权值依据相邻顶点之间的耦合度大小来确定。设置代表顶点之间联系程度的耦合度边界值，只保留权重系数大于边界值的所在的边。将等效图的理论和划分结果同时映射到实际的电力系统网络中，则可得到实际的电力系统网络的区域划分结果。这种区域划分的形式可实现在较短时间内完成区域的划分，尤其对于节点数目较为繁多的配电网络的应用很合适。该方法存在的缺点是，代表顶点之间联系程度的耦合度边界值的变化在很大程度上会改变分区结果。

3. 基于聚类算法的分区

聚类算法在配电网络的区域划分中得到了广泛研究。基于聚类算法的区域划分的主要划分规则为，配电网中的多个节点依据节点与节点之间某些电气量数值的接近程度，如依据节点之间某些量的耦合程度，将耦合性较强的节点聚为一类，并根据一定的聚类算法实现对区域节点的划分，实现配电网电能质量分区治理。常用于配电网电能质量治理的区域划分方法主要是采用聚类算法，主要有谱聚类算法、K-均值聚类算法、凝聚的层次聚类算法以及模糊聚类算法等，且这些聚类方法在区域划分时均具有较好的计算性能。

上述的区域划分方法在现实中与理论得到了较好的结合。相应的实例有：意大利电网对于电力系统区域的划分是通过短路电流法来实现、我国的福建省电网对于电力系统区域的划分则利用图论的方法实现、河南和江苏电网则均是通过聚类算法来实现对配电网电能质量控制的区域划分。在配电网电压偏差的区域控制中,聚类算法由于具有真实的物理意义而被广泛应用。

对于基于 VDAPF 的分布式治理设备系统,分层结构是配电网系统应用较为广泛的电能质量管理模式,各控制层之间控制任务相对明晰,从全局的角度对各优化控制变量进行统一调控,对于电力网络的结构变化具有较强的适应性和鲁棒性。本节内容基于配电网的谐波污染分层控制结构,采用各分区自主控制策略,构建了配电网的谐波治理的分区协调控制方案。首先,将整个配电网系统按照 VDAPF 谐波电导-谐波电压的联系紧密程度在空间上进行解耦,划分为若干不同本地控制区域。充分合理地利用本区域内的谐波电压调控治理设备,实现整个配电网谐波电压的协调优化控制。

由 VDAPF 的工作原理及电网的谐波特性可知,VDAPF 对各节点的治理效果有强有弱,其中越接近接入点则治理效果较好。对其接入节点及附近的谐波治理效果较明显,而对较远节点的治理效果较弱。因此,可将整个电网划分为多个控制区域,其中 VDAPF 节点为该区域的控制节点,主要负责控制区域内被控节点的谐波治理任务,而其他节点为该区域的被控节点。各 VDAPF 主要负责控制区域内被控节点的谐波治理任务。控制节点 VDAPF 治理电导的增量对各被控节点谐波电压的治理程度决定了区域内谐波治理效果,应作为分区的依据。本章将谐波灵敏度分析方法用于分区。首先定义灵敏度,即对于 h 次主导谐波,任一被控节点的谐波电压对控制节点处谐波治理电导的灵敏度 $w_{h,j,ci}$ 为

$$w_{h,j,ci} = \frac{\partial U_{h,j}}{\partial G_{h,ci}} \tag{11-28}$$

式中,$U_{h,j}$ 为被控节点 j 的 h 次谐波电压;$G_{h,ci}$ 为控制节点 ci 的等效电导;$w_{h,j,ci}$ 表征了控制节点 ci 的电导变化对被控节点 j 谐波电压的改变程度。

灵敏度 $w_{h,j,ci}$ 可通过谐波传播方程推导求得。谐波潮流等式约束满足式(11-29)

$$\boldsymbol{U}_h = \boldsymbol{Y}_h^{-1} \boldsymbol{I}_h \tag{11-29}$$

式中,$\boldsymbol{U}_h$ 和 $\boldsymbol{I}_h$ 分别为配电网节点的谐波电压列向量和谐波源负荷节点向电网注入的谐波电流列向量;$\boldsymbol{Y}_h$ 为由系统网络参数决定的谐波导纳矩阵。

控制节点的等效电导 G_i 存在于 $\boldsymbol{Y}_h$ 的对角元素中,将式(11-29)展开可得

$$\begin{bmatrix} U_{h,1} \\ \vdots \\ U_{h,i} \\ \vdots \\ U_{h,n} \end{bmatrix} = \begin{bmatrix} G_1 + Y'_{11} & \cdots & Y_{1i} & \cdots & Y_{1n} \\ \vdots & \ddots & \vdots & & \vdots \\ Y_{i1} & \cdots & G_i + Y'_{ii} & \cdots & Y_{in} \\ \vdots & & \vdots & \ddots & \vdots \\ Y_{n1} & \cdots & Y_{ni} & \cdots & Y'_{nn} \end{bmatrix}^{-1} \begin{bmatrix} I_{h,1} \\ \vdots \\ I_{h,i} \\ \vdots \\ I_{h,n} \end{bmatrix} \tag{11-30}$$

式中,控制节点的 G_i 为节点 i 接入 VDAPF 的等效电导,被控节点的 $G_i = 0$;Y'_{ii} 为节点 i 的自导纳中除去 G_i 后的部分。由于 $I_{h,i}$ 为预测量,Y'_{ii} 为网络参数常量,$U_{h,i}$ 为由 G_i 决定的因变量,因此各节点电压与控制节点电导的关系可用式(11-30)形式表示。以本章全局优化得到的各 VDAPF 最优电导值为基准,对式(11-30)可求 $\boldsymbol{U}_h$ 对 G_i 的灵敏度 $w_{h,j,ci}$ 值。

第 11 章 电压检测型 APF 谐波分布式治理

在实施区域划分时,控制节点谐波电导值变化对被控节点谐波电压变化越灵敏,表明控制节点对被控节点具有越强的控制能力。因此,本章依据灵敏度指标进行治理分区。

设系统网络内共有 m 个控制节点、n 个被控节点,根据式(11-28)、(11-30)可得到全部被控节点谐波电压对控制节点等效电导的灵敏度矩阵 $S_{\text{U-G}}$ 为

$$S_{\text{U-G}} = \begin{bmatrix} w_{h,1,c1} & w_{h,2,c1} & \cdots & w_{h,n,c1} \\ w_{h,1,c2} & w_{h,2,c2} & \cdots & w_{h,n,c2} \\ \vdots & \vdots & & \vdots \\ w_{h,1,cm} & w_{h,2,cm} & \cdots & w_{h,n,cm} \end{bmatrix} \quad (11\text{-}31)$$

整个配电网被分为 m 个初始区域,其中每个区域中心为 VDAPF 接入节点。计算灵敏度矩阵的值,并将其按大小排序,得 m 个序列。设谐波灵敏度阈值 β_{cthre},若被控节点的谐波灵敏度大于阈值,则被划分到与控制节点灵敏度最大的控制区域;若被控节点的谐波灵敏度小于阈值,则对矩阵 $S_{\text{U-G}}$ 中该节点所在列进行大小排序,将被控节点同时划分到灵敏度排在前两位的控制节点所在区域,以此形成多台 VDAPF 相互支撑,共同控制边缘化节点。另外,随着短期谐波预测的动态变化,分区结果在长时间尺度进行动态调整。

基于各被控节点谐波电压对各控制节点 VDAPF 谐波电导的治理灵敏度的分区方法流程如图 11-21 所示。

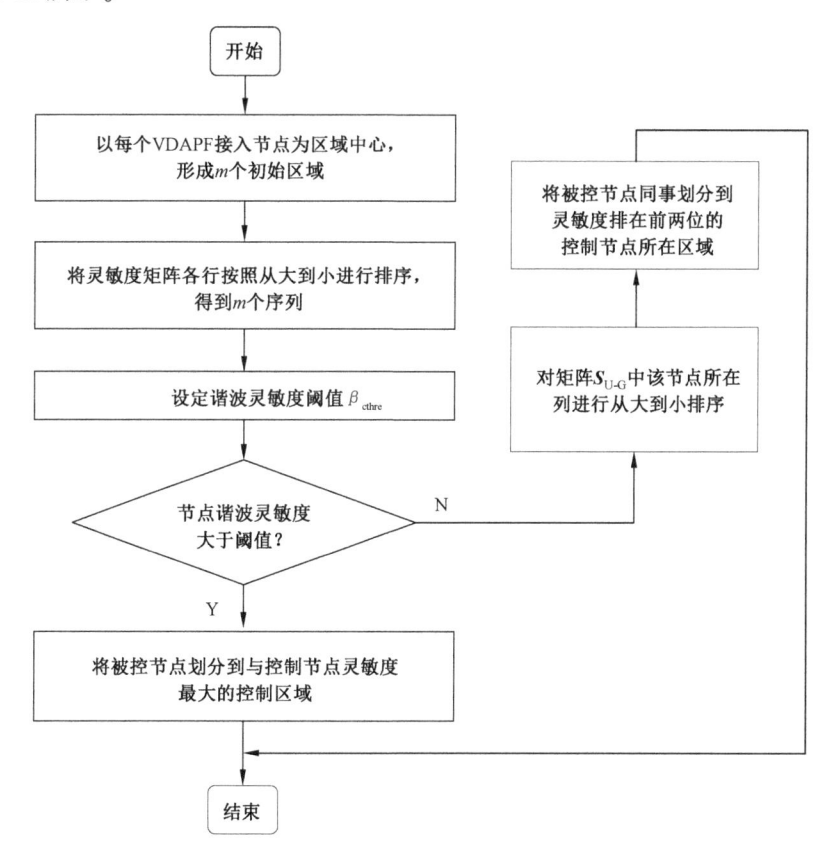

图 11-21 基于谐波治理灵敏度的分区方法流程

11.2.4 应用案例分析

以 IEEE 33 节点配网系统为例进行算例分析,配网结构如图 11-22 所示,线路首端基准电压为 12.66 kV。为适应本章研究背景的分析,在 IEEE 33 标准系统参数的基础上,对节点接入负荷参数进行了设置。光伏电源可视为特殊负荷,对部分节点的负荷基波阻抗值进行调整以表征分布式光伏电源的接入。随机选取光伏接入节点的位置,本章设置在节点 4、15、22、30 处接有光伏电源;在节点 5、13、24、29 处配置有 VDAPF,且设置的 VDAPF 的位置和容量均满足配置合理的前提,其容量参数见表 11-2。

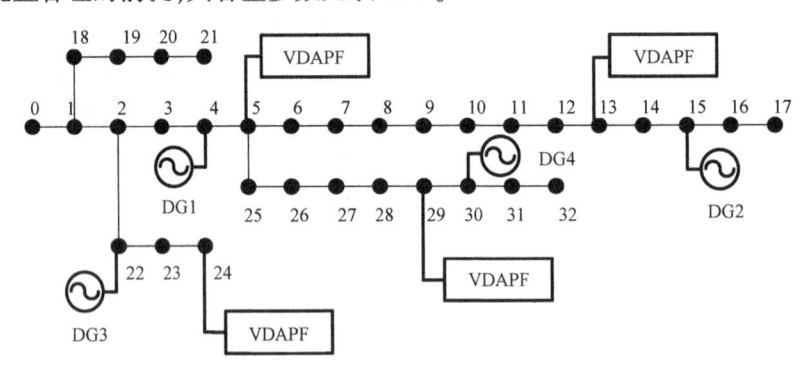

图 11-22 IEEE 33 节点配网结构图

表 11-2 各台 VDAPF 的容量参数

节点 5-APF 容量/A	节点 13-APF 容量/A	节点 24-APF 容量/A	节点 29-APF 容量/A
75	100	75	100

对配网台区密集化、广泛分布的大量电力电子负荷的谐波进行简化建模。采用基于 Norton 等效模型的配电台区大量电力电子设备集群谐波建模,并采用谐波 Norton 等效模型对配电网各节点处注入的各次谐波电流进行等效。为表征配电网电力电子化产生的分散谐波,对各节点均设置了谐波源,各个节点注入的谐波电流幅值取其基波电流的 2%~10%,并在该范围内随机选定。

为验证不同谐波污染严重程度对于分区结果的影响,选取两组不同谐波污染严重程度下的谐波电流注入情况,并分别记为场景 1 和场景 2。

场景 1:各个节点注入的谐波电流幅值取其基波电流的 2%~10%,并在该范围内随机选定。

场景 2:场景 2 注入的谐波电流设定值在场景 1 中各节点注入电流幅值的 1.0~2.5 倍之间随机选定。

本章设置的各节点注入的各次谐波电流的幅值如表 11-3 所示。

表 11-3 不同场景下节点谐波电流注入次数及大小

场景1	5次/A	7次/A	11次/A	13次/A	场景2	5次/A	7次/A	11次/A	13次/A
1	0.8	0.9	0.4	0.1	1	1.4	1.3	1.2	1.1
2	2.1	2.3	1.8	1.1	2	3.0	3.3	3.2	3.1
3	4.2	3.1	2.6	1.3	3	6.1	4.8	3.2	1.1
4	0.9	0.7	0.6	0.4	4	1.2	1.0	1.0	0.9
5	2.4	2.3	1.8	1.4	5	3.0	3.4	3.3	2.1
6	3.1	3.4	2.5	1.4	6	5.1	4.7	2.6	1.5
7	0.7	0.9	0.4	0.1	7	1.0	0.9	0.4	0.2
8	1.8	1.7	0.5	0.2	8	2.2	1.9	1.3	1.1
9	2.1	2.5	1.2	1.0	9	3.1	2.8	2.6	1.2
10	2.0	2.4	1.4	0.7	10	3.1	2.4	1.3	0.8
11	1.2	1.8	1.1	0.6	11	3.0	1.4	1.2	0.8
12	2.1	2.4	1.7	1.3	12	4.2	3.8	2.3	1.7
13	1.2	0.7	0.3	0.2	13	1.5	0.9	0.4	0.1
14	3.5	2.4	1.3	0.8	14	4.2	3.8	2.6	1.3
15	1.2	1.4	1.3	0.7	15	2.1	2.8	2.3	2.1
16	2.1	2.3	1.7	0.6	16	3.0	3.7	3.5	3.2
17	2.0	1.8	1.5	0.7	17	2.1	2.5	2.3	2.2
18	4.1	3.2	2.3	1.4	18	6.0	4.3	3.7	2.3
19	2.0	1.5	2.5	1.1	19	2.1	2.6	2.5	2.2
20	2.4	1.7	1.4	0.6	20	3.1	2.2	1.5	1.3
21	4.0	3.2	2.4	1.5	21	5.0	4.3	3.2	2.1
22	3.2	2.3	2.1	1.4	22	4.1	4.0	4.7	4.1
23	3.2	3.4	2.3	1.8	23	4.1	4.8	4.6	4.2
24	2.1	2.7	1.6	1.1	24	3.0	3.6	2.3	1.2
25	3.2	2.4	1.3	0.8	25	4.2	3.0	2.6	2.1
26	5.1	3.2	2.3	1.2	26	7.0	5.5	3.3	1.1
27	3.2	2.8	1.5	1.0	27	4.8	4.1	4.6	3.3
28	2.5	2.1	1.2	1.1	28	3.3	3.5	3.2	2.1
29	1.4	1.0	0.7	0.3	29	1.6	1.2	1.0	0.5
30	3.1	2.4	1.5	0.7	30	4.1	3.1	2.5	1.3
31	4.2	4.3	3.6	2.1	31	5.0	5.8	4.3	4.1
32	2.1	1.5	1.1	0.7	32	3.2	2.0	1.7	1.2

为适应本地控制参数设定的区域划分需求,本章依据被控节点谐波电压对控制节点谐波电导的治理灵敏度分析,以 VDAPF 接入节点为中心,对配电网进行区域划分。为配电网谐波源密集化、全网化导致的分散化谐波治理实施分区治理提供基础。

由于谐波源注入的各次谐波电流中 5 次谐波的幅值较大。因此,选取 5 次谐波频率为分区的主导频率。并设置分区谐波治理灵敏度阈值 β_{cthre} 的取值,对于灵敏度阈值 β_{cthre} 选取,各 VDAPF 选取其与所有被控节点最大灵敏度的 80% 作为该 VDAPF 分区的灵敏度阈值,以保证 VDAPF 的控制范围在较为合适的区间内。计算得到的各 VDAPF 分区阈值如表 11-4 所示。

表 11-4　场景 1 和 2 下分区灵敏度阈值 β_{cthre}

控制节点	场景 1 下 β_{cthre} 值	场景 2 下 β_{cthre} 值
5	0.71	0.76
13	0.38	0.43
24	0.43	0.49
29	0.46	0.56

对依据求解的被控节点对控制节点的治理灵敏度值,分别针对场景 1 和场景 2,对全网进行区域划分。得到场景 1 下的分区结果如表 11-5 所示。

表 11-5　场景 1 下控制节点与被控节点的区域划分

区域	控制节点	被控节点
I	5	2,3,4,6,7,8,9,10,25
II	13	10,11,12,14,15,16,17
III	24	0,1,2,3,18,19,20,21,22,23
IV	29	25,26,27,28,30,31,32

共将全网划分为 4 个控制区域。由表 11-5 可得,节点 2、节点 3 既属于区域 I 又属于区域 III,节点 10 同时属于区域 I 和区域 II,节点 25 同时属于区域 I 和区域 IV。这些同时被多个区域控制的节点由多台 VDAPF 共同控制,各 VDAPF 之间相互支撑。并且,分区结果保证了区域内节点的连通性。

场景 2 下的分区结果如表 11-6 所示。

表 11-6　场景 2 下控制节点与被控节点的区域划分

区域	控制节点	被控节点
I	5	3,4,6,7,8,9,25,26
II	13	9,10,11,12,14,15,16,17
III	24	0,1,2,3,18,19,20,21,22,23
IV	29	26,27,28,30,31,32

由表 11-6 可得在场景 2 下,由于谐波源注入的谐波电流大小发生变化,从而导致基于治理灵敏度的分区结果发生变化。节点 26 既属于区域 Ⅰ 又属于区域 Ⅳ,节点 3 同时属于区域 Ⅰ 和区域 Ⅲ。这些同时被多个区域控制的节点由多台 VDAPF 共同控制,各 VDAPF 之间相互支撑。由此验证了谐波污染源的变化会影响治理分区结果,但分区结果的变化并不非常明显,仅对于区域的边缘节点的区域划分产生影响。因此,需要根据谐波污染的时变,动态调整分区方案。

11.3 谐波和治理设备容量不确定性处理

11.3.1 谐波治理设备配置的不确定性因素分析

在配电网谐波治理设备优化配置中,可能涉及不确定性的因素主要有谐波污染和治理设备容量两方面,下面分别对这两方面因素是否具有不确定性进行分析。

11.3.1.1 谐波污染不确定性

谐波源指会向电网注入谐波的源荷设备。谐波源通常具有较大的内阻抗,可视为电流源,故谐波潮流计算中,可用一个电流源表征谐波源,对电网注入谐波分量。按非线性特性可将电网中的谐波源归为三类:

(1) 电子开关类,主要是开关设备和换流装置,如晶闸管、逆变器等。
(2) 铁磁饱和类,主要指非线性饱和特性的铁芯设备,如电抗器、变压器等。
(3) 电弧型类,主要为电弧炉、交流电焊机等,此种往往同时含奇次和偶次谐波。

现代配电网的 DG 渗透率较高,网络内含大量并网逆变器是其突出特点,且各类谐波源特性复杂、各具独特之处,因此,此处对谐波污染的不确定性分析中,仅对 DG 并网逆变产生的谐波污染进行具体分析,其他多种特性复杂的非线性负荷不再分别作出详细分析。

以三相全控桥式逆变器为例,其主要输出 $6k\pm1$ 次的谐波电流,表达式表示为

$$i_1 = \frac{2\sqrt{3}}{\pi} I_d \left(\sin \omega t - \frac{1}{5}\sin 5wt - \frac{1}{7}\sin 7wt + \frac{1}{11}\sin 11wt + \cdots \frac{1}{h}\sin hwt + \cdots \right)$$

(11-32)

式中,I_d 代表逆变器直流侧的平均电流。

逆变器交流侧基波电流 I_1 与 I_d 之间的关系为

$$I_1 = \frac{2\sqrt{3}}{\sqrt{2}\,\pi} I_d = \frac{\sqrt{6}}{\pi} I_d$$

(11-33)

由此可见,并网逆变器的基波电流和谐波电流成正比关系,其中,h 次谐波电流如式(11-34)所示。

$$I_h = \frac{I_1}{h}, h = 6k \pm 1, k = 1,2,3,\cdots$$

(11-34)

DG 并网功率随风、光、温度等天气因素随机波动,导致并网电流随机波动,并网逆变产生的谐波是动态不确定的。

结合上述分析,现代配电网可再生能源渗透率较高、负荷特性更为复杂,谐波污染动态

变化明显,具有较强不确定性,在治理设备配置中不容忽视。

11.3.1.2 治理设备容量不确定性

本章采用 VDAPF 和 MFINV 两种设备进行谐波治理,VDAPF 的最大谐波补偿容量由其安装容量决定,正常运行时固定不变,是确定性的;MFINV 的最大谐波补偿容量受设备剩余容量限制,其不确定性需在求得剩余容量的基础上,进一步分析计算得出。

对于 MFINV 可参与谐波治理的设备剩余容量 S_{re},本章仅考虑 DG 并网的有功功率 P_{DG},则 S_{re} 与总的额定容量 S_N 以及 P_{DG} 的关系如式(11-35)。

$$S_N^2 = S_{re}^2 + P_{DG}^2 \quad (11\text{-}35)$$

求得剩余容量 S_{re} 后,按式(11-36)计算,即可确定 MFINV 用于谐波治理的最大可补偿容量 $I_{MFINV,i}^*$。

$$I_{MFINV,i}^* = S_{re}/U_{N,i} \quad (11\text{-}36)$$

式中,$U_{N,i}$ 表示节点 i 的额定基波电压,本章取式中 $U_{N,i}$ 为定值,则 $I_{MFINV,i}^*$ 可由 S_{re} 确定。分析式(11-35),式中 S_N 为定值,故 MFINV 剩余容量主要由 P_{DG} 决定。P_{DG} 受天气因素影响而具有不确定性,致使 MFINV 参与谐波治理的剩余容量同样具有不确定性,且与天气情况紧密相关。

上述分析表明,采用 VDAPF 和 MFINV 协同进行谐波治理,在治理设备规划过程中,谐波污染和 MFINV 剩余容量均具有不确定性,确定性因素所得的规划方案无法适用于所有时段,且存在投资浪费问题。因此,需在设备规划中综合考虑谐波和逆变器剩余容量的双重不确定性。

11.3.2 考虑不确定性的治理设备规划方法

谐波和逆变器剩余容量的双重不确定性使谐波治理设备的规划面临着新的难题。配电网中考虑不确定因素的设备规划常用的有采用多场景技术的规划、采用机会约束的规划和采用模糊理论的规划。

1. 采用多场景技术的规划

这种设备规划方法,先将规划中所涉及的不确定性因素所有可能的取值按规定原则枚举,然后进行数据特征分析,将特征类似的数据归作一类,作为一个规划场景,每个规划场景相应地有一组确定的规划参数和一个该场景发生的概率值,再利用常规方法构建其相应的确定性数据的规划模型,从而把不确定性规划转化成一组确定性规划。

2. 采用机会约束的规划

这种设备规划方法将规划过程中涉及的不确定性因素均以随机变量进行模拟和描述,并将这些随机变量纳入约束条件中。考虑到所得的方案在极端恶劣情况下可能无法满足约束条件,此时则允许所得方案在一定程度上可以不满足约束条件,但该规划方案需要保证约束条件可满足的概率不低于一定的置信水平。

3. 采用模糊理论的规划

这种设备规划方法将规划过程涉及的不确定的因素以对应的模糊数表示。应用此方法的模型,许多约束条件式中的物理量自身以及取值范围都是模糊的,目标函数自身以及优化求解也是模糊的。

对三种设备规划方法进行对比分析：

采用多场景技术的设备规划方法能将模型从不确定性等效转换成确定性的,进而,按确定性方法构建规划模型,从而简化模型、简化计算。但如果涉及的不确定因素数量过大,如何在确保模型精确度的同时,合理地将这些因素进行划分并聚合成较为典型的场景,是其推广应用的关键点。

采用机会约束的设备规划方法可以将规划过程中具有不确定性的因素用随机变量精确描述,并引入约束条件中。应用这种方法最终所得规划方案的电气约束条件可以在一定概率上不成立,可以按照实际规划的要求调整置信水平来控制所得规划方案风险的高低。但对于规模较大的系统,规划模型优化求解的速度一般较慢。

采用模糊理论的设备规划方法可以将规划过程中具有不确定性的因素用模糊数进行描述。与采用机会约束的规划方法对比,模糊规划模型中的一部分约束一般也为软约束形式,具有无须获得不确定性因素概率的分布函数的优点,但规划方案精确度通常相对较低。

考虑到本章研究 MFINV 参与谐波治理的 VDAPF 优化配置问题,仅涉及谐波污染和逆变器剩余容量两种不确定性因素,选择采用多场景技术的规划方法进行不确定性处理。以规划年为时间域,先对全年进行时段划分,再分别明确各个时段可能的谐波和 MFINV 取值,进而组合成一系列规划运行场景。

11.3.3 谐波治理设备规划的运行场景集构建

本章在分时段分析的基础上,分别对谐波和 MFINV 剩余容量进行场景构建,再组合为具有双重不确定性的谐波治理运行场景,综合考虑了谐波和治理设备的不确定性。首先,将全年按季节划分为不同的典型日,再按时序将典型日划分为多时段。考虑到若划分时段的时间尺度过大,则不能反映场景数据在较短时间上的波动性,分析精度变差;反之,若划分时段的时间尺度过小,虽然反映场景数据波动的分析精度提高,但由于对短时间尺度随机波动不确定数据难以准确预测,而且作为配置问题一般不需要过于精细地描述运行场景。因此,本章出于问题精确度和复杂度两方面的考虑,以小时级时间尺度对典型日进行时段划分。然后,基于所划分的时段,对其中某一时段 t 分别构建谐波污染场景和 MFINV 剩余容量,得到全部时段不同类型的所有场景。最后,将相同时段内两种类型的场景进行组合,得到本章谐波治理运行场景集。

11.3.3.1 谐波污染场景构建

针对不确定性的谐波污染,若分别对配电网中所有节点构建谐波场景,随着节点的增多,总的场景数将以指数形式增多,且忽略了大量谐波间的相关性。因此,本章划分时段后,基于谐波断面聚类压缩的方法构建谐波场景,这种方法保留了节点负荷之间的相关性,同时缩减了负荷场景的数量。

以 t 时段内网络 n 个节点的谐波预测信息构建该时段的谐波场景,一组网络谐波信息作为一个场景,用向量 $\boldsymbol{H}$ 表示。

$$\boldsymbol{H} = \begin{bmatrix} H_1 & H_2 & \cdots & H_i & \cdots \end{bmatrix}, i \in \mathbf{N}_+ \tag{11-37}$$

式中，H_i 代表节点 i 在时段 t 内的谐波电流；$\mathbf{N}_+$ 代表非零的自然数集合。

由若干谐波向量 $\boldsymbol{H}$ 构成原始谐波场景集 M。

$$M = \{H'_\nu \mid \nu \leq m, \nu \in \mathbf{N}_+\} \tag{11-38}$$

式中，H'_ν 代表第 ν 个原始谐波场景；m 代表原始谐波场景的数量。

由于原始谐波场景数量过多，本章采用 k 均值聚类法进行对场景集 M 的压缩处理。k 均值聚类法属于一种以迭代方式求解的聚类方法，评价两个样本之间相似程度指标一般取这两个样本的欧氏距离，求解的一般步骤为：

（1）从样本数据中随机选出 k 组数据作为初始的聚类中心；

（2）算出样本数据与各个聚类中心之间距离，即相似程度评价指标，并把每个样本归类到与其相似程度最高的那个聚类中心，与该聚类中心同属于一个聚类；

（3）对各个聚类，算出所有归属于该类的样本均值，作该类新的聚类中心，直到聚类的平方差函数在最小值稳定为止；

（4）重复步骤（2）和步骤（3），若前后两次的聚类中心是相同的，说明算法收敛了，则可终止计算，输出最终聚类结果。

经过聚类压缩处理，将原始谐波场景集聚合成了具有代表性的典型谐波场景集 C，其中第 γ 个典型场景发生的概率为 $P(H_\gamma)$。

$$C = \{H_\gamma \mid \gamma \leq c, \gamma \in \mathbf{N}_+\} \tag{11-39}$$

$$P(H_\gamma) = \frac{n_\gamma}{m} \tag{11-40}$$

式中，H_γ 表示第 γ 个典型谐波场景；c 表示典型谐波场景的数量。n_γ 表示 H_γ 这一类所包含的原始谐波场景数量。

11.3.3.2 逆变器剩余容量场景构建

针对不确定性的 MFINV 剩余容量，对各时段按 MFINV 剩余容量的大小分为不同场景，构成 MFINV 剩余容量场景集 G。

$$G = \{G_\alpha \mid \alpha \leq g, \alpha \in \mathbf{N}_+\} \tag{11-41}$$

式中，G_α 为第 α 个逆变器剩余容量场景；g 为逆变器剩余容量场景的总数。

本章以分布式光伏发电为例，基于概率密度拟合法，构建光伏多功能并网逆变器剩余容量场景。由式（11-35）可知，对于某一时刻，MFINV 剩余容量主要受光伏并网有功出力影响，光伏出力主要受此时光照强度影响，光强 r 近似服从分布，概率密度函数 $f(r)$ 为

$$f(r) = \frac{\Gamma(\alpha+\beta)}{\Gamma(\alpha)\Gamma(\beta)} \left(\frac{r}{r_m}\right)^{\alpha-1} \left(1 - \frac{r}{r_m}\right)^{\beta-1} \tag{11-42}$$

式中，r_m 代表最大光照强度；α 和 β 代表光强服从的 Beta 分布的两个形状参数；$\Gamma(\cdot)$ 代表 Gamma 函数。其中，α 和 β 处于不同的时段时，其取值不同，图 11-23 是河北某地 α 和 β 在不同时段的取值。

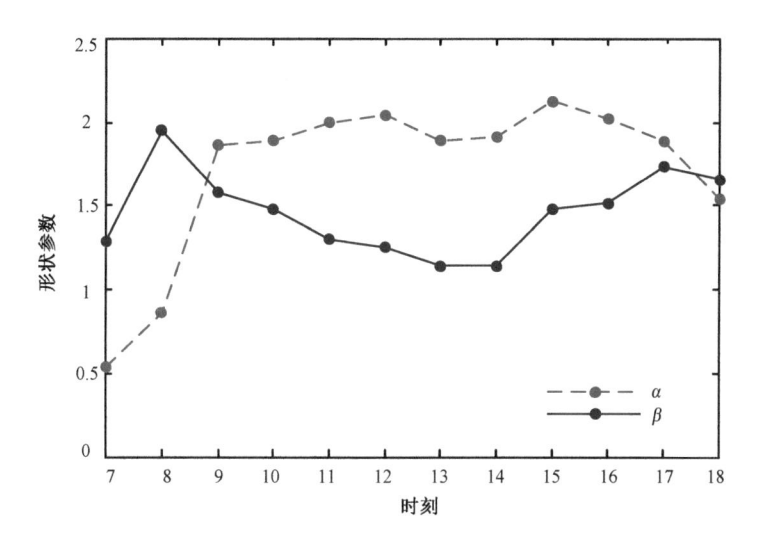

图 11-23 不同时段内的形状参数

结合上述分析，对于某一时刻，光伏并网有功也近似服从 Beta 分布，概率密度函数 $f(P_{PV})$ 为

$$f(P_{PV}) = \frac{\Gamma(\alpha+\beta)}{\Gamma(\alpha)\Gamma(\beta)} \left(\frac{P_{PV}}{P_m}\right)^{\alpha-1} \left(1 - \frac{P_{PV}}{P_m}\right)^{\beta-1} \quad (11\text{-}43)$$

式中，P_{PV} 代表光伏随机出力值；P_m 代表光伏最大出力值。

利用 $f(P_{PV})$，可求得各个 MFINV 剩余容量场景的发生概率和均值，分别如式(11-44)和式(11-45)。

$$P(G_\alpha) = \left| \int_{P_{PV1}}^{P_{PV2}} f(P_{PV}) \, dP_{PV} \right| \quad (11\text{-}44)$$

$$\mu_\alpha = \left| \int_{P_{PV1}}^{P_{PV2}} S_{re}(P_{PV}) f(P_{PV}) \, dP_{PV} \right| \quad (11\text{-}45)$$

式中，$P(G_\alpha)$ 和 μ_α 分别代表第 α 个 MFINV 的剩余容量场景 G_α 发生的概率以及均值；P_{PV1} 和 P_{PV2} 分别代表场景 G_α 的剩余容量下限 $S_{re,\alpha 1}$ 和上限 $S_{re,\alpha 2}$ 所对应的光伏并网有功功率。

11.3.3.3 双重不确定性场景集构建

本章谐波治理设备规划中涉及谐波污染和 MFINV 剩余容量两种不确定性因素，运行场景 Y 需兼顾谐波及 MFINV 剩余容量。在同一时段内，谐波和 MFINV 剩余容量相关性不强，可近似认为两者相互独立。因此，可按相互独立事件同时发生的概率学计算方法，将同一时段内的谐波和 MFINV 剩余容量两种场景排列组合，即可得到该时段所有可能的运行场景，将两种场景的概率相乘即可得到对应运行场景的发生概率。故 Y 由典型谐波场景 C 和 MFINV 剩余容量场景 G 共同构成，所得具有双重不确定性的场景集 Y、场景个数以及场景概率分别如式(11-46)~(11-48)。

$$Y = \{Y_l = (G_\alpha, H_\gamma) \mid G_\alpha \in G, H_\gamma \in C, l \in \mathbf{N}_+\} \quad (11\text{-}46)$$

$$R(Y) = R(G) \cdot R(C) \quad (11\text{-}47)$$

$$P(Y_l) = P(G_\alpha) \cdot P(H_\gamma) \qquad (11-48)$$

式中，Y_l 代表时段 t 内第 l 个运行场景；$R(\cdot)$ 代表集合中场景的数量；$P(Y_l)$ 代表 Y_l 发生的概率。

11.3.4 应用案例分析

本章选取 IEEE 33 节点网络模型做仿真验证，网络拓扑如图 11-24 所示。根据本章研究需要，在网络低压侧各节点均设置谐波源，以表征高密度分散化的谐波污染，节点 6、24 和 27 为分布式光伏并网节点，相应的 MFINV 配置信息如表 11-7 所示。网络光照和谐波数据参照河北某地区的年平均光照和谐波的调研数据，并按本章网络结构作出相应调整。

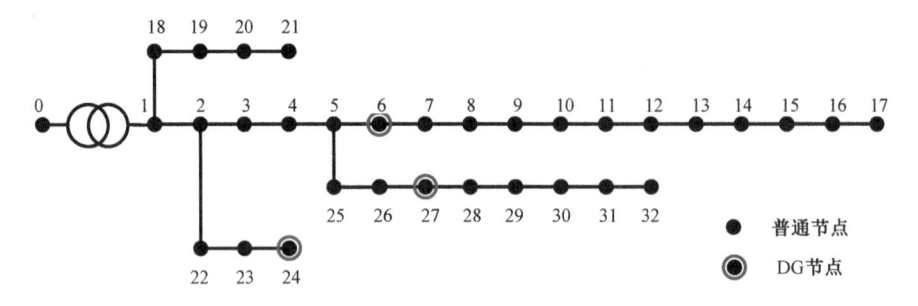

图 11-24 IEEE 33 节点网络结构图

表 11-7 MFINV 配置信息

节点	6	24	27
MFINV 安装容量/(kVA)	80.7	62.3	74.5

本章谐波治理设备规划中，若根据历史数据做时序潮流计算，每年都需要计算多次。为简化计算，本章首先进行时段划分，将一年分为 4 个典型日，每个典型日划分成 24 个时段，然后，分别对这 96 个时段进行场景构建。对 96 个不同时段的谐波调研数据，以一组 32 个节点的各次谐波含量数据为一个原始谐波场景，将同一典型日同时段内的原始谐波场景进行聚类，96 个时段均各自得到 4 个典型谐波场景。用概率密度拟合法，得到 96 个时段光强的概率分布函数，有效光照分布的具体时间见表 11-8，因夜间光照强度始终为零，占用容量不变，夜间各时段均仅有 1 个 MFINV 剩余容量场景；按照光照强弱，将日间光照划成强、中、弱三种等级，则日间各时段均有 3 个 MFINV 剩余容量场景。将同时段内的典型谐波场景和 MFINV 剩余容量场景组合，即可得该时段的运行场景集。各时段上的 MFINV 剩余容量场景、谐波场景和运行场景的数量如表 11-9 所示，共 784 个运行场景，潮流计算的次数减小为时序仿真法的 8.95%，大大降低了规划设计过程的计算量。

表 11-8 光照资源分布

	典型日 1	典型日 2	典型日 3	典型日 4
夜间	1—7、18—24	1—5、20—24	1—5、20—24	1—6、19—24
日间	8—17	6—19	6—19	7—18

表 11-9 不同时段的场景数量

时段	MFINV 剩余容量场景数	谐波场景数	运行场景数
1~7	1	4	4
8~17	3	4	12
18~29	1	4	4
30~43	3	4	12
44~53	1	4	4
54~67	3	4	12
68~78	1	4	4
79~90	3	4	12
91~96	1	4	4

限于篇幅,本章仅以谐波污染含量最大的场景为例,列举具体信息,其余场景不再具体展现。在所有谐波场景中,最大谐波场景处于第 2 个典型日 12:00—1:00 时段,具体信息见表 11-10。该时段为日间中午时段,光照充足,逆变器剩余容量较少,按光照的强、中、弱划分为三个场景,计算不同光强等级下各节点的 MFINV 剩余容量均值及对应发生概率,构建逆变器剩余容量场景,结果如表 11-11 所示。

表 11-10 各节点各次谐波电流大小

节点	谐波次数			
	5 次/A	7 次/A	11 次/A	13 次/A
1	3.22	1.95	0.94	0.75
2	2.78	1.54	0.76	0.61
3	4.87	2.58	1.19	0.94
4	4.26	2.07	1.03	0.86
5	4.64	1.86	0.93	0.63
6	3.31	1.51	0.76	0.51
7	3.26	1.210	0.96	0.74
8	2.77	1.30	0.65	0.49
9	4.59	2.28	1.04	0.85
10	3.72	1.71	0.86	0.62
11	4.11	2.07	1.04	0.54
12	4.32	2.23	1.11	0.69
13	3.12	1.47	0.74	0.43
14	2.07	0.81	0.41	0.32

续表 11-10

节点	谐波次数			
	5次/A	7次/A	11次/A	13次/A
15	4.88	2.38	1.15	0.94
16	3.23	1.57	0.79	0.65
17	5.12	1.51	0.76	0.58
18	3.08	1.66	0.83	0.69
19	4.04	1.99	0.98	0.74
20	4.61	2.31	1.12	0.83
21	3.51	1.72	0.86	0.68
22	4.97	2.44	1.22	0.92
23	2.84	1.47	0.74	0.55
24	4.43	2.20	1.01	0.81
25	3.12	1.54	0.52	0.42
26	4.11	2.11	1.03	0.83
27	4.51	2.26	1.01	0.81
28	2.76	1.38	0.54	0.51
29	3.01	1.515	0.62	0.43
30	4.38	2.16	1.03	0.62
31	3.11	1.56	0.75	0.57
32	5.08	2.535	1.09	0.73

表 11-11 MFINV 剩余容量均值及概率

光强等级	节点	MFINV 剩余容量均值/kVA	概率
强	6	17.15	0.582 5
	24	13.62	
	27	16.28	
中	6	36.58	0.252 7
	24	29.06	
	27	34.75	
弱	6	55.03	0.164 8
	24	43.71	
	27	52.27	

第12章 电力电子化配电网谐波全局治理

12.1 电力电子化配电网多时间尺度谐波协调优化

12.1.1 长时间尺度配电网分散谐波全局优化治理

12.1.1.1 电力电子化配电网谐波等值电路

本章选择谐波 Norton 等效模型来表征配电网的分散谐波源模型,并基于试验手段获得各模型的等效参数。电力电子化配电网可采用图 12-1 所示的系统网络表示,近似认为分布于各个节点的分散谐波源不受节点电压影响,则各节点的等值谐波注入与线性负载可用 Norton 电路表示。

以 h 次谐波电路为例,在图 12-1 中,并联在节点上的各 VDAPF 控制为对地电导,可用谐波电导表示,大电网侧电源支路等效为对地谐波阻抗。其中,$Z_{S,h}$ 为大电网侧电源的等效谐波阻抗,$I_{h,n}$ 为谐波源 n 的 h 次谐波电流,g_m 为 VDAPF$_m$ 的等效谐波电导,并且不同频率下,VDAPF 对应不同的谐波电导值,i_m 为 VDAPF$_m$ 注入的谐波补偿电流。

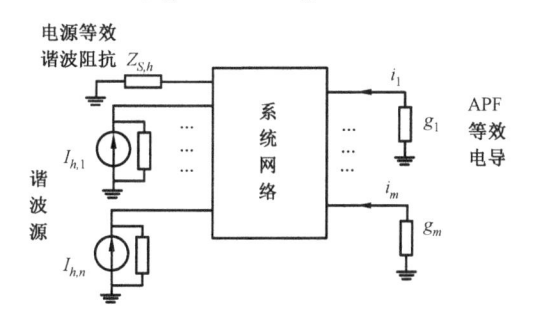

图 12-1 系统谐波等值电路

12.1.1.2 全局优化目标函数

长时间尺度优化以 15 min 为时间粒度,从全网节点电能质量整体最优出发,以分布式并联在系统节点上的 VDAPF 各次谐波电导值为优化变量,以各节点电压总畸变率为考核指标,协调优化各 VDAPF 各次谐波电导值。为使配网电压畸变达到综合最优,考虑各节点上所接负荷设备对电网谐波的电能质量要求程度差异。对此,通过设定不同节点对应的重要度权重系数 c_n 以表征该节点对谐波这一电能质量指标的要求程度。

为便于研究,本章引入节点敏感度因子 α,其值反映了节点所接负荷设备对电压畸变的敏感程度，α 值越大表明该节点对畸变指标要求越高。通过已知节点的敏感度因子在所有节点因子中所占有的比重来定义节点重要度权重系数，如式(12-1)所示。

$$c_j = \frac{\alpha_j}{\sum\limits_{j=1}^{N} \alpha_j} \tag{12-1}$$

式中，α_j 为节点 j 负荷敏感度因子，其值可根据实际需要进行设置和调节；N 为系统节点总数。

在节点重要度权重系数基础上，本章将长时间尺度的全局优化目标函数设置为考虑不同节点权重系数差异的节点谐波电压畸变率的加权求和。计算式如式(12-2)所示。

$$f_{\text{THD}} = \min \sum_{j=1}^{N} c_j \cdot \text{THD}_j \tag{12-2}$$

式中，f_{THD} 为全局优化的目标函数；c_j 为节点 j 重要度权重系数，其大小可由式(12-1)求得；THD_j 表示节点 j 的电压总畸变率，计算式如式(12-3)所示。

$$\text{THD}_j = \frac{\sqrt{\sum\limits_{h=2}^{\infty} U_{h,j}^2}}{U_{1,j}} \times 100\% \tag{12-3}$$

式中，$U_{1,j}$ 为 j 节点基波电压有效值；$U_{h,j}$ 为 j 节点 h 次谐波电压有效值，可由 h 次谐波潮流计算求得。

12.1.1.3 全局优化约束条件

长时间尺度优化求解过程中需满足一些必要的电气约束，其中包括等式及不等式约束。主要有谐波潮流等式约束、VDAPF 补偿容量约束、谐波容量等式约束。

(1) 谐波潮流等式约束，即

$$\boldsymbol{U}_h = \boldsymbol{Y}_h^{-1} \boldsymbol{I}_h \tag{12-4}$$

式中，$\boldsymbol{U}_h$ 和 $\boldsymbol{I}_h$ 分别为配电网节点的谐波电压列向量和谐波源负荷节点向电网注入的谐波电流列向量；$\boldsymbol{Y}_h$ 为由系统网络参数决定的谐波导纳矩阵。

(2) VDAPF 补偿容量约束

VDAPF 在谐波补偿过程中，其最大补偿量不能超出额定容量限值，约束公式如式(12-5)所示。

$$S_{\text{APF},c_i} \leqslant S_{\text{APF},c_i}^0 \tag{12-5}$$

式中，S_{APF,c_i} 为第 c_i 台 VDAPF 实际谐波补偿总容量；S_{APF,c_i}^0 为第 c_i 台 VDAPF 额定容量。

其中，由于 VDAPF 等效为谐波电导，其实际输出的谐波电流可由谐波电导值与实际的谐波电压值相乘得到。因此，实际补偿容量 S_{APF,c_i} 可通过式(12-6)计算得到。

$$S_{\text{APF},c_i} = \sqrt{\sum_{h=2}^{\infty} (G_{h,ci} \times U_{h,ci})^2} \tag{12-6}$$

式中，$G_{h,ci}$ 为 VDAPF 的 h 次谐波电导值；$U_{h,ci}$ 为 VDAPF 节点的 h 次谐波电压。

12.1.1.4 基于改进 PSO 的全局优化模型求解

粒子群优化算法(Particle Swarm optimization, PSO)最早是在 1995 年被提出,属于启发式的进化算法,它的最初思想是受到了鸟类在寻找食物中不同鸟之间的信息传递并更新各自信息的启发。在针对鸟类寻觅食物的有规律的行动研究中,最终确立了利用粒子群体进行寻优的优化求解模型。通过对鸟类群体行动的长时间观察和研究发现,粒子群里的鸟类的活动规律为,单个的鸟即粒子将自己的位置等信息传递给其他粒子,其他粒子则根据群体中除自己以外的粒子信息来更新自己的位置信息,从而使得粒子群的整体行为变为一个有序的群体行为,并最终得到全局最优解。PSO 算法由于其简单、需调整的参数较少而在电力系统优化中广泛应用,并且随后有多种对标准粒子群的改进方法在电力系统中的应用。

在该算法中,每个粒子代表了模型中的一个候选解,粒子根据种群信息和个体信息在搜索空间中更新自身飞行速度和位置,在数次迭代后,最终找到最优位置。在标准的粒子群算法中,粒子根据如下的公式更新自己的速度和位置。

$$V_i^{k+1} = \omega V_i^k + c_1 r_1 (P_{besti}^k - X_i^k) + c_2 r_2 (g_{best}^k - X_i^k)$$
$$X_i^{k+1} = X_i^k + V_i^{k+1} \tag{12-7}$$

式中,V_i^{k+1} 代表粒子 i 在第 $k+1$ 次迭代中的粒子速度;X_i^{k+1} 表示在第 $k+1$ 次迭代时粒子 i 的位置;P_{besti}^k 和 g_{best}^k 分别表示粒子 i 在第 k 次迭代时的个体最优位置以及全局最优位置;ω 为惯性权重;c_1 和 c_2 分别为个体学习因子和群体学习因子;r_1 和 r_2 为取值在[0,1]之间的随机数。标准粒子群算法求解速度快,参数少,易于实现。但是,算法在早期的迭代过程中,特别是在求解多峰模型时,易受少数超级粒子的影响,使种群偏离最优解的搜索方向,出现早熟收敛现象。

因此,在对长时间尺度的全局优化模型求解中基于权重改进粒子群算法。具体为粒子更新速度时,随着迭代次数的逐次增加,惯性权重从最大变化到最小,其变化公式为

$$\omega = \omega_{max} - \frac{t(\omega_{max} - \omega_{min})}{t_{max}} \tag{12-8}$$

改进 PSO 算法步骤为:

(1) 初始化粒子群体中各粒子(VDAPF 的各次谐波电导)的初始位置(电导值)和初始速度(电导值变化率)。

(2) 根据设置的优化目标函数(节点总电压谐波畸变率)计算不同谐波次数下 VDAPF 的初始电导值所对应的目标函数,分别比较不同谐波次数下所有粒子(电导)的目标函数值并得到最优目标函数值所对应的最优电导值。

(3) 根据当前的惯性权重值及个体学习因子和群体学习因子来更新粒子(电导)的电导值和电导值变化率。

(4) 进行下一次的迭代计算,根据设置的优化目标函数(节点总电压谐波畸变率)计算不同谐波次数下 VDAPF 的电导值所对应的目标函数,得到该次迭代最优目标函数值及最优电导值。比较当前的最优节点总电压谐波畸变率与上一次迭代的最优节点总电压谐波畸变率,如果当前迭代次数的最优节点总电压谐波畸变率较小,则将本次迭代次数所对应的最优

电导值作为全局最优电导值。

（5）根据设定的误差阈值或迭代次数作为迭代终止条件,若满足其中之一,则终止迭代,并得到最终的全局最优电导值,否则,返回步骤(4)。

本章基于权重递减的改进粒子群算法来求解优化模型,并对所有区域内 VDAPF 各次谐波电导基准值进行统一调控。电力电子化配电网分布式 VDAPF 全局优化治理模型求解流程如图 12-2 所示,图中 h 代表了谐波次数,H 代表本章考虑的最大谐波次数。

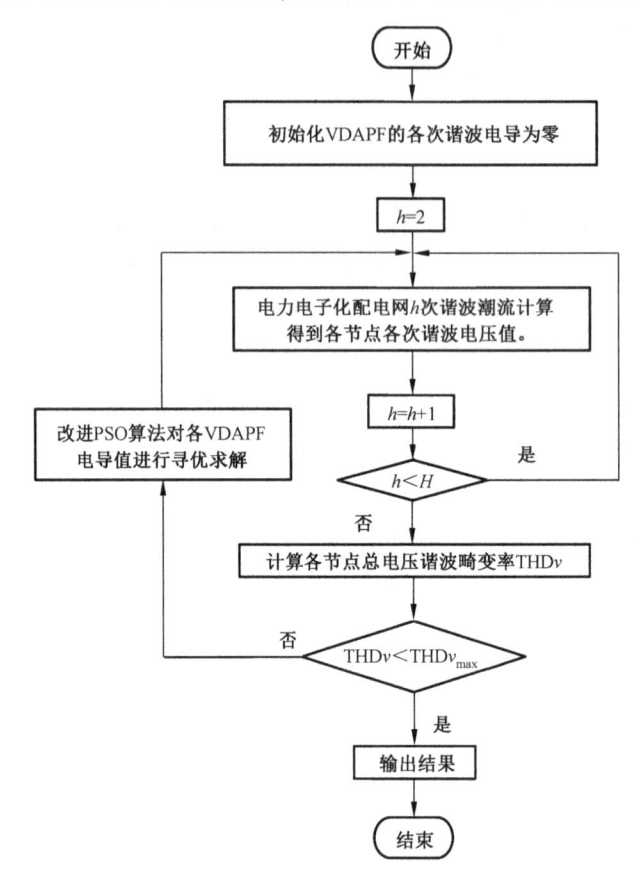

图 12-2　电力电子化配电网分布式 VDAPF 全局优化治理模型求解流程图

12.1.2　基于模型预测控制的短时间尺度谐波优化治理

由于配电网谐波存在时变问题,基于长时间尺度的全局优化以短期谐波预测为依据,不可避免地存在预测误差,可能导致长时间尺度全局优化治理方案的失效。因此,为校正长时间尺度的谐波预测误差带来的谐波方案的偏差,本章提出了基于模型预测控制的短时间尺度在线调节的谐波优化治理方案。

模型预测控制(Model Predictive Control,MPC)是基于模型建立的先进控制方法。MPC 主要包含预测模型、滚动优化和反馈校正三大环节,近年来在电力系统优化控制模型和电力电子设备中得到广泛应用。

MPC 在模型预测的基础上,采用滚动优化控制方法,通过在有限时域内不断进行滚动优化修正,能够反馈校正系统的不确定性因素,实现了闭环控制,鲁棒控制性能好。模型预测控制具有如下的基本运行规律:对于系统采样的各时刻,通过测量系统得到当前时刻的测量信息,根据所设定的优化目标函数及相对应的系统所必须满足的约束条件,对优化模型进行有限时域内的求解,在得到的最优解的向量中,将第一个决策变量作为当前时段的最优决策。依此循环进行各采样时刻的优化任务,并依据更新的测量信息得到新的目标函数并更新求解。

MPC可以通过优化当前所在的时隙,并且能够兼顾到后续的时隙。MPC是以针对受控体模型的迭代式、有限时域滚动最佳化为基础。仅执行控制策略的第一步,随着时间的推移,接着对后续预测范围内的测量信息进行采集更新,以更新后的时刻为新的起点重新优化计算,并得到更新的优化控制决策和新的预测范围信息。随着时间的推移,预测信息的时段也随着向后推移,因此也称MPC为滚动域控制(Receding Horizon Control,RHC),这种控制方式在实践中往往能得到较好的结果。

MPC方法是一种主动控制策略。模型预测控制是一类基于预测的控制方法,和一般的控制方法相比,因为预测环节的存在,能够提前预测到可能发生的故障和问题,从而一方面可以提前给予控制干预,另一方面可以避免相互抵消的无效控制干预。

模型预测控制主要包括如下环节:

(1) 预测模型

模型预测控制中的预测模型和一般意义的模型不同,其重点在于通过设定的信息计算出接下来一个计算窗口器内的数据变化,这样的模型可以是根据历史信息推算的计算模型,如灰色估计等,也可以是根据系统建模所建立的模型,如本章的配电网谐波模型。这样的模型可以注重模型本身的结构形式,而更多的关注在于预测信息。在电力系统中长期过程中,如果模型的选择和使用得当,预测效果将非常好。

(2) 滚动优化

模型预测控制的另一特点是分段控制,由于预测模型本身存在一定的误差,长时间尺度的一次性优化计算可能导致较大的累积误差,从而导致治理方案的失效甚至导致谐波污染加重。模型预测控制单次优化计算只涉及从该时刻起的一段有限时间区间内的优化结果,预测周期会略大于控制周期。再到下一个控制时刻时,进行重复的操作,并以此往复进行,这样的系统尤其适用于在线计算。

(3) 反馈校正

模型预测控制的前述两个特点都是围绕误差展开的,本质上讲误差的来源主要有两个,一个是模型的系统误差,一个是不可预测的外界干扰。对于模型的系统误差,模型预测控制算法在每个控制时刻还根据实际记录的数据和模型预测的数据进行对比后,对预测模型进行反馈修正,对于外界干扰,可以直接以赋值、记录等方式存于新的数据中,对后续过程提供更多信息。这样的闭环控制方法大大提高了控制的准确性和有效性。

不过对于本章的控制对象电力系统而言,由于电力系统研究较为成熟,各类电力系统控制元器件的模型计算都已经经过较长时间的验证,一般情况下,并不需要对其进行反馈修正,从而减小计算成本。在实际在线系统应用中,仅需要对干扰误差进行赋值修正即可。

12.1.2.1 谐波模型预测环节

在非预测类电力系统控制的方法中,由于没有预测环节,控制模型只能根据当前时刻或历史时刻的系统状态量偏差施加控制。在模型预测控制方法中,对未来时刻的系统变化轨迹预测能够为控制模型提供更多的信息,一方面,预测信息可以对不同控制策略的控制效果提供直观的判断依据,优化控制策略的选择;另一方面,预测信息可以提前发现可能发生的故障,从而施加提前干预,避免了系统的大幅波动。

在针对配电网的谐波预测研究中,通常有如下几种方法,比如有神经网络预测方法、支持向量机、基于深度学习的预测方法等。

1. 神经网络预测方法

神经网络预测方法的优势在于它具有较强的学习能力。BP 网络作为一种多层前向神经网络,具有相对比较成熟的理论和算法,能够解决任意的非线性映射问题。在 BP 神经网络谐波预测算法中,有 2 个过程,即信号正向传播和反向传播。其中在第一个学习过程即正向传播中,存在三个训练层,分别为输入层、隐藏层和输出层,并且系统的输入数据从这三层之间依次传递。在该过程中,存在多个隐藏层,并且当信息在该类层之间传递时的权函数保持一定,该层的信息只受相邻的前一隐藏层的影响。变量信息最终要到达输出层,此时需要判断变量信息是否达到规定的精度要求,如果未达到要求,则得到相应的误差信息,并继续反向传播。神经网络预测方法的缺点为收敛速度较慢、计算效率低。

2. 支持向量机

支持向量机是一种利用大数据技术和配电网谐波数据监测平台通过采集非线性谐波负荷的历史数据,对历史数据进行预处理的预测方法。进一步对算法非线性谐波负荷的历史数据进行聚类分析,建立相应的训练样本集合和测试样本集合。最后采用支持向量机对非线性谐波负荷训练样本学习。其可与智能优化算法相结合来确定支持向量机的非线性谐波负荷预测模型的参数。

3. 基于深度学习的预测方法

在电气工程领域基于深度学习的预测得到广泛应用。为了能够使得基于深度学习的预测方法具有更高的运算性能,深度学习方法结合了机器学习和训练数据的各自优势,以达到提高学习整体效率和性能的目的。相对于浅层学习,深度学习的优势及差异:①在模型建立时,具有了较多的层级,一般存在 5 层、6 层,多者则或含有 10 多个隐含层;②强调对于特征信息的学习,为了使预测过程效率提高,通过不同特征空间的变换,使得原有样本特征从当前空间经过多层变换,得到新的空间下的特征表达。

该方法相比基于人工规则构造特征,由于利用了海量的数据信息,因而对于数据信息的模拟效果更好。

其中,基于神经网络的预测方法同支持向量机一样,相对于深度学习而言,均属于浅层机器学习方法,而深度学习具有更好的预测性能。因此,本章配电网基于大数据技术和谐波监测平台,采用基于数据驱动技术的非侵入式监测技术来对配电网谐波负荷谐波电流注入进行预测与评估,为制订谐波治理方案提供依据。

12.1.2.2 谐波治理的滚动优化

为解决配电网谐波时变问题,在长时间尺度的全局优化基础上,为校正长时间尺度的谐波预测误差带来的谐波方案的偏差,提出了短时间尺度的滚动优化方法。

在构建了谐波电流注入预测模型之后,以长时间尺度全局优化结果为基本运行点,以 5 min 为时间尺度,根据谐波电流超短期预测,对本地控制运行特性参数进行滚动优化。

各分区的本地控制器需要对每一时段 t 的本地控制参数进行设定。由于滚动优化过程得到的是未来 T 个时段的最优参数,因此算法输出的是未来 T 个时段的最优参数。将紧邻时段的最优参数 b_{t+1}^* 作为最终决策发送给本地控制器,本地控制器根据本地参数和电导基准值信息,做出各次电导值调整策略,调整结果存入历史信息数据库,用于后续的方案修正和优化决策。

在 t 时刻根据谐波电流新的预测信息及各分区内节点的实际谐波电压情况,对 VDAPF 的各次谐波电导调节度进行更新。经过滚动周期时间后将已完成的任务移入完工窗口,再从等待的任务中选取时间 Δt 内的任务进入预测窗口,在 $t+\Delta T$ 时刻开始进行周期调度决策。

考虑谐波负荷谐波电流注入的波动性和节点谐波电压的扰动,构建了各分区本地控制器参数的滚动优化模型。该优化模型的主要目标是降低分区内谐波电压的扰动,防止节点谐波电压畸变值越限。结合预测模型在每一个控制时域内,求解控制变量 b_{hi},即转换为有限时域内的静态优化问题。

结合分区内 VDAPF 本地控制器的控制方法和优化目标,在此过程中,先通过控制分区内各节点实际电压值与电压基准值之间的差值,优化控制目标为控制时域内分区内部所有节点实际谐波电压与谐波电压基准值的差值和最小,对于 h 次谐波,目标函数 J 为

$$J = \min \sum_{j=1}^{N} |U_j^h - U_j^{h*}| \tag{12-9}$$

式中,U_j^h 为节点 j 实际的 h 次谐波电压值;U_j^{h*} 为节点 j 的 h 次谐波电压基准值。

求解过程中满足的约束条件为

$$U_j^h \leq U_{j\max}^h \tag{12-10}$$

式中,$U_{j\max}^h$ 为规定的各次谐波电压的限值。

滚动时域方法在当前状态和系统模型基础上,设定周期在有限时域内滚动优化,随时间推移动态更新未来调度周期内的预测信息和运行状态,在当前滚动窗口内重新优化,执行调度决策结果。

滚动优化方法为了保证系统决策始终为最优解,根据系统实时的信息测量与预测更新,不断跟踪实时的状态信息,并重新在优化时域内做出优化决策,调整系统最优解。相比于非滚动式的优化决策,滚动式优化决策具有优良的特性,在抵抗外部扰动、减小预测误差等方面均具有较好的适用性和鲁棒性。

12.1.2.3 治理方案的反馈校正

在各分区 VDAPF 本地控制器参数决策的制定中,由于模型预测控制的预测值与实测值

存在一定偏差,所以在滚动优化过程中,需要将系统当前实测的谐波电流注入和预测的谐波电流值作为下一轮滚动优化的初始条件,使系统的调控策略符合运行要求。

分布式本地控制器运行在基于模型预测控制的协调优化策略时,每一个控制时域内都会根据实际值的反馈,对系统进行滚动优化,不会造成谐波电流预测误差的叠加,有效降低了预测误差对于系统的不利影响,即使是在不确定的环境下,依然能使优化决策保持较好的鲁棒性。

12.1.3 应用案例分析

12.1.3.1 算例参数设置

为验证本章所提基于 VDAPF 的全局优化与本地控制相结合的谐波分布式协同治理方案的有效性,以 IEEE 33 节点配网系统为例进行算例分析。

对于接有敏感负荷的节点,设置节点 4、23、28 的敏感度因子分别为 10、9、7,其他节点的敏感度因子均设置为 1。得到各节点的权重系数如表 12-1 所示。

长时间尺度全局优化以配电全网节点的电压畸变整体最优为目标,通过构建全局优化目标函数及约束条件,并采用智能优化算法求解全局优化模型,从而得到长时间尺度下的 VDAPF 最优运行点。粒子群优化算参数为:最大惯性权重 ω_{max} 为 1.4,最小惯性权重 ω_{min} 为 0.4,学习因子初始值为 $c_1=c_2=2$,粒子群规模为 400,最大迭代次数为 150。

表 12-1 各节点权重系数

节点编号	节点权重系数
4	0.179
23	0.156
28	0.125
其他	0.018

12.1.3.2 分布式 VDAPF 长时间尺度全局优化结果

长时间尺度以 15 min 为优化周期,基于谐波数据监测平台的短期谐波预测数据,对全局分布式 VDAPF 的基准运行点进行统一调控。以并联接入节点的 VDAPF 各次谐波等效电导为优化变量,根据所建全局优化模型通过谐波潮流计算结合粒子群算法求解分布式 VDAPF 的最优电导值。依据第 7.2.4 节所设置的仿真参数,并依据不同场景下的谐波污染情况,得到各控制节点处 VDAPF 各次谐波等效电导在场景 1 和场景 2 下的全局优化结果分别如表 12-2 和表 12-3 所示。

表 12-2 场景 1 下 VDAPF 谐波等效电导优化结果

控制节点	5次谐波电导基准值/S	7次谐波电导基准值/S	11次谐波电导基准值/S	13次谐波电导基准值/S
5	0.51	0.32	0.42	0.34
13	0.62	0.42	0.34	0.24
24	0.53	0.31	0.22	0.13
29	0.44	0.61	0.52	0.34

由表 12-2 可以看出场景 1 中,VDAPF 的谐波电导值中,较高次谐波电导值比较低次的值要小。如控制节点 13 和 24 的 13 次、11 次谐波电导值都比 5 次、7 次谐波电导值小;控制节点 29 的 13 次谐波电导值比其他次谐波电导值小;控制节点 5 的 13 次谐波电导值较小等,这是因为谐波源向网络注入的低次谐波如 5 次、7 次谐波幅值较大,而较高次谐波的含量较少。由于 VDAPF 的等效谐波电导表征了其对谐波的治理强度,网络中低次谐波含量相对较高,因而需要较大的治理强度,相应的谐波电导值相对较大。

表 12-3 场景 2 下 VDAPF 谐波等效电导优化结果

控制节点	5次谐波电导基准值/S	7次谐波电导基准值/S	11次谐波电导基准值/S	13次谐波电导基准值/S
5	0.81	0.63	0.63	0.22
13	0.80	0.61	0.51	0.50
24	0.71	0.44	0.34	0.23
29	0.82	0.82	0.76	0.45

表 12-3 中,VDAPF 的谐波电导值也遵循了同样的规律,即较高次谐波电导值比较低次的值要小。这是因为在场景 2 中谐波电流注入整体较场景 1 要大,造成的谐波污染也更严重。但同时也满足高次谐波电流注入幅值比低次谐波电流注入幅值要小。同样地,VDAPF 的等效谐波电导表征其治理强度,因此,在相同网络参数的情况下,较严重的谐波污染需要更多的治理量才能抵消谐波电流的注入。

比较场景 1 和场景 2 的谐波电导优化结果,可以得出:场景 1 中 VDAPF 的谐波电导值总体较场景 2 的值要小。这主要是由于场景 2 的谐波污染较场景 1 要更为严重,需要更强的治理力度,而谐波电导值代表了 VDAPF 对谐波的治理强度。谐波电导越大,谐波治理强度越大。因此,在相同谐波电压限值的要求下,谐波污染较严重的场景下需要 VDAPF 输出更多的治理量。

12.1.3.3 分布式 VDAPF 分区治理与分散式治理方式对比分析

由于集中式治理模式主要针对不同电压等级且谐波污染源较为集中的情况,与分散化、全网化谐波分布存在较大差异。因此,本章不再对分布式与集中式的治理方案进行对比验证。

为验证本章基于分布式 VDAPF 的治理系统方案的有效性,将配置位置、数量以及容量相同的电流检测型 APF 进行分散式谐波治理方法与本章所提方法作为对比。

方案 1:采用本章基于电压检测型 APF 的电网侧分布式全局优化治理方法。

方案 2:采用基于电流检测型 APF 的分散式本地谐波治理方法。

其中,方案 2 中电流检测型 APF 需要选取一条指定线路并检测该线路谐波电流作为指令参考电流。对于检测线路的指定,本章按照节点编号顺序选取电流检测型 APF 接入节点与下一节点之间的线路为谐波电流检测线路;当 APF 所接入节点处于线路末端时,则取该节点所接负荷中谐波电流最大的负荷支路为谐波电流检测支路。

以全网节点的谐波电压总畸变率为电能质量对比指标,分别对两个场景下不同治理方案的治理效果进行仿真验证并对比结果。场景 1 下不同治理方案下的治理结果对比如图 12-3 所示。

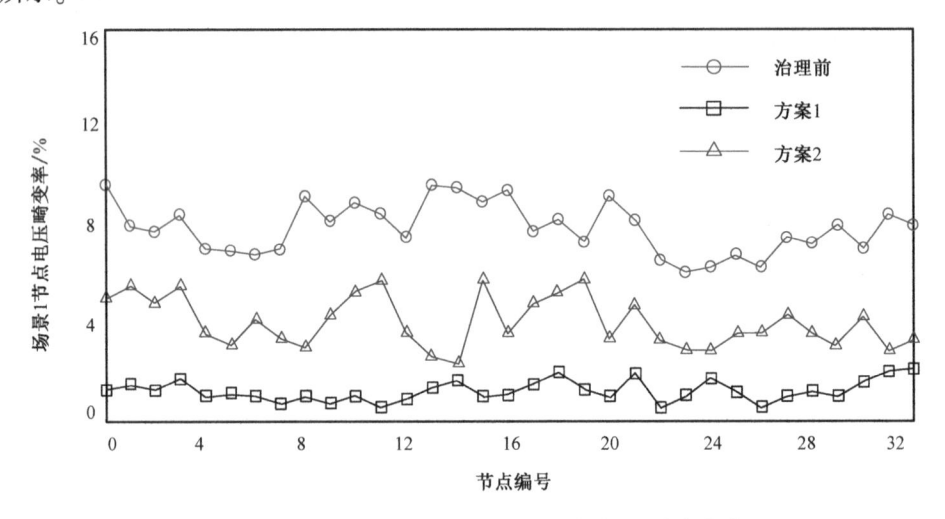

图 12-3 场景 1 下治理前后各节点电压总畸变率

从图 12-3 中可以看出,治理前的各节点电压总畸变水平处于 8% 左右。方案 2 在谐波治理后各节点谐波电压畸变率较治理前得到了改善,整体保持在 4% 左右,且接入 CDAPF 的节点畸变率均满足规定的 5% 限值,但仍有接近半数的节点仍未达到电能质量的合格水平。而依据本章所提分布式全局优化治理方案 1,在治理后各节点电压畸变率均降到允许的 5% 以下,谐波水平得到了有效控制。

采用方案 1 治理结果,对于接有敏感负荷的节点 4、节点 23 及节点 28,相对于治理前,这些敏感节点在治理后的电压畸变得到了有效降低。考虑到有些节点对谐波畸变较为敏感,这些节点对谐波含量有较高的要求,在全局优化目标中,对这些节点赋予了较大的权值。因此,权重较大的节点在优化时会得到优先保证节点的畸变情况。

同时,本章所提分布式全局优化治理方案在 APF 补偿容量范围内可根据用户的实际电能质量需求,通过对节点设置相应的重要度权重即可实现对相应节点进行有针对性的治理,验证了本章所提治理方法的合理性。场景 2 下的优化结果对比如图 12-4 所示。

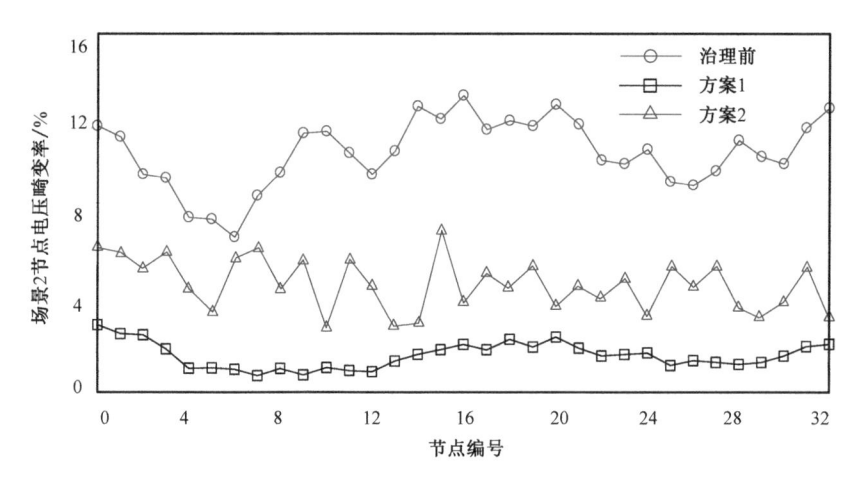

图 12-4　场景 2 下治理前后各节点电压总畸变率

从图 12-4 中可以看出,治理前的各节点电压总畸变水平处于 11% 左右。方案 2 在谐波治理后各节点谐波电压畸变率较治理前有所降低,整体保持在 6% 左右,且接入 CDAPF 的节点畸变率均满足规定的 5% 限值,但大部分节点仍未达到电能质量的合格水平。而依据本章所提分布式全局优化治理方案 1,在治理后各节点电压畸变率均降到允许的 5% 以下,谐波水平得到了有效控制。

对比场景 1 和场景 2,在谐波治理前场景 2 较场景 1 节点电压畸变更为严重。方案 2 在场景 1 下的治理结果较为合格,只存在少量不合格的节点。但是当谐波污染加重时,分散式的点对点治理模式的不足已经明显地显现。在场景 2 中,方案 2 的治理结果很不理想,除了接有 APF 的节点之外,只有少数节点的电压畸变率达到了要求。而方案 1 在场景 1 和场景 2 下均能得到良好的治理效果。

12.1.3.4　基于模型预测控制的配电网短时间尺度协调优化

配电网短时间尺度基于模型预测控制的滚动优化主要针对谐波的短时间扰动,且实际的谐波扰动存在不同的波动程度。

为验证不同扰动程度对于 VDAPF 本地控制参数设定值大小的影响,以长时间尺度下的谐波污染较严重的场景 2 为例,分别设置短时间尺度下的谐波电流注入的不同波动情景。

情景 1:设置各节点接入的谐波源向节点注入的谐波电流最大波动幅度为其预测基准值的 10%。

情景 2:设置各节点接入的谐波源向节点注入的谐波电流最大波动幅度为其预测基准值的 20%。

设置情景 1 中谐波源负荷向电网注入的谐波电流在基准值的 10% 以内随机波动,设置情景 2 中谐波源负荷向电网注入的谐波电流在基准值的 10%~20% 以内随机波动,随机选取其中的一种波动情形,分别得到的两种情景下各节点向电网注入的谐波电流幅值分别如图 12-5 和图 12-6 所示。

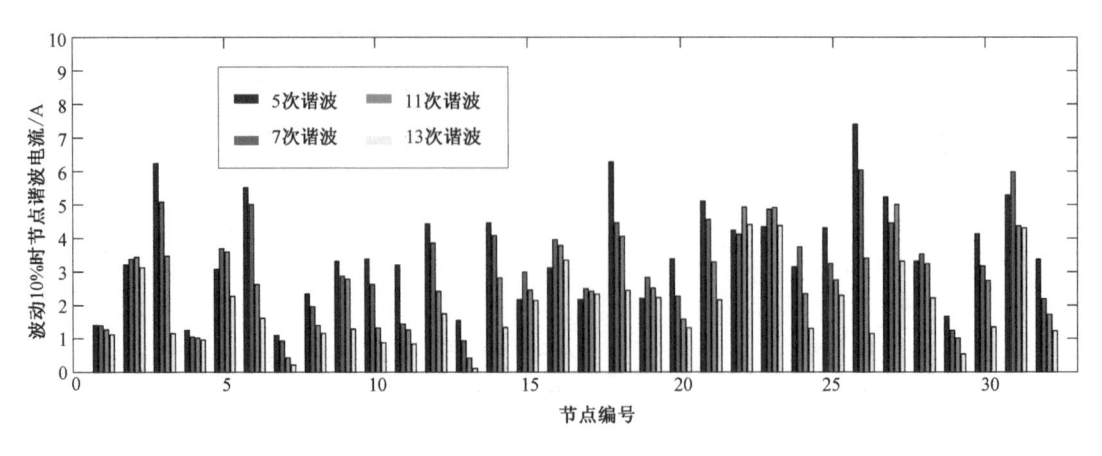

图 12-5 发生 10%波动时的各节点注入的谐波电流

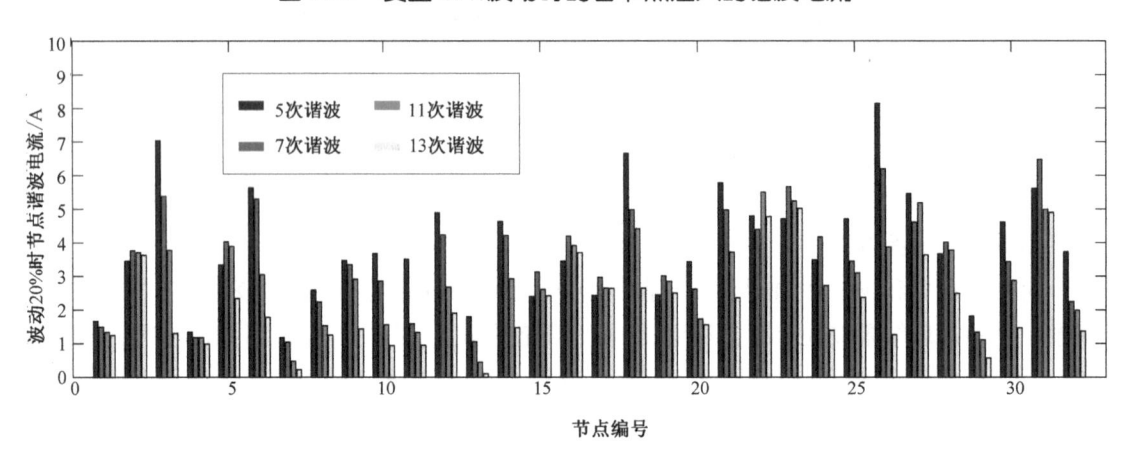

图 12-6 发生 20%波动时的各节点注入的谐波电流

根据对在情景 1 的谐波电流注入预测值信息,通过全局优化可得到的各节点电压畸变率指标及其各次谐波电压基准值,并依此得到控制节点单次谐波电压畸变率允许增量,结果如表 12-4 所示。将控制节点单次谐波电压畸变率允许增量按各次谐波电压基准值成比例分配给控制节点各次谐波电压允许增量,结果如表 12-5 所示。

以某一短时间尺度内优化时段为例,情景 1 下的 VDAPF 本地控制参数电导调节度值如表 12-6 所示。

表 12-4 情景 1 控制节点单次谐波电压畸变率允许增量

控制节点	THDv 值/%	5 次谐波畸变率允许增量/%	7 次谐波畸变率允许增量/%	11 次谐波畸变率允许增量/%	13 次谐波畸变率允许增量/%
5	4	0.44	0.30	0.16	0.10
13	1.7	1.44	0.98	0.55	0.33
24	2.2	1.24	0.84	0.45	0.27
29	1.7	1.46	0.99	0.53	0.32

第12章 电力电子化配电网谐波全局治理

表 12-5 情景 1 控制节点各次谐波电压允许增量

控制节点	5 次谐波电压允许增量/kV	7 次谐波畸变率允许增量/kV	11 次谐波畸变率允许增量/kV	13 次谐波畸变率允许增量/kV
5	0.176	0.120	0.064	0.040
13	0.576	0.392	0.220	0.132
24	0.496	0.336	0.180	0.108
29	0.584	0.396	0.212	0.128

表 12-6 情景 1 VDAPF 本地控制电导调节度的设定值

控制节点	5 次谐波电导调节度/(S/kV)	7 次谐波电导调节度/(S/kV)	11 次谐波电导调节度/(S/kV)	13 次谐波电导调节度/(S/kV)
5	13.9	13.5	12.5	8.2
13	13.8	13.2	12.4	10.4
24	14.5	13.8	11.2	7.9
29	13.4	12.7	10.6	9.5

以控制节点 13 所在区域 II 为例,取谐波源注入电流最大扰动量为基准值的 10%,在 0.1 s 时发生扰动,根据本地运行特性,VDAPF 的指令谐波电导 G 随着谐波电压的波动而变化。在 0.2 s 时 13 节点处 VDAPF 的各次指令谐波电导趋于稳定,各次谐波电导分别为 $G_1 = 0.86$ S,$G_2 = 0.67$ S,$G_3 = 0.56$ S,$G_4 = 0.73$ S,此时,各分区内所有节点的电压畸变仍保持在规定的限值以下。验证了本章设计的本地控制可实现治理强度的动态调节,满足对谐波的动态治理需求。

同样地,可得到情景 2 下控制节点单次谐波电压畸变率允许增量,结果如表 12-7 所示。将控制节点单次谐波电压畸变率允许增量按各次谐波电压基准值成比例分配给控制节点各次谐波电压允许增量,结果如表 12-8 所示。以某一短时间尺度内优化时段为例,情景 2 下的 VDAPF 本地控制参数电导调节度值如表 12-9 所示。

表 12-7 情景 2 下控制节点单次谐波电压畸变率允许增量

控制节点	THDv 值/%	5 次谐波畸变率允许增量/%	7 次谐波畸变率允许增量/%	11 次谐波畸变率允许增量/%	13 次谐波畸变率允许增量/%
5	4.5	0.10	0.18	0.12	0.10
13	2.3	1.21	0.93	0.35	0.21
24	3.8	0.70	0.31	0.10	0.09
29	2.3	1.21	0.93	0.35	0.21

表 12-8　情景 2 下控制节点各次谐波电压允许增量

控制节点	5 次谐波电压允许增量/kV	7 次谐波畸变率允许增量/kV	11 次谐波畸变率允许增量/kV	13 次谐波畸变率允许增量/kV
5	0.040	0.072	0.048	0.040
13	0.484	0.372	0.140	0.084
24	0.280	0.124	0.040	0.036
29	0.484	0.372	0.140	0.084

表 12-9　情景 2VDAPF 本地控制电导调节度的设定值

控制节点	5 次谐波电导调节度/(S/kV)	7 次谐波电导调节度/(S/kV)	11 次谐波电导调节度/(S/kV)	13 次谐波电导调节度/(S/kV)
5	10.8	10.5	9.5	6.2
13	9.7	10.3	9.3	8.4
24	10.5	11.8	7.2	7.4
29	11.4	10.7	9.6	7.5

以控制节点 24 所在区域Ⅲ为例,取谐波源注入电流最大扰动量为各节点注入谐波电流基准值的 10%~20%,在 0.1 s 时发生扰动,根据本地运行特性,VDAPF 的指令谐波电导 G 随着谐波电压的波动而变化。在 0.2 s 时 24 节点处 VDAPF 的各次指令谐波电导趋于稳定,各次谐波电导分别为 $G_1=0.81$ S, $G_2=0.47$ S, $G_3=0.53$ S, $G_4=0.36$ S,此时,各分区内所有节点的电压畸变仍保持在规定的限值以下。验证了本章设计的本地控制可实现治理强度的动态调节,满足对谐波的动态治理需求。

比较情景 1 与情景 2 可得:情景 2 由于谐波电流注入的波动较大,造成节点谐波电压畸变更为严重,因此,情景 2 下 VDAPF 所在控制节点允许的节点电压畸变增量值较小,导致分配给各次谐波电压的允许增量也较小,需要的谐波电导调节度应能够满足本区域在谐波电流的微小扰动下,区域内部节点仍然能够满足电压畸变的要求。以节点 13 为例,情景 1 中各次电导调节度分别为 $b_1=13.8$ S/kV, $b_1=13.2$ S/kV, $b_1=12.4$ S/kV, $b_1=10.4$ S/kV。而情景 2 中各次电导调节度分别为 $b_1=9.7$ S/kV, $b_1=10.3$ S/kV, $b_1=9.3$ S/kV, $b_1=8.4$ S/kV。当谐波电压发生稍微小的扰动时极易造成该节点及附近节点的谐波电压越限值。因此,需设置较小的谐波电导调节度使得谐波电压值对谐波电导值更为灵敏,才能有效抑制控制节点及其附近节点的电压扰动。

12.1.3.5　多时间尺度协调优化与全局优化结果的对比

当谐波电流注入发生波动时,全局优化结果的基准运行点可能已不再适用实际情况。需要根据实时的谐波预测对治理参量作出调整。仍以场景 2 为例,当谐波分别发生情景 1 和情景 2 的波动情况时,本地控制器参数的滚动优化结果会根据新的谐波电流预测信息对本区域内 VDAPF 的各次谐波电导调节度进行重新优化,以适应谐波的扰动。

为验证本章所提基于模型预测控制方法中滚动优化运行对于配电网谐波扰动的有效抑制,将短时间尺度内对于本地控制参数的滚动优化更新,并对各次谐波电导值进行调整后的治理效果,与仍以长时间尺度下全局优化的治理结果进行对比。

根据滚动优化的 VDAPF 各次谐波电导调节度,以及控制节点实际的谐波电压值,可调整实际的各次谐波电导值,情景 1 和情景 2 下的对于波动下的各次谐波电导值分别如图 12-7 和图 12-8 所示。

由图 12-7 和图 12-8 可知情景 1 和情景 2 中,短时间尺度下基于模型预测控制的滚动优化得到调整后的谐波电导值相对于全局优化而言,各 VDAPF 的各次谐波电导值大体上都调节得较大,且较低次谐波相对于较高次谐波的电导值要大。这主要是由于当谐波电流注入发生波动时,引起节点谐波电压值的波动。而全局优化是基于长时间尺度的谐波预测信息得到的优化结果。当谐波电流注入发生波动时,基本运行点已经不能保证所有节点都达到合格状态。为抑制谐波的扰动,滚动优化的结果是通过调整合适的 VDAPF 各次谐波电导调节度,并增加各次谐波电导值来抑制谐波电压的升高及波动。

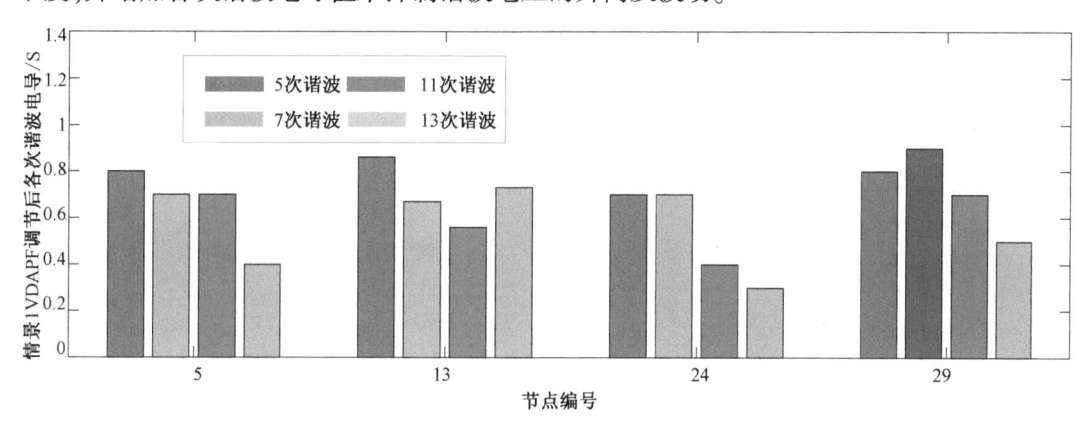

图 12-7　情景 1 下滚动优化调节后 VDAPF 各次谐波电导值

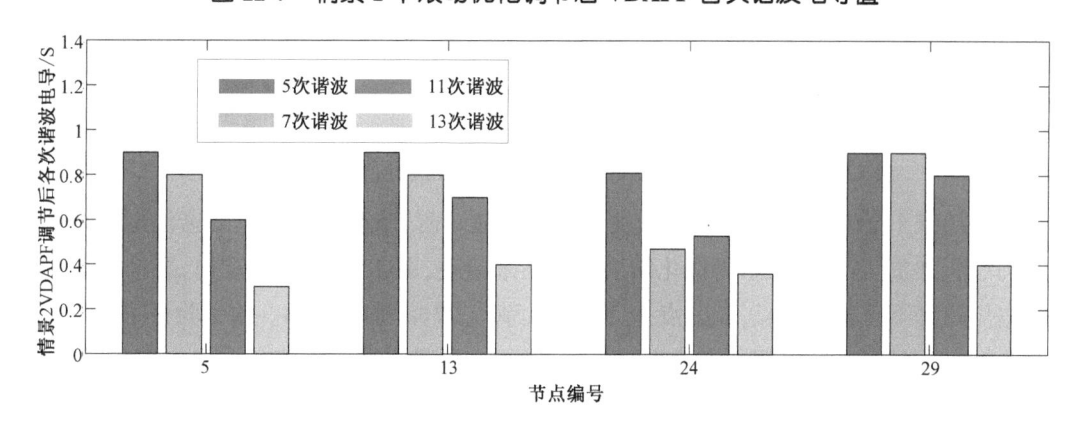

图 12-8　情景 2 下滚动优化调节后 VDAPF 各次谐波电导值

另外,比较情景 1 和情景 2 下的各次谐波电导值的幅值可知,在情景 2 中由于谐波电导值较情景 1 中谐波电导值幅值较大。因此,在情景 2 中由于谐波电流注入的波动范围较大,情景 1 中谐波电流波动幅度较小。情景 2 下配电网谐波污染情况较为严重,需要更大的治理力度来抵消谐波源注入的谐波电流,因而该情景下对应的各次谐波电导值更大。

在短时间尺度内对本地控制参数的滚动优化更新,并对各次谐波电导值进行调整后的治理效果,与仍以长时间尺度下全局优化的治理结果得到各节点电压畸变情况进行对比,情景1和情景2下的对比结果分别如图12-9和图12-10所示。

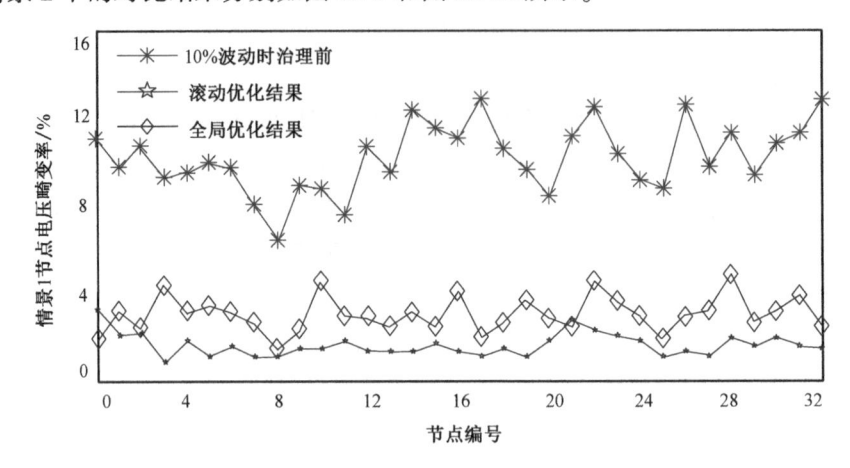

图12-9　情景1下滚动优化与全局优化运行点治理的结果对比

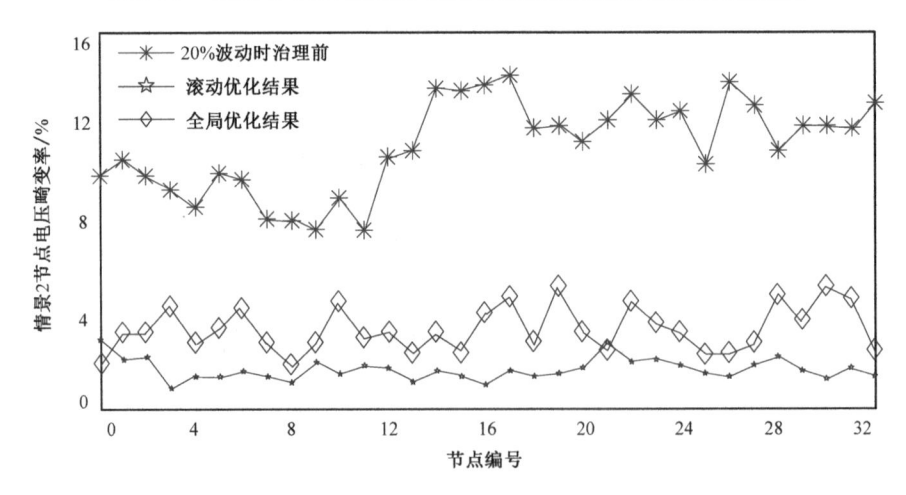

图12-10　情景2下滚动优化与全局优化运行点治理的结果对比

对于情景1,当节点谐波电流注入发生10%的波动时,治理前各节点的谐波电压畸变较波动前有所加重,若仍采用全局优化结果的方案来治理,图12-9中可以看出,各个分区内均存在电压畸变不合格的节点,如节点3、节点10、节点22以及节点28。这也验证了全局优化结果只针对长时间尺度短期预测信息而言是可行的,但实际上的谐波电流注入在实时波动,全局优化结果需要结合更为精确的谐波预测信息,与短时间尺度滚动优化相结合,才能保证治理结果的有效性和合理性。

从图12-10中可得出,对于情景2谐波源负荷注入的谐波电流发生20%的波动,治理前各节点的谐波电压畸变较情景1和波动前都有所加重,采用全局优化结果的方案治理,导致各个分区内均存在电压畸变不合格的节点数较情景1明显增多,如较为严重的节点10、节点

19 以及节点 30。同样验证了全局优化结果只针对长时间尺度短期预测信息而言,实际上的谐波电流注入实时波动,全局优化结果需与短时间尺度滚动优化相结合,才能保证各区域内所有节点的谐波电压值均合格。

12.2 参与谐波优化治理的观测节点选取方法

12.2.1 电能质量数据时间序列特征点处理

电压信号监测网记录的各节点电压数据是一系列按照时间顺序变化的数据值,由于传输信道、时间维度、数值波动等影响,从电网数据中台提取的电压时间序列包含大量干扰因素,导致局部污染特征不明显,难以反映各节点间电能质量污染关系,治理难度较大,必须对数据进行预处理,确保电压畸变观测节点选择的精准性。

12.2.1.1 时间序列分段线性模式表示

从电网数据中台提取的电能质量数据是时域上变化的数据点,时间与数据之间的关系反映为 $X=\{(t_i,x_i)\}_{i=1}^n$。由于记录时间长,数据规模大,且污染特征易被掩盖,不进行数据处理难以精准挖掘其内在联系。分段线性表示(Piecewise Linear Representation,PLR)通过线段拟合来表示原始时间序列,具有数据压缩比高、降低噪声好、计算速度快等特点,表示模式直观有效。PLR 法模式表示在商业、经济、社会领域广泛应用,本章采用这一方法模式表示电能质量时间序列,能够有效突出电能质量污染特征,分别选取表征最优或最劣电能质量的极值点和沿某一趋势方向突变拐点作为序列特征点。

分段线性表示一维电压信号时间序列 $X=\{(t_i,x_i)\}_{i=1}^n$,划分为 m 条线段后表达式如式(12-11)所示。

$$X = \begin{cases} f(t,z_1) + e_1(t), t_0 < t \leq t_1 \\ f(t,z_2) + e_2(t), t_1 < t \leq t_2 \\ \vdots \\ f(t,z_m) + e_m(t), t_{m-1} < t \leq t_m \end{cases} \quad (12-11)$$

式中,$f(t,z_1)$,$e_i(t)$,$t_0,t_1,\cdots,t_m$ 分别表示线性函数、分段序列与原始序列误差值、时间间隔点。

电能质量时间序列极值点和拐点的示意图如图 12-11 所示。

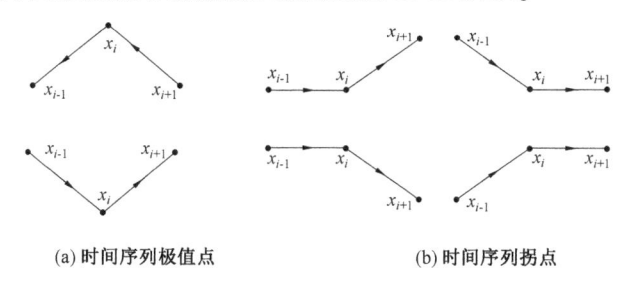

(a) 时间序列极值点   (b) 时间序列拐点

图 12-11 电能质量时间序列极值点和拐点

时间序列的数据特征点一般选取局部极值点作为分段线性表示的分段间隔点,如图 12-11(a)中的 x_i 所示。电网企业数据中台提取的电能质量时间序列,通常选取波动最大的区段进行分析,选取局部极值点提取污染源时间序列的关键信息特征。此外,在时间序列中还存在反映数据趋势变化的转折点,如图 12-11(b)中 x_i 所示,当 x_i 前后电能质量发生趋势变化、周期性规律变化,以及突发事件变化后趋于平稳而形成拐点时,包含了大量的信息特征,也可以作为分段间隔点。综上,以局部极值点和拐点作为数据特征点,如式(12-12)所示,时间序列的数据特征点选取 x_i 满足局部极值点和拐点的特征点序列为 $X^C = \{(t_j^C, x_j^C)\}_{j=1}^m$。

$$X^C = \begin{cases} \{(x_i < x_{i-1}) \cap (x_i \leq x_{i+1})\} \\ \{(x_i \leq x_{i-1}) \cap (x_i < x_{i+1})\} \\ \{(x_i > x_{i-1}) \cap (x_i \geq x_{i+1})\} \\ \{(x_i \geq x_{i-1}) \cap (x_i > x_{i+1})\} \end{cases} (i = 2, 3, \cdots, n-1) \quad (12\text{-}12)$$

式中,x_i、x_{i-1}、x_{i+1}、n 分别表示数据特征点及其前后相邻数据点和数据维度。

按式(12-12)获得的特征点并非都含有重要特征信息,其中会包含干扰因素引起的微弱极值点或持续时间较短的拐点,过度保留此类特征点对序列污染信息的解析会造成不利影响。因此,为进一步降维、减噪、突出信息特征,需要对已经提取出的特征点作进一步处理,提取出重要特征点。

距离度量是精准选取重要特征点的有效方法。如图 12-12 所示,选取特征点序列 X^C 相邻特征点 x_{j-1}^C、x_j^C、x_{j+1}^C、x_j^C 成为重要特征点的概率和 x_j^C 与 x_{j-1}^C、x_{j+1}^C 相连接所构成区域的距离 d 有关,距离越大,x_j^C 成为重要特征点的概率就越大。

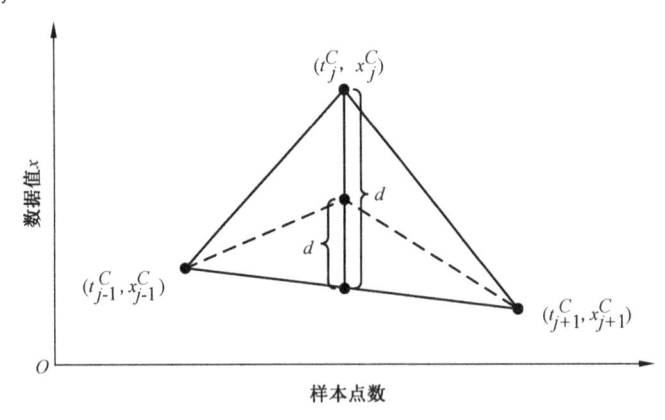

图 12-12 点到区域的垂直距离

在欧式空间中,有多种距离表示,如欧式空间中点到点的直线距离称为欧几里德距离,点到点连接线段的距离称为垂直距离,点到点所在区域的距离称为正交距离。在图 12-13 中,a、b 为点 (t_j^C, x_j^C) 与 (t_{j-1}^C, x_{j-1}^C) 和点 (t_j^C, x_j^C) 与 (t_{j+1}^C, x_{j+1}^C) 的欧几里德距离,d 为点 (t_j^C, x_j^C) 到点 (t_{j-1}^C, x_{j-1}^C) 和 (t_{j+1}^C, x_{j+1}^C) 相连接线段的垂直距离,c 为点 (t_j^C, x_j^C) 到点 (t_{j-1}^C, x_{j-1}^C) 和 (t_{j+1}^C, x_{j+1}^C) 相连接线段的正交距离。

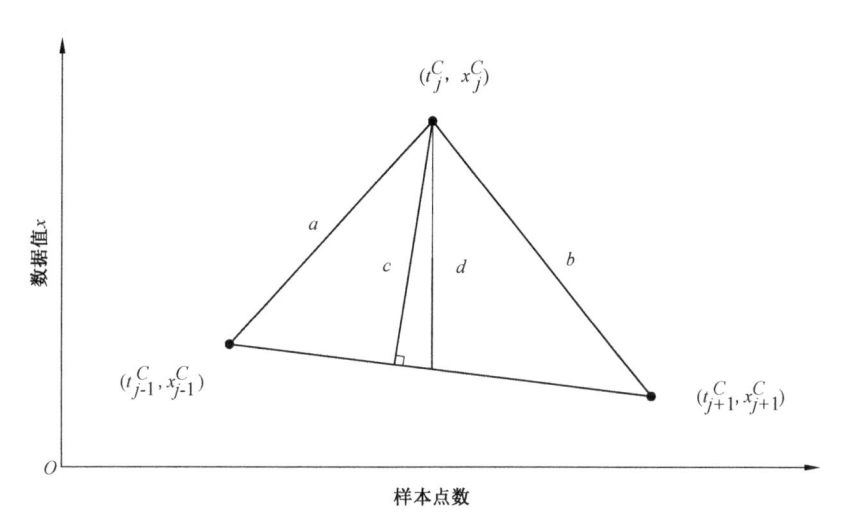

第 12 章　电力电子化配电网谐波全局治理

图 12-13　点到区域的距离

其中,欧几里德距离计算公式为

$$\begin{cases} a = \sqrt{(t_j^C - t_{j-1}^C)^2 + (x_j^C - x_{j-1}^C)^2} \\ b = \sqrt{(t_{j+1}^C - t_j^C)^2 + (x_{j+1}^C - x_j^C)^2} \end{cases} \tag{12-13}$$

式中,a 和 b 分别表示点 (t_j^C, x_j^C) 到点 (t_{j-1}^C, x_{j-1}^C) 和 (t_{j+1}^C, x_{j+1}^C) 的距离。

垂直距离计算公式为

$$d = \left| x_{j-1}^C - x_j^C + \frac{(x_{j+1}^C - x_{j-1}^C)(t_j^C - t_{j-1}^C)}{t_{j+1}^C - t_{j-1}^C} \right| \tag{12-14}$$

式中,d 表示点 (t_j^C, x_j^C) 到点 (t_{j-1}^C, x_{j-1}^C) 和 (t_{j+1}^C, x_{j+1}^C) 相连接线段的垂直距离。

正交距离计算公式如式(12-15)所示。

$$\begin{cases} s = \dfrac{(x_{j+1}^C - x_{j-1}^C)}{(t_{j+1}^C - t_{j-1}^C)} \\ r = \dfrac{(t_j^C + s \times x_j^C + s \times x_{j+1}^C - s^2 \times t_{j+1}^C)}{(1 + s^2)} \\ v = s \times r - s \times t_{j+1}^C + x_{j+1}^C \\ d_c = c = \sqrt{(r - t_j^C)^2 + (v - x_j^C)^2} \end{cases} \tag{12-15}$$

式中,c 表示点 (t_j^C, x_j^C) 到点 (t_{j-1}^C, x_{j-1}^C) 和 (t_{j+1}^C, x_{j+1}^C) 相连接线段的正交距离。

相同时间段内三种距离度量结果相近,因而在确定阈值后均可选用提取重要特征点。此外,在电能质量时间序列中,包含大量数据趋势转折变化的拐点,前后趋势变化持续时间跨度越大,包含重要特征信息的机率越大,成为重要特征点的概率越大。

时间跨度计算公式为

$$t = \min\{t_j^c - t_{j-1}^c, t_{j+1}^c - t_j^c\} \tag{12-16}$$

式中,t 表示电能质量特征点与前后特征点之间时间跨度。

因此,本章从电能质量局部极值点和拐点中初步获取时间序列特征点后,建立提取重要

特征点立体化模式,纵向利用垂直距离筛选局部极值点,横向考虑拐点突变时间跨度。具体的提取步骤为:

(1) 判别局部极值点和拐点。从数据中台提取电能质量原始时间序列,选取首端点为首个重要特征点,抽取 x_1^C、x_2^C,判断 x_1^C 特征点类别,确定是局部极值点还是拐点。

(2) 提取重要特征点。当 x_1^C 为局部极值点,纵向利用垂直距离 d 筛选局部极值点,与阈值 ε 比较,超过的提取为重要极值点。当 x_1^C 为拐点,纵向利用垂直距离 d 筛选拐点,与阈值 ε 比较;横向考虑拐点突变时间跨度 t,与阈值 ζ 比较,同时超过的提取为重要拐点。

(3) 构建分段序列。按照(1)、(2)的步骤,全面梳理 $x_2^C, x_3^C, \cdots, x_m^C$,同时选取末端点为最后一个重要特征点,以线性表示构建分段序列。

12.2.1.2 分段序列互插值寻优

电压节点电能质量重要特征点构建成为分段序列,但由于污染分布、治理位置、时序要求等不同,导致连接重要特征点的直线段时间长短不一,特征显著程度不同,分段序列时间维度不一致,给数据分析带来困难。互插值寻优法是利用每一行分段序列中的重要特征点,通过在各个重要特征点上建立插值线来对其他各行分段序列进行局部寻优插值,形成等时维序列数组。

如图 12-14 所示,各行的分段序列沿某个方向互相插值,并且该方向垂直于时间轴。局部最优的插值点存在于一定的插值范围内,该范围存在两个端点,其中一个端点是插值线与分段序列的交点,另一个端点是插值线与原始序列的交点。这样的处理可以使得分段序列与原始序列尽量地逼近,另外,也保证了各序列在时间维度上的一致。

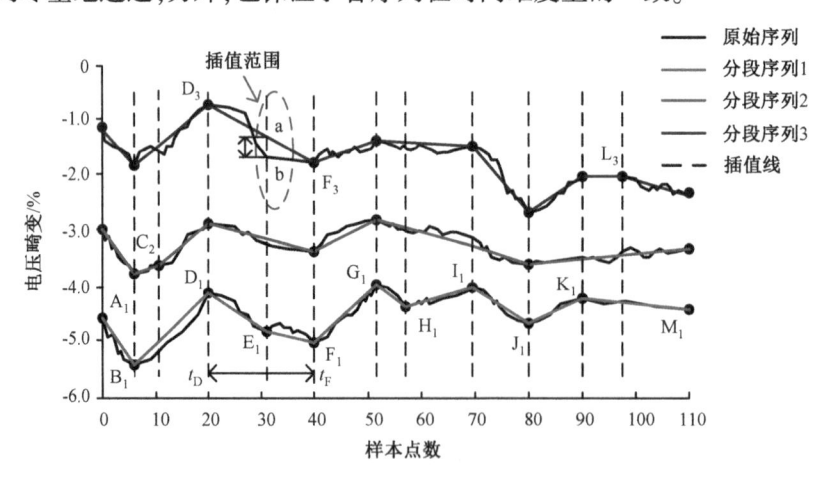

图 12-14 时间序列分段互插值

分段序列拟合误差计算如式(12-17)所示。

$$e = \sqrt{\sum_{i=1}^{n}(x_i - x_i')^2} \quad (12-17)$$

分段序列与原始序列中最为逼近的元素所在的点即为本章节中序列的插值点,如图 12-15 所示,假设原始序列中存在 n 个样本点,线段 ab 被平均地分为了 n 等份。由 a 向 b 分别计算得到分段序列与原始序列之间的拟合误差。

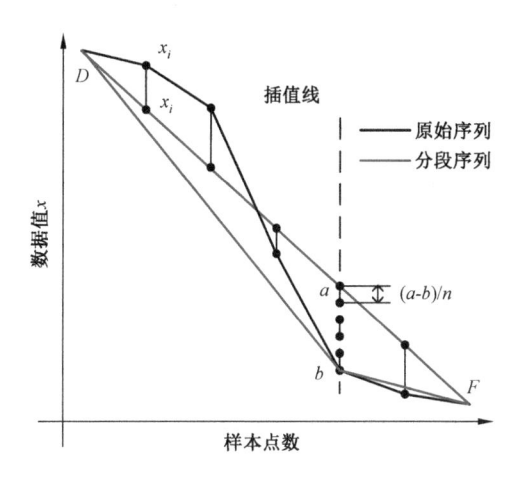

图 12-15 分段互插值原理图

依托大量的配电网监测数据,并通过初步的数据特征点从而选取出表征电能质量的重要特征点。为得到最终的等时维分段序列,采用了互插值寻优的方法,具体的流程如图 12-16 所示。

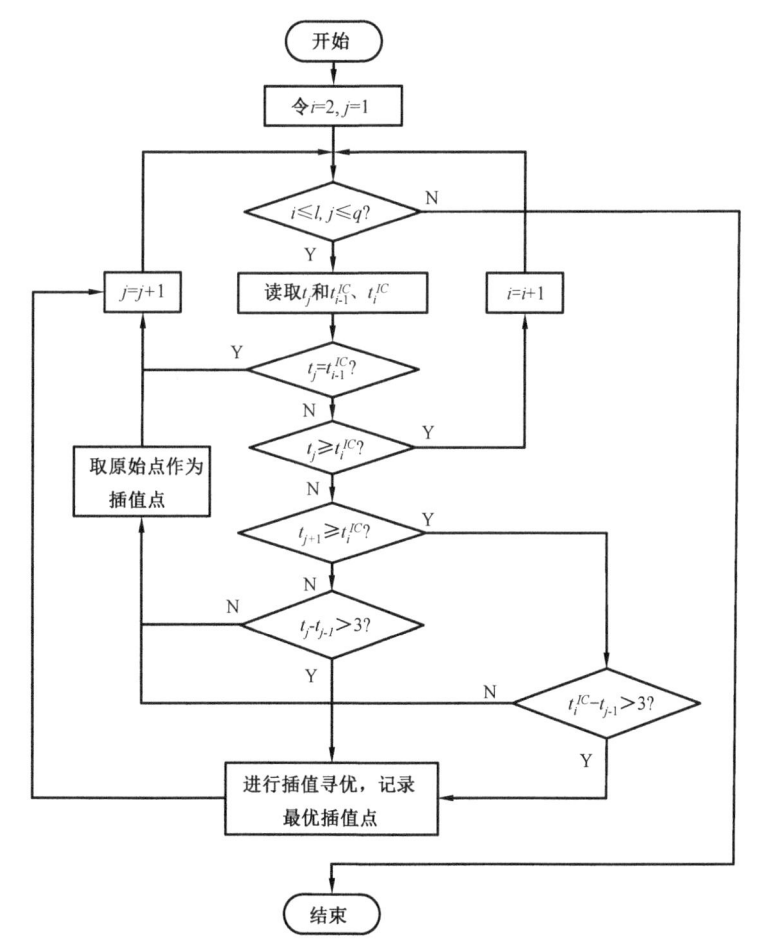

图 12-16 分段互插值原理

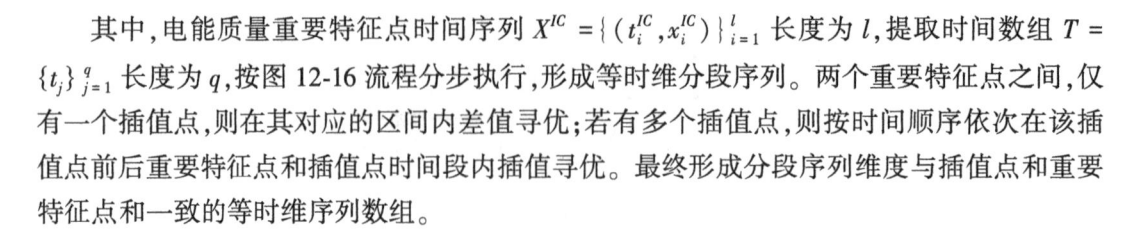

其中，电能质量重要特征点时间序列 $X^{IC}=\{(t_i^{IC},x_i^{IC})\}_{i=1}^{l}$ 长度为 l，提取时间数组 $T=\{t_j\}_{j=1}^{q}$ 长度为 q，按图 12-16 流程分步执行，形成等时维分段序列。两个重要特征点之间，仅有一个插值点，则在其对应的区间内差值寻优；若有多个插值点，则按时间顺序依次在该插值点前后重要特征点和插值点时间段内插值寻优。最终形成分段序列维度与插值点和重要特征点和一致的等时维序列数组。

12.2.2 电压畸变观测节点动态选择策略

12.2.2.1 电压信号时间序列关联分析

在能源互联网背景下，配电系统更加强烈地趋向电力电子化，从而导致电能质量问题呈现出新特征，设备种类和特性多样化，高度电力电子化，敏感设备增加、增强，从发电侧到负荷侧扰动源分布广域、复杂，如图 12-17 所示。电网消纳、承载电能质量污染的能力下降，传统电网存在的污染释放通路被电力电子化（变流器通路、电力电子变压器等），不能有效释放。同时，电能质量污染源呈现出多变性、耦合性，在电网运行过程中各污染源之间呈现出相互关联的趋势，导致每条馈线上监测到的电能质量扰动情况与其污染源对应的责任关系变得模糊，使得配电网系统中扰动源的追溯、污染责任的界定及电能质量的改善存在极大的挑战。

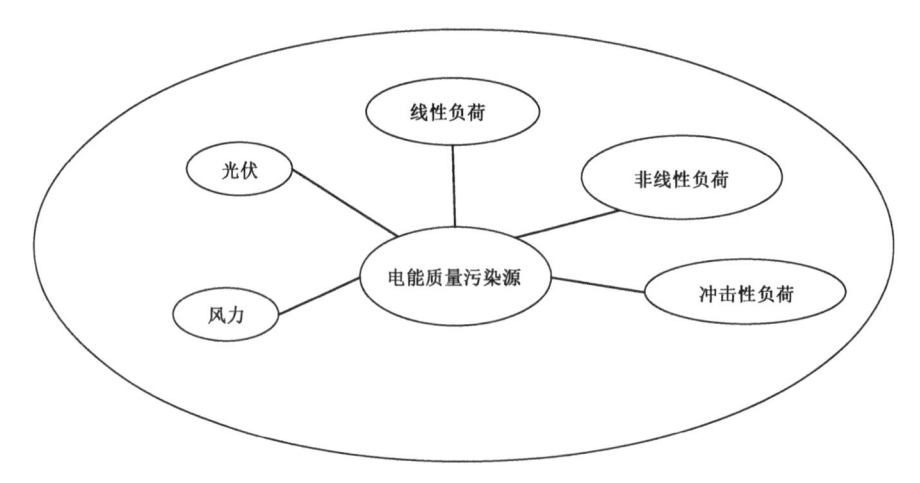

图 12-17 电力系统污染源

在配电网运行过程中，不同类型的扰动源发射的污染情况由其自身的规模大小及特性决定。例如分布式光伏并网系统发出的有功和无功功率决定了基波电流的大小，而基波电流又直接决定分布式光伏并网产生的谐波电流的大小。分布式光伏、风电并网中的基波电流及线性、非线性、冲击性等负荷中的谐波电流会通过各条线路向全网扩散。同时，电压畸变率等污染信息会随着谐波电流扩散传递，这些污染信息隐藏在监测点采集的电压信号时间序列数据之中。由于电网拓扑结构及线路参数的影响，各监测点对污染源产生的扰动信息的灵敏度不同，导致监测点采集的电压时间序列数据中包含的污染信息也不同。各种扰动源共同作用下，各种污染信息相互交叉融合隐藏在采集的电压信号时间序列之中，且后一时刻的电压信号会受到前一时刻电压信号的影响。同时，污染特征信息的相互交叉融合可能导致采集的电压时间序列中的扰动特征信息加强或消减,各节点采集的电压信号时间序列之间的相关程度直接决定了各节点之间受扰动源污染影响的相关程度。

针对各监测节点对于相同电能质量扰动类型采集的电压信号时间序列之间的相关性,通过相关性分析方法挖掘各监测节点采集的电压数据特征信息之间的相关程度,对于各节点集合的电压畸变观测节点的选择具有重要意义。目前,成熟的时间序列相关性分析方法主要有 Pearson 相关系数法、关联规则法、灰色关联分析法等。

(1) Pearson 相关系数法是1880年由统计学家 Karl Pearson 提出的一种相关性统计指标,用来统计两两向量之间的线性相关性,是衡量两个变量之间线性相关的重要指标。在此之前,研究者通过相关表和相关图统计两个变量之间的相关性及关联方向,但利用相关表或相关图的统计方法不能量化变量之间的相关度,Pearson 相关系数可以通过统计量对变量之间的相关性进行量化,是最早可以进行相关性度量的分析方法,因此 Pearson 相关系数分析方法在各个研究领域得到广泛应用。

设两变量 X,Y 分别为一维时间序列,两者之间的 Pearson 相关系数可表示为

$$r_{xy} = \frac{Cov(X,Y)}{\sqrt{D(X)D(Y)}} = \frac{\sum_{i=1}^{n}(x_i - \bar{x})(y_i - \bar{y})}{\sqrt{\sum_{i=1}^{n}(x_i - \bar{x})^2 \cdot \sum_{i=1}^{n}(y_i - \bar{y})^2}} = \frac{n\sum_{i=1}^{n}x_i y_i - \sum_{i=1}^{n}x_i \cdot \sum_{i=1}^{n}y_i}{\sqrt{n\sum_{i=1}^{n}x_i^2 - (\sum_{i=1}^{n}x_i)^2} \cdot \sqrt{n\sum_{i=1}^{n}y_i^2 - (\sum_{i=1}^{n}y_i)^2}} \quad (12-18)$$

式中,r_{xy} 为变量 X,Y 两者之间的相关系数;$Cov(X,Y)$ 为变量 X,Y 两者之间的协方差;$D(X)$、$D(Y)$ 分别表示变量 X 和 Y 的方差;x_i 和 y_i 分别为变量 X 和 Y 在第 i 时刻对应的取值;$\bar{x}$、$\bar{y}$ 分别为变量 X 和 Y 的平均值;n 为变量 X 和 Y 的数据长度。

一般 r_{xy} 的取值区间为 $[-1,1]$。当 $r_{xy} = -1$ 时,变量 X 与变量 Y 完全负相关;当 $r_{xy} = 1$ 时,变量 X 与变量 Y 完全正相关;当 $r_{xy} = 0$ 时,变量 X 与变量 Y 相互独立。r_{xy} 越趋近于1,说明变量 X 和 Y 之间相关性越强,r_{xy} 越趋近于0,说明变量 X 和 Y 之间相关性越弱。因此 r_{xy} 的值可以有效衡量两个变量之间的相关性,如表 12-10 所示。

(2) 关联规则法是在1993年由 Agrawal 等人首次提出。关联规则一开始是为了分析大型超市的销售情况,对销售数据库进行统计分析建立的一种关联规则模型。关联规则法用来反映某个事件与其他事件之间的相关性,当它们之间的相关性强到一定程度时,就可以认为两者之间有较强的相关性。

表 12-10 相关系数与相关程度的关系

相关系数 r_{xy}	相关程度
$r_{xy} = 0$	无相关
$0 < r_{xy} \leq 0.3$	弱相关

续表 12-10

相关系数 r_{xy}	相关程度
$0.3 < r_{xy} \leqslant 0.5$	低度相关
$0.5 < r_{xy} \leqslant 0.8$	显著相关
$0.8 < r_{xy} < 1$	高度相关
$r_{xy} = 1$	完全相关

关联规则法可如下定义：设 $I = \{i_1, i_2, \cdots, i_m\}$ 为 m 个事件的集合，设任意一个事务集合 D 中存在事务 T 是关于集合 I 的非空子集，即满足 $T \subset I$。设集合 I 中的某些事件元素构成集合 X，若 $X \subseteq T$，则称该事务 T 包含 X。关联规则可表示为 $X \Rightarrow Y$，其中 $X \subset I, Y \subset I$，且满足 $X \cap Y = \varnothing$。X 表示为关联规则先导，Y 表示为关联规则后继，关联规则可以在一定程度上反映 X 与 Y 两者之间是否存在关联关系，通常用支持度和置信度量化统计两者之间的关联关系。

支持度 S(Support) 用来表示在事务集合 D 中 X 和 Y 同一时刻在某一事务中发生的可能性。可通过统计 X、Y 同时出现的事务数与事务集合 D 之比求得，如式（12-19）所示：

$$S(X \Rightarrow Y) = \frac{|(X \vee Y)|}{|D|} \tag{12-19}$$

式中，$S(X \Rightarrow Y)$ 表示 X、Y 同时出现的支持度；$|(X \vee Y)|$ 表示 X、Y 同时出现的事务数；$|D|$ 表示事务总数。

置信度 C(Confidence) 可表示为在已经出现 X 的事务中再出现 Y 的概率。主要为了统计关联规则中后继 Y 对先导 X 的依赖程度，如式（12-20）所示：

$$C(X \Rightarrow Y) = \frac{|(X \vee Y)|}{|X|} \tag{12-20}$$

式中，$C(X \Rightarrow Y)$ 表示 X、Y 同时出现的置信度；$|(X \vee Y)|$ 表示 X、Y 同时出现的事务数；$|X|$ 表示出现 X 的事务数。

AIS 算法是最早一种关于计算关联规则的数据挖掘算法，但是挖掘效果不理想，为此 Agrawal 等人在此基础上提出一种 Apriori 算法。Apriori 算法将计算关联规则的方法划分为两个步骤。第一步利用最小支持度找到频繁事件，需要利用迭代计算统计出事务数据库中频繁出现的事件，并给定一个合理的支持度阈值，筛选出支持度大于该阈值的项目；第二步利用最小置信度从频繁事件中找到关联规则，基于统计出的频繁出现的事件，设计满足最低置信度阈值的规则。假如集合 X、Y 两者的支持度和置信度满足最小支持度和最小置信度要求，认为两者之间具有一定相关性。

（3）灰色系统理论是在样本数据中以灰色关联度描述集合中各子集之间的数值关系，非常适合特征信息少的数据发展态势变化的动态分析，因此常被用来统计时间序列之间的相关性。电能质量监测系统采集的电压信号数据能够反映各节点电能质量变化规律，各节点采集的电压信号数据特征的整体相关性能够反映各节点之间的关联程度。因此，可利用灰色关联方法计算各节点数据的相关性，通过分析时间序列之间的相关性来衡量节点之间的关联程度。

灰色关联分析方法是一种挖掘时间序列数据发展趋势的动态量化统计分析方法。主要含义是利用数理统计方法分析两个系统之间随时间或其他因素变化关联度的大小,来挖掘系统之间动态关联的特征与程度。例如 p 个监测节点采集的时间序列长度为 q,则构成的电压信号数组 X 的维数 $p×q$,在数组 X 中两行时间序列的同步变化程度越高,则表示两者之间的相关性越强;反之,它们的数据同步变化越低,则说明两者之间的相关性越弱。

为突出各节点时间序列数据的局部特征和曲线变化趋势,获取良好的分析结果,需要预先对数据进行规范化无量纲处理。可以利用式(12-21)所示的 Min-Max 规范化方法将电压时间序列映射到区间 $[0,1]$。

$$x_i' = \frac{x_i - \min(X)}{\max(X) - \min(X)}, i = 1,2,\cdots,q \tag{12-21}$$

再利用式(12-22)计算待分析节点与其他节点在各时间段的电能质量数据的相关系数。

$$\varepsilon_k(i) = \frac{\min\limits_{k}\min\limits_{i}|x_i - y_i| + \rho\max\limits_{k}\max\limits_{i}|x_i - y_i|}{|x_i - y_i| + \rho\max\limits_{k}\max\limits_{i}|x_i - y_i|} \tag{12-22}$$

式中,$\varepsilon_k(i)$,$(k=1,2,\cdots,p)$ 表示待分析节点与节点 k 第 i 时刻数据的相关系数;$\min\limits_{k}\min\limits_{i}|x_i - y_i|$ 表示待分析节点与其他节点在各个时刻数据绝对差值中的最小值,$\max\limits_{k}\max\limits_{i}|x_i - y_i|$ 表示对应的最大值;ρ 为辨别系数,典型的取值区间为 $[0,1]$,一般取 0.5 比较合适。

序列数据之间的相关系数仅代表各时间段电能质量数据的关联度,在整体相关性上分析不足,需要对关联系数序列用某种特征量表征,本章采用式(12-23)所示的均值特征表示。

$$r_k = \frac{1}{q}\sum_{i=1}^{n}\varepsilon_k(i), i = 1,2,\cdots,q \tag{12-23}$$

式中,r_k 为节点 k 与待分析序列的关联度。

按式(12-22)、(12-23)重复计算各节点与其他节点的电能质量关联度,形成关联度矩阵如式(12-24)所示:

$$\boldsymbol{R} = \begin{bmatrix} r_{11} & r_{21} & \cdots & r_{p1} \\ r_{12} & r_{22} & \cdots & r_{p2} \\ \vdots & \vdots & & \vdots \\ r_{1p} & r_{2p} & \cdots & r_{pp} \end{bmatrix} \tag{12-24}$$

式中关联度矩阵的元素代表两节点间关联度值。

灰色关联分析具有总体性、非对称性、非唯一性、动态性等特征。

(1)总体性:灰色关联度主要用来评价各离散数据之间变化趋势的相近程度,首先计算系统待测数据序列与系统中其他数据序列之间相似程度,然后用关联度的大小顺序判断分析研究对象的所有影响因素。

(2)非对称性:在同一系统中,一维离散数据 X 对另一离散数据 Y 的关联度与离散数据 Y 对离散数 X 的关联度不一致。

(3)非唯一性:灰色关联度的取值会根据参考序列、比较序列、原始数据的维数及处理方式变化而变化。

(4)动态性:灰色关联度会根据系统中的数据序列维度的不断变化而变化。

由灰色关联分析的总体性特征可知,离散序列之间的相关性不仅由灰色关联度大小决定,还由它们之间关联度大小排序决定。因此,需要计算所有待测序列与参考序列之间关联度并进行排序,最终组合为一组关联序。对于关联序集合中,待测序列的排序越靠前,表明待测序列与参考序列越相近,两者之间的相关性也就越大,待测序列对参考序列的影响程度也就越大。

配电网中各节点监测的电压信号数据之间的关联程度由时间序列的内部特征信息决定。同时,局部监测节点采集电压信号之间的关联度会比较高,它们数据内部的变化趋势相对一致,导致局部监测节点之间相互影响。通过对比分析上述三种相关性分析方法可知,Pearson 相关系数虽然可以挖掘两两变量之间的线性相关性,却不能从配电网中各节点数据的整体性出发,去挖掘各节点之间关联性的本质。对于关联规则法首先要求筛选出频繁的事件集,然后通过计算支持度和置信度来最终确定各事件之间的相关度,计算复杂度较高。通过对比分析,灰色关联分析法是根据离散序列的变化趋势进行分析,数据样本容量要求不高,计算复杂度较低,同时可以准确地表征离散序列的变化趋势,能够从整体上挖掘各序列之间的关联程度。因此,本章决定选用灰色关联分析法对配电网各节点采集的电压信号时间序列进行相关性分析。

12.2.2.2 电压畸变观测节点动态选择方法

电压畸变点动态选择前要对电压谐波畸变的电能质量数据进行数据处理。首先对从数据中台提取的各节点电能质量时间序列进行数据处理。然后选取重要特征点,对同一时段相同指标的数据进行分段线性表示,降低数据维度利于计算。最后采用互插值寻优法,通过压缩率及互插值平均拟合误差构建等时间维度序列数组。采取灰色关联分析法挖掘电网企业电能质量数据,若设置 p 个监测点,对同一时段相同指标的电能质量数据进行分段线性表示后降维为 q,则时间序列数组为

$$X_{p\times q} = \begin{bmatrix} x_{11} & x_{12} & \cdots & x_{1q} \\ x_{21} & x_{22} & \cdots & x_{2q} \\ \vdots & \vdots & & \vdots \\ x_{p1} & x_{p2} & \cdots & x_{pq} \end{bmatrix} \quad (12\text{-}25)$$

对 $X_{p\times q}$ 进行灰色关联分析,主要步骤为:

(1)确定参考序列。由于电能质量污染源未知,污染行为特征不定,故可选择第一个监测点数据为参考序列,其余监测点数据为比较序列,标定 $i=1$。

(2)无量纲化处理。系统中反映电能质量各因素物理意义不同,导致数据量纲不同,难以比较得到正确结论,故对数据进行规范化无量纲处理,将数据映射到[0,1]区间。

(3)计算灰色关联度。将节点电压时间序列数据映射到[0,1]区间后,取分辨系数为 0.5,按照式(12-22)来确定与参考序列间相关系数,均值化处理 q 个关联系数后按照式(12-23)计算相同指标灰色关联度。

第 12 章 电力电子化配电网谐波全局治理

（4）关联度排序。确定第二行为参考序列，其余为比较序列，令 $i=2$，重复步骤无量纲化处理和灰色关联度计算，得到对应的灰色关联度，直到 $i>p$ 时，则停止计算，按从大到小排列各个观测节点与其他节点的关联度。

灰色关联度反映了电压畸变观测节点与电网电能质量大小方向和变化趋势的关系，关联度越大说明耦合性越高，瞬时影响越大，可根据关联度对电网中各节点进行集合划分，并最终确定各集合的观测节点。在节点集合划分过程中，考虑将关联度排序高于 40% 的若干节点归为同一集合。上述策略集合分割将出现两类特殊节点：

（1）相同节点。某一节点划分到两个或以上节点集合中，如图 12-18(a) 中的节点 5 所示。可通过对比分析各集合内自身独有节点与该节点综合关联度大小来划定最终归属集合，综合关联度越大，则与独有节点的平均关联耦合程度越高，进而划入这一集合越合理。

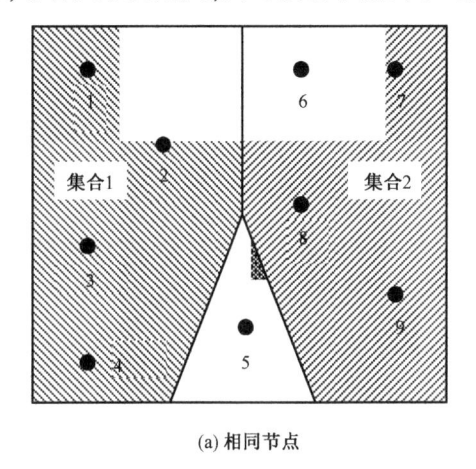

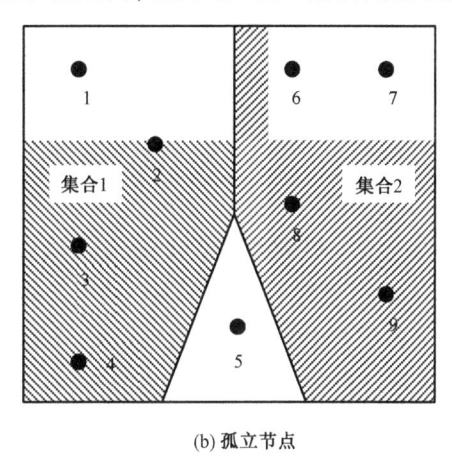

(a) 相同节点　　　　(b) 孤立节点

图 12-18　电能质量节点集合分割情况

其中，综合关联度（Comprehensive Correlative Degree）是指某一节点集合内的自身独有节点与监测网内剩余节点中的某一个节点对应关联度大小的平均值。其计算公式如式（12-26）所示：

$$r_{kc} = \frac{1}{v} \sum_{j=1}^{v} r_{kj} \tag{12-26}$$

式中，r_{kc}、v、r_{kj} 分别为节点 k 对集合综合关联度、独有节点数、第 j 个节点关联度。

（2）孤立节点。某一节点没有划分到任何一个节点集合中，如图 12-18(b) 中的节点 5 所示。一样可以通过相同节点综合关联度分析来划定归属集合。综合关联度越大，则平均关联耦合程度就越高，划入该节点集合则越合理。

上述电能质量节点集合分割策略可将整个网络划分为多个节点集合。集合内节点关联度较高，观测节点的状态变化能最大限度地代表其余节点的电能质量的状态变化，即选择的观测节点的电压畸变状态能有效表征其余节点的电压畸变情况。因此，通过对比节点集合内每个节点在本集合内部的综合关联度大小，将计算所得综合关联度最大的节点选取为该集合的观测节点。通过在观测节点处安装相应的监测装置来重点监测该点的电压畸变情况，在有效检测整个节点集合的电压畸变情况的同时减少监测装置数量及维护成本。

节点关联度从实测数据中宏观反映出各节点间的耦合程度,两个节点的关联度越大,表明其耦合程度越高,则观测其中一个节点与观测另一节点的数据特征越接近。因此,可依据关联度对节点进行集合分割,将关联度较高的节点群组成一个节点集合。

聚类分析是将无类别标签的一组对象依据某种分类准则进行划分的过程。分层聚类方法首先将每个对象视作一个类,形成基础类划分。然后计算类间的相近性度量,找出相近性最强的两个类,将其整合成一个类,以此类推,直到形成合理的分类为止。本章按聚类思想对节点进行集合分割,首先将每个节点作为一个类,然后依据类关联度对类进行聚合,从多个类中找出类关联度最大的两个类,将其合并为一个类,并记录划分结果。重复类划分过程,直到所有节点都划入各个节点集合。

类关联度反映两个类的总体特征关系,结合节点集合观测问题的特点,用两个类中节点相互间最小关联度表征类关联度可以使类间最不利节点的关联性得到保障,符合节点集合观测的需要。因此,取类间对象的最小关联度作为类关联度。设两个类为 C_i 和 C_j,类中元素分别为 b_i 和 b_j,则类间关联度如式(12-27)所示

$$D(C_i, C_j) = \min_{\substack{b_i \in C_i \\ b_j \in C_j}} R(b_i, b_j) \tag{12-27}$$

以上按分层聚类思想对节点进行集合分割,可得到不同层面的划分结果,究竟选择哪种划分方案,还需结合各节点集合的电能质量状况、监测设备数量、监测成本等进行综合评价。为保证各集合内节点有较强耦合性,本章以类内任意节点间最小关联度不小于最大关联度 60% 来选择集合分割方案。此外,在对节点集合进行合理划分后,需要确定集合内观测节点。各集合内观测节点应与其集合内所有节点具有最强的紧密性,可取与集合内所有节点关联度总和最大的节点为观测节点。

依据监测记录的大量电能质量数据,应用数据驱动建模思想,对系统进行节点集合分割选择观测节点进行监测的步骤如图 12-19 所示:

(1) 数据准备。对系统内各节点电能质量数据进行分析统计,选取出同一时段内具有明显变化规律的数据形成电能质量原始时间序列。

(2) 数据预处理。首先采用式(12-12)从原始时间序列中初步提取出全部特征点,形成特征点时间序列;然后利用式(12-14)、(12-16)从特征点中筛选出重要特征点时间序列;最后依据式(12-17),通过解决等分段序列等时间维度问题,构建等时维序列数组。

(3) 关联度分析。采用灰色关联分析对数组内各节点电能质量序列进行相关性分析,利用式(12-21)、(12-22)、(12-23)计算节点之间的关联度,形成关联度矩阵。

(4) 节点集合观测节点选择。根据节点关联度依据式(12-27)计算类间关联度,通过分层聚类方法对电网各节点进行集合划分,并确定各节点集合的观测节点。

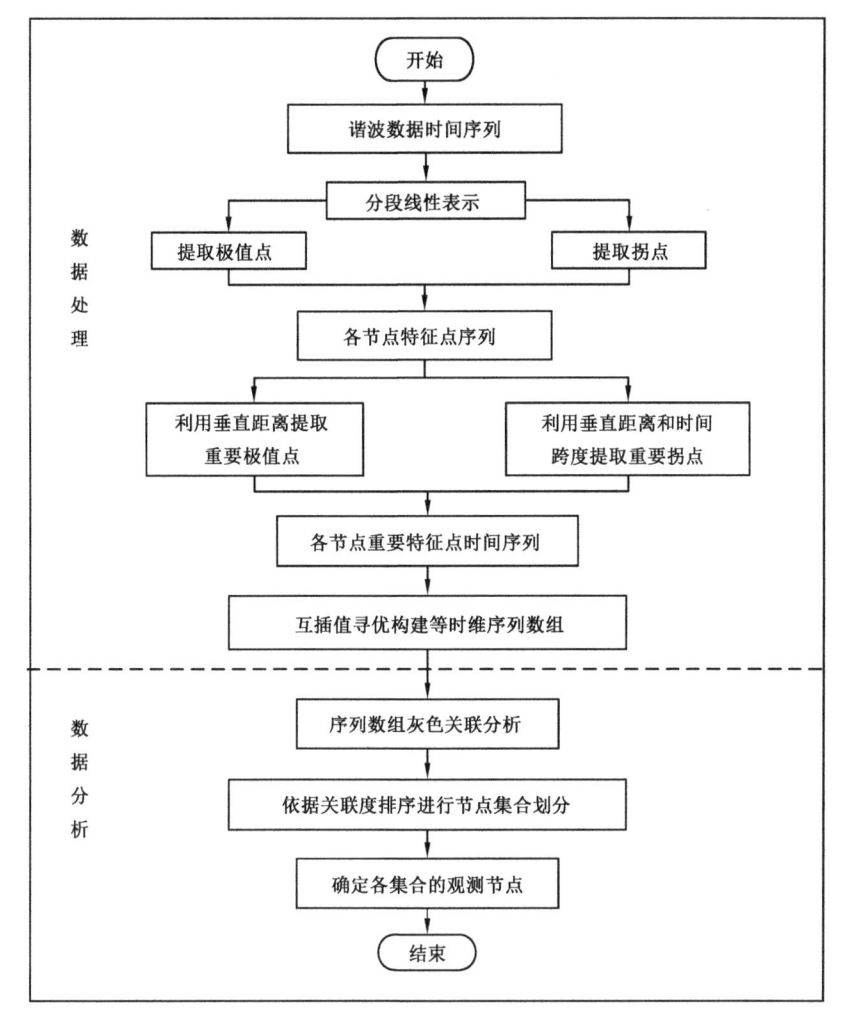

图 12-19 观测节点选择步骤

12.3 VDAPF 和 MFINV 协同分区及安装节点选择

12.3.1 谐波治理设备工作原理分析

12.3.1.1 电流检测型 APF 工作原理分析

APF 是一种专用谐波治理设备。常规 APF 一般以电流为检测量,属于 CDAPF,基本类型有并联型和串联型两种。

1. 并联型 CDAPF

并联型 CDAPF 可看作一个谐波源,通过向电网注入与其等大反向的谐波电流形成抵消,完成谐波治理,主要有输出电路、驱动电路、运算电路三个部分。图 12-20 为并联型 CDAPF 工作原理图。

并联型APF

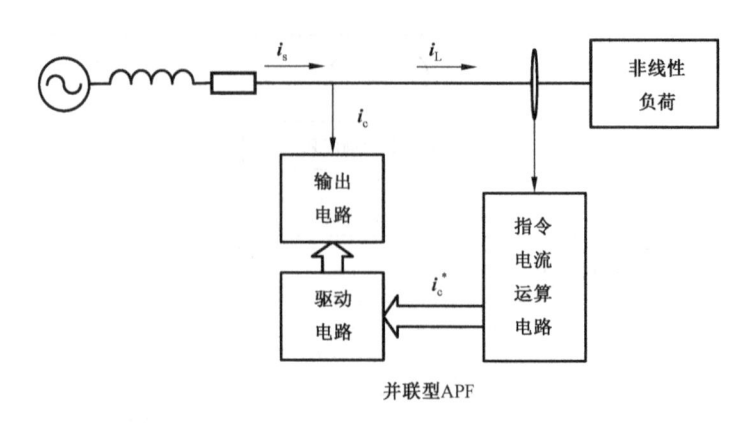

图 12-20　并联型 CDAPF 工作原理图

并联型 CDAPF 的运算电路实时获取负载线路的电流和电压,对电流和电压进行模数转换,得到其对应数字信号,通过谐波检测模块从负载电流 i_L 中将谐波电流 i_h 提取出来,并做反极性运算得到指令电流 i_c^*,进而跟踪输出谐波补偿电流 i_c。i_c 与负载电流的谐波分量方向相反、大小相等,二者抵消后得到供给电流 i_s,此时的 i_s 已不含谐波分量而只有基波电流分量,即完成谐波补偿。

并联型 CDAPF 主要针对负载线路,补偿其中的谐波电流,若控制策略合适,理想状态下可完全抵消谐波成分,使此负载线路不再往配电网注入谐波污染。然而,若这个节点上还并联着其他的非线性负荷,也会向网络中注入谐波污染,造成该节点电压畸变,损坏供电电能质量。

2. 串联型 CDAPF

串联型 CDAPF 主要针对网络中节点的电压畸变进行治理,图 12-21 为串联型 CDAPF 工作原理图,主要有并联电路和串联电路两部分。

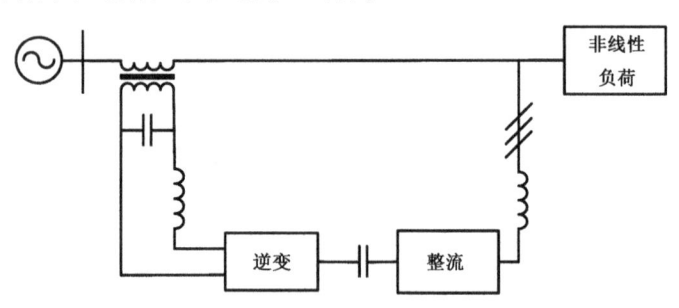

图 12-21　串联型 CDAPF 工作原理图

串联部分的电路为变压器结构,主要基于瞬时无功理论,通过分析计算得到畸变电压,通过功能与图 12-20 类似的模块将谐波电压分量检测出来,再利用驱动电路生成 PWM 信号对逆变器进行控制,进而生成谐波补偿电压,进行谐波电压补偿。并联部分电路主要通过整流电路保证电容电压不变,并保证设备的功率因数处于合适的范围内。

串联型 CDAPF 针对节点电压畸变进行治理,拥有更为广阔的治理范围。然而,这种 CDAPF 需要经受住该节点上的全部负载电流,要求电路中串联的变压器要有很大的容量和体积,以至于设备的成本和损耗都非常高,没有也并不适合大范围地推广应用。

12.3.1.2 电压检测型 APF 工作原理分析

针对以上两种 CDAPF 的缺点,有学者提出电压检测型 APF,VDAPF 吸取两种 CDAPF 的优势,采取直接并联方式接入电网,以接入节点谐波电压畸变作为检测量,通过一定的控制算法,向系统注入一定量的补偿电流,达到改善节点电压畸变的目的。当节点电压畸变得以改善时,连接在该节点上的所有负荷的背景电压都会比较理想。因此,这种治理方式将两种 CDAPF 的优点相结合,在节约成本的同时,还更大地扩展了治理的范围。

图 12-22 为 VDAPF 工作原理图,主要含电流跟踪控制、指令电流运算、逆变器、谐波电压检测等模块。

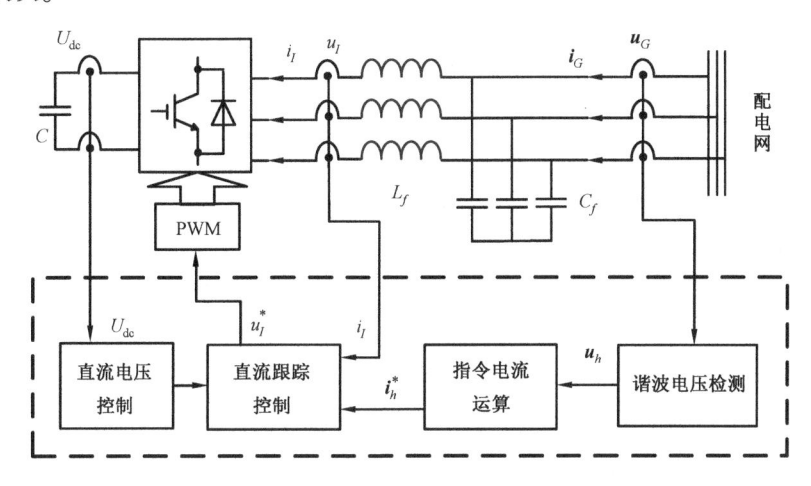

图 12-22 VDAPF 工作原理图

VDAPF 以接入点的谐波电压 u_h 为观测量,以引入的控制增益 k_v,将其转化成指令电流 i_h^*,进而以指令电流值为参考,经过电流环 PI 控制,得到 PWM 控制的参考电压,控制向电网注入的补偿电流,实现谐波治理。图 12-23 为 VDAPF 的信号关系图。

分析上述原理,由于 i_h^* 是由 u_h 与 k_v 相乘得到,从外特性来看 k_v 有电导量纲,可等效为对地电导,等效于为电网贡献了一条连接大地的谐波通路,使谐波能够被有效释放,从而校正接入点和附近节点的电压波形。单独一台 VDAPF 可治理一定范围的谐波污染,各 VDAPF 在谐波治理效果上互相支撑,多台 VDAPF 即可组建分布式治理系统,实现对全网谐波的控制。

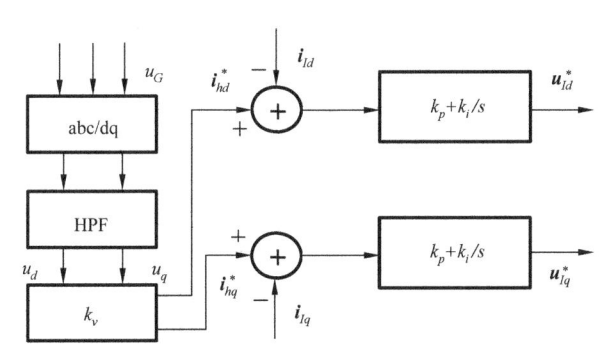

图 12-23 VDAPF 信号关系图

12.3.1.3 多功能逆变器工作原理分析

本章利用 MFINV 实现 DG 并网以外的剩余容量参与谐波治理,由于 MFINV 与 VDAPF 具有相同的主电路拓扑,而且,治理过程中,采用与 VDAPF 相同的并联接入方式,同样以接入点谐波电压作为算法检测量,因此,其基本结构与 VDAPF 相似,谐波补偿工作原理亦基本相同,此处不再赘述。

12.3.2 配电网谐波治理设备分区配置方案

12.3.2.1 分散谐波治理模式分析

对于含有分散谐波源的配电网,谐波的治理模式主要有分散式、集中式和分布式三种。其中,分散式治理可以理解为点对点的治理模式,适用于谐波源数量较少的网络,集中式治理针对一些微小的谐波源在上一级馈线处统一治理,适用于谐波源分布较集中的网络。

对于治理模式采用分布式的配电网,网内分布式地配置 APF,每个 APF 只能治理一定的网络区域,所有 APF 协同协作才能完成对全网谐波污染的控制。另外,可以通过中央控制器实现对所有 APF 的统一调控。相对于分散式和集中式,分布式所控制的网络范围更广,更加适合谐波污染全网分散分布的现代配电网。图 12-24 为含有分散谐波源配电网的分布式治理示意图。

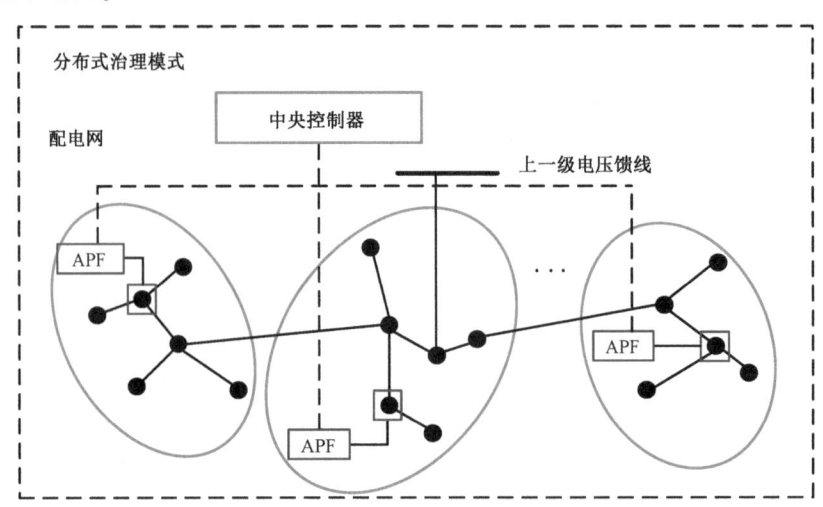

图 12-24 配电网分布式治理示意图

本章基于配电网分布式谐波治理模式,依照"分区自治""全局协同"的治理原则,分区配置 VDAPF。本章采用一种基于 VDAPF 的分布式治理方案,研究 VDAPF 与 MFINV 协同谐波治理分布式优化配置问题,分布式控制方案示意如图 12-25 所示。

如图 12-25 所示的网络中各节点均存在一定的非线性设备,统一利用 NL 表示。网内配有 VDAPF 和 MFINV 两种治理设备,其中,MFINV 位于 DG 安装节点,位置及容量为确定的已知信息,至于 VDAPF 的配置信息,在考虑 MFINV 已知情况基础上经过优化配置得到。VDAPF 和 MFINV 协同谐波治理控制系统主要由监控主站、分布式本地控制器及本章采用的两种治理设备构成。VDAPF 及 MFINV 运行参数由主站端根据采集的谐波电压和 DG 功率输出信息,从全网角度进行优化求得。

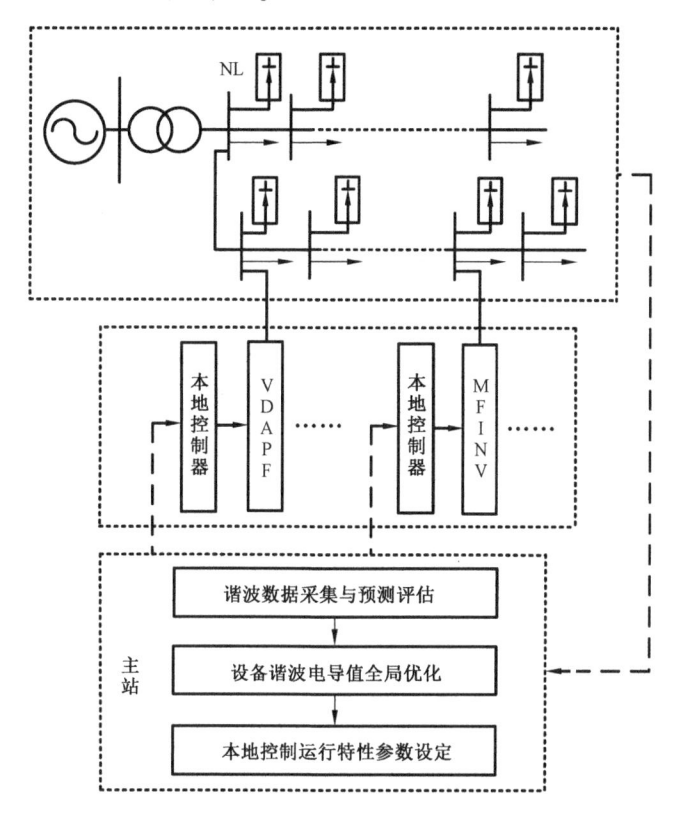

图 12-25 VDAPF 与 MFINV 协同治理优化方案

12.3.2.2 配电网电能质量治理分区方法

基于分布式谐波治理模式,本章治理设备采用分区配置策略。从本质上来看,谐波治理分区是配电网节点的分类问题。关于电能质量治理分区的方法,目前研究成果多是针对配电网无功治理分区,谐波治理分区相关的研究还不多。主要的分区方法有以下三种。

1. **按地理位置及行政区域分区**

对某一电力企业的电能质量治理进行分区,根据具体地区所属的行政区域或所处的地理位置进行划分,是最简单便捷的分区方法。但是,这种方法没有考虑电网节点间在电气性能上的耦合性,特别是当某个地区已经固有一些治理分区的先验知识,靠这些经验划分的区域往往很难适应网络的电能质量治理需要。

2. **基于复杂网络理论分区**

配电网的网络结构连接比较复杂,有研究提出可将复杂网络理论应用到配电网电能质量治理分区中。其中,采用图论的治理分区方法较为经典。应用基础图论知识,将电网看作基本图,优化变量为一个点,变量间的联系用两点间的边来展现,边的权重由两点间的耦合度值确定。把等效图理论以及分区结果一起映射到实际配电网,即可得到实际网络的分区结果。这种方法可以较快地完成分区,应用于节点数目众多的配电网时,其优势更为明显。但是,当顶点间耦合度及其相关数值设定发生变化时,分区结果可能大为不同。

3. 基于聚类算法分区

根据配电网中节点间一些电气量的相似程度,比如节点间一些量的耦合度,可以把耦合程度大的节点聚合成一类,并结合聚类算法将网络节点划分为不同的治理区域。电能质量治理分区方法主要应用聚类算法,应用此方法进行区域划分计算时,计算性能较为优良。

上述三种电能质量治理区域划分方法已经较好地实现了理论与实践的结合。应用实例有:意大利通过短路电流法实现了对配电网区域的划分、我国福建省利用图论的方法实现了对配电网区域的划分、江苏与河南均利用聚类算法实现了对配电网区域的划分。

12.3.3 VDAPF 和 MFINV 协同治理分区方法

由 VDAPF 和 MFINV 的工作原理以及配电网的谐波特性可知,治理网络中的一个节点将对其他节点产生不同程度的治理效果,这使得电网谐波治理具有区域化特征。因此,可将整个配电网划分为多个治理区域,每个治理设备主要负责自身所在区域内节点的谐波治理工作。谐波治理分区要求满足同一区域内节点间强耦合、不同区域间的节点弱耦合的特点,而且,各区治理设备的安装节点,应对本区域内其他节点有较强的控制能力。

按配电网谐波治理设备原始配置情况,电网节点可分为普通节点和配有 MFINV 的 DG 节点。考虑到 DG 节点已具备一定的谐波治理能力,为确保 DG 节点对区内其他节点具有较强的控制力,同时满足区内节点高耦合、区间低耦合的要求,本章提出考虑 MFINV 影响的两阶段谐波治理分区方法。

12.3.3.1 DG 节点控制区域的初步划分

第一阶段,设配电网中有 a 个 DG 节点,以每个 DG 节点为中心,根据 DG 节点对其他节点不同的控制效果,初步形成 a 个 DG 节点控制区域。具体区域划分的步骤如下:

1. 计算节点谐波响应灵敏度

节点谐波电压与节点注入谐波电流满足:

$$U_h = Y_h^{-1} \cdot I_h = \frac{1}{|Y_h|} A \cdot I_h \tag{12-28}$$

式中,U_h 代表 h 次节点畸变电压的列向量;I_h 代表 h 次节点注入谐波电流的列向量;Y_h 代表节点导纳矩阵,本章取其在某一负荷场景下的典型值用于计算;A 代表 Y_h 矩阵的伴随矩阵。

可计算 h 次节点 j 的谐波电压对节点 i 注入的谐波电流的响应灵敏度 $w_{1,h,ji}$ 为

$$w_{1,h,ji} = \frac{\partial U_{h,j}}{\partial I_{h,i}} = \frac{1}{|Y_h|} A_{i,j} \tag{12-29}$$

式中,$U_{h,j}$ 代表节点 j 的 h 次谐波电压;$I_{h,i}$ 代表节点 i 的 h 次谐波补偿电流;$A_{i,j}$ 代表矩阵 A 中的元素,即矩阵 Y_h 中元素的代数余子式。

综合考虑节点的各次谐波响应灵敏度,按式(12-30)进一步计算,可得节点总的谐波响应灵敏度 $w_{1,ij}$。

$$w_{1,ji} = \sqrt{\frac{1}{N} \sum_{h=2}^{H} w_{1,h,ij}^2} \tag{12-30}$$

式中,N 为谐波各次频率的总个数。

2. 基于灵敏度划分 DG 节点的控制区域

将普通节点对各 DG 节点的谐波响应灵敏度从高到低排序,设定灵敏度阈值 ϑ,选出对 DG 节点谐波响应灵敏度高于 ϑ 的节点,并将其划分到与其响应灵敏度最大的 DG 节点的控制区域。

3. 计算节点谐波耦合度

由所有节点谐波响应灵敏度,按式(12-31)可计算 h 次任意的节点 i 对节点 j 谐波电压的响应灵敏度 $w_{U,h,ij}$。

$$w_{U,h,ij} = \frac{\partial U_{h,i}}{\partial I_{h,j}} \Big/ \frac{\partial U_{h,j}}{\partial I_{h,j}} = w_{h,i,j}/w_{h,j,j} \tag{12-31}$$

由于节点谐波耦合度需要具有对称性,因此定义网络中两节点间 h 次谐波电压耦合度 $\beta_{ij,h}$ 的计算公式为

$$\beta_{ij,h} = \sqrt{\frac{w_{U,h,ij}^2 + w_{U,h,ji}^2}{2}} \tag{12-32}$$

综合考虑节点的各次谐波电压耦合度,按式(12-33)进一步计算,可得总的节点谐波电压耦合度 β_{ij}。

$$\beta_{ij} = \sqrt{\frac{1}{N}\sum_{h=2}^{H}\beta_{ij,h}} \tag{12-33}$$

4. 对 DG 节点的控制区域进行节点筛选

为保证同一区域内节点间高耦合的要求,设定区域内节点间谐波耦合度最低限值 ξ,并针对步骤 3 所形成的各个区域,计算各区域内任意两个节点的谐波电压耦合度,将谐波耦合度低于所设限值的节点作为待定节点。

5. 基于耦合度对 DG 节点的控制区域进行节点剔除

针对不满足耦合度最低限值的各组待定节点,若其中一个节点为 DG 节点,则直接剔除另一个节点;若该组节点不含 DG 节点,则计算两节点与区域内其他节点间的谐波耦合度,将与区域内其他节点间耦合度之和较低的节点剔除,以确保同一区域内节点间均具有较强的耦合性。

由上述步骤,可完成部分网络节点的划分,初步形成 DG 节点控制区域,最终各区内的节点均满足式(12-34)的要求。

$$\begin{cases} w_{I,zj} \geq \vartheta \\ \beta_{ij} \geq \xi \end{cases} \tag{12-34}$$

式中,z 代表区域内的 DG 节点;节点 i 和 j 代表区域内的任意两个节点。

12.3.3.2 全网谐波治理区域的划分

第二阶段在第一阶段分区结果的基础上,基于社团发现算法,求得全网最终的最优分区结果。

社团发现算法是常用的网络区域划分方法,模块度函数为分区效果最常用的评估指标。

模块度函数值 Q 的表示：相对于被随机划分的配电网，若其被划分成比较合理优质的社团，则所得各社团内的连边密切度平均值将明显增大，且远远高于随机划分的。另外，社团内的联系越密切、社团间的联系越松散，划分的结构越社团化，计算出的 Q 值越贴近于1，对 Q 定义为：

$$Q = \frac{1}{2m} \sum_i \sum_j \left[A_{ij} - \frac{k_i k_j}{2m} \right] \delta(i,j) \tag{12-35}$$

式中，A_{ij} 代表节点 i 和 j 的连边权重，若两节点直接相连 $A_{ij}=1$，不相连则 $A_{ij}=0$；函数 $\delta(i,j)=1$ 则代表节点 i 和 j 同处一个社团，否则 $\delta(i,j)=0$；k_i 代表全部节点与节点 i 连边权重的和，m 代表网络中全部连边权重的和，k_i 和 m 计算分别为

$$k_i = \sum_j A_{ij} \tag{12-36}$$

$$m = \frac{1}{2} \sum_i \sum_j A_{ij} \tag{12-37}$$

社团发现算法有很多种类，其中，基于 Q 极值优化原理的 Louvain 改进层次社团发现算法优点显著，其社团划分准确度高，计算速度快，适合规模较大、结构较复杂的网络，故本章采用此算法进行社团划分，具体算法流程如下：

（1）初始化配电网社团划分

把配电网中节点均单独划分成一个社团，计算网络模块度函数值 Q_0。

（2）进行社团凝聚

针对节点 i，在与其直接相连的节点中，随机选择一个节点 j，与其组成新的社团，并重新计算得模块度函数 Q'。算出每种组合情况的模块度函数变化量 ΔQ，如式（12-38），若 ΔQ 取得最大正值，则将对应的两节点 i 和 j 划为一个社团，更新网络社团，更新模块度函数值。

$$\Delta Q = Q' - Q_0 \tag{12-38}$$

（3）重复社团凝聚过程

将得到的所有社团都看作一个个独立的新节点，构建新的网络，然后，重复第（2）步的社团凝聚过程，形成新的划分结果，对于网络权重，在已经凝聚成的社团内做累加。

（4）形成最终分区结果

当没有任何节点可以进行合并时，社团凝聚过程结束，选择最大模块度对应社团划分，作为最终分区结果。

基于上述这种常用的社团发现算法，结合本章研究内容，对其做出了两点适应性设定，具体说明如下：

（1）网络初始分区的设定

本阶段将每个未分区节点和第一阶段已形成的初始 DG 节点治理区域都视为独立的社团，作为网络初始分区，在此基础上应用社团发现算法划分网络。

（2）连边权重的设定

网络划分以谐波电压耦合度作为节点关联程度的评判指标，且连边权重 $A_{ij} \in [0,1]$，因此，设定节点 i 与节点 j 的连边权重 A_{ij} 为

$$A_{ij} = \frac{\beta_{ij}}{\max_{e,g \in n}\{\beta_{eg}\}} \qquad (12-39)$$

另外,本阶段所用谐波电压耦合度亦按照第一阶段的步骤(3)进行计算。

12.3.4 应用案例分析

12.3.4.1 仿真模型分析

为降低优化节点维数以便于全局优化,本节对配电网观测节点的动态选择进行研究。为验证本节节点选择方法的合理性,以 IEEE 14 节点网络为参考模型,如图 12-26 所示,该模型包括发电机 3 台、同步调相机 2 台、变压器 3 台和母线 14 条。采用 MATLAB/Simulink 构建接入多污染源时变扰动系统进行仿真。污染源时变特性参考一定电能质量实例数据的变化规律进行设定,一星期内每间隔 15 min 提取一次节点网络电压的谐波数据(以 5 次谐波为主)。根据污染源的时变状况,每 15 min 为一个场景进行仿真,获得每个节点电能质量记录数据为 672 个。图 12-27 为不同节点谐波畸变时间序列的变化情况。

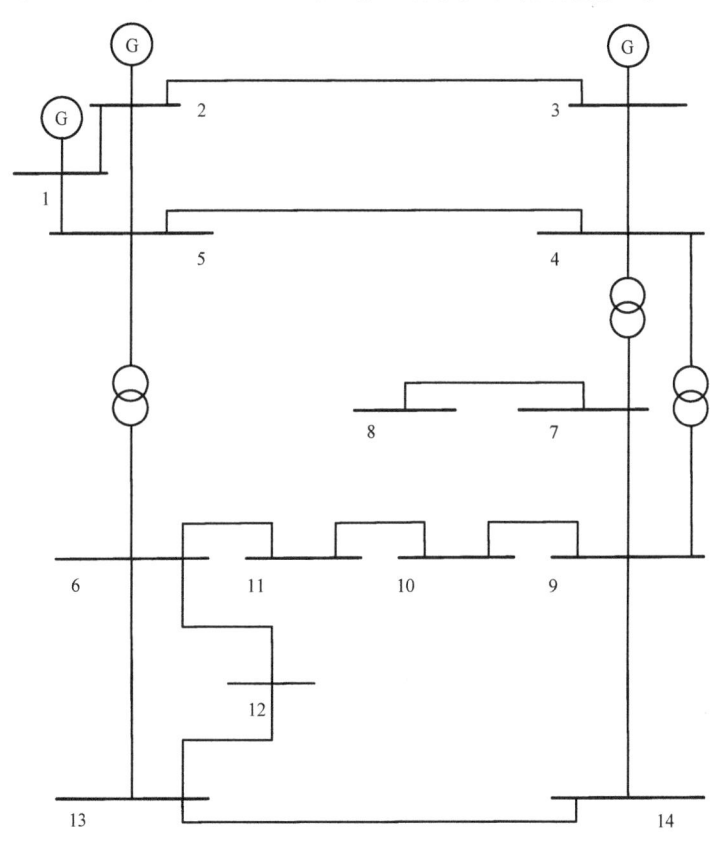

图 12-26 IEEE 14 节点系统模型

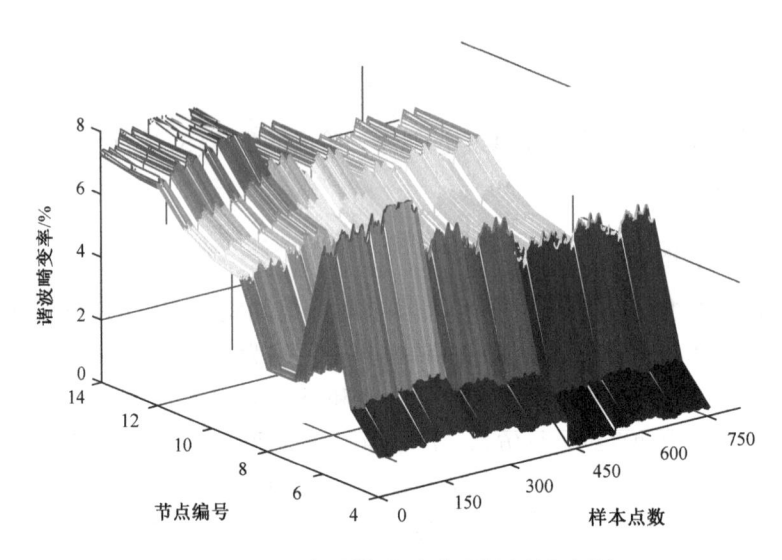

图 12-27　电压谐波畸变原始时间序列

从压缩率和误差两方面来验证本章电压信号时间序列数据处理方法的性能。压缩率是指原始序列经过 PLR 和互插值寻优后数据维度降低的程度，计算公式如(12-40)所示。

$$\eta = \frac{n-q}{n} \times 100\% \tag{12-40}$$

式中，η、n、q 分别表示压缩率、原始序列和分段序列数据维度。

互插值平均拟合误差是指原始序列经过 PLR 和互插值寻优后与等时维序列数组的误差，计算公式如(12-41)所示。

$$e_{av} = \frac{1}{p}\sum_{k=1}^{p} e_k \tag{12-41}$$

式中，e_{av}、p、e_k 分别表示序列数组的互插值平均拟合误差、行数和第 k 行分段序列与原始序列的拟合误差。

12.3.4.2　数据驱动的观测节点选取结果

仿真监测 4~14 节点污染数据原始时间序列，以分段线性表示节点电能质量数据，建立提取重要特征点立体化模式，纵向利用垂直距离筛选局部极值点，横向考虑拐点突变时间跨度，形成重要特征点序列，并采用互插值寻优法构建等时维序列数组。通过压缩率及互插值平均拟合误差反映一周内电压谐波数据性能，如表 12-11 所示。可以看出，电能质量数据经过处理后序列维度显著降低，各项指标数据压缩率可达 79% 以上。从同一压缩率的拟合误差看，互插值寻优方法比普通插值方法至少下降 44%。

表 12-11　电能质量数据处理性能对比

电能质量指标	压缩率/%	互插值平均拟合误差/%	普通插值平均拟合误差/%	误差降低率/%
5 次谐波电压	79.17	1.46	2.67	45.32

表 12-12 为计算仿真记录的 5 次谐波电压数据节点间的关联度。按节点集合分割方法可将网络划分为 3 个集合。

表12-12 各节点谐波电压运行数据的关联度

节点	4	5	6	7	8	9	10	11	12	13	14
4	1.000	0.651	0.612	0.791	0.791	0.766	0.731	0.675	0.627	0.636	0.691
5	0.715	1.000	0.745	0.655	0.655	0.763	0.737	0.699	0.806	0.784	0.650
6	0.612	0.722	1.000	0.635	0.635	0.697	0.733	0.805	0.892	0.845	0.688
7	0.844	0.668	0.600	1.000	0.999	0.803	0.755	0.688	0.630	0.641	0.703
8	0.844	0.668	0.600	0.999	1.000	0.803	0.755	0.688	0.630	0.641	0.703
9	0.688	0.702	0.606	0.719	0.719	1.000	0.888	0.769	0.654	0.682	0.780
10	0.617	0.690	0.620	0.675	0.675	0.884	1.000	0.806	0.676	0.709	0.765
11	0.602	0.686	0.750	0.650	0.650	0.826	0.831	1.000	0.796	0.854	0.723
12	0.607	0.735	0.883	0.646	0.646	0.724	0.747	0.748	1.000	0.932	0.751
13	0.606	0.722	0.827	0.646	0.646	0.740	0.756	0.777	0.928	1.000	0.744
14	0.620	0.631	0.612	0.664	0.664	0.774	0.764	0.719	0.667	0.702	1.000

表 12-13 给出了谐波电压数据的节点集合及相应的观测节点。可以看出,各集合包含的节点为网络相邻的节点,且节点彼此耦合程度都相对较高。

表12-13 电能质量节点集合分割

电能质量指标	集合分割					
	集合1	观测节点	集合2	观测节点	集合3	观测节点
5 次谐波电压含有率	5,6,12,13	12	4,7,8	7	9,10,11,14	10

为验证各节点集合观测节点选择的准确性,针对 5 次谐波在各集合观测节点 7、10 或 12 上分别装设 VDAPF 来治理相应集合的谐波污染,有源电力滤波器容量按最不利情况下安装节点电压畸变不超过 0.5% 选择。仍按上述污染源变化规律进行一周仿真计算,得到各观测节点 5 次谐波电压含有率的改善度,如图 12-28 所示。

由图 12-28(a)可知,在观测节点 12 位置上安装补偿装置的容量使谐波含有率达到标准的情况下,节点集合 1 内节点 6、13 谐波含有率的改善度在 65% 以上,好于对观测节点 7、10 进行治理的效果,说明观测节点 12 与节点 5、6、13 的相关性更强。

(a) 节点集合1谐波电压畸变改善度

(b) 节点集合2谐波电压畸变改善度

(c) 节点集合3谐波电压畸变改善度

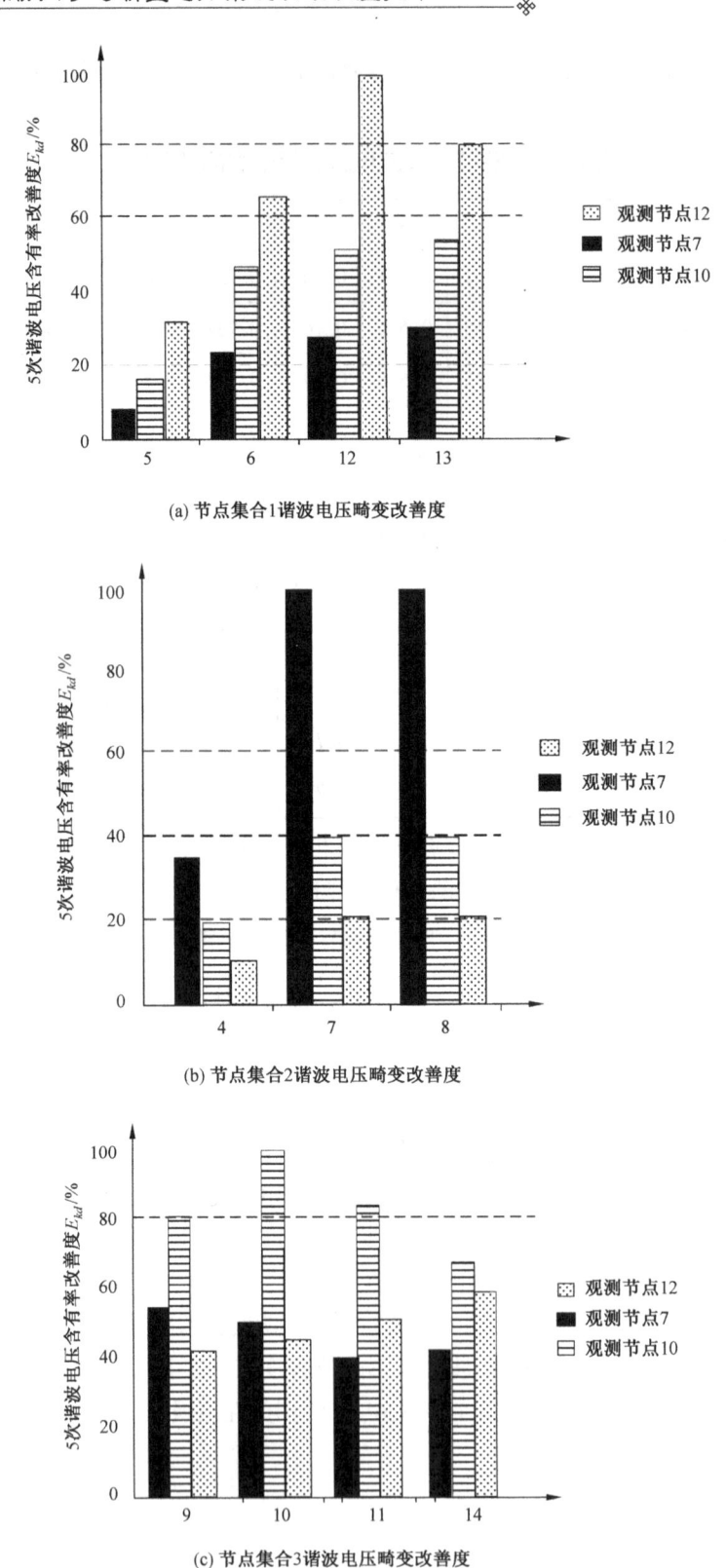

图 12-28 治理点谐波畸变小于 0.5% 情况下其他节点 5 次谐波电压畸变改善度

由图 12-28(b)可知,对于节点集合 2 在观测节点 7 位置上安装补偿装置,集合 2 节点 8 的改善度达到 99% 以上,节点 4 谐波指标由于在治理前已经比较小,因而节点集合治理后改善度并没有集合内其他节点效果明显,但对观测节点 7 进行治理效果优于节点 12、10,说明集合 2 的最佳观测节点为节点 7。由图 12-28(c)可知,对节点集合 3 的观测节点 10 进行治理时,节点 9、11、14 谐波污染水平明显改善,改善度均在 65% 以上,比节点 12、7 的治理效果好。上述结果表明选择的观测节点 12、7、10 的具有代表性和有效性。

进一步验证各节点集合观测节点选择效果,分别针对不同治理指标在各集合观测节点均装设治理设备,谐波电压畸变治理效果如图 12-29 所示。对比谐波电压畸变治理后改善度,各集合节点谐波含量平均下降了 88%,谐波电压畸变治理效果显著。

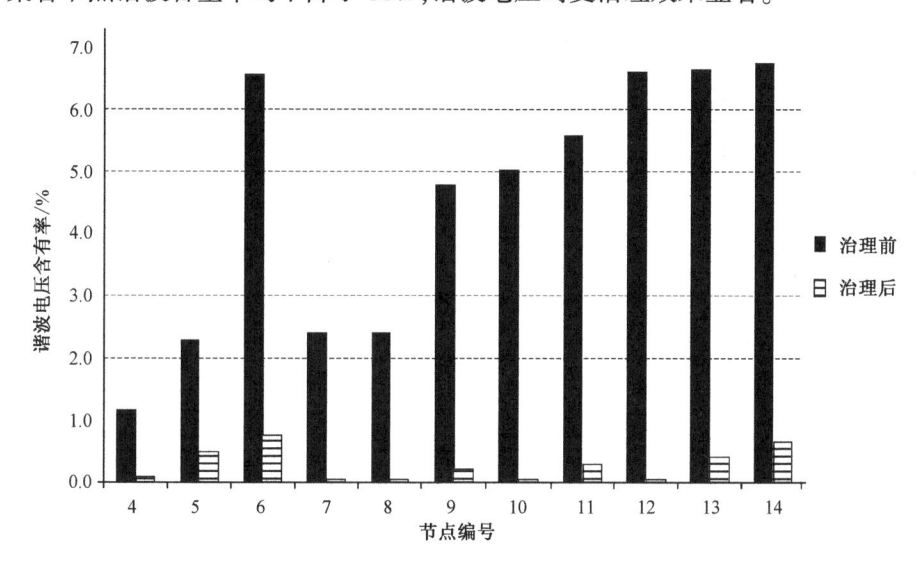

图 12-29 谐波电压畸变治理效果

12.3.4.3 基于观测节点的优化治理结果分析

全节点观测在参与优化计算时节点维度高,关联度强的节点会使得其在优化计算中的优势占比较为突出。因此依据节点间的关联性,在优化计算中以选取出的观测节点电压畸变为优化目标,使得关联性强的节点在目标中合理地体现占比,从而实现节点全局均衡优化。

为验证本章所提出的谐波治理观测节点选取策略,相对于以配电网全节点电压畸变为目标的优化策略具有良好的全局均衡优化治理效果。仍以 IEEE 14 节点网络为仿真模型进行验证,按照本章提出的方法得到的观测节点选取结果为节点 7、10、12 为全网观测节点。

分别对基于配电网全节点的电压畸变整体最优为目标进行谐波治理全局优化和以全网选取的观测节点电压畸变整体最优为目标进行的全局优化治理进行仿真对比验证。分别定义上述两种优化方案为:

方案 1:依据本章所提出的基于数据驱动的观测节点选取方法,以全网选取的观测节点电压畸变整体最优为目标,通过优化全网的观测节点进行谐波全局优化治理。

方案 2:依据本章中全局优化方法,以配电网全节点的电压畸变整体最优为目标进行谐波全局优化治理。

以 5 次谐波为例,分别对方案 1 和方案 2 的优化方法进行仿真验证,仿真数据同本章节 12.3.4.1 部分。最终得到的节点 5 次谐波电压含有率在方案 1 和方案 2 下的治理结果如图 12-30 所示。

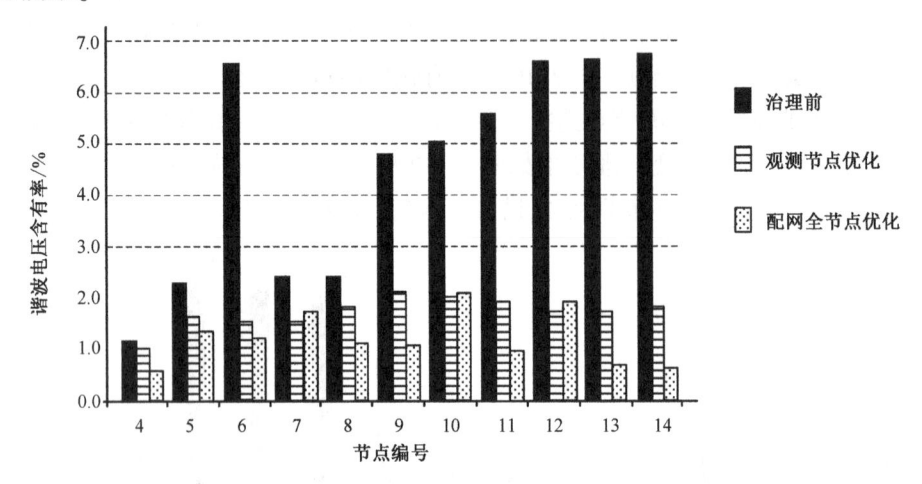

图 12-30　优化观测节点与优化所有节点的谐波治理效果对比

由图 12-30 可以看出,在谐波治理前,配电网存在 5 次谐波电压含有率超出单次谐波电压含有率的限值要求的节点。在两种方案的全局优化治理后,各节点的 5 次谐波电压含有率都得到了降低并且满足了限值要求。从整体上看两种优化方案的治理效果都很明显。对比优化观测节点 7、10、12 与优化全网所有节点的两种方案治理结果,对于观测节点,方案 1 得到的治理效果要优于方案 2,对应的观测节点谐波电压含有率较方案 2 更低。对于观测节点以外的其他节点,方案 2 要优于方案 1,节点 5 次谐波电压含有率较方案 1 要低,这是由于方案 2 以优化全网所有节点为目标,使得全网节点谐波电压在治理后整体较低。

因此,通过选取配电网观测节点进行的全局优化治理,对于观测节点本身具有较好的治理效果,观测节点以外的节点的治理效果,优化配网全节点的治理效果要更好,且均达到了系统规定的谐波电压含有率限值要求。验证了本章所提方法可以通过优化观测节点达到优化全网节点谐波的目的。

从图 12-30 中节点的 5 次谐波电压含有率的分布趋势可得,以全网观测节点电压畸变整体为目标的优化结果,各节点的谐波电压含有率分布更为均衡。而以配电网全节点的电压畸变整体最优为目标进行的谐波全局优化治理中,各节点间的谐波电压含有率差异较大。其中,关联度较高的节点集合中节点 9、10、11、14 的谐波电压含有率值较低,这是由于该节点集合内部节点的关联性较强,且集合节点数目较多。因此,在治理优化时所占比重较为突出,因而得到了较好的治理。

为了更直观地比较两种方案的不同,定义了全局优化目标函数为全网所有节点 5 次谐波电压含有率之和。得到的两种方案的全局优化目标函数及优化计算所用时间如表 12-14 所示。

由表 12-14 可以得到,从方案 1 与方案 2 的治理效果来看,两种方案都使得节点的 5 次谐波电压含有率降到了合格水平,说明通过本章方法选取观测节点进行优化治理,可以达到治理全网节点的目的。对比两种方案中节点 5 次谐波电压含有率的标准差的值,方案 1 中谐波电压含有率的标准差为 0.326,比方案 2 的 0.527 更小,说明各个节点的谐波电压含有率值分布较为集中,实现了对节点谐波的均衡优化治理。

表 12-14 两种方案下优化目标函数值及计算时间对比

方案	目标函数值	标准差	计算时间/s
1	0.053	0.326	8.451
2	0.131	0.527	24.775

从计算时间上,通过选取一定数量的观测节点,并依据这些观测节点的电压畸变为目标进行全局优化,可以在计算时间上得到较好的计算效率,较大程度上节约了计算时间,验证了本章所提观测节点的选取方法的有效性和合理性,在保证谐波治理效果的同时,实现了节点的全局均衡优化。

12.4 计及 MFINV 贡献的 VDAPF 多目标容量优化配置

12.4.1 引言

本章考虑 MFINV 的谐波治理功能,在其容量和位置已经确定并给出的情况下,优化 VDAPF 的安装位置和容量。确定了谐波治理最优分区和 VDAPF 最佳安装位置。考虑到谐波、DG 出力等预测数据有一定的误差、运行中存在网络结构的变化等情况,仅追求经济性的配置方案往往谐波治理效果的可靠裕度低,所得方案可能因网络中的变化出现谐波含量越限的情况。而且,谐波畸变水平越低,越有利于抑制发、输和用电电能效率的降低,以及电气设备使用性能的提高、工作年限的延长,减少敏感系统或设备的误动作的现象。因此,决策者往往不仅希望所得配置方案具有较好的经济性,同时也希望所得方案能保证较高的谐波治理水平。

故本章 VDAPF 安装容量的优化配置,在考虑经济性的基础上,同时考虑谐波治理效果,构建多目标优化配置模型。该模型以 VDAPF 投资成本最小作为目标一,以多运行场景下 VDAPF 和 MFINV 协同治理的谐波电压畸变率加权之和最小作为目标二。规划运行场景采用构建的考虑谐波污染及 MFINV 剩余容量双重不确定性的场景集。基于上述思路,构建考虑 MFINV 贡献的 VDAPF 容量优化配置模型,基本结构如图 12-31 所示。

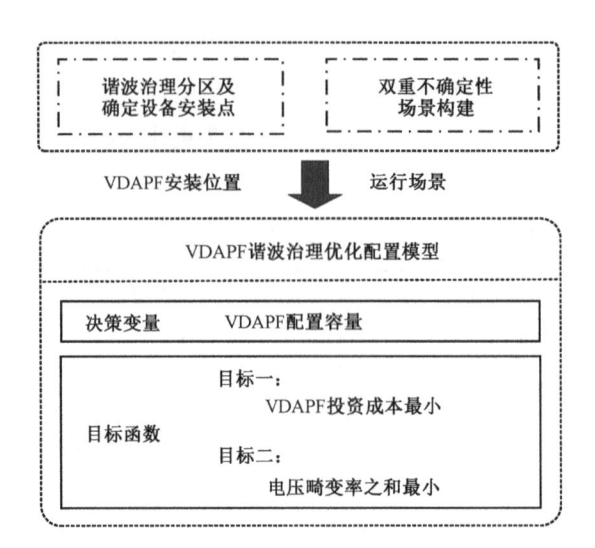

图 12-31 VDAPF 容量优化配置模型基本结构

12.4.2 VDAPF 多目标容量优化配置模型

12.4.2.1 目标函数

1. VDAPF 投资成本最小

目标一关注谐波治理的经济性,考虑 VDAPF 的购置成本和安装成本,以 VDAPF 投资成本最小为目标函数。

$$\min f_1 = \min \sum_{i=1}^{n} d_i (C_i + k \cdot I^*_{\text{APF},i}) \tag{12-42}$$

式中,n 为网络节点总数;d_i 表示是否安装 VDAPF,若为 1 代表安装,若为 0 代表不安装;C_i 为第 i 个节点 VDAPF 的安装费用;k 为 VDAPF 单位容量成本;$I^*_{\text{APF},i}$ 为第 i 个节点 VDAPF 的安装容量。

2. 电压畸变率之和最小

目标二关注谐波治理效果,考虑到同一配置方案在不同场景下的谐波治理效果存在差异,本章对配电网所有场景下的谐波电压畸变率求和,作为评估全网整体谐波治理效果的指标,以畸变率之和最小为目标函数。不同的运行场景发生的概率不同,为合理计及各场景治理效果的差异性,以各场景发生的概率作为电压畸变率的求和权重。

$$\min f_2 = \min \sum_{y=1}^{Y} [THD^y \cdot P^y] \tag{12-43}$$

式中,P^y 表示场景 y 发生的概率;THD^y 表示场景 y 下所有节点电压畸变率之和。对于设备进行谐波治理的运行参数,以式(12-44)为目标函数,针对各场景进行优化即可得各场景下 THD^y 及 VDAPF 和 MFINV 等效电导的最佳数值,具体约束见第二部分。

$$\min THD^y = \min \sum_{i=1}^{n} \frac{\sqrt{\sum_{h=2}^{H} |U^y_{h,i}|^2}}{|U_{\text{N},i}|} \tag{12-44}$$

式中，$U_{h,i}^y$ 为节点 i 在场景 y 下的 h 次谐波电压，可由 h 次谐波潮流计算求得。

12.4.2.2 约束条件

1. 谐波潮流方程等式约束

$$\boldsymbol{U}_h^y = (\boldsymbol{Y}_h^y)^{-1} \cdot \boldsymbol{I}_h^y \tag{12-45}$$

式中，$\boldsymbol{I}_h^y$ 代表场景 y 下注入节点的 h 次谐波电流的列向量；$\boldsymbol{U}_h^y$ 代表场景 y 下谐波电压的列向量；$\boldsymbol{Y}_h^y$ 代表场景 y 下节点导纳矩阵。

治理设备的各次等效电导 g_h^y 包含在 $\boldsymbol{Y}_h^y$ 的对角元素里，展开式(12-45)可得

$$\begin{bmatrix} U_{h,1}^y \\ \vdots \\ U_{h,i}^y \\ \vdots \\ U_{h,n}^y \end{bmatrix} = \begin{bmatrix} g_{h,1}^y + Y_{11}' & \cdots & Y_{1i} & \cdots & Y_{1n} \\ \vdots & \ddots & \vdots & \ddots & \vdots \\ Y_{i1} & \cdots & g_{h,i}^y + Y_{ii}' & \cdots & Y_{in} \\ \vdots & \ddots & \vdots & \ddots & \vdots \\ Y_{n1} & \cdots & Y_{ni} & \cdots & g_{h,n}^y + Y_{nn}' \end{bmatrix}^{-1} \begin{bmatrix} I_{h,1}^y \\ \vdots \\ I_{h,i}^y \\ \vdots \\ I_{h,n}^y \end{bmatrix} \tag{12-46}$$

式中，$g_{h,i}^y$ 代表节点 i 所安装的 VDAPF 和 MFINV 在场景 y 下优化所得的等效电导值，未安装设备节点的 $g_{h,i}^y = 0$；Y_{ii}' 为节点 i 除去 $g_{h,i}^y$ 部分后的自导纳；$I_{h,i}^y$ 为场景 y 下的谐波预测值；$U_{h,i}^y$ 为场景 y 下节点 i 的谐波电压。

2. VDAPF 可用谐波补偿容量约束

利用 VDAPF 治理谐波，其用于谐波补偿的设备容量 I_{APF} 与等效电导的关系为

$$I_{\text{APF},i} = \sqrt{\sum_{h=2}^{\infty} (G_{\text{APF},h,i} \times U_{h,i})^2} \tag{12-47}$$

式中，$G_{\text{APF},h,i}$ 代表接入 i 节点 VDAPF 的 h 次等效电导值；$U_{h,i}$ 代表 i 节点的 h 次谐波电压。

为保障 VDAPF 安全运行，所有场景下 VDAPF 参与谐波补偿的容量在不超过其安装容量的基础上，还需留有一定的容量裕度。

$$I_{\text{APF},i}^y \leqslant e_{\text{APF}} I_{\text{APF},i}^* \tag{12-48}$$

式中，$I_{\text{APF},i}^y$ 代表场景 y 下 i 节点的 VDAPF 谐波补偿容量；e_{APF} 为 VDAPF 容量安全裕度系数。

3. MFINV 可用谐波补偿容量约束

利用 MFINV 剩余容量治理谐波，其用于谐波补偿的设备容量 I_{MFINV} 与等效电导的关系为

$$I_{\text{MFINV},i} = \sqrt{\sum_{h=2}^{\infty} (G_{\text{MFINV},h,i} \times U_{h,i})^2} \tag{12-49}$$

式中，$G_{\text{MFINV},h,i}$ 代表 MFINV 的 h 次等效电导值。

根据各场景的 MFINV 剩余容量，可确定各场景下 MFINV 的最大补偿容量，为保障 MFINV 安全运行，还需留有一定容量裕度。

$$I_{\text{MFINV},i}^y \leqslant e_{\text{MFINV}} I_{\text{MFINV},i}^{*y} \tag{12-50}$$

式中，$I^y_{\text{MFINV},i}$ 代表场景 y 下 i 节点 MFINV 的谐波补偿容量；$I^{*y}_{\text{MFINV},i}$ 代表场景 y 下 i 节点 MFINV 的最大可补偿容量；e_{MFGCI} 为 MFINV 容量安全裕度系数。

4. 节点总谐波电压畸变率约束

经过治理，对于配电网中的每个节点，都要求其节点总谐波电压畸变率符合国标 GB/T 14549—1993 的规定。

$$THD^y_i = \frac{\sqrt{\sum_{h=2}^{H}|U^y_{h,i}|^2}}{|U_{\text{N},i}|} \times 100\% < C_{THD} \tag{12-51}$$

式中，C_{THD} 代表节点总的谐波电压畸变率最大限值。

5. VDAPF 安装容量约束

VDAPF 安装容量为有上限的离散变量。

$$I^*_{\text{APF},i} = K \cdot I_0, K \in \mathbf{N}_+ \tag{12-52}$$

$$I^*_{\text{APF},i} \leq I^*_{\text{APF},i,\max} \tag{12-53}$$

式中，I_0 代表 VDAPF 的单位最小可安装容量；$I^*_{\text{APF},i,\max}$ 代表 VDAPF 在 i 节点的最大可安装容量。

12.4.3 多目标模型求解

本章模型包含经济性最优和治理效果最优两个目标函数，两者处于相互竞争关系，不存在唯一最优解。鉴于不同网络状况下决策者的决策倾向不同，本章采用规格化法平面约束（Normalized Normal Constraint，NNC）结合改进遗传算法求得一组帕累托最优解集，即多种不同水平的配置方案，再进一步按决策者意向选出适合的折中解作为最终配置方案。

12.4.3.1 帕累托最优解集的概念

对于多目标优化求解，目标函数间往往相互制约，一般不存在一个所有目标均为最优值的解，而是求得一组帕累托最优解。若可行域内存在解 x、y 满足式（12-54），则称 x 支配 y，若 x 不被任何解支配，则称 x 为帕累托最优解。所有帕累托最优解构成帕累托最优解集，解空间中其对应的目标函数值的集合为帕累托前沿。

$$\forall i \in \{1,2,\cdots,M\}, f_i(x) \leq f_i(y)，且 \exists i \in \{1,2,\cdots,M\}, f_i(x) < f_i(y) \tag{12-54}$$

帕累托最优解集中任意两个解相比，不存在其中一个解的所有目标函数值均更优的情况，即一个解的某一目标函数更优，则必然存在其他的目标函数值更差，因此，该解集中的解都是最优的，无优劣差别。不同情况下决策者的决策倾向不同，所选择的折中解亦不同，故多目标求解本质上就是求取帕累托最优解集供决策者选择。出于计算复杂度的考虑，一般仅求取有限帕累托最优解来描述帕累托最优前沿。因此，所得帕累托前沿点分布越均匀，越能准确刻画帕累托前沿，供决策者选择的信息也就越完整。

12.4.3.2 基于 NNC 法的多目标模型转化

采用 NNC 法求解多目标模型，在规格化的解空间中，对乌托邦线作等距离分割，对每个分割点作法线来求取帕累托前沿点，从而将多目标模型求解转化为求解一系列帕累托前沿点。由于在规格化解空间中对乌托邦线作的是等距离分割，NNC 法求得的帕累托前沿点分布均匀，求较少的点即可较为准确地刻画出帕累托前沿，大大降低了计算量。

NNC 法求解多目标模型的整体思路为，把治理效果最优的目标函数转化为约束，从而减小优化求解的可行域，将本章模型转化为新可行域中最小化投资成本的单目标优化问题。为方便分析，将 12.4.2 节模型用式（12-55）表示。

$$\begin{cases} \min(f_1, f_2) \\ \text{s. t.} \quad h(x) = 0 \\ l(x) \leq 0 \end{cases} \tag{12-55}$$

NNC 法将本章模型转化为单目标模型的具体步骤如下：

（1）将多目标优化模型不考虑治理效果目标 f_2，构造最小化投资成本 f_1 的单目标模型，得投资成本最小值 $f_{1,\min}$，此时对应的电压畸变率之和为 $f_{2,\max}$。同理，不考虑 f_1，构造最小化电压畸变率之和 f_2 的单目标模型，得电压畸变率之和的最小值 $f_{2,\min}$，以及对应的投资成本 $f_{1,\max}$。两组解 $(f_{1,\max}, f_{2,\min})$、$(f_{1,\min}, f_{2,\max})$ 分别位于帕累托前沿的两个极端，称为锚点，连接锚点所得的线段称为乌托邦线，用 U 表示。

（2）将解空间按式（12-56）进行规格化处理，得到规格化解空间，如图 12-32 所示，此时锚点对应的两个端点为 $A_1(0,1)$、$A_2(1,0)$，定义乌托邦线 U 的方向为 A_1 指向 A_2，则有 $U = \sqrt{2} \angle -45°$。

$$\bar{f} = [\overline{f_1}, \overline{f_2}] = \left[\frac{f_1 - f_{1,\min}}{f_{1,\max} - f_{1,\min}}, \frac{f_2 - f_{2,\min}}{f_{2,\max} - f_{2,\min}}\right] \tag{12-56}$$

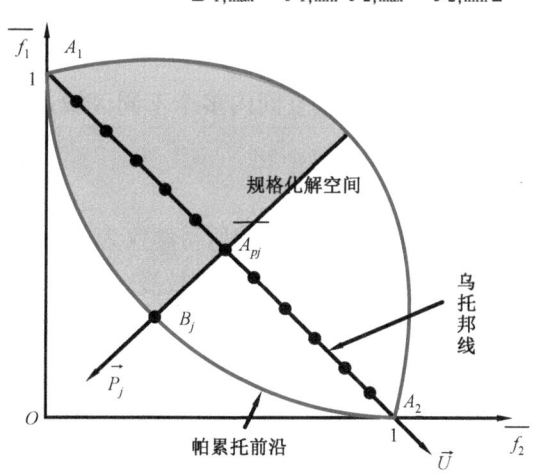

图 12-32 规格化两目标问题的子空间

（3）将 U 等距分割为 a 段，得到 $(a+1)$ 个等分点 $\overline{A_{pj}}$。

$$\overline{A_{pj}} = \left(1 - \frac{j}{a}\right)(0,1) + \frac{j}{a}(1,0), j = 0, 1, \cdots, a \tag{12-57}$$

（4）过某一等分点 $\overline{A_{pj}}$ 对乌托邦线 U 作法线，交帕累托前沿于 B_j。定义 $\boldsymbol{A_{pj}}$ 和 $\boldsymbol{f}$ 分别为原点指向点 $\overline{A_{pj}}$ 和 $\bar{f}$ 的向量。为求 $\overline{A_{pj}}$ 所对应的帕累托前沿点 B_j，可将模型中的目标 f_2 转化

为约束条件。

$$U(f - A_{pj})^{\mathrm{T}} \leq 0 \quad (12\text{-}58)$$

由上述步骤,将式(12-55)所表示的原多目标模型进行单目标化,所构建的新的单目标模型可用式(12-59)表示。引入式(12-58)后,新的单目标优化模型的解空间缩小,缩小为图12-32 中的阴影区域。对每一个分割点求解新模型后,即可得到均匀分布的帕累托最优解集。

$$\begin{cases} \min(f_1) \\ \text{s. t. } h(x) = 0 \\ l(x) \leq 0 \\ U(f - A_{pj})^{\mathrm{T}} \leq 0 \end{cases} \quad (12\text{-}59)$$

12.4.3.3 改进遗传算法求解新的模型

遗传算法基于达尔文进化论,先将优化问题转换为种群形式,进行一系列遗传操作,以模拟生物进化的方式搜索到最优解。

相比于其他的优化算法,遗传算法的主要优点为:

(1) 操作简单便捷,具有较强适应力,可适用于多类优化问题。遗传算法求解中,根据适应度值的大小选出优秀个体,故任何有合理适应度函数的待优化问题,无论是否连续,都可采用此算法求解。

(2) 具有较强搜索能力和全局优化能力。遗传算法在个体搜索中,可以快速地将种群中的个体进行信息交换与评估,进而形成新的对环境适应度更高的个体,这种跟随环境变化的适应能力可以保障其所得解为全局最优。

(3) 具有较高计算效率。可以对搜索空间内多个不同区域进行并行计算,使计算效率大幅提升。

遗传算法的主要缺点为:

(1) 在寻优过程中,容易出现过早收敛,以致所得解仅为局部最优。

(2) 用编码方式,使运算中搜索与反馈的速度均较慢,求得精确解所需时间较长。

(3) 针对部分优化问题,需要结合其他的优化算法,才可以求得可靠的最优解。

结合上述分析,所构造的新的单目标模型涉及变量较多,遗传算法有比较强大的全局搜索能力,尤其适合于此类大规模的并行求解问题。针对传统遗传算法的易早熟和收敛慢,对其作出以下改进。

(1) 编码时,采用二进制编码策略,在算法输入量中引入 VDAPF 安装容量上下限,可提高初始种群契合度和搜索空间有效性。

(2) 设置优秀个体库:将满足约束的 E 个适应度最优的 VDAPF 配置方案纳入优秀个体库,从中获取交叉操作的父本,优秀父本的遗传作用可优化生成个体的适应度,加快算法收敛。

(3) 添加随机种群:在迭代中向交叉变异的父本中加入部分随机种群,通过种群多样性的提高可以有效避免早熟。

具体算法求解流程如图 12-33 所示,图中 M 为种群规模,e 为所加随机个体占比。

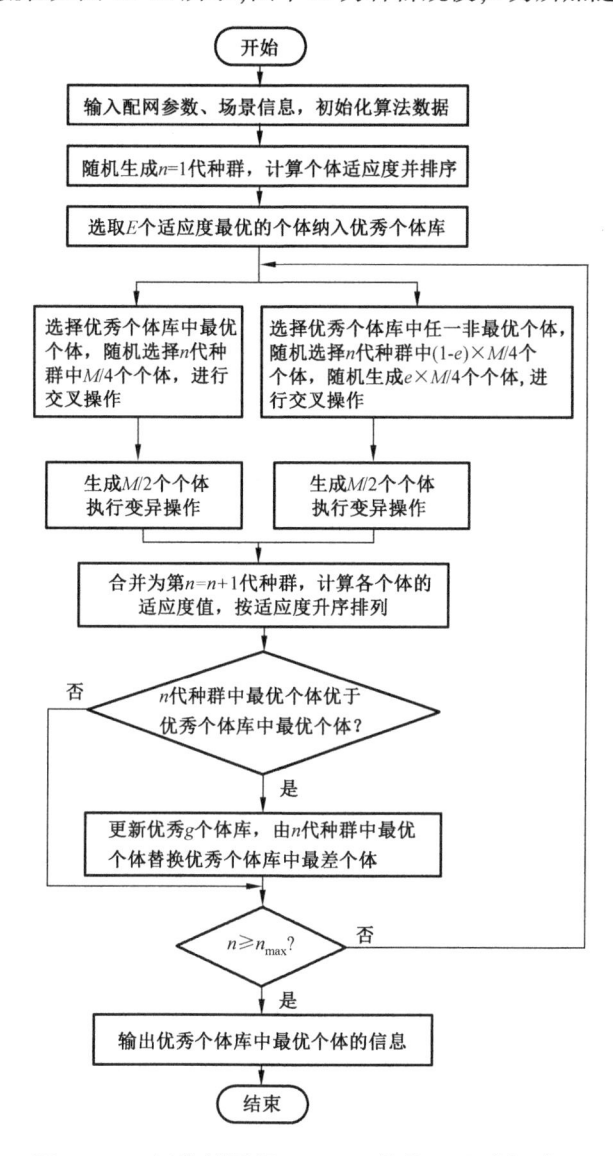

图 12-33 新的单目标 VDAPF 优化配置求解流程

12.4.4 应用案例分析

单个 VDAPF 安装费用为 23 000 元,VDAPF 单位容量成本为 1 753 元。设置 VDAPF 和 MFINV 的容量安全域度系数均为 95%,按国标 GB/T 14549—1993 的规定,设置网络节点谐波电压畸变率的允许上限 C_{THD} 为 4%。在 NNC 法中,乌托邦线分段数 a 设置为 15。遗传算法中,设定种群规模为 60,优秀个体库的规模为 20,随机个体占比为 6.7%,最大进化代数为 200,交叉率为 65%,变异率为 0.15%。

12.4.4.1 优化配置结果分析

将 MFINV 的已知信息和所得的 VDAPF 位置信息代入 VDAPF 容量优化配置模型,模型中涉及的谐波污染状况和 MFINV 剩余容量数据由所构建的 784 个运行场景提供,采用 NNC 法将此模型治理效果目标函数转化为约束条件,构造新的经济性最优的单目标模型,再利用改进遗传算法求解,得到 16 个帕累托前沿点,如图 12-34 所示。图 12-34 为规格化解空间,每一个帕累托前沿点代表了一种 VDAPF 配置方案,横坐标为该方案规格化的治理效果目标函数值,纵坐标为其规格化的投资成本目标函数值。

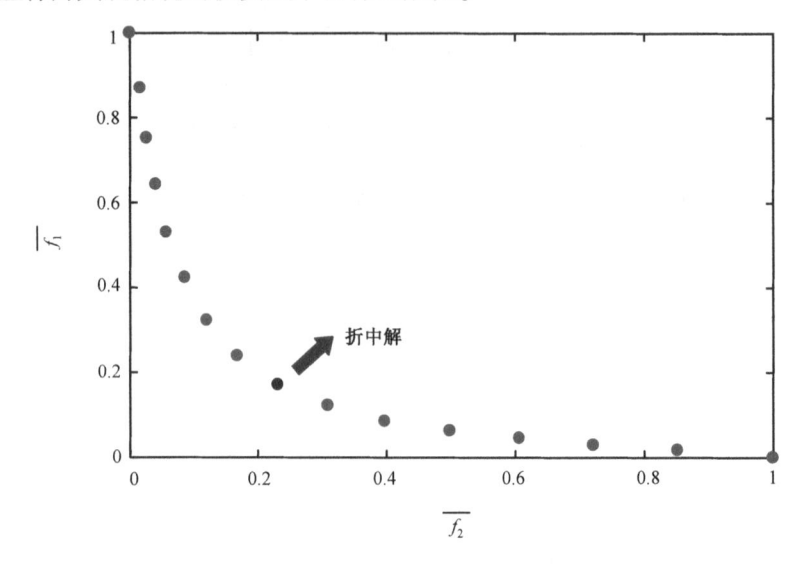

图 12-34 16 个帕累托前沿点数据

由图 12-34 可知,谐波治理经济成本随电压畸变率之和降低而增加,说明治理水平的提高势必以经济性为代价,进一步分析图 12-34 中不同方案间的经济性和治理效果差距可知,随着治理效果的提高,降低单位大小的电压畸变率所需的经济代价呈增加趋势。综合上述分析,按照经济投资与治理效果的高回报率原则,以及谐波治理水平不应过低的规避风险原则,选取图中所标记的前沿点作为折中解,具体配置方案及对应投资成本和电压畸变率之和如表 12-15 所示。实际应用中,也可按照具体配电网对谐波治理效果的要求及决策者意向,选择所需的最优配置方案。

表 12-15 所选配置方案信息

节点	VDAPF 安装容量/A	投资成本/元	电压畸变率之和/%
9	15.86	253 942.78	56.74
16	18.56		
20	14.94		
23	13.18		
30	16.72		

按表 12-15 方案配置 VDAPF,利用 VDAPF 和 MFINV 剩余容量协同进行谐波治理,得到全部 784 个运行场景下治理前和治理后各节点的电压畸变率,如图 12-35 所示。

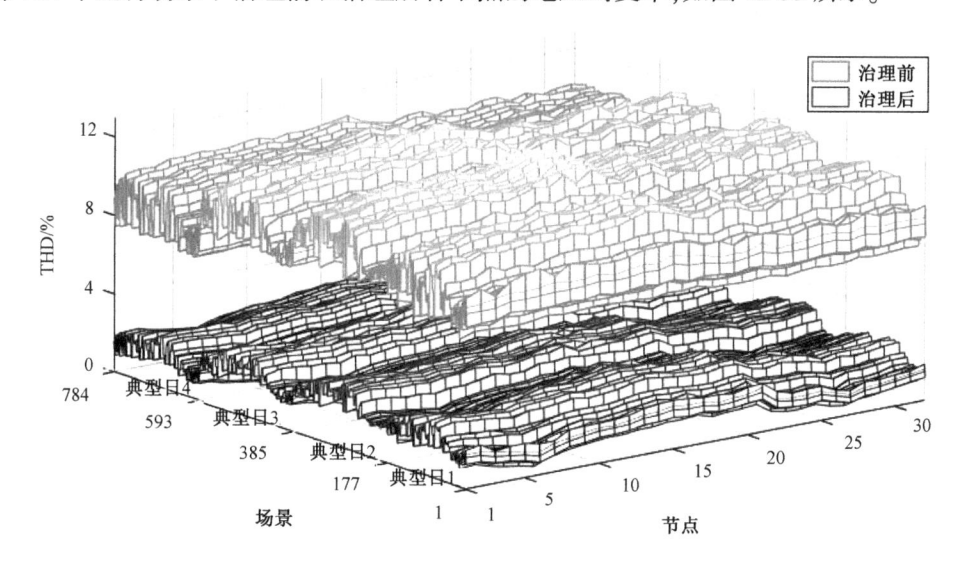

图 12-35　治理前后各节点谐波电压畸变率

由图 12-35 可知,治理后所有场景下的各节点谐波污染状况明显改善,所有节点电压畸变均达到国家标准。治理前,各节点电压畸变率基本全部超过国标规定值 4%,整体处于 8.8% 左右。利用 VDAPF 和 MFINV 协同治理后,所有节点谐波电压畸变率明显下降,均降至规定的 4% 以下,整体保持在 2.8% 左右。说明考虑 MFINV 辅助谐波治理的 VDAPF 分布式配置方案是可行的,能有效进行谐波治理并达到规定标准,验证了本章策略的有效性。

12.4.4.2　对比分析

为验证本章方案经济性和治理效果的优越性,设置两种方案进行对比分析:

方案 1,采取分布式谐波治理手段,分区配置 VDAPF,不考虑 MFINV 谐波治理资源;

方案 2,采用与方案 1 相同的 VDAPF 分区配置方法,但考虑 MFINV 的谐波治理资源,即本章方案。

1. 经济性对比

为客观合理地对比两种配置方案的经济性,限制方案 1 的电压畸变率之和为 56.74%,即与上述本章配置方案的治理水平相同。网络分区时,方案 1 默认初步划分的 DG 节点控制区域仅含 DG 节点本身,其余分区及 VDAPF 最优安装节点确定方法均与本章相同,得到的配置结果如表 12-16 所示,两种方案的 VDAPF 最优安装容量及总投资成本优化结果如表 12-17 所示。

表 12-16 方案 2 分区结果

区域	区内节点	VDAPF 安装节点
1	1、18、19、20、21	20
2	2、3、4、22、23、24	4
3	5、6、7、8、9、10、25	10
4	11、12、13、14、15、16、17	16
5	26、27、28、29、30、31、32	30

表 12-17 两种方案配置信息

方案	安装节点(容量/A)	投资成本/元
方案 1	4(21.75)、10(19.12)、16(22.45)、20(18.76)、30(20.95)	295 611.59
方案 2	9(15.86)、16(18.56)、20(14.94)、23(13.18)、30(16.72)	253 942.78

对比方案 1 和方案 2 可知,总体治理效果相近时,方案 2 的投资成本明显低于方案 1。主要是因为,方案 2 考虑 MFINV 的谐波治理功能,其剩余容量可承担部分谐波补偿工作,在一定程度上减小了谐波治理对 VDAPF 补偿容量的需求,使得 VDAPF 配置容量减小了 23.08%,进而降低了设备成本。因此,充分利用 MFINV 剩余容量参与谐波治理,可提升 MFINV 设备利用率,有效减少系统谐波治理投资,实现更为经济合理的配置。

2. 治理效果对比

为了客观合理地对比两种方案在治理效果上的差距,限制方案 1 的投资成本为 259 874.04 元,即与上述本章配置方案经济性相同,方案 1 分区结果同表 12-16,优化得到两种方案的配置信息如表 12-18 所示。以最大谐波场景与其所在时段的强光照等级 MFINV 剩余容量场景所组合的运行场景为例,对表 12-18 两种配置方案的谐波治理效果进行对比,具体如图 12-36 所示。

表 12-18 两种方案配置信息

方案	安装节点(容量/A)	电压畸变率之和/%
方案 1	4(16.26)、10(15.14)、16(17.02)、20(13.88)、30(16.96)	74.66
方案 2	9(15.86)、16(18.56)、20(14.94)、23(13.18)、30(16.72)	56.74

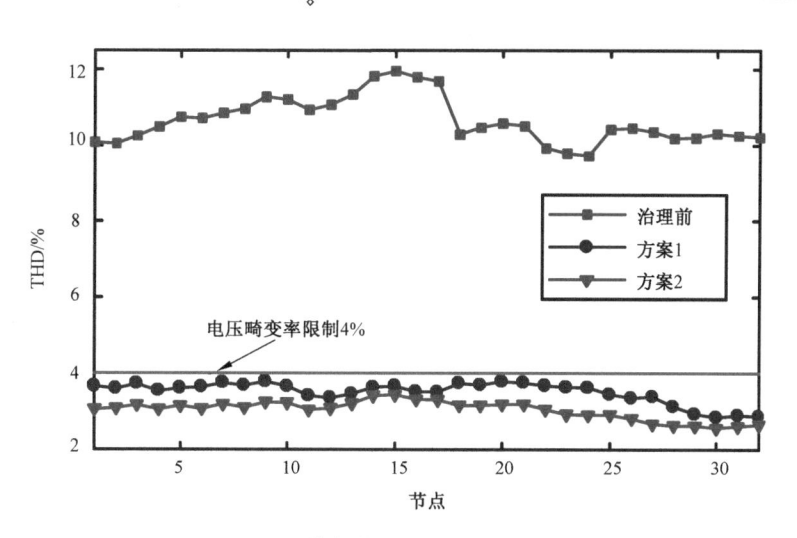

图 12-36 两种方案谐波治节点理效果对比

分析表 12-18 和图 12-36 可知,方案 2 的治理效果明显优于方案 1。方案 2 电压畸变率之和为 56.74%,在最大谐波场景下所有节点畸变率均达标,整体保持在 3.1% 左右;方案 1 电压畸变率之和较方案 2 增大了 29.8%,整体保持在 3.6% 左右,显著高于方案 2。虽然方案 1 在最大谐波场景下所有节点畸变率可达标,但部分节点接近限值,受到数据预测误差和网络变化影响而发生越限的风险大大提高。主要是因为,方案 2 中 MFINV 贡献了部分治理容量,与 VDAPF 共同提供的谐波补偿电流显然是大于方案 1 的。综上所述,本章利用 MF-INV 谐波治理资源,与 VDAPF 协同进行分布式谐波治理,可更为有效地抑制谐波污染,达到更好的治理效果。

参 考 文 献

[1] Peng X, Liu Z, Jiang D. A review of multiphase energy conversion in wind power generation[J]. Renewable and Sustainable Energy Reviews, 2021, 147:111-172.

[2] Yasmeen R, Yao X, Padda I U H, et al. Exploring the role of solar energy and foreign direct investment for clean environment: Evidence from top 10 solar energy consuming countries[J]. Renewable Energy, 2022, 185:147-158.

[3] Zhu Yingtong, Jie Xiaowen. Research on economic returns of distributed photovoltaic power generation projects in Hunan[J]. Journal of Physics: Conference Series, 2021, 1865(2):022022.

[4] 李忠连. 分布式光伏接入对配电网影响及选址定容优化研究[D]. 哈尔滨:东北农业大学, 2021.

[5] 李安乐, 田晶京, 赵峰, 等. 含光伏电源的配电网潮流计算[J]. 电测与仪表, 2020, 57(10):58-63.

[6] Hatziadoniu C J, Lobo A A, Pourboghrat F, et al. A simplified dynamic model of grid-connected fuel-cell generators[J]. IEEE Transactions on Power Delivery, 2002, 17(2):467-473.

[7] 严竹菁. 电-气综合能源系统中的配电网运行可靠性评估[D]. 南京:东南大学, 2020.

[8] 刘洁, 王菊香, 邢志娜, 等. 燃料电池研究进展及发展探析[J]. 节能技术, 2010, 28(4):364-368.

[9] 游大宁, 夏滨, 殷红旭, 等. 含不同类型分布式电源的配电网潮流计算[J]. 电气应用, 2017, 36(11):18-23.

[10] 王文宾, 靳伟, 李洪涛, 等. 考虑光伏集群无功贡献的配电网无功电压优化调节方法[J]. 电力系统保护与控制, 2020, 48(20):114-123.

[11] 张玉珠, 徐文忠, 付红艳. 结合灵敏度分析的变电站电压无功控制策略[J]. 电力系统保护与控制, 2009, 37(2):37-42.

[12] 李清然, 张建成. 分布式光伏对配电网电能质量的影响及调压方案[J]. 电力科学与工程, 2015, 31(10):1-6.

[13] Hariri A, Newaz A, Faruque M O. An open-source python-opendss interface for hybrid simulation of pv impact studies[J]. IET Generation Transmission & Distribution, 2017, 11(12):3125-3133.

[14] Junior L C R, Vieira F L, Bonatto B D, et al. Modeling and simulation of active electrical distribution systems using the OpenDSS-ScienceDirect[J]. Decision Making Applications in Modern Power Systems,2020:121-152.

[15] Faisal M, Zamzami E M, Sutarman. Comparative analysis of inter-centroid kmeans performance using euclidean distance, canberra distance and manhattan distance[J]. Journal of Physics: Conference Series,2020,1566(1):012112.

[16] 黄玲. Y_BUS 并行潮流算法研究及应用[D]. 北京:华北电力大学,2009:25-30.

[17] Shi Y H, Eberhart R C. A modified particle swarm optimizer[C]//IEEE World Congress on Computational Intelligence, Anchorage,1998:69-73.

[18] 徐政. 高比例非同步机电源电网面临的三大技术挑战[J]. 南方电网技术,2020,14(2):1-9.

[19] 张艺镨,艾小猛,方家琨,等. 基于极限场景的两阶段含分布式电源的配网无功优化[J]. 电工技术学报,2018,33(2):380-389.

[20] 付媛,黄馨仪,徐岩,等. 直流配电网中旋转电机的可控惯性控制策略[J]. 电力自动化设备,2018,38(10):32-38.

[21] 刘英培,周素文,梁海平,等. 光储直流配电网灵活虚拟惯性控制策略[J]. 电力自动化设备,2021,41(5):107-113.

[22] Arani M F M, Mohamed Y A R I. Analysis and performance enhancement of vector-controlled VSC in HVDC links connected to very weak grids[J]. IEEE Transactions on Power Systems,2016,32(1):684-693.

[23] 段俐存. 直流配电网虚拟惯性控制策略的研究[D]. 太原:山西大学,2020:12-20.

[24] Kakigano H, Miura Y, Ise T, et al. DC micro-grid for super high quality electric power distribution-System configuration and control of distributed generations and energy storage devices[C]//37th IEEE Power Electronics Specialists Conference,2006:1-7.

[25] 施凯伦. 直流配电网在交流侧不平衡情况下的控制策略研究[D]. 北京:华北电力大学,2019:5-17.

[26] Li Z N, Duan J D, Wei Z Y, et al. Research on voltage level and simulation model of medium-low voltage of DC distribution network[C]//2018 China International Conference on Electricity Distribution,2018:2604-2608.

[27] 刘英培,周素文,梁海平,等. 光储直流配电网灵活虚拟惯性控制策略[J]. 电力自动化设备,2021,41(5):107-113.

[28] 赵杰. 光伏发电并网系统的相关技术研究[D]. 天津:天津大学,2012:36-45.

[29] Guo C Y, Liu W, Zhao C Y, et al. A frequency-based synchronization approach for the VSC-HVDC station connected to a weak AC grid[J]. IEEE Transactions on Power Delivery,2016,32(3):1460-1470.

[30] 李京涛. 分布式微电网协调控制策略研究[D]. 西安:西安工业大学,2019:24-29.

[31] 殷展,杜仁平,姜黎明,等. 基于电能路由器的交直流混合配电网潮流优化控制

[J]. 哈尔滨理工大学学报,2021,26(4):20-27.

[32] 皇甫霄文. 交直流配电网电压动态控制及稳态优化调控策略[D]. 南京:东南大学,2020:42-50.

[33] Wang Y, Wang C, Xu L, et al. Adjustable inertial response from the converter with adaptive droop control in DC grids [J]. IEEE Transactions on Smart Grid, 2018, 10(3): 3198-3209.

[34] 张杰. 需求响应参与微电网调频的控制策略研究[D]. 青岛:青岛大学,2021:56-59.

[35] 黄琪. 非理想条件下虚拟同步发电机控制策略研究[D]. 南京:南京航空航天大学,2017:31-38.

[36] Li B, Li Q Q, Wang Y Z, et al. A novel method to determine droop coefficients of DC voltage control for VSC-MTDC system[J]. IEEE Transactions on Power Delivery,2020,35(5): 2196-2211.

[37] 陈可. 微网逆变电源的组网控制策略研究[D]. 合肥:合肥工业大学,2012:51-56.

[38] 伍文华,陈燕东,罗安,等. 一种直流微网双向并网变换器虚拟惯性控制策略[J]. 中国电机工程学报,2017,37(2):360-372.

[39] 王琛,孟建辉,王毅,等. 考虑蓄电池荷电状态的孤岛直流微网多源协调控制策略[J]. 高电压技术,2018,44(1):160-168.

[40] 刘贝,帅智康,肖凡,等. 三有源桥变换器简化分析模型及优化控制策略[J]. 电工技术学报,2021,36(11):2394-2407.

[41] 王子鹏,郑丽君,吕世轩. 考虑多储能系统功率分配的独立直流微电网协调控制策略[J]. 电力建设,2021,42(4):89-96.

[42] Wang Y, Meng J H, Zhang X Y, et al. Control of PMSG-based wind turbines for system inertial response and power oscillation damping[J]. IEEE Transactions on Sustainable Energy, 2015,6(2):565-574.

[43] Zhang X, Gao Q, Hu Y H, et al. Active power reserve photovoltaic virtual synchronization control technology[J]. Chinese Journal of Electrical Engineering,2020,6(2):1-6.

[44] 吕志鹏,盛万兴,钟庆昌,等. 虚拟同步发电机及其在微电网中的应用[J]. 中国电机工程学报,2014,34(16):2591-2603.

[45] 田铭兴,路涛涛,贾志博,等. 基于虚拟同步发电机控制的光/储/燃料电池微电网能量管理[J]. 电力自动化设备,2019,39(5):89-95.

[46] 张海峥,张兴,李明,等. 一种有功备用式光伏虚拟同步控制策略[J]. 电网技术,2019,43(2):514-520.

[47] 张玉天,邓春宇,刘沅昆,等. 基于卷积神经网络的非侵入负荷辨识算法[J]. 电网技术,2020,44(6):2038-2044.

[48] 洪旺松,徐永海,陶顺,等. 谐波对电容器容值变化影响的试验研究[J]. 电测与仪表,2015,52(4):24-29.

[49] 肖先勇,崔灿,汪洋,等. 电压暂降分类特征可比性相关性及马氏距离分类法[J]. 中国电机工程学报,2015,35(6):1299-1305.

[50] 雍静,王一平. 低压配电系统单相非线性负荷谐波诺顿模型研究[J]. 中国电机工程学报,2014,34(16):2692-2698.

[51] 谢宁,罗安,陈燕东,等. 大型光伏电站动态建模及谐波特性分析[J]. 中国电机工程学报,2013,33(36):10-17.

[52] 程祥,李林芝,吴浩,等. 非侵入式负荷监测与分解研究综述[J]. 电网技术,2016,40(10):3108-3117.

[53] 邱纯阳. 单相变频调速设备间谐波模型及其特性研究[D]. 重庆:重庆大学,2017.

[54] 朱晨曦,张焰,严正,等. 采用改进马尔科夫链蒙特卡洛法的风电功率序列建模[J]. 电工技术学报,2020,35(3):577-589.

[55] 倪伟,吕林,向月,等. 基于马尔可夫过程蒙特卡洛法的综合能源系统可靠性评估[J]. 电网技术,2020,44(1):150-158.

[56] 张沈习,程浩忠,邢海军,等. 配电网中考虑不确定性的分布式电源规划研究综述[J]. 电力自动化设备,2016,36(8):1-9.

[57] 黄慧,贾嵘,董开松. 基于时空相关性的NAR动态神经网络风功率超短期组合预测[J]. 太阳能学报,2020,41(10):311-316.

[58] 李晓利,高金峰. 用于配电网多目标无功优化的改进粒子群优化算法[J]. 电力自动化设备,2019,39(1):112-117.

[59] 邵振,邹晓松,袁旭峰,等. 基于改进多目标粒子群优化算法的配电网削峰填谷优化[J]. 科学技术与工程,2020,20(10):3984-3989.

[60] 蔡雨希,何英杰,陈涛,等. 基于粒子群的三电平并网逆变器LCL滤波参数的高效精确设计方法[J]. 中国电机工程学报,2020,40(20):6663-6674.

[61] 张宏,董海鹰,陈钊,等. 基于模型预测控制的光热-光伏系统多时间尺度无功优化控制策略研究[J]. 电力系统保护与控制,2020,48(9):135-142.

[62] 王锐,张彦,王冬,等. 基于随机模型预测控制的含大规模风电接入的电力系统优化调度[J]. 控制与决策,2019,34(8):1616-1625.

[63] Zheng Y,Li S,Tan R. Distributed model predictive control for on-connected microgrid power management[J]. IEEE Transactions on Control Systems Technology,2018,26(3):1028-1039.

[64] Valverde G,Cutsem T V. Model predictive control of voltages in active distribution networks[J]. IEEE Transactions on Smart Grid,2013,4(4):2152-2161.

[65] 张明锐,宋柏慧,王佳莹,等. 基于模型预测控制的固态变压器控制策略研究[J]. 电力系统保护与控制,2019,47(1):129-137.

[66] 黄慧,贾嵘,董开松. 基于时空相关性的NAR动态神经网络风功率超短期组合预测[J]. 太阳能学报,2020,41(10):311-316.

[67] 王英立,陶帅,候晓晓,等. 基于 MIV 分析的 GA-BP 神经网络光伏短期发电预测[J]. 太阳能学报,2020,41(8):236-242.

[68] 庄育锋,胡晓瑾,翟宇. 基于 BP 神经网络的微量药品动态称重系统非线性补偿[J]. 仪器仪表学报,2014,35(8):1914-1920.

[69] 姚万业,黄璞,姚吉行,等. 一种基于深度学习的 FRS-CLSTM 风速预测模型[J]. 太阳能学报,2020,41(9):324-330.

[70] Lecun Y, Bengio Y, Hinton G. Deep learning[J]. Nature,2015,521(7553):436-444.

[71] 张昊天,徐泰山,马晓磊,等. 两时点在线滚动实时控制优化决策方法[J]. 电网技术,2020,44(9):3355-3360.

[72] Camacho E F, Bordons C. Distributed model predictive control[J]. IEEE Control Systems Magazine,2015,22(1):44-52.

[73] 刘乐然,席自强,王平. 非线性负载下并联型 APF 谐波电流控制方法[J]. 科学技术与工程,2016,16(29):255-259.

[74] 董爱华,杨汭琴,仝兆景. 一种新型的串联型有源电力滤波器[J]. 测控技术,2016,35(4):140-144.

[75] 魏震波,关翔友,刘梁豪. 电网社区结构发现方法及其应用综述[J]. 电网技术,2020,44(7):2600-2609.

[76] 肖传亮,赵波,周金辉,等. 配电网中基于网络分区的高比例分布式光伏集群电压控制[J]. 电力系统自动化,2017,41(21):147-155.

[77] 伦解,汪小帆. 复杂网络中的社团结构分析算法研究综述[J]. 复杂系统与复杂性科学,2005,2(3):1-12.

[78] 全国电压电流等级和频率标准化技术委员会. 电能质量公用电网谐波:GB/T 14549—1993[S]. 南京:能源部电力科学研究院,1993.

[79] 刘澧庆,吴宁,张焕亨,等. 微电网经济型二次频率和电压控制的多目标优化模型及仿真验证[J]. 电网技术,2019,43(2):521-530.

[80] Liu L Q, Wu N, Zhang H H, et al. Multi-objective optimization model and its simulation verification for economical secondary frequency and voltage controls of microgrids[J]. Power System Technology,2019,43(2):521-530.